건설안전실무

김경순 저

지우북스

목차

CHAPTER 07 차량계 건설기계 작업안전

CHAPTER 08 철근콘크리트 공사 안전

CHAPTER 13 토목 구조물공사 안전 주요사항

부록 서식

CHAPTER | 01

건설안전관리

건설공사에 있어서 안전관리는 각종 건설공사에서 인간의 생명 보존과 상해를 예방하기 위하여 여러 재해 요인을 사전에 검토하고 교육과 훈련을 실시하여 정신적으로나 신체적으로 안전을 도모함으로써 목적하는 구조물을 계획 · 시공 · 유지하기 위한 관리 기능이다.

1.1 건설안전관리

1 안전관리의 필요성

건설공사는 인력 · 장비, 시공 방법, 기자재, 공사비 등의 수단을 효과적으로 관리하여 공사에 필요한 제 조건을 충족할 수 있도록 체계적으로 계획하고 관리하는 종합적인 기능이 수행되어야 한다. 따라서 건설공사 관리는 안전관리, 품질 관리, 공정 관리 및 원가 관리가 주요한 기능이라 할 수 있고, 이 기능 가운데 안전관리는 상호 복합적인 관련성을 갖는 것으로서 타 기능과의 유기적 연계성이 그 무엇보다도 중요한 것이다.

건설공사의 재해는 작업 환경에서 여러 직종의 근로자가 다종다양한 기계 · 기구를 사용하고, 각종 중장비 등에 의한 자재의 반출입 등 작업 과정이 매우 복잡하고 다양하다. 또한, 각종 공사가 여러 작업 과정의 연계성에 의하여 진행되므로 앞 공정은 다음 공정의 기초가 되므로 앞 공정이 잘못되면 다음 공정의 안전성이 확보되지 못하고, 재해가 발생할 경우에는 일시적이고, 대규모적이며 재해 강도가 매우 높은 것이 특징이다. 2011년도 건설 현장에서 발생한 건설 재해는, 노동부 통계 자료에 의하면 재해자 수는 22,782명(사망자 621명 포함)이나 되고, 전체 산업 재해로 인한 손실액(약 181,269억 원, 간접 손실액 포함 약 132,541억 원)의 31%에 달하는 등, 인적 · 물적 피해가 매우 크며 재해의 형태도 공정이 많은 건설공사의 특수성 때문에 다양한 형태로 나타나고 있다.

건설 재해는 여러 가지 원인에 의하여 발생하고, 그 대책도 정책적인 문제로부터 기술적인 문제에 이르기까지 여러 가지로 생각할 수 있으나, 무엇보다도 중요한 것은 경영자 및 현장 관리자의 재해 예방을 위한 마음가짐에서부터 출발하는 것이다.

즉, 현장에서의 효율적인 안전 계획의 수립과 실천, 근로자에 대한 철저한 안전교육을 시킴으로써 현장 관리자나 근로자 모두 항상 안전 의식을 갖고 공사를 수행하면 건설 재해는 최소화할 수 있을 것이다.

2 안전관리 조직 및 직무

일반적으로 건설공사는 여러 공정의 공사를 여러 사업자가 동시에 수행하는 경우가 대부분이다. 그러므로 현장에서는 각 사업자의 작업원이 함께 작업하게 되므로 안전관리를 철저히 수행함은 물론 전체적인 안전관리 조직이 필요하다. 재해 및 사고 방지는 항상 미리 계획하고, 먼저 실행하며, 우선적으로 관리하지 않으면 안 되는 것으로 計劃(plan) → 實施(do) → 檢討(see)의 사이클이 잘 맞아서 소정의 성과를 올리기 위한 관리 체계가 필요하다.

1) 소규모 공사 현장

총 공사금액이 20억 원 미만인 중·소규모의 공사 현장에서는 공사 시공 체제와 같이 안전관리 조직을 운영하는 것이 일반적이다. 즉, 생산과 안전을 동일한 책임자가 담당하는 것이 보통이나 통상 생산 활동에 중점을 두게 되므로 안전 측면이 불충분한 경우가 대부분이다. 그러나 공사가 소규모인 경우에도 항상 재해가 발생할 수 있으므로 재해를 예방할 수 있는 안전대책을 반드시 수립하고 안전에 주의를 하여야 한다.

2) 대규모 공사 현장

대규모 공사 현장은 조직적인 공사 관리와 함께 안전관리 업무 및 계획 수립 등이 증대되므로 전문적인 안전관리가 요구된다. 즉 현장의 규모, 특성, 직종 및 적용공법 등을 고려하여 적절한 안전관리 조직 및 계획이 수립되어야 하고, 안전 작업의 실시·설비의 점검 작업을 위한 유지관리 요원이 필요하게 된다. 특히, 건설공사는 도급자와 하도급자가 협력 관계를 유지하며 공사를 수행하고 있다. 즉, 도급자는 시공 관리를 담당하고, 하도급자는 실제

작업을 담당하게 되는 바, 공사의 안전관리는 도급자와 하도급자가 일체가 되어 동시에 실시하여야 한다. 따라서 도급자는 하도급자의 기업 조직에 따라 각각의 입장에 알맞게 역할을 분담하고, 책임한계를 명확히 할 필요가 있다. 하도급자를 사용하는 건설 현장 안전관리 조직의 예는 아래 그림과 같다.

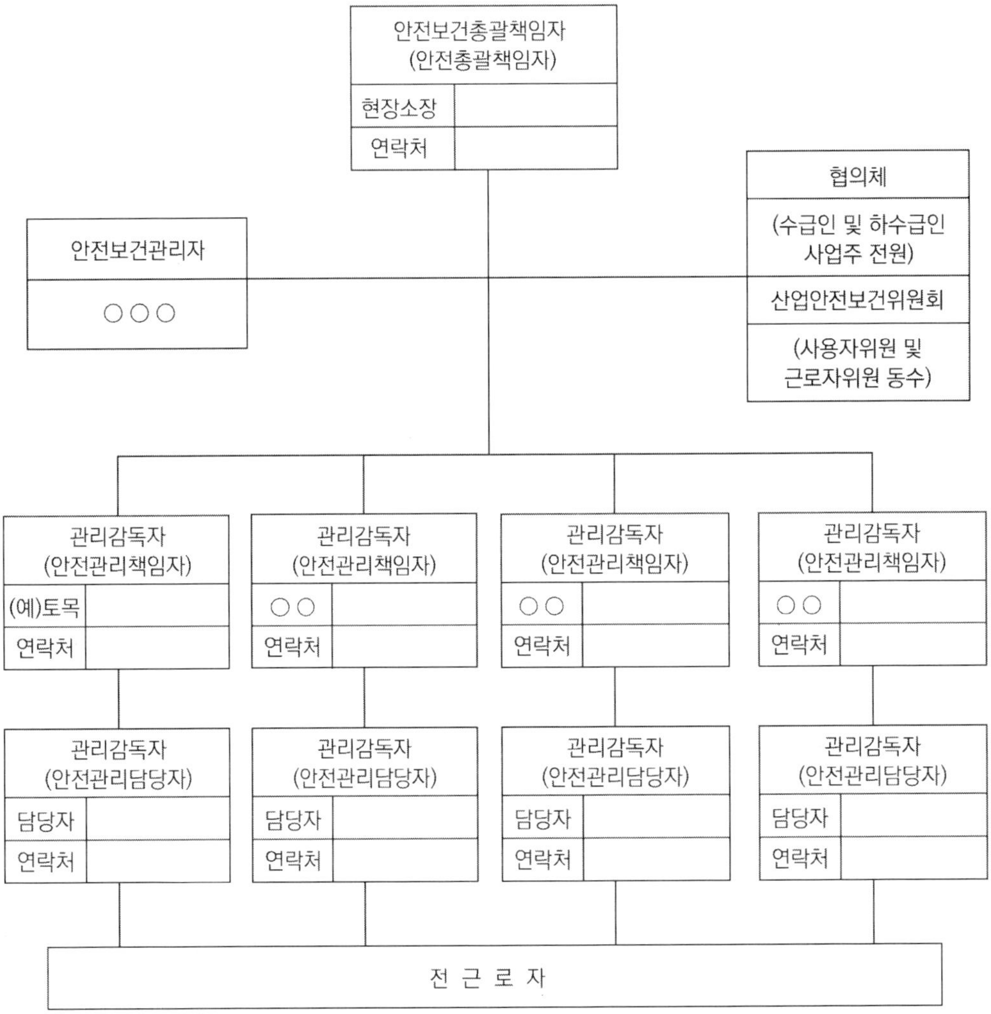

건설공사(하도급 사용)의 안전관리 조직(예)

3) 산업안전보건법상의 안전관리 조직 및 직무

산업안전보건법(이하, 산안법이라 함)에 의한 건설 관련 안전관리 조직 및 직무는 다음과 같다.

3 이사회 보고 및 승인 등(산안법 제14조)

「건설산업기본법」 제23조에 따라 평가하여 공시된 시공능력(같은 법 시행령 별표 1의 종합공사를 시공하는 업종의 건설업종란 제3호에 따른 토목건축공사업에 대한 평가 및 공시로 한정한다)의 순위 상위 1천위 이내의 건설회사의 회사의 대표이사는 매년 회사의 안전 및 보건에 관한 계획을 수립하여 이사회에 보고하고 승인을 받아야 한다.

1) 주요 업무 내용

① 안전 및 보건에 관한 경영방침
② 안전보건관리 조직의 구성 · 인원 및 역할
③ 안전보건 관련 예산 및 시설 현황
④ 안전 및 보건에 관한 전년도 활동실적 및 다음 연도 활동 계획

4 안전보건관리책임자(산안법 제15조)

사업장의 안전보건 업무를 총괄 · 관리하기 위하여 안전보건관리 책임자를 두어야 한다.

1) 주요 업무 내용

① 안전관리자와 보건관리자의 지휘 감독
② 산업 재해 예방 계획의 수립에 관한 사항

③ 안전보건관리 규정의 작성에 관한 사항(산안법 25조 및 제26조)
④ 근로자의 안전보건교육에 관한 사항(산안법 29조)
⑤ 작업 환경의 측정 등 작업 환경의 점검 및 개선에 관한 사항
⑥ 근로자의 건강 진단 등 건강 관리에 관한 사항(산안법 제129조부터 제132조)
⑦ 산업 재해의 원인 조사 및 재발 방지 대책의 수립에 관한 사항
⑧ 산업 재해에 관한 통계의 기록 유지에 관한 사항
⑨ 안전장치 및 보호구 구입 시 적격품 여부 확인에 관한 사항
⑩ 그 밖에 근로자의 유해 · 위험방지조치에 관한 사항으로서 고용노동부령으로 정하는 사항

2) 안전보건관리 책임자를 두어야 할 사업

총 공사금액(관급 자재비 포함) 20억 원 이상인 건설공사

5 관리감독자(산안법 제16조)

당해 사업장의 관리 감독자(경영 조직에서 생산과 관련되는 당해 업무와 소속 직원을 직접 지휘 · 감독하는 부서의 장이나 그 직위를 담당하는 자)에게 당해 직무와 관련된 안전보건상의 업무를 수행하도록 하여야 하며, 위험 방지가 특히 필요한 작업에 있어서는 당해 작업의 관리감독자를 지정하여 안전 업무를 수행하도록 하여야 한다.

1) 주요 업무 내용

① 사업장 내 관리감독자가 지휘 · 감독하는 작업과 관련되는 기계 · 기구 또는 설비의 안전보건 점검 및 이상 유무의 확인
② 관리감독자에게 소속된 근로자의 작업복 · 보호구 및 방호장치의 점검과 그 착용 · 사용에 관한 교육 · 지도
③ 당해 작업에서 발생한 산업 재해에 관한 보고 및 이에 대한 응급조치

④ 작업장의 정리정돈 및 통로 확보의 확인 · 감독

⑤ 사업장의 산업보건의 · 안전관리자 및 보건관리자, 안전보건담당자, 산업보건의의 지도 · 조언에 대한 협조

⑥ 위험성평가에 관한 다음 업무

가. 유해 · 위험요인의 파악에 대한 참여

나. 개선조치의 시행에 대한 참여

2) 기타 대통령령으로 정하는 안전보건 업무

① 법 시행령 제35조 따라 유해 · 위험을 방지하기 위한 업무

② 작업을 시작하기 전에 관리감독자로 하여금 필요한 사항을 점검

③ 점검 결과 이상 발견 시 즉시 수리하거나 그 밖에 필요한 조치

6 안전관리자(산안법 제17조)

안전에 관한 기술적인 사항에 대하여 사업주 또는 안전보건관리책임자를 보좌하고 관리감독자에게 지도 · 조언을 하도록 하기 위하여 사업장에 자격을 갖춘 안전관리자를 두어야 한다.

1) 주요 업무 내용

① 산업안전보건위원회(산안법 제24조 1항) 또는 안전보건에 관한 노사협의체(산안법 제75조 제1항) 에서 심의 · 의결한 업무와 안전보건관리규정 및 취업규칙에서 정한 항목

가. 안전보건관리 조직과 그 직무에 관한 사항

나. 안전보건교육에 관한 사항

다. 사업장 안전관리에 관한 사항

라. 사고 조사 및 대책 수립에 관한 사항

마. 기타 안전보건에 관한 사항

② 위험성평가에 관한 보좌 및 지도 · 조언(산안법 제36조)

③ 의무안전인증 대상 기계 · 기구 및 설비(산안법 제84조) 또는 자율안전확인대상기계 등(산안법 제89조) 구입 시 적격품 선정에 관한 보좌 및 지도 · 조언
④ 해당 사업장 안전교육계획의 수립 및 안전교육 실시에 관한 보좌 및 지도 · 조언
⑤ 사업장 순회점검, 지도 및 조치 건의
⑥ 산업 재해발생의 원인 조사 및 재발방지를 위한 기술적인 지도 · 조언
⑦ 산업재해에 관한 통계의 유지 · 관리 · 분석을 위한 보좌 및 지도 · 조언
⑧ 법 또는 법에 따른 명령으로 정한 안전에 관한 사항의 이행에 관한 보좌 및 지도 · 조언
⑨ 업무 수행 내용의 기록 · 유지

2) 공사 규모에 따른 안전관리자 선임 방법 및 수(시행령 별표 3)

① 공사금액 50억 원 이상(관계수급인은 100억 원 이상) 120억 원 미만(「건설산업기본법 시행령」 별표1 제1호가목의 토목공사업의 경우에는 150억 원 미만) : 1명 이상
② 공사금액 120억 원 이상(「건설산업기본법 시행령」 별표 1 제1호가목의 토목공사업의 경우에는 150억 원 이상) 800억 원 미만 : 전담 1인 이상
③ 공사금액 800억 원 이상 1,500억 원 미만 : 전담 2인 (이 중 1인은 건설안전기사 또는 건설안전산업기사 자격 소지자 포함. 단, 공사금액이 800억 원을 기준으로 700억 원 추가될 때마다 1인씩 추가)

7 보건관리자(산안법 제18조)

보건에 관한 기술적인 사항에 대하여 사업주 또는 관리 책임자를 보좌하고 관리 감독자 및 안전 담당자에 대하여 이에 관한 지도 · 조언을 하도록 하기 위해 사업장에 보건관리자를 둔다.

1) 주요 업무 내용

① 산업안전보건위원회 또는 노사협의체에서 심의 · 의결한 업무와 안전보건관리규정 및

취업규칙에서 정한 업무

② 안전인증대상기계 등과 자율안전확인대상기계 등 중 보건과 관련된 보호구(保護具) 구입 시 적격품 선정에 관한 보좌 및 지도 · 조언

③ 법 제36조에 따른 위험성평가에 관한 보좌 및 지도 · 조언

④ 법 제110조에 따라 작성된 물질안전보건자료의 게시 또는 비치에 관한 보좌 및 지도 · 조언

⑤ 제31조제1항에 따른 산업보건의의 직무(보건관리자가 별표 6 제2호에 해당하는 사람인 경우로 한정한다)

⑥ 해당 사업장 보건교육계획의 수립 및 보건교육 실시에 관한 보좌 및 지도 · 조언

⑦ 해당 사업장의 근로자를 보호하기 위한 다음 각 목의 조치에 해당하는 의료행위(보건관리자가 별표 6 제2호 또는 제3호에 해당하는 경우로 한정한다)

가. 자주 발생하는 가벼운 부상에 대한 치료

나. 응급처치가 필요한 사람에 대한 처치

다. 부상 · 질병의 악화를 방지하기 위한 처치

라. 건강진단 결과 발견된 질병자의 요양 지도 및 관리

마. 가목부터 라목까지의 의료행위에 따르는 의약품의 투여

⑧ 작업장 내에서 사용되는 전체 환기장치 및 국소 배기장치 등에 관한 설비의 점검과 작업방법의 공학적 개선에 관한 보좌 및 지도 · 조언

⑨ 사업장 순회점검, 지도 및 조치 건의

⑩ 산업재해발생의 원인 조사 · 분석 및 재발 방지를 위한 기술적 보좌 및 지도 · 조언

⑪ 산업재해에 관한 통계의 유지 · 관리 · 분석을 위한 보좌 및 지도 · 조언

⑫ 법 또는 법에 따른 명령으로 정한 보건에 관한 사항의 이행에 관한 보좌 및 지도 · 조언

⑬ 업무 수행 내용의 기록 · 유지

⑭ 그 밖에 보건과 관련된 작업관리 및 작업환경관리에 관한 사항으로서 고용노동부 장관이 정하는 사항

2) 공사 규모에 따른 안전관리자 선임 방법 및 수(시행령 별표 5)

공사금액 800억 원 이상(「건설산업기본법 시행령」 별표 1의 종합공사를 시공하는 업종의

건설업종란 제1호에 따른 토목공사업에 속하는 공사의 경우에는 1천억 원 이상) 또는 상시 근로자 600명 이상 : 1명 이상(단, 공사금액이 800억 원을 기준으로 1,400억 원 추가될 때마다 1인씩 추가)

8 안전보건총괄책임자(산안법 제62조)

도급인은 관계수급인 근로자가 도급인의 사업장에서 작업을 하는 경우에는 그 사업장의 안전보건관리책임자를 도급인의 근로자와 관계수급인 근로자의 산업재해를 예방하기 위한 업무를 총괄하여 관리하는 안전보건총괄책임자로 지정하여야 한다. 이 경우 안전보건관리책임자를 두지 아니하여도 되는 사업장에서는 그 사업장에서 사업을 총괄하여 관리하는 사람을 안전보건총괄책임자로 지정하여야 한다. 또한 안전보건총괄책임자를 지정한 경우에는 「건설기술 진흥법」 제64조제1항제1호에 따른 안전총괄책임자를 둔 것으로 본다.

1) 주요 업무 내용

① 위험성평가의 실시에 관한 사항(산안법 제36조)
② 법에 따른 작업의 중지(산안법 제51조 및 제54조)
③ 법에 따른 도급 시 산업재해 예방조치(산안법 제64조)
④ 법에 따른 산업안전보건관리비의 관계수급인 간의 사용에 관한 협의 · 조정 및 그 집행의 감독(산안법 제72조제1항)
⑤ 안전인증대상기계 등과 자율안전확인대상기계 등의 사용 여부 확인

2) 안전보건총괄책임자를 두어야 할 사업

① 안전보건총괄책임자(이하 "안전보건총괄책임자"라 한다)를 지정해야 하는 사업의 종류 및 사업장의 상시근로자 수는 관계수급인에게 고용된 근로자를 포함한 상시근로자가 100명(선박 및 보트 건조업, 1차 금속 제조업 및 토사석 광업의 경우에는 50명) 이상인 사업

② 관계수급인의 공사금액을 포함한 해당 공사의 총공사금액이 20억 원 이상인 건설업

9 산업안전보건위원회 설치(산안법 제24조)

사업장의 안전 및 보건에 관한 중요 사항을 심의 · 의결하기 위하여 사업장에 근로자위원과 사용자위원이 같은 수로 구성되는 산업안전보건위원회를 구성 · 운영하여야 한다.

1) 산업안전보건위원회 심의 · 의결 사항

① 안전관리자와 보건관리자의 지휘 감독
② 산업 재해 예방 계획의 수립에 관한 사항
③ 안전보건관리 규정의 작성에 관한 사항(산안법 25조 및 제26조)
④ 근로자의 안전보건교육에 관한 사항(산안법 29조)
⑤ 작업 환경의 측정 등 작업 환경의 점검 및 개선에 관한 사항에서 중대재해 관련사항
⑥ 유해하거나 위험한 기계 · 기구 · 설비를 도입한 경우 안전 및 보건 관련 조치에 관한 사항
⑦ 그 밖에 해당 사업장 근로자의 안전 및 보건을 유지 · 증진시키기 위하여 필요한 사항

2) 산업안전보건위원회 회의 운영

① 회의는 정기회의와 임시회의로 구분하되, 정기회의는 분기마다 산업안전보건위원회의 위원장이 소집하며, 임시회의는 위원장이 필요하다고 인정할 때 소집한다.
② 회의는 근로자위원 및 사용자위원 각 과반수의 출석으로 개의(開議)하고 출석위원 과반수의 찬성으로 의결한다.
③ 근로자대표, 명예산업안전감독관, 해당 사업의 대표자, 안전관리자 또는 보건관리자는 회의에 출석할 수 없는 경우에는 해당 사업에 종사하는 사람 중에서 1명을 지정하여 위원으로서의 직무를 대리하게 할 수 있다.
④ 산업안전보건위원회는 다음 각 호의 사항을 기록한 회의록을 작성하여 갖추어 두어야

한다.

가. 개최 일시 및 장소

나. 출석위원

다. 심의 내용 및 의결 · 결정 사항

라. 그 밖의 토의사항

10 안전보건관리규정(산안법 제25조)

사업장의 안전 및 보건을 유지하기 위하여 다음 각 호의 사항이 포함된 안전보건관리규정을 작성하여야 한다.

1) 안전보건관리규정 주요 내용

① 안전 및 보건에 관한 관리조직과 그 직무에 관한 사항

② 안전보건교육에 관한 사항

③ 작업장의 안전 및 보건관리에 관한 사항

④ 사고 조사 및 대책 수립에 관한 사항

⑤ 그 밖에 안전 및 보건에 관한 사항

2) 안전보건관리규정 작성대상

① 건설업 : 상시근로자 수 100인 이상

3) 안전보건관리규정 세부 내용

① 총칙

가. 안전보건관리규정 작성의 목적 및 적용 범위에 관한 사항

나. 사업주 및 근로자의 재해예방 책임 및 의무 등에 관한 사항

다. 하도급 사업장에 대한 안전보건관리에 관한 사항

② 안전보건관리 조직과 그 직무

가. 안전보건관리 조직의 구성 방법, 소속, 업무분장 등에 관한 사항

나. 안전보건관리책임자(안전보건총괄책임자), 안전관리자, 보건관리자, 관리감독자의 직무 및 선임에 관한 사항

다. 산업안전보건위원회의 설치 · 운영에 관한 사항

라. 명예산업안전감독관의 직무 및 활동에 관한 사항

마. 작업지휘자 배치 등에 관한 사항

③ 안전보건교육

가. 근로자 및 관리감독자의 안전보건교육에 관한 사항

나. 교육계획의 수립 및 기록 등에 관한 사항

④ 작업장 안전관리

가. 안전보건관리에 관한 계획의 수립 및 시행에 관한 사항

나. 기계 · 기구 및 설비의 방호조치에 관한 사항

다. 유해 · 위험기계 등에 대한 자율검사프로그램에 의한 검사 또는 안전검사에 관한 사항

라. 근로자의 안전수칙 준수에 관한 사항

마. 위험물질의 보관 및 출입 제한에 관한 사항

바. 중대재해 및 중대산업사고 발생, 급박한 산업재해발생의 위험이 있는 경우 작업 중지에 관한 사항

사. 안전표지 · 안전수칙의 종류 및 게시에 관한 사항과 그 밖에 안전관리에 관한 사항

⑤ 작업장 보건관리

가. 근로자 건강진단, 작업환경측정의 실시 및 조치절차 등에 관한 사항

나. 유해물질의 취급에 관한 사항

다. 보호구의 지급 등에 관한 사항

라. 질병자의 근로 금지 및 취업 제한 등에 관한 사항

마. 보건표지 · 보건수칙의 종류 및 게시에 관한 사항과 그 밖에 보건관리에 관한 사항

Chapter | 02

건설업 재해현황

2.1 건설업 재해현황

1 산업 재해발생 현황(2024년도)

2024년도 노동부 재해 분석 결과에 의하면 2024년도 산업 재해 보상 보험법 적용 사업장에 종사하는 근로자 21,420,560명 중에서 4일 이상 요양을 요하는 재해자가 142,771명(사망 2,098명)이 발생하였다. 이는 2023년도에 비하여 근로자 수는 3.7%가 증가하였으며, 재해자 수는 4.4%가 증가하였고, 재해율은 1.5%P가 증가하고 있다.

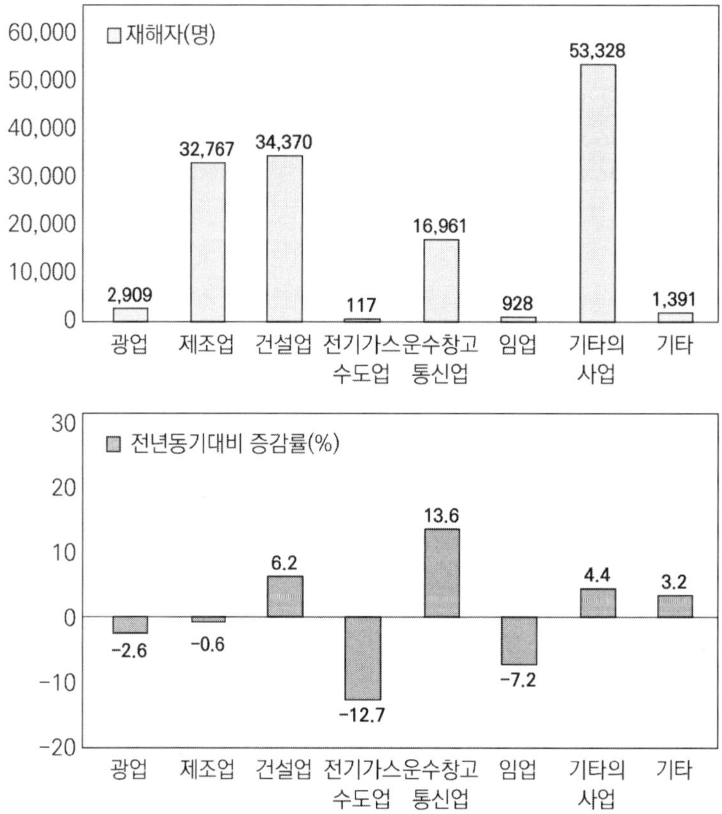

➋ 2024년도 재해발생 현황

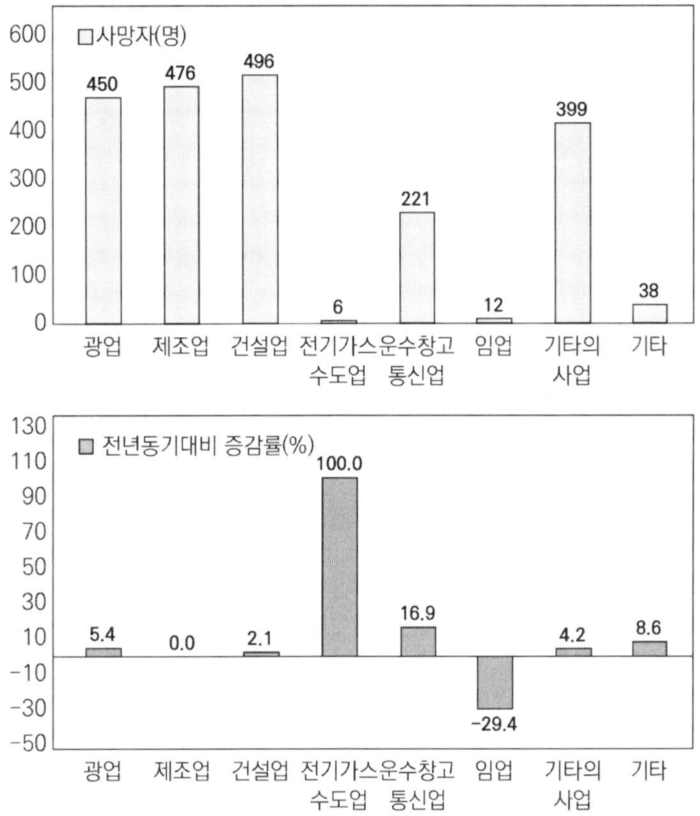

2024년도 사망 재해발생 현황

한편, 산업 재해로 인한 직접 손실액(산재 보상금 지급액)은 2011년도 3,625,397백만 원이었고, 직간접 손실을 포함한 총 경제적 손실 추정액은 약 18,126,985백만 원으로 전년대비 2.89% 증가한 것으로 나타났다.

이중 건설업에서의 재해발생은 재해자가 34,370명으로 전체 재해자 142,771명의 24.0%이며, 기타의 사업 다음으로 높은 비율을 나타내고 있으며 사망자 수에서도 전체 사망자 수 2,098명 중 건설업이 23.6%로서 건설업에서의 재해가 타 산업보다 중대재해가 많이 발생하고 있음을 알 수 있다.

2 건설업 재해 추이

고용노동부 통계 자료에 의하면 2001년도~2010년도까지 10년간 건설업에서 발생한 산업 재해는 아래 그림과 같이 '03년부터 계속 감소추세를 보이다가 산업재해보상보험 의무가입이 확대되면서 다시 증가 추세를 나타내고 있다.

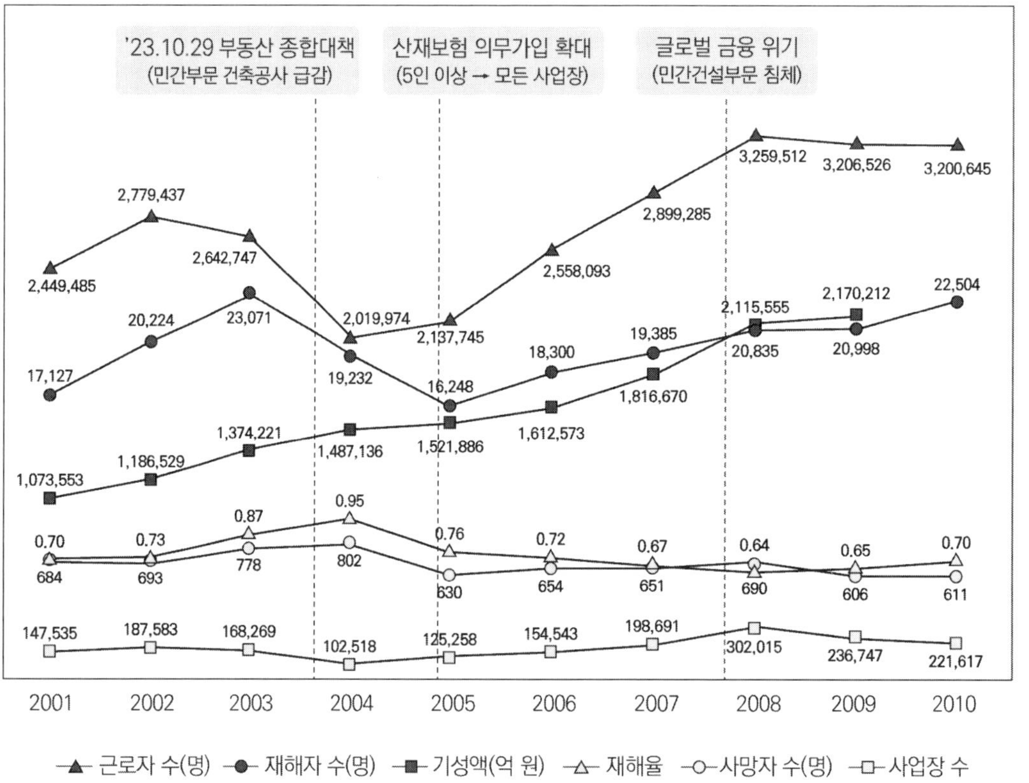

건설업에서의 재해율 추이

1) 건설업 재해 특징

① 중 · 소규모 건설현장에서 요양기간 3월 미만의 재해 점유 비율이 높음

- 다세대 · 원룸 · 근린생활시설 등 안전관리가 열악한 중 · 소 현장의 재해가 증가 추세

※ 20억 원 미만 재해 비중(%) : 70.8(2007년) → 70.8(2008년) → 73.1(2009년) → 71.5(2010년)

공사금액별 재해발생 현황

구분	2007년		2008년		2009년		2010년	
	재해자	사망자	재해자	사망자	재해자	사망자	재해자	사망자
계	19,385명	651명	20,835명	690명	20,998명	606	22,504명	611명
120억 원 이상	2,103명	178명	2,320명	171명	2,210명	189	1,793명	170명
20~120억 원	3,566명	135명	3,759명	166명	3,444명	111	3,384명	97명
3~20억 원	5,489명	121명	6,005명	119명	5,762명	100	6,532명	135명
3억 원 미만	8,227명	217명	8,751명	234명	9,582명	206	10,794명	209명

② 위험도가 낮은 소규모 건축공사 증가 및 산재신청절차의 지속적인 완화에 따라 요양기간 3개월 미만 재해자의 증가 추세

※ 3개월 미만 재해자 비중(%) : 25.7(2008년) → 48.5(2009년) → 42.4(2010년)

③ 대규모 현장의 사망재해는 정체 상태

가. 건설업 전체의 사망재해는 감소추세에 있으나, 120억 원 이상 건설현장의 사망재해는 정체상태

나. 대형사고는 대기업, 공사금액 300억 원 이상 대규모 현장에서 신공법(거푸집, 대형 가시설물 등)에 의한 시공 중 다발

④ 안전시설의 설치 · 안전교육 실시 등으로 사전 예방이 가능한 추락 · 낙하 등 재래형 재해가 63.8% 차지

가. 발생 형태별(2008~2010년, 64,337명)로는 추락 32.9%(21,131명), 전도 18.1%(11,625명), 낙하 12.8%(8,231명)로 가장 큰 비중

나. 사망재해(2008~2010년, 1,907명)는 추락사고가 48.5%(925명)로 거의 절반을 차지

2.2 건설업 재해예방 대책

1 건설 재해의 원인

1) 작업 환경의 특수성

건설공사의 대부분은 옥외에서 이루어지는 작업으로 공사 지점의 지형, 지질, 기후 등의 영향을 받게 되며, 공정의 진행에 따라 작업 환경과 작업 종류가 수시로 변화하게 되어 재해 위험성을 예측하기가 매우 어렵다.

2) 작업 자체의 위험성

건설작업은 일정한 근로자가 일정한 기계 또는 기구로 행하는 것이 아니라 작업 도구나 위치가 이동성을 갖게 되는 것이다. 그리고 가설물의 조립 및 해체, 건조물의 축조, 중량물 취급 및 운반, 중건설 기계의 운용 등의 종합 생산적 작업이므로 재해 위험성이 다양하고 타 직종 간에 상하 또는 횡적 협조가 미흡하다.

3) 공사 계약의 편무성

공사 발주 시기, 공사 가격 여건, 공사 기간 등에 있어서 발주자의 무리한 요구가 수반되기 쉬우며, 건축주 또는 시공자의 무관심으로 인하여 안전관리비의 공사비 포함이 무시되기 쉽다. 따라서 보호 장구, 안전 설비 등의 제반 안전조치가 취해지기 어렵게 되어 재해발생률이 더욱 가중되는 것이다.

4) 고용의 불안정과 근로자의 유동성

최근의 건설 근로자의 고용 현황은 건설업이 3D 업종의 하나로 분류되고 있고, 숙련 기능공의 부족 및 노동 인력의 고령화가 가속화되고 있으며, 한편 건설업의 근로자는 대부분이 일용 근로자로서 회사에 대한 소속감이 부족하고 안전 의식이 결여되어 있으며 안전관리 교육의 기회가 적다.

5) 신기술 · 신공법에 따른 안전 기술

부족신공법 및 신기술의 도입 또는 개발에 따른 사전 안전조치가 미흡하며 공사비의 절감, 공기의 단축 등으로 인한 근로자의 안전 배려가 소홀하며 새로운 안전 기술의 연구 개발이 부족하다.

6) 하도급에서 발생되는 여건

건설업 중 특히 대규모 공사에 있어서는 수차에 걸친 재도급 또는 공종별 공사별의 하도급에서 안전관리 체제의 미흡이 초래되며 재해발생 시에 책임의 한계가 불분명하게 된다.

7) 근로자의 안전 의식 부족

작업의 특수성으로 인하여 일일 근무 시간이 불명확하며, 특히 성수기에는 휴일 없는 작업에서 오는 근로자의 피로 축적, 안전교육의 무시 등 근로자의 안전 의식이 부족하다.

8) 당해년 예산 회계 제도에 따른 공사 시기의 부적정

우리나라는 단년 예산 회계 제도를 채택하고 있어 통상 공사 완료 시기가 12월 말까지는 완료해야 하므로 기후 조건이 맞지 않은 경우도 연말까지 완성을 위해 무리한 시공을 하므로 재해발생의 요인이 된다. 이와 같이 타 산업과는 다른 특수성 때문에 재해가 다발적이므로 안전보건 문제를 근본적으로 해결하기 위해서는 건설 재해 방지 대책에 대한 연구 노력이 절실히 요구된다.

9) 외국인 근로자 사용

숙련 기능공의 부족 및 노동 인력의 고령화 등에 다른 건설근로자 공급 문제를 해결하기 위해 외국인 근로자 채용에 따른 문화적, 제도적인 차이로 발생하는 안전의식 저하로 사고 발생 요인으로 작용한다.

2 건설 재해 방지 대책

1) 계획 및 설계 시의 안전보건 대책 강화

공사의 계획 시부터 적정한 공법, 공기 및 공정을 선택하여 안전관리상의 무리가 없어야 하며, 공사를 순조롭게 진행할 수 있는 능력을 갖춘 시공업자를 선정하여 무리가 없도록 해야 하며, 각 공정별 또는 작업별로 안전성 진단을 실시하여야 한다.

2) 기계 · 설비, 공법 등의 안전성 확보

건설용 기계 · 기구의 안전화를 위한 연구 개발을 지속적으로 추진하여야 하며 신기술 · 신공법 등에 관한 사전 안정성 심사 제도를 정착시켜야 한다. 반면에 현재 시행하고 있는 재래 공법에 대하여도 안정성을 위한 재검토가 실시되어야 한다.

3) 안전보건관리 체제의 정비

계획단계에 공사의 안전관리 체제를 확립해야 하고, 특히 하도급 또는 재도급 시의 안전관리 책임 한계를 명확히 하여 도급업자의 책임 의식을 고취시켜야 한다. 현장의 안전관리자와 안전 요원을 적정 배치하여 재해 위험성을 예측하여 적절한 조치를 취할 수 있도록 해야 한다.

4) 안전보건 기술 기준의 정비

공정별, 작업별로 기술 지침을 정비하여 작업의 안전화를 기해야 하며, 위험 기계, 추락 위험 지역, 낙반 위험 지역 등에서는 보호망, 보호 철책, 안전장치 등의 안전조치를 취해야 한다.

5) 안전보건교육의 강화

근로 시간의 불명확, 건설 근로자의 유동성 등을 고려하여 매일 작업 시작 전에 안전보건에 관한 교육을 정기적 또는 수시로 실시하여 근로자의 안전 의식을 고취시키도록 유도해야 한다.

6) 건강 장해 방지 대책의 강화

건설업은 근로자가 유해 요인에 폭로될 기회가 많은데도 건설업 자체가 유한적이며 작업 형태도 임시 작업이 많고 이동 작업, 옥외 작업이 대부분이어서 건강 장해에 대한 인식이 부족하며, 건강 진단에 대해서도 임시 일용 근로자, 계절성, 이동성 근로자가 대부분이어서 실시가 어렵다. 그러나 건설공사 현장은 분진 작업(토석 등의 굴착, 용접 등), 유기 용제 업무(도장), 특정 화학 물질 취급 작업(석면 분사 등) 등 많은 유해 업무가 있으므로 공사 착수 전에 해당 공사의 유해 요인을 파악하고 필요한 예방 대책을 세워야 하며, 적절한 보호구를 전 작업자에게 지급하여야 한다.

7) 기타 제 대책의 추진

근로자를 위한 후생 시설의 확보, 적절한 휴일제의 실시, 일정한 작업 시간제의 실시 등으로 근로 의식을 고취시키고 작업의 만족감을 성취할 수 있도록 제도를 도입하여야 하고, 산안법에 도입된 근로자 참여 작업 중지, 위험성평가 등 수행 시 근로자 의견 반영해야 할 것이다.

2.3 건설업 재해예방 안전관리 이론

1 산업재해 통계

1) 목적

재해발생 통계 자료의 정보를 통해 동종 및 유사재해를 방지하기 위함이다.

2) 통계 활용 지표

① 근로자 수(명) : 산업재해보상보험 적용 근로자 수

② 재해자 수(명) : 업무상 사고 또는 질병으로 인해 발생한 사망자와 부상자, 질병이환자를 합한 수

※ 재해자 수에는 통상의 출퇴근에 의한 재해는 제외[산업재해통계업무처리규정(고용노동부 예규)]

가. 사고재해자 수(명) : 업무상 사고로 인해 발생한 사망자와 부상자를 합한 수

나. 질병재해자 수(명) : 업무상 질병으로 인해 발생한 사망자와 질병이환자를 합한 수

③ 연천인율 $= \dfrac{\text{연간재해자 수}}{\text{평균 근로자 수}} \times 1{,}000$

가. 근로자 수 1,000명당 재해발생 비율

④ 빈도율(FR) $= \dfrac{\text{재해발생 건수}}{\text{연근로시간 수}} \times 1{,}000{,}000$

가. 1백만 시간당 재해발생 건수의 비율

나. 1인당 근로시간 수

1일 : 8시간, 1달 : 25일, 1년 : 300일, 1년 : 2,400시간

다. 동종업종 간 안전관리실적 비교 평가

라. 1,000,000시간당 재해발생 건수

⑤ 강도율(SR) $= \dfrac{\text{총 근로손실일수}}{\text{연근로시간 수}} \times 1{,}000$

가. 산재로 인한 1,000시간당 근로손실 일수

나. 근로손실일수 = 휴업일수(요양일수) × 300/365

다. 상해자 부상 정도, 상해의 질적 상태 비교

⑥ 사망만인율 $= \dfrac{\text{사망자 수}}{\text{상시근로자 수}} \times 10{,}000$

가. 연천인율 = 2.4 × 빈도율

나. 산재로 인한 1,000시간당 근로손실 일수

다. 근로손실일수 = 휴업일수(요양일수) × 300/365

라. 상해자 부상 정도, 상해의 질적 상태 비교

⑦ $재해율(\%) = \dfrac{재해자\ 수}{상시근로자\ 수} \times 100$

가. $상시근로자\ 수(명) = \dfrac{연간국내건설공사\ 실적액 \times 노무비율}{건설업월평균임금 \times 12}$

나. 공사실적액 = 적용대상 기간 중 기성 실적액

다. 노무 비율, 월평균 임금은 매년 12월 31일 고용노동부 장관이 고시

- 사고재해율(%) : 근로자 100명당 발생하는 업무상 사고 재해자 수의 비율
  ※ 사고재해율(%) = (사고재해자 수/근로자 수) × 100
- 질병 재해율(%) : 근로자 100명당 발생하는 업무상 질병자 수의 비율
  ※ 질병 재해율(%) = (질병재해자 수/근로자 수) × 100

2 재해발생 형태의 정의와 분류기준

1) 재해발생형태의 정의

① 『발생형태』란 재해 및 질병이 발생된 형태 또는 근로자(사람)에게 상해를 입힌 기인물과 상관된 현상을 말한다.

② 『추락(떨어짐)』이라 함은 사람이 인력(중력)에 의하여 건축물, 구조물, 가설물, 수목, 사다리 등의 높은 장소에서 떨어지는 것을 말한다.

③ 『전도 · 전복(넘어짐)』이라 함은 사람이 거의 평면 또는 경사면, 층계 등에서 구르거나 넘어짐 또는 미끄러진 경우와 물체가 전도 · 전복된 경우를 말한다.

④ 『충돌 · 접촉(부딪침)』이라 함은 재해자 자신의 움직임 · 동작으로 인하여 기인물에 접촉 또는 부딪히거나, 물체가 고정부에서 이탈하지 않은 상태로 움직임(규칙, 불규칙) 등에 의하여 접촉 · 충돌한 경우를 말한다.

⑤ 『낙하 · 비래(날아와 맞음)』라 함은 구조물, 기계 등에 고정되어 있던 물체가 중력, 원심력, 관성력 등에 의하여 고정부에서 이탈하거나 또는 설비 등으로부터 물질이 분출되어 사람을 가해하는 경우를 말한다.

⑥ 『협착 · 감김(끼임)』이라 함은 두 물체 사이의 움직임에 의하여 일어난 것으로 직선 운동하는 물체 사이의 협착, 회전부와 고정체 사이의 끼임, 로울러 등 회전체 사이에 물리거나 또는 회전체 · 돌기부 등에 감긴 경우를 말한다.

⑦ 『붕괴 · 도괴(무너짐)』라 함은 토사, 적재물, 구조물, 건축물, 가설물 등이 전체적으로 허물어져 내리거나 또는 주요 부분이 꺾어져 무너지는 경우를 말한다.

⑧ 『압박 · 진동』이라 함은 재해자가 물체의 취급과정에서 신체 특정부위에 과도한 힘이 편중 · 집중 · 눌려진 경우나 마찰접촉 또는 진동 등으로 신체에 부담을 주는 경우를 말한다.

⑨ 『신체반응』이라 함은 물체의 취급과 관련 없이 일시적이고 급격한 행위 · 동작, 균형 상실에 따른 반사적 행위 또는 놀람, 정신적 충격, 스트레스 등을 말한다.

⑩ 『부자연스런 자세』라 함은 물체의 취급과 관련 없이 작업환경 또는 설비의 부적절한 설계 또는 배치로 작업자가 특정한 자세 · 동작을 장시간 취하여 신체의 일부에 부담을 주는 경우를 말한다.

⑪ 『과도한 힘 · 동작(무리한 힘의 사용)』이라 함은 물체의 취급과 관련하여 근육의 힘을 많이 사용하는 경우로서 밀기, 당기기, 지탱하기, 들어 올리기, 돌리기, 잡기, 운반하기 등과 같은 행위 · 동작을 말한다.

⑫ 『반복적 동작』이라 함은 물체의 취급과 관련하여 근육의 힘을 많이 사용하지 않는 경우로서 지속적 또는 반복적인 업무수행으로 신체의 일부에 부담을 주는 행위 · 동작을 말한다.

⑬ 『이상온도 노출 · 접촉』이라 함은 고 · 저온 환경 또는 물체에 노출 · 접촉된 경우를 말한다.

⑭ 『이상기압 노출』이라 함은 고 · 저기압 등의 환경에 노출된 경우를 말한다.

⑮ 『유해 · 위험물질 노출 · 접촉』이라 함은 유해 · 위험물질에 노출 · 접촉 또는 흡입하였거나 독성동물에 쏘이거나 물린 경우를 말한다.

⑯ 『소음노출』이라 함은 폭발음을 제외한 일시적 · 장기적인 소음에 노출된 경우를 말한다.

⑰ 『유해광선 노출』이라 함은 전리 또는 비전리 방사선에 노출된 경우를 말한다.

⑱ 『산소결핍 · 질식』이라 함은 유해물질과 관련 없이 산소가 부족한 상태 · 환경에 노출되었거나 이물질 등에 의하여 기도가 막혀 호흡 기능이 불충분한 경우를 말한다.

⑲ 『화재』라 함은 가연물에 점화원이 가해져 비의도적으로 불이 일어난 경우를 말하며, 방화는 의도적이기는 하나 관리할 수 없으므로 화재에 포함시킨다.

⑳ 『폭발』이라 함은 건축물, 용기 내 또는 대기 중에서 물질의 화학적, 물리적 변화가 급격히 진행되어 열, 폭음, 폭발압이 동반하여 발생하는 경우를 말한다.

㉑ 『전류접촉(감전)』이라 함은 전기설비의 충전부 등에 신체의 일부가 직접 접촉하거나 유도전류의 통전으로 근육의 수축, 호흡곤란, 심실세동 등이 발생한 경우 또는 특별고압 등에 접근함에 따라 발생한 섬락 접촉, 합선 · 혼촉 등으로 인하여 발생한 아크에 접촉된 경우를 말한다.

㉒ 『폭력행위』라 함은 의도적인 또는 의도가 불분명한 위험행위(마약, 정신질환 등)로 자신 또는 타인에게 상해를 입힌 폭력 · 폭행을 말하여, 협박 · 언어 · 성폭력 및 동물에 의한 상해 등도 포함한다.

2) 재해발생형태의 분류 기준

① 산업재해가 발생된 형태를 우선하여 파악 · 분류하되, 산업재해발생을 야기한 형태가 상해에 직접적인 영향을 주지 못한 경우는 기인된 물체 또는 물질을 확인하고 재해자에게 어떻게 접촉 또는 폭로되었는가를 기준으로 분류한다.

② 단일 사고로 여러 명의 재해자가 발생하여 상해 결과가 재해자별로 상이한 경우에는 사고형태에 의하여 분류한다.

3) 재해 발생형태의 분류 단계

① 1차 원인에 의한 현상이 상해 결과를 유발하기에 적합한 경우에는 1차 원인의 현상을 발생형태로 분류한다.

② 1차 원인의 현상이 부적절한 경우에는 재해자의 상병 종류 · 부위 및 사망 · 부상 원인 등을 파악 · 비교하여 상해 결과에 적합한 현상을 판단하여 분류한다.

③ 사망 · 부상 원인 및 상해 결과 등 직접적 요인 파악이 어려운 경우에는 다음 순서에 의거 분류한다.

가. 폭력행위, 폭발, 화재, 전류접촉, 유해 · 위험물질 접촉 순으로 특정 사고를 우선하

여 분류

나. 재해 정도를 고려 가장 우선하여 재해예방대책이 요구되는 현상

다. 1차 원인(즉, 발단이 된 현상)

2.4 위험성평가

1 목적

사업주가 스스로 사업장의 유해·위험요인에 대한 실태를 파악하고 이를 평가하여 관리·개선하는 등 필요한 조치를 통해 산업재해를 예방할 수 있도록 지원하기 위하여 위험성평가 방법, 절차, 시기 등에 대한 기준을 제시하고, 위험성평가 활성화를 위한 시책의 운영 및 지원 사업 등 그 밖에 필요한 사항을 규정함에 목적이 있다.

2 용어의 정의

1) 사건(Incident)

위험요인이 자극에 의하여 사고로 발전되었거나 사고로 이어질 뻔했던 원하지 않는 사상(Event)으로서 인적·물적 손실인 상해·질병 및 재산적 손실뿐만 아니라 인적·물적 손실이 발생되지 않은 아차사고를 포함

2) 사고(Accident)

위험요인(Hazard)을 근원적으로 제거하지 못하고 위험(Danger)에 노출되어 발생되는 바

람직스럽지 못한 결과를 초래하는 것으로써 사망을 포함한 상해, 질병 및 기타 경제적 손실을 야기하는 예상치 못한 사상(Event)과 현상

3) 위험요인(Hazard)

유해 · 위험을 일으킬 잠재적 가능성이 있는 것의 고유한 특징이나 속성을 말한다. 인적피해, 물적 손실 및 환경피해를 일으키는 요인(요소) 또는 이들 요인(요소)이 혼재된 잠재적 유해 · 위험요인으로, 실제 사고(손실)로 전환되기 위해서는 자극이 필요하며 이런 자극으로는 기계적 고장, 시스템의 사태, 작업자 실수 등 물리 · 화학적, 생물학적, 심리적, 행동적 원인이 있음

4) 위험요인 확인(Hazard Identification)

시스템에서 인적 피해, 환경피해 및 재산손실을 야기할 수 있는 잠재적 위험성을 가진 물리 · 화학적 제 요인을 확인(도출, 파악)하는 것

5) 위험(Danger)

위험요인(Hazard)에 상대적으로 노출된 상태

6) 위험성(Risk)

유해 · 위험요인이 사망, 부상 또는 질병으로 이어질 수 있는 가능성과 중대성 등을 고려한 위험의 정도를 말하며, 특정한 위험요인이 위험한 상태로 노출되어 특정한 사건으로 이어질 수 있는 가능성(발생 빈도)과 결과의 중대성(손실크기)의 조합으로서 위험의 크기 또는 위험의 정도를 말함

7) 위험성평가(Risk Assessment)

사업주가 스스로 유해 · 위험요인을 파악하고 해당 유해 · 위험요인의 위험성 수준을 결정

하여, 위험성을 낮추기 위한 적절한 조치를 마련하고 실행하는 과정을 말함

8) 허용 가능한 위험(Acceptable Risk)

위험성평가에서 위험요인의 위험도가 법적 및 시스템의 안전 요구사항에 의하여 사전에 결정된 허용 위험수준 이하의 위험 또는 개선에 의하여 허용 위험수준 이하로 감소된 위험

9) 안전(Safety)

위험요인이 없는 상태로서 정의할 수 있지만 현실적으로 산업현장 또는 시스템에서는 달생 불가능하므로 현실적인 안전의 정의는 잠재 위험요인의 위험도를 허용 가능한 위험수준으로 관리하는 것으로 정의할 수 있음

3 위험성평가의 주체

① 사업주는 스스로 사업장의 유해·위험요인을 파악하고 이를 평가하여 관리 개선하는 등 위험성평가를 실시하여야 한다.

② 작업의 일부 또는 전부를 도급에 의하여 행하는 사업의 경우는 도급을 준 도급인(이하 "도급사업주"라 한다)과 도급을 받은 수급인(이하 "수급사업주"라 한다)은 각각 위험성평가 실시하여야 한다.

③ 도급사업주는 수급사업주가 실시한 위험성평가 결과를 검토하여 도급사업주가 개선할 사항이 있는 경우 이를 개선하여야 한다.

4 위험성평가 대상

① 위험성평가의 대상이 되는 유해·위험요인은 업무 중 근로자에게 노출된 것이 확인되었거나 노출될 것이 합리적으로 예견 가능한 모든 유해·위험요인이다. 다만, 매우 경

미한 부상 및 질병만을 초래할 것으로 명백히 예상되는 유해 · 위험요인은 평가 대상에서 제외할 수 있다.

② 사업주는 사업장 내 부상 또는 질병으로 이어질 가능성이 있었던 상황(이하 "아차사고"라 한다)을 확인한 경우는 해당 사고를 일으킨 유해 · 위험요인을 위험성평가의 대상에 포함시켜야 한다.

③ 사업주는 사업장 내에서 중대재해가 발생한 때에는 지체 없이 중대재해의 원인이 되는 유해 · 위험요인에 대해 위험성평가를 실시하고, 그 밖의 사업장 내 유해 · 위험요인에 대해서는 위험성평가 재검토를 실시하여야 한다.

5 위험성평가 근로자 참여

사업주는 위험성평가를 실시할 때, 법 제36조제2항에 따라 다음 각 호에 해당하는 경우 해당 작업에 종사하는 근로자를 참여시켜야 한다.

① 유해 · 위험요인의 위험성 수준을 판단하는 기준을 마련하고, 유해 · 위험요인별로 허용 가능한 위험성 수준을 정하거나 변경하는 경우

② 해당 사업장의 유해 · 위험요인을 파악하는 경우

③ 유해 · 위험요인의 위험성이 허용 가능한 수준인지 여부를 결정하는 경우

④ 위험성 감소대책을 수립하여 실행하는 경우

⑤ 위험성 감소대책 실행 여부를 확인하는 경우

6 위험성평가 시 주의해야 할 사항

① 위험성평가가 사업장 내 모든 위험요인에 대하여 이루어지기 위해서는 사전에 평가대상 목록을 확정하고 각 대상에 대한 불안전한 상태와 불안전한 행동 및 관리적인 사항에 대한 평가를 하여야 한다.

② 평가팀 구성 시 해당 작업 공종관리자 만에 의한 평가는 형식적인 평가가 이루어져

소기의 목적을 달성할 수 없으므로 현장에서 위험에 직접 노출된 작업자가 참여하여야 한다.

③ 위험요인 파악은 팀원의 브레인스토밍(Brain Storming) 방식으로 진행하되 특히 위험에 직접 노출된 현장 근로자의 아차사고 경험을 반영할 수 있도록 아차사고 보고를 활성화하여야 한다.

④ 위험도(위험의 크기) 계산에 필요한 발생빈도(발생 가능성)와 발생 강도 사고발생 시 사고 중대성 또는 손실 크기) 뿐만 아니라 허용할 수 있는 위험수준을 위험성평가팀에서 사업장의 규모와 업종 특성에 적합하도록 사전에 정하여야 한다.

⑤ 위험성평가를 위해서는 조직이 보유하고 있는 위험과 관련된 모든 정보를 평가자들에게 제공하여야 하며 평가를 위한 정보가 부족할 때는 전문가의 조언을 받도록 한다.

⑥ 위험 감소 대책은 기술적 · 경제성을 검토하여 합리적으로 실행 가능한 낮은 수준(ALARP : As Low As Reasonably Practical)의 위험이 유지되도록 작성되어야 한다.

7 위험성평가 방법

① 사업주는 다음과 같은 방법으로 위험성평가를 실시하여야 한다.

가. 안전보건관리책임자 등 해당 사업장에서 사업의 실시를 총괄 관리하는 사람에게 위험성평가의 실시를 총괄 관리하게 할 것

나. 사업장의 안전관리자, 보건관리자 등이 위험성평가의 실시에 관하여 안전보건관리책임자를 보좌하고 지도 · 조언하게 할 것

다. 유해 · 위험요인을 파악하고 그 결과에 따른 개선조치를 시행할 것

라. 기계 · 기구, 설비 등과 관련된 위험성평가에는 해당 기계 · 기구, 설비 등에 전문지식을 갖춘 사람을 참여하게 할 것

마. 안전보건관리자의 선임 의무가 없는 경우에는 제2호에 따른 업무를 수행할 사람을 지정하는 등 그 밖에 위험성평가를 위한 체제를 구축할 것

② 사업주는 위험성평가를 실시하기 위해 관련자에게 필요한 교육을 실시하여야 한다. 이 경우 위험성평가에 대해 외부에서 교육을 받았거나, 관련 학문을 전공하여 관련 지식이 풍부한 경우에는 필요한 부분만 교육을 실시하거나 교육을 생략할 수 있다.

③ 사업주는 사업장의 규모와 특성 등을 고려하여 다음 각 호의 위험성평가 방법 중 한 가지 이상을 선정하여 위험성평가를 실시할 수 있다.

가. 위험 가능성과 중대성을 조합한 빈도 · 강도법

나. 체크리스트(Checklist)법

다. 위험성 수준 3단계(저 · 중 · 고) 판단법

라. 핵심 요인 기술(One Point Sheet)법

마. 그 외 산업안전보건법 시행규칙 제50조제1항제2호 각 목의 방법

8 위험성평가 절차

① 사업주는 위험성평가를 다음의 절차에 따라 실시하여야 한다. 다만, 건설공사의 경우 1억 원 미만의 경우 사전준비 절차를 생략할 수 있다.

가. 사전준비

나. 유해 · 위험요인 파악

다. 위험성 결정

라. 위험성 감소대책 수립 및 실행

마. 위험성평가 실시내용 및 결과에 관한 기록 및 보존

② 사업주는 위험성평가를 실시하기 전에 다음 각 호의 사항을 확정하여야 한다.

가. 위험성의 수준과 그 수준을 판단하는 기준

나. 허용 가능한 위험성의 수준(이 경우 법에서 정한 기준 이상으로 위험성의 수준을 정하여야 한다)

③ 사업주는 다음 각 호의 사업장 안전보건정보를 사전에 조사하여 위험성평가에 활용할 수 있다.

가. 작업표준, 작업절차 등에 관한 정보

나. 기계 · 기구, 설비 등의 사양서, 물질안전보건자료(MSDS) 등의 유해 · 위험요인에 관한 정보

다. 기계 · 기구, 설비 등의 공정 흐름과 작업 주변의 환경에 관한 정보

라. 법 제63조에 따른 작업을 하는 경우로서 같은 장소에서 사업의 일부 또는 전부를

도급을 주어 행하는 작업이 있는 경우 혼재 작업의 위험성 및 작업 상황 등에 관한 정보

마. 재해사례, 재해통계 등에 관한 정보

바. 작업환경측정 결과, 근로자 건강진단 결과에 관한 정보

사. 그 밖에 위험성평가에 참고가 되는 자료 등

1) 평가팀 구성

위험성평가 실시를 위한 팀의 구성은 해당 작업 공종에 대해 경험이 있는 전문가들로 구성한다.

① 안전보건총괄책임자(현장소장)

② 관리감독자

③ 협력업체 소장

④ 안전관리자

⑤ 근로자(협력업체 작업반장)

2) 자료준비

① 관련 설계도서(도면, 시방서 등)

② 공정표

③ 공법 등을 포함한 시공계획서 또는 작업계획서, 안전보건 관련 계획서 등

④ 주요 투입 장비 사양 및 작업계획, 자재, 설비 등 사용계획서

⑤ 점검 · 정비 절차서

⑥ 유해 · 위험물질의 저장 및 취급량

⑦ 가설전기 사용 계획

⑧ 과거 재해사례 등

3) 업무절차 및 역할과 책임

① 사업주는 사업장의 위험성평가를 위한 조직 내의 업무절차를 마련하고 조직 내에서 역할과 책임을 정한다.

② 역할과 책임

가. 안전팀

- 위험성평가 계획 수립 및 확정
- 평가팀의 구성
- 평가자 레벨별 위험성평가 기법 및 방법 교육
- 위험성평가에 대한 계획(P) → 실시(D) → 평가(C) → 개선(A)의 진행을 경영층에 모니터링
- 다음연도 안전보건계획 및 목표에 반영

나. 해당 부서(또는 현장)

- 평가 대상 작업공종 선정
- 평가팀 중심 위험성평가 실시
- 위험성평가표 및 등록표 관리
- 위험 감소대책의 실행
- 위험성평가 효과분석 및 경영층에 보고

4) 위험성평가 계획 수립 시 포함될 사항

① 최고 책임자의 위험성평가 방침에 따라 위험성평가 계획을 수립하되 위험성평가 실시에 노사가 공동 참여토록 한다.

② 위험성평가에 대한 실시계획 수립 시 포함 내용

가. 작업공종 분석

나. 평가 대상 작업공종 검토

다. 위험성평가 대상 리스트 작성

라. 대상 작업공종에 대한 관련 정보 수집

마. 위험요인이 재해로 발전하는 빈도에 대한 검토

바. 위험이 재해로 발전할 때 예상되는 손실 크기에 대한 검토

사. 위험의 허용한도에 대한 검토

아. 위험감소 대책의 실행 절차

자. 감소대책 실행 후 위험도의 재평가 등

9 위험성평가 절차 및 단계별 수행 방법

1) 평가 절차

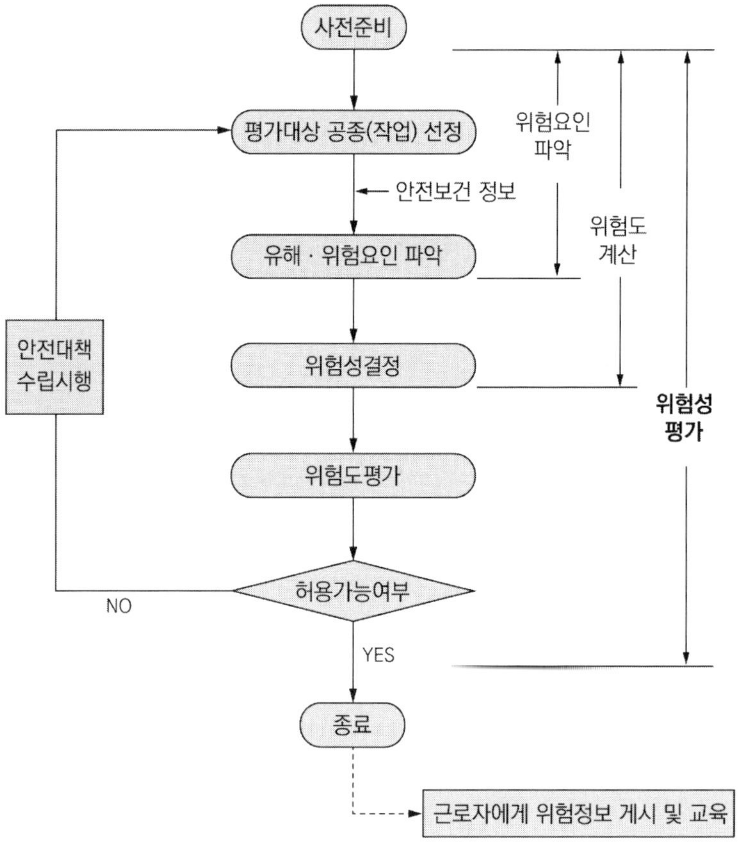

2) 단계별 수행방법

1단계 평가 대상 공종(작업) 선정

① 평가 대상 공종(작업)별로 분류하여 선정
- 평가 대상 공종(작업)은 단위작업으로 구성되며 단위작업별로 위험성평가 실시

② 작업공정 흐름도에 따라 평가 대상 공종(작업)이 결정되면 평가 대상 및 범위 확정

③ 평가 대상 공종(작업)에 대하여 안전보건에 대한 위험정보 사전파악
- 회사 자체 재해분석 자료
- 기타 재해자료

2단계 위험요인의 도출

① 사업주는 사업장 내의 유해 · 위험요인을 파악하여야 한다. 이때 업종, 규모 등 사업장 실정에 따라 다음 각 호의 방법 중 어느 하나 이상의 방법을 사용하되, 특별한 사정이 없으면 “가.”호에 의한 방법을 포함하여야 한다.

가. 사업장 순회점검에 의한 방법

나. 근로자들의 상시적 제안에 의한 방법

다. 설문조사 · 인터뷰 등 청취조사에 의한 방법

라. 물질안전보건자료, 작업환경측정 결과, 특수건강진단 결과 등 안전보건 자료에 의한 방법

마. 안전보건 체크리스트에 의한 방법

바. 그 밖에 사업장의 특성에 적합한 방법근로자의 불안전한 행동으로 인한 위험요인

② 사용 자재 및 물질에 의한 위험요인

③ 작업 방법에 의한 위험요인

④ 사용 기계 · 기구에 대한 위험원의 확인

3단계 위험도 계산(예시)

① 2단계에서 파악된 대상공종 및 작업의 유해 · 위험요인에 대하여 그 유해 · 위험요인

이 사고로 발전할 수 있는 발생빈도(발생 가능성)와 발생 강도(사고발생 시 사고의 중대성 또는 손실 크기)를 단계별로 수준(Level)을 정하고 양자를 조합하여 위험도(위험의 크기) 계산

② 각 위험요인에 대한 위험도 계산은 발생빈도 수준과 발생 강도 수준의 조합을 위험도(위험의 크기) 수준 결정

위험도 = 사고의 발생빈도 × 사고의 발생 강도

사고의 발생빈도 ↑
- 위험이 사고로 발전될 확률
- 폭로 빈도와 시간

사고의 발생 강도 ↑
- 부상 및 건강장애 정도
- 재산손실 크기

4단계 위험도 평가

① 위험 평가는 3단계에서 행한 위해 · 위험요인별 위험도 계산 값 (수준)에 따라 위험도 등급(수준)을 평가

② 평가된 위험도에 따라 위험도 등급과 관리 기준을 정함

가. 평가 대상 공종(작업) 내에서 단위작업별 위험도를 상대적으로 비교하여 등급을 결정함

나. 사업장 특성에 따라 관리 기준을 달리할 수 있음

③ 위험도 등급 결정

위험도 등급(수준)	평가 기준
상(★★★)	발생빈도와 발생 강도를 곱한 값(위험도)이 상대적으로 높은 경우
중(★★)	발생빈도와 발생 강도를 곱한 값(위험도)이 상대적으로 중간인 경우
하(★)	발생빈도와 발생 강도를 곱한 값(위험도)이 상대적으로 낮은 경우

④ 위험도 등급에 따른 관리기준

위험도 등급(수준)	관리 기준		
상(★★★)	중대한 위험	세부 재해 예방대책을 수립하고 중점 위험관리 활동 및 위험상황에 따라 작업중지가 필요한 위험	허용 불가 위험
중(★★)	상당한 위험	안전시설 설치, 관리감독자 배치 등 관리적 대책이 필요한 위험	허용 불가 위험
하(★)	경미한 위험	위험표지 부착, 개인보호구 착용, 상황에 따라 안전시설 설치 등 일상 안전관리가 필요한 위험	허용 가능 위험

5단계 개선대책 수립

① 사업주는 허용 가능한 위험성이 아니라고 판단한 경우에는 위험성의 수준, 영향을 받는 근로자 수 및 다음 각 호의 순서를 고려하여 위험성 감소를 위한 대책을 수립하여 실행하여야 한다. 이 경우 법령에서 정하는 사항과 그 밖에 근로자의 위험 또는 건강장해를 방지하기 위하여 필요한 조치를 반영하여야 한다.

가. 위험한 작업의 폐지 · 변경, 유해 · 위험물질 대체 등의 조치 또는 설계나 계획단계에서 위험성을 제거 또는 저감하는 조치

나. 연동장치, 환기장치 설치 등의 공학적 대책

다. 사업장 작업절차서 정비 등의 관리적 대책

라. 개인용 보호구의 사용위험의 정도가 중대한 위험에 대해서는 구체적 위험 감소대책을 수립하여 감소대책 실행 이후에는 허용할 수 있는 범위의 위험으로 끌어내리는 조치를 취해야 한다.

② 위험요인별 위험 감소대책은 현재의 안전대책을 고려하여 수립하고 이를 개선대책 란에 기입

③ 위험요인별로 개선대책을 시행할 경우 위험수준이 어느 정도 감소하는지 개선 후 위험도 평가 실시

※ 개선대책 실행 후 위험도는 허용할 수 있는 범위 내의 위험 수준이 되어야 함

10 평가 결과의 타당성 검토 및 보고

1) 위험성평가 타당성 검토

5단계까지 위험성을 평가해서 얻어진 위험 감소대책은 위험 감소 대책의 실효성이 있는지 최종적으로 검토하여야 한다.

① 위험 감소대책이 기술적 난이도를 고려했는지 여부
② 합리적으로 실행 가능한 낮은 수준으로(ALARP : As Low As Reasonably Practical) 고려했는지 여부
③ 실행 우선순위가 적절한지 여부
④ 새로운 위험이 발생하지 않는지 여부
⑤ 대책 실행 후 허용 가능한 위험범위 내로 위험성이 감소되었는지 여부

2) 평가 결과의 보고

최종적으로 위험 감소대책을 포함한 위험성평가 결과는 경영층에 보고하고 노 · 사가 공동으로 위험 감소대책을 실행하여야 한다.

11 위험성평가 결과 공유

① 사업주는 위험성평가를 실시한 결과 중 다음 각 호에 해당하는 사항을 근로자에게 게시, 주지 등의 방법으로 알려야 한다.
가. 근로자가 종사하는 작업과 관련된 유해 · 위험요인
나. 유해 · 위험요인의 위험성 결정 결과
다. 유해 · 위험요인의 위험성 감소대책과 그 실행 계획 및 실행 여부
라. 위험성 감소대책에 따라 근로자가 준수하거나 주의하여야 할 사항
② 사업주는 위험성평가 결과 중대재해로 이어질 수 있는 유해 · 위험요인에 대해서는 작업 전 안전점검회의(TBM : Tool Box Meeting) 등을 통해 근로자에게 상시적으로 주

지시키도록 노력하여야 한다.

③ 위험 감소대책을 시행한 후 재해감소 및 생산성 향상에 대한 모니터링을 주기적으로 실시하고 평가하여 다음 연도 사업계획 및 재해감소 목표설정에 반영하여 지속적 개선이 이루어지도록 한다.

12 위험성평가 실시 시기

① 사업주는 사업이 성립된 날(사업 개시일을 말하며, 건설업의 경우 실제 착공일을 말한다)로부터 1개월이 되는 날까지 위험성평가의 대상이 되는 유해 · 위험요인에 대한 최초 위험성평가의 실시에 착수하여야 한다. 다만, 1개월 미만의 기간 동안 이루어지는 작업 또는 공사의 경우에는 특별한 사정이 없는 한 작업 또는 공사 개시 후 지체 없이 최초 위험성평가를 실시하여야 한다.

② 사업주는 다음 각 호의 어느 하나에 해당하여 추가적인 유해 · 위험요인이 생기는 경우에는 해당 유해 · 위험요인에 대한 수시 위험성평가를 실시하여야 한다. 다만, “마” 호에 해당하는 경우에는 재해발생 작업을 대상으로 작업을 재개하기 전에 실시하여야 한다.

가. 사업장 건설물의 설치 · 이전 · 변경 또는 해체

나. 기계 · 기구, 설비, 원재료 등의 신규 도입 또는 변경

다. 건설물, 기계 · 기구, 설비 등의 정비 또는 보수(주기적 · 반복적 작업으로서 이미 위험성평가를 실시한 경우에는 제외)

라. 작업 방법 또는 작업절차의 신규 도입 또는 변경

마. 중대산업사고 또는 산업재해(휴업 이상의 요양을 요하는 경우에 한정한다) 발생

바. 그 밖에 사업주가 필요하다고 판단한 경우

③ 사업주는 다음 각 호의 사항을 고려하여 제1항에 따라 실시한 위험성평가의 결과에 대한 적정성을 1년마다 정기적으로 재검토(이때, 해당 기간 내 제2항에 따라 실시한 위험성평가의 결과가 있는 경우 함께 적정성을 재검토하여야 한다)하여야 한다. 재검토 결과 허용 가능한 위험성 수준이 아니라고 검토된 유해 · 위험요인에 대해서는 위

험성 감소대책을 수립하여 실행하여야 한다.

가. 기계 · 기구, 설비 등의 기간 경과에 의한 성능 저하

나. 근로자의 교체 등에 수반하는 안전보건과 관련되는 지식 또는 경험의 변화

다. 안전보건과 관련되는 새로운 지식의 습득

라. 현재 수립되어 있는 위험성 감소대책의 유효성 등

④ 사업주가 사업장의 상시적인 위험성평가를 위해 다음 각 호의 사항을 이행하는 경우 제2항과 제3항의 수시평가와 정기평가를 실시한 것으로 본다.

가. 매월 1회 이상 근로자 제안제도 활용, 아차사고 확인, 작업과 관련된 근로자를 포함한 사업장 순회점검 등을 통해 사업장 내 유해 · 위험요인을 발굴하여 제11조의 위험성결정 및 제12조의 위험성 감소대책 수립 · 실행을 할 것

나. 매주 안전보건관리책임자, 안전관리자, 보건관리자, 관리감독자 등(도급사업주의 경우 수급사업장의 안전보건 관련 관리자 등을 포함한다)을 중심으로 "가"호의 결과 등을 논의 · 공유하고 이행상황을 점검할 것

다. 매 작업일마다 "가"호와 "나"호의 실시결과에 따라 근로자가 준수하여야 할 사항 및 주의하여야 할 사항을 작업 전 안전점검회의 등을 통해 공유 · 주지할 것

Chapter 03

건설 안전보건 주요사항

3.1 건설공사 유해 · 위험방지계획서

건설공사의 유해 · 위험방지계획서 심사제도는 건설공사 중 나타날 수 있는 추락, 붕괴, 낙하, 감전 등의 재해위험에 대해 공사착공 전에 설계도, 안전조치계획 등을 사전 검토하여, 유해 · 위험요인에 대한 안전보건상의 조치를 강구함으로써 근로자의 안전보건을 확보하기 위한 제도이다.

1 유해 · 위험방지계획서 제출(산업안전보건법 제42조)

① 사업주는 다음 각 호의 어느 하나에 해당하는 경우에는 이 법 또는 이 법에 따른 명령에서 정하는 유해 · 위험방지에 관한 사항을 적은 계획서(이하 "유해 · 위험방지계획서"라 한다)를 작성하여 고용노동부령으로 정하는 바에 따라 고용노동부 장관에게 제출하고 심사를 받아야 한다. 다만, 제3호에 해당하는 사업주 중 산업재해발생률 등을 고려하여 고용노동부령으로 정하는 기준에 해당하는 사업주는 유해 · 위험방지계획서를 스스로 심사하고, 그 심사결과서를 작성하여 고용노동부 장관에게 제출하여야 한다.

가. 건설물 · 기계 · 기구 및 설비 등 전부를 설치 · 이전하거나 그 주요 구조 부분을 변경하려는 경우

나. 기계 · 기구 및 설비를 설치 · 이전하거나 그 주요 구조부분을 변경하려는 경우

다. 대통령령으로 정하는 크기, 높이 등에 해당하는 건설공사를 착공하려는 경우

② 건설공사를 착공하려는 사업주(제1항 각 호 외의 부분 단서에 따른 사업주는 제외한다)는 유해 · 위험방지계획서를 작성할 때 건설안전 분야의 자격 등 고용노동부령으로 정하는 자격을 갖춘 자의 의견을 들어야 한다.

③ 고용노동부 장관은 제1항 각 호 외의 부분 본문에 따라 제출된 유해 · 위험방지계획서를 고용노동부령으로 정하는 바에 따라 심사하여 그 결과를 사업주에게 서면으로 알려 주어야 한다. 이 경우 근로자의 안전 및 보건의 유지 · 증진을 위하여 필요하다고

인정하는 경우에는 해당 작업 또는 건설공사를 중지하거나 유해 · 위험방지계획서를 변경할 것을 명할 수 있다.

④ 건설공사를 착공하려는 사업주로서 제5항에 따라 유해 · 위험방지계획서 및 그 심사 결과서를 사업장에 갖추어 둔 사업주는 해당 건설공사의 공법의 변경 등으로 인하여 그 유해 · 위험방지계획서를 변경할 필요가 있는 경우에는 이를 변경하여 갖추어 두어야 한다.

⑤ 유해 · 위험방지계획서에 대한 심사를 받은 사업주는 고용노동부령으로 정하는 바에 따라 유해 · 위험방지계획서의 이행에 관하여 고용노동부 장관의 확인을 받아야 한다.

⑥ 유해 · 위험방지계획서의 이행에 관하여 스스로 확인하여야 한다. 다만, 해당 건설공사 중에 근로자가 사망(교통사고 등 고용노동부령으로 정하는 경우는 제외한다)한 경우에는 고용노동부령으로 정하는 바에 따라 유해 · 위험방지계획서의 이행에 관하여 고용노동부 장관의 확인을 받아야 한다.

2 유해 · 위험방지계획서 제출 대상 공사

① 지상높이가 31 m 이상인 건축물 또는 인공구조물의 건설 · 개조 또는 해체공사

② 연면적 3만 m^2 이상인 건축물 또는 연면적 5천 m^2 이상의 문화 및 집회시설(전시장 및 동물원 · 식물원은 제외한다), 판매시설, 운수시설(고속철도의 역사 및 집배송시설은 제외한다), 종교시설, 의료시설 중 종합병원, 숙박시설 중 관광숙박시설, 지하도상가 또는 냉동 · 냉장창고시설의 건설 · 개조 또는 해체공사

③ 연면적 5천 m^2 이상의 냉동 · 냉장창고시설의 설비공사 및 단열공사

④ 최대 지간 길이가 50 m 이상인 교량 건설 등 공사

⑤ 터널 건설 등의 공사

⑥ 다목적댐, 발전용 댐 및 저수용량 2천만 톤 이상의 용수 전용 댐, 지방상수도 전용 댐 건설 등의 공사

⑦ 깊이 10 m 이상인 굴착공사

3 유해 · 위험방지계획서 제도의 변천

구분	개정 내용
1990.1.13 (산안법 개정)	• 산업안전보건법 개정으로 사전안전성 심사제도 도입
1991.2.18 (고시 제정)	• 공단에서 계획서 접수 · 심사 · 확인 실시 ※ 노동부 고시 제91-51호(유해 · 위험방지계획서 제출 · 심사 및 확인에 관한 사항) ※ 고시 내용 : 계획서 첨부서류 및 작성기준, 심사 및 확인검사에 대한 규정
1996.12.31 (산안법 개정)	• 노동부령이 정하는 자격을 갖춘 자의 의견을 들은 후 계획서 작성 · 제출
1997.10.16 (시행규칙 개정)	• 계획서 첨부서류 및 작성기준 등 상세한 내용을 시행규칙에 반영 • 자율안전관리업체 지정제도 도입
1999.8.28 (시행규칙 개정)	• 제출 대상공사를 8종 → 5종으로 축소 • 제출서류 변경 : 공사 종류별 → 작업위험요소별 • 제출시기 변경 : 공사착공 30일 전 → 공사착공일 전
2000.9.28 (시행규칙 개정)	• 유해 · 위험방지계획서와 안전관리계획서를 통합하여 작성 · 제출 가능
2003.7.7 (시행규칙 개정)	• 제출 대상공사 확대 – 연면적 30,000 m^2 이상 건축물, 연면적 5,000 m^2 이상 문화 · 집회시설판매 · 영업시설 등 • 자율안전관리업체가 공사 중 중대재해발생 시 확인 실시
2005.8.1 (시행규칙 개정)	• 유해 · 위험방지계획서 확인주기 완화 – 최근 1~2년간 재해율이 매년 건설업 평균 재해율 미만 업체에 대하여 확인주기를 3개월에 1회에서 6개월에 1회 또는 1년에 1회로 조정
2007.1.12 (시행규칙 개정)	• 제출서류 변경 : 작업위험요소별 → 작업공종별
2008.9.18 (시행규칙 개정)	• 제출 대상공사 명확화 – 연면적 30,000 m^2 이상 건축물, 연면적 5,000 m^2 이상 문화 · 집회시설, 판매시설, 운수시설, 종교시설 등
2009.8.7 (시행규칙 개정)	• 제출 대상공사를 5종 → 6종으로 확대 – 연면적 5,000 m^2 이상 냉동 · 냉장창고시설의 건설 등 – 연면적 5,000 m^2 이상 냉동 · 냉장창고시설의 설비공사 및 단열공사
2011.3.3 (시행규칙 개정)	• 자체심사 및 확인업체 지정 기준 강화 – 대상업체 : 평균 환산재해율 이하 → 상위 20% 이내 • 재해율 우수업체 확인주기 완화제도 폐지(확인주기를 6개월이내 마다 1회로 일원화)

4 유해 · 위험방지계획서 작성 및 제출 시기

1) 작성 및 제출(시행규칙 제42조~49조)

① 유해 · 위험방지계획서 작성 대상공사를 착공하려고 하는 사업주는 일정한 자격을 갖춘 자의 의견을 들은 후 동 계획서를 작성하여 공사착공 전일까지 공단에 제출

일정한 자격을 갖춘 자

- 건설안전분야 산업안전지도사
- 건설안전기술사 또는 토목 · 건축분야 기술사
- 건설안전산업기사 이상으로서 건설안전 관련 실무경력 7년(기사는 5년) 이상인 자

② 자체심사 및 확인 업체는 자체심사를 거쳐 공사착공 전일까지 유해 · 위험방지계획서 자체심사서를 공단에 제출

③ 건설기술진흥법 제62조 규정에 의한 안전관리계획을 수립하여야 하는 건설공사에 해당하는 경우에는 유해 · 위험방지계획서와 안전관리계획서를 통합하여 작성한 서류를 제출할 수 있다.

2) 첨부서류(시행규칙 제42조 3항)

(1) 공사 개요 및 안전보건관리계획

① 공사 개요서(별지 제101호서식)

② 공사 현장의 주변 현황 및 주변과의 관계를 나타내는 도면(매설물 현황을 포함한다)

③ 전체 공정표

④ 산업안전보건관리비 사용계획서(별지 제102호서식)

⑤ 안전관리 조직표

⑥ 재해발생 위험 시 연락 및 대피 방법

(2) 작업 공사 종류별 유해 · 위험방지계획

<table>
<tr><th>대상 공사</th><th>작업 공사 종류</th><th>주요 작성대상</th><th>첨부 서류</th></tr>
<tr><td>영 제42조제3항 제1호에 따른 건축물 또는 시설 등의 건설 · 개조 또는 해체 (이하 "건설등"이라 한다) 공사</td><td>1. 가설공사
2. 구조물공사
3. 마감공사
4. 기계 설비공사
5. 해체공사</td><td>가. 비계 조립 및 해체작업(외부비계 및 높이 3 m 이상 내부비계만 해당한다)
나. 높이 4 m를 초과하는 거푸집동바리[동바리가 없는 공법(무지주공법으로 데크플레이트, 호리빔 등)과 옹벽 등 벽체를 포함한다] 조립 및 해체작업 또는 비탈면 슬래브(판 형상의 구조부재로서 구조물의 바닥이나 천장)의 거푸집 동바리 조립 및 해체작업
다. 작업발판 일체형 거푸집 조립 및 해체작업
라. 철골 및 PC(Precast Concrete) 조립 작업
마. 양중기 설치 · 연장 · 해체작업 및 천공 · 항타 작업
바. 밀폐공간 내 작업
사. 해체작업
아. 우레탄폼 등 단열재 작업[취급장소와 인접한 장소에서 이루어지는 화기(火器) 작업을 포함한다]
자. 같은 장소(출입구를 공동으로 이용하는 장소를 말한다)에서 둘 이상의 공정이 동시에 진행되는 작업</td><td>1. 해당 작업공사 종류별 작업개요 및 재해예방 계획
2. 위험물질의 종류별 사용량과 저장 · 보관 및 사용 시의 안전작업계획

※ 비고
1. 바목의 작업에 대한 유해 · 위험방지계획에는 질식 · 화재 및 폭발 예방계획이 포함되어야 한다.
2. 각 목의 작업과정에서 통풍이나 환기가 충분하지 않거나 가연성 물질이 있는 건축물 내부나 설비 내부에서 단열재 취급 · 용접 · 용단 등과 같은 화기작업이 포함되어 있는 경우에는 세부계획이 포함되어야 한다.</td></tr>
<tr><td>영 제42조제3항 제2호에 따른 냉동 · 냉장창고 시설의 설비공사 및 단열공사</td><td>1. 가설공사
2. 단열공사
3. 기계 설비공사</td><td>가. 밀폐공간 내 작업
나. 우레탄폼 등 단열재 작업(취급장소와 인접한 곳에서 이루어지는 화기 작업을 포함한다)
다. 설비 작업
라. 같은 장소(출입구를 공동으로 이용하는 장소를 말한다)에서 둘 이상의 공정이 동시에 진행되는 작업</td><td>1. 해당 작업공사 종류별 작업개요 및 재해예방 계획
2. 위험물질의 종류별 사용량과 저장 · 보관 및 사용 시의 안전작업계획

※ 비고
1. 가목의 작업에 대한 유해 · 위험방지계획에는 질식 · 화재 및 폭발 예방계획이 포함되어야 한다.
2. 각 목의 작업과정에서 통풍이나 환기가 충분하지 않거나 가연성 물질이 있는 건축물 내부나 설비 내부에서 단열재 취급 · 용접 · 용단 등과 같은 화기작업이 포함되어 있는 경우에는 세부계획이 포함되어야 한다.</td></tr>
</table>

대상 공사	작업 공사 종류	주요 작성대상	첨부 서류
영 제42조제3항 제3호에 따른 다리 건설 등의 공사	1. 가설공사 2. 다리 하부 (하부공) 공사 3. 다리 상부 (상부공) 공사	가. 하부공 작업 1) 작업발판 일체형 거푸집 조립 및 해체작업 2) 양중기 설치 · 연장 · 해체작업 및 천공 · 항타 작업 3) 교대 · 교각 기초 및 벽체 철근조립 작업 4) 해상 · 하상 굴착 및 기초 작업 나. 상부공 작업 1) 상부공 가설작업[압출공법(ILM), 캔틸레버 공법(FCM), 동바리 설치공법(FSM), 이동지보공법(MSS), 프리캐스트 세그먼트 가설공법(PSM) 등을 포함한다] 2) 양중기 설치 · 연장 · 해체작업 3) 상부슬래브 거푸집동바리 조립 및 해체(특수작업대를 포함한다) 작업	1. 해당 작업공사 종류별 작업개요 및 재해예방 계획 2. 위험물질의 종류별 사용량과 저장 · 보관 및 사용 시의 안전작업계획
영 제42조제3항 제4호에 따른 터널 건설 등의 공사	1. 가설공사 2. 굴착 및 발파 공사 3. 구조물공사	가. 터널굴진(掘進)공법(NATM) 1) 굴진(갱구부, 본선, 수직갱, 수직구 등을 말한다) 및 막장 내 붕괴 · 낙석방지 계획 2) 화약 취급 및 발파 작업 3) 환기 작업 4) 작업대(굴진, 방수, 철근, 콘크리트 타설을 포함한다) 사용 작업 나. 기타 터널공법[(TBM)공법, 쉴드(Shield) 공법, 추진(Front Jacking)공법, 침매공법 등을 포함한다] 1) 환기 작업 2) 막장내 기계 · 설비 유지 · 보수 작업	1. 해당 작업공사 종류별 작업개요 및 재해예방 계획 2. 위험물질의 종류별 사용량과 저장 · 보관 및 사용 시의 안전작업계획 ※ 비고 1. 나목의 작업에 대한 유해 · 위험방지계획에는 굴진(갱구부, 본선, 수직갱, 수직구 등을 말한다) 및 막장 내 붕괴 · 낙석 방지 계획이 포함되어야 한다.
영 제42조제3항 제5호에 따른 댐 건설 등의 공사	1. 가설공사 2. 굴착 및 발파 공사 3. 댐 축조공사	가. 굴착 및 발파 작업 나. 댐 축조[가(假)체절 작업을 포함한다] 작업 1) 기초처리 작업 2) 둑 비탈면 처리 작업 3) 본체 축조 관련 장비 작업(흙쌓기 및 다짐만 해당한다) 4) 작업발판 일체형 거푸집 조립 및 해체작업(콘크리트 댐만 해당한다)	1. 해당 작업공사 종류별 작업개요 및 재해예방 계획 2. 위험물질의 종류별 사용량과 저장 · 보관 및 사용 시의 안전작업계획
영 제42조제3항 제6호에 따른 굴착공사	1. 가설공사 2. 굴착 및 발파 공사 3. 흙막이 지보공(支保工) 공사	가. 흙막이 가시설 조립 및 해체작업(복공작업을 포함한다) 나. 굴착 및 발파작업 다. 양중기 설치 · 연장 · 해체작업 및 천공 · 항타 작업	1. 해당 작업공사 종류별 작업개요 및 재해예방 계획 2. 위험물질의 종류별 사용량과 저장 · 보관 및 사용 시의 안전작업계획

※ 비고 : 작업 공사 종류란의 공사에서 이루어지는 작업으로서 주요 작성대상란에 포함되지 않은 작업에 대해서도 유해 · 위험방지계획서를 작성하고, 첨부서류란의 해당 서류를 첨부해야 한다.

3) 심사(시행규칙 제44조, 제45조)

공단은 동 계획서 접수일로부터 15일 내에 심사하여 결과 통보한다.

(1) 심사 결과 판정

① 적정 : 근로자의 안전과 보건을 위하여 필요한 조치가 구체적으로 확보되었다고 인정되는 경우
② 조건부 적정 : 근로자의 안전과 보건을 확보하기 위하여 일부 개선이 필요하다고 인정되는 경우
③ 부적정 : 기계 · 설비 또는 건설물이 심사기준에 위반되어 공사착공 시 중대한 위험 발생의 우려가 있거나 계획에 근본적 결함이 있다고 인정되는 경우(부적정 판정을 한 경우에는 지방고용노동관서에 통보하여 공사착공 중지 명령, 계획변경 명령 등 필요한 조치를 취함)

4) 확인(시행규칙 제46조)

(1) 확인 주기

① 6개월 이내마다 1회 확인 실시

(2) 확인 내용

① 유해 · 위험방지계획서의 내용과 실제 공사내용이 부합하는지 여부
② 법 제42조제6항에 따른 유해 · 위험방지계획서 변경 내용의 적정성
③ 추가적인 유해 · 위험요인의 존재 여부

(3) 확인 결과 판정

① 적정 : 유해 · 위험의 방지상태가 적정하다고 판단되는 경우
② 조건부 적정 : 경미한 유해 · 위험요인이 발견된 경우로서 일정한 기간을 정하여 개선 권고(해당 기간 내에 개선되지 않은 경우 : 확인 결과 조치요청)
③ 조치요청 : 중대한 유해 · 위험요인이 있어 작업의 중지, 사용 중지 및 주요시설의 개

선 등이 필요하다고 인정되는 경우

(4) 자체 심사 및 확인 업체

① 확인 면제 : 자체 심사 및 확인업체 해당 공사 준공 시까지 면제

※ 자체 심사 및 확인 업체 지정기준 : 국내 건설공사 실적액 순위 상위 200위 이내 종합건설업체 중 직전년도 산업재해율이 낮은 순으로 상위 20% 업체(매년 8월 고용노동부에서 지정)

※ 자체 심사 및 확인 업체 지정 취소 기준(시행규칙 별표15의2)
- 동시에 2명 이상 사망재해발생 건설업체는 다음연도에 지정 취소
- 동시에 3명 이상 사망재해발생 건설업체는 즉시 지정 취소

② 자체 심사 및 확인 업체의 중대재해발생 시 공단 확인 제외 대상

가. 「도로교통법」에 따라 도로에서 발생한 사고를 제외한 교통사고의 경우

나. 고혈압 등 개인 지병에 의한 경우

다. 산업재해자 중 다음의 어느 하나에 해당하는 경우로서 사업주의 법 위반으로 인한 것이 아닌 재해
- 방화, 근로자 간 또는 타인 간의 폭행에 의한 경우
- 「도로교통법」에 따라 도로에서 발생한 교통사고에 의한 경우(해당 공사의 공사용 차량 · 장비에 의한 사고는 제외한다)
- 태풍 · 홍수 · 지진 · 눈사태 등 천재지변에 의한 불가항력적인 재해의 경우
- 작업과 관련이 없는 제3자의 과실에 의한 경우(해당 목적물 완성을 위한 작업자 간의 과실은 제외한다)
- 그 밖에 야유회, 체육행사, 취침 · 휴식 중의 사고 등 건설작업과 직접 관련이 없는 경우

3.2 유해 · 위험방지계획서 및 안전관리계획서 통합작성

산업안전보건법 제48조 제3항 유해 · 위험방지계획서와 건설기술관리법 제26조의2 제2항 건설공사 안전관리계획서를 수립함에 있어 양 계획서를 모두 제출해야 하는 건설공사에 대하여 해당 업체가 원하는 경우 업체의 계획서 작성 업무 부담을 경감하고 안전관리 업무를 원활하게 수행토록 하기 위해 통합 작성함을 목적으로 한다.

1 통합 작성기준

1) 법적 근거

① 산업안전보건법 제42조 제3항

② 건설기술관리법 제62조

2) 통합계획서의 작성 제출

(1) 통합계획서의 작성

① 통합계획서는 기본사항, 공사현장 및 주변 안전관리계획, 작업 공종별 안전관리계획, 작업환경 조성계획으로 구성한다.

가. 기본사항은 유해 · 위험방지계획서와 안전관리계획서에서 기본적으로 요구하고 있는 사항으로서 공사 개요, 안전관리조직, 안전교육계획, 재해발생 등 비상시 긴급 조치계획이 여기에 해당된다.

나. 공사현장 및 주변 안전관리계획은 기본사항 이외에 유해 · 위험방지계획서와 안전관리계획서에서 요구하는 일반적인 안전관리계획을 말하며 여기에는 공사장 주변 안전관리계획, 통행안전시설 설치 및 교통소통 대책 등으로 구성된다.

다. 작업공종별 안전관리계획은 건설공사의 특성에 맞추어 공사단계별 작업공정에 대하여 유해 · 위험방지계획서와 안전관리계획서의 요구 조건을 충족시킬 수 있도록 설계개요, 안전시공계획, 시공 상세도면, 안전성 검토 결과 등을 작성하도록 한다.

라. 작업환경 조성계획은 근로자의 안전 확보를 위해 요구되는 분진, 소음, 조명, 환기 대책 및 근로자의 건강진단 실시계획 등에 대한 계획을 작성하도록 한다.

② 통합계획서는 당해 공사의 시공자(건설업자 또는 주택건설등록업자)가 직접 작성함을 원칙으로 한다.

③ 통합계획서의 작성 규격은 A4 용지 종으로 작성함을 원칙으로 하며, 공정표 및 도면 등 규격이 다른 경우에는 A4 크기에 맞게 접어서 제출한다.

④ 통합계획서의 내용 중 구조계산서 및 안전성 검토서 등을 당해 공사 시공자가 작성한 경우에는 도서에 작성일과 책임자의 서명 날인을 한다.

⑤ 통합계획서는 작성지침서 순서에 따라 작성하되 당해 공사와 관련 없는 항목은 제외하고 관련 있는 항목만 작성하도록 한다.

⑥ 작업공종별 안전관리계획은 작업공종별로 분리, 작성하여 해당 공종 착공 전 제출할 수 있다.

(2) 통합계획서의 제출

시공자(건설업자 또는 주택건설등록업자)는 통합계획서를 작성한 경우에는 유해 · 위험방지계획서 및 안전관리계획서 관련 규정에 따라 계획서를 관계기관에 제출한다.

① 유해 · 위험방지계획서

가. 유해 · 위험방지계획서 작성대상 공사를 착공하려고 하는 사업주는 일정한 자격을 갖춘 자의 의견을 들은 후, 동 계획서를 작성하여 공사착공 전일까지 한국산업안전보건공단(이하 "안전보건공단"이라 한다)에 계획서 2부를 제출한다.

나. 자체심사 및 확인 업체로 지정된 업체는 자체심사를 거쳐 공사착공 전일까지 자체심사서류를 안전공단에 제출한다.

② 안전관리계획서

가. 시공자는 안전관리계획서를 작성하여 공사감독자 또는 감리원의 확인을 받아 공사 착공 전까지 발주자에게 제출한다.

나. 안전관리계획서를 제출받은 발주자 중 발주청이 아닌 자는 해당 건설공사를 허가 · 인가 · 승인 등을 한 행정기관의 장에게 제출한다.

사전안전성 심사제도 비교표(산안법과 건진법)

구분	유해 · 위험방지계획서	안전관리계획서
법적 근거	산업안전보건법 제42조	건설기술관리법 제62조
주관부처	고용노동부	국토해양부
업무주관자	한국산업안전보건공단(KOSHA)	발주자 또는 행정기관의 장
제출의무자	시공담당 사업주	시공담당 사업주
제출대상 공사	**〈고용노동부령으로 정하는 공사〉** 1. 지상 높이가 31 m 이상인 건축물 또는 인공구조물, 연면적 3만 m^2 이상인 건축물 또는 연면적 5천 m^2 이상인 문화 및 집회시설(전시장 및 동물원, 식물원은 제외한다), 판매시설, 운수시설(고속철도의 역사 및 집배송시설은 제외한다), 종교시설, 의료시설 중 종합병원, 숙박시설 중 관광숙박시설, 지하도상가 또는 냉동 · 냉장창고 시설의 건설 · 개조 또는 해체(이하 "건설 등"이라 한다) 2. 연면적 5천 m^2 이상의 냉동 · 냉장창고시설의 설비공사 및 단열공사 3. 최대 지간 길이가 50 m 이상인 교량 건설 등 공사 4. 터널건설 등의 공사 5. 다목적댐, 발전용 댐 및 저수용량 2천만 톤 이상의 용수 전용 댐, 지방상수도 전용 댐 건설 등의 공사 6. 깊이 10 m 이상인 굴착공사	**〈대통령령으로 정하는 공사〉** 1. 시설물의 안전관리에 관한 특별법 제2조 제2호 및 제3호의 규정에 의한 1종 시설물 및 2종 시설물의 건설공사 2. 지하 10 m 이상을 굴착하는 건설공사. 이 경우 굴착깊이 산정 시 집수정(集水井), 엘리베이터피트 및 정화조 등의 굴착부분은 제외하고 토지에 고저차가 있는 경우 깊이산정은 건축법 시행령 제119조 제2항의 규정에 의한다. 3. 폭발물을 사용하는 건설공사로서 20 m 안에 시설물이 있거나 100 m 안에 양육하는 가축이 있어서 당해 건설공사로 인한 영향을 받을 것이 예상되는 건설공사 4. 10층 이상 16층 미만인 건축물의 건설공사 또는 10층 이상인 건축물의 리모델링 또는 해체공사 5. 제1호 내지 제4호 외의 건설공사로서 발주자가 특히 안전관리가 필요하다고 인정하는 건설공사
계획서 내용에 포함할 사항	1. 공사개요서 2. 공사현장의 주변상황 및 주변의 관계를 나타내는 도면 및 서류 3. 건설물, 사용 기계설비 등의 배치를 나타내는 도면 및 서류 4. 공정표 5. 산업안전보건관리비 사용계획, 안전관리조직표, 개인보후구 지급계획, 재해위험 시 연락 및 대피방법 6. 작업공종별 유해 · 위험방지계획 7. 작업환경 조성계획	1. 건설공사의 개요 및 안전관리 조직 2. 공정별 안전점검 계획 3. 공사장 주변의 안전관리 대책 4. 통행안전시설 설치 및 교통소통 계획 5. 안전관리비 집행계획 6. 안전교육 및 비상시 긴급조치 계획 7. 공종별 안전관리계획 – 대상시설물 건설공법, 시공절차 포함

구분	유해 · 위험방지계획서	안전관리계획서
계획서 작성	공종별 위험성평가 형식으로 작성	대상 시설물별로 공종 단계별 안전관리 계획 수립 작성
시공 중 사후관리	산업안전보건법 시행규칙 제124조에 의거 • 계획서 내용 이행 여부에 대한 안전 공단의 확인을 주기적으로 실시	건설기술관리법 시행령 제46조의4에 의거 직접 또는 건설안전점검기관에 의뢰하여 안전점검 실시 • 매일 자체 안전점검 실시 • 정기안전점검 : 국토해양부장관이 정하는 시기, 횟수에 따라 실시 • 정밀안전점검 : 정기안전점검결과 건설공사의 물리적, 기능적 결함 등이 발견되어 보수 · 보강 등의 조치를 위해 필요한 경우
안전관리비	1. 안전관리자 등의 인건비 및 각종 업무 수당 등 2. 안전시설비 등 3. 개인보호구 및 안전장구 구입비 등 4. 사업장 안전진단비 등 5. 안전보건교육비 및 행사비 등 6. 근로자의 건강관리비 등 7. 건설재해예방 기술지도비 8. 본사 사용비	1. 안전관리계획의 작성 및 검토 비용 2. 인전점검 비용 3. 주변건축물 등의 피해방지대책 비용 4. 공사장 주변 통행 안전관리대책 비용

건진법 및 시특법의 별표 주요내용

구분	건설기술진흥법	시설물의 안전관리에 관한 특별법
시행령	• 건설기술자의 범위 • 감리원의 자격 • 감리전문회사 등록기준 • 감리원 위반행위별 행정처분기준	• 1, 2종 시설물의 범위 • 안전점검 및 정밀안전진단 실시시기 · 범위 · 책임기술자 자격 • 시설물별 주요부분 하자담보 책임기간 • 안전진단전문기관 등록기준 • 과태료 부과기준
시행규칙	• 건설기술자 및 감리원 교육관련 사항 • 건설기술자 업무정지 기준 • 감리전문회사 사업수행능력 평가기준 • 건설사업관리자 사업수행능력 평가기준 • 건설공사 부실벌점 관리기준 • 안전관리계획서 작성기준 • 감리전문회사 보유장비 기준 • 감리전문회사 처분기준	• 진단측정 장비 • 기술자격 취득자의 인정기준 • 학력 · 경력자의 인정기준 • 시설물별 구조안전상 주요부위의 중대한 결함 • 관련서류의 종류 및 제출시기 • 행정처분의 세부기준

시특법의 별표 주요내용

구분	1종 시설물	2종 시설물
1. 교량		
가. 도로 교량	• 상부구조 형식이 현수교 · 사장교 · 아치교 · 트러스교인 교량	• 최대 경간장 50 m 이상인 한 경간 교량
	• 최대 경간장 50 m 이상의 교량(한 경간 교량은 제외한다)	• 1종시설물에 해당하지 아니하는 연장 100 m 이상의 교량
	• 연장 500 m 이상의 교량	• 1종시설물에 해당하지 아니하는 복개구조물로서 폭 6 m 이상이고 연장 100 m 이상인 복개구조물
	• 폭 12 m 이상으로서 연장 500 m 이상인 복개구조물	
나. 철도 교량	• 고속철도 교량	• 1종 시설물에 해당하지 아니하는 연장 100 m 이상의 교량
	• 도시철도의 교량 및 고가교	
	• 상부구조형식이 트러스교, 아치교인 교량	
	• 연장 500 m 이상의 교량	
2. 터널		
가. 도로 터널	• 연장 1,000 m 이상의 터널	• 1종 시설물에 해당하지 아니하는 터널로서 고속국도 · 일반국도 및 특별시도 · 광역시도의 터널
	• 3차로 이상의 터널	• 연장 500 m 이상의 지방도 · 시도 · 군도 · 구도의 터널
	• 터널구간의 연장이 500 m 이상인 지하차도	• 1종 시설물에 해당하지 아니하는 지하차도로서 터널구간의 연장이 100 m 이상인 지하차도
나. 철도 터널	• 고속철도 터널	• 1종시설물에 해당하지 아니하는 터널로서 특별시 또는 광역시 안에 있는 터널
	• 도시철도 터널	
	• 연장 1,000 m 이상의 터널	
3. 항만		
가. 갑문 시설	• 갑문시설	
나. 계류 시설	• 20만 톤급 이상 선박의 하역시설로서 원유부이(BUOY)식 계류시설(부대시설인 해저송유관을 포함한다) • 말뚝구조의 계류시설(5만 톤급 이상의 시설만 해당한다)	• 1종 시설물에 해당하지 아니하는 1만 톤급 이상의 계류시설
4. 댐	• 다목적댐 · 발전용댐 · 홍수전용댐 및 총저수용량 1천만 톤 이상의 용수전용댐	• 1종 시설물에 해당하지 아니하는 댐으로서 지방상수도전용댐 및 총저수용량 1백만 톤 이상의 용수전용댐

구분	1종 시설물	2종 시설물
5. 건축물		
가. 공동주택		• 16층 이상의 공동주택
나. 공동주택 외의 건축물	• 21층 이상 또는 연면적 5만 m^2 이상의 대형건축물(철도 역시설은 제외한다) 및 다중이용 건축물(관람장은 제외한다)	• 1종 시설물에 해당하지 아니하는 연면적 3만 m^2 이상의 대형건축물(철도 역시설은 제외한다)
	• 연면적 3만 m^2 이상의 관람장	• 1종 시설물에 해당하지 아니하는 건축물로서 다중이용 건축물 및 16층 이상 또는 연면적 5천 m^2 이상의 전시장
	• 고속철도 역시설	• 도시철도 및 광역철도 역시설
	• 연면적 1만 m^2 이상의 지하도상가(지하보도면적을 포함한다)	• 1종 시설물에 해당하지 아니하는 연면적 5천 m^2 이상의 지하도상가(지하보도면적을 포함한다)
6. 하천		
가. 하구둑	• 하구둑	
나. 수문 및 통문	• 특별시 · 광역시 안에 있는 국가하천의 수문 및 통문(通門)	• 시 안에 있는 국가하천의 수문 및 통문 • 특별시 · 광역시 · 시 안에 있는 지방하천의 수문 및 통문
다. 제방		• 국가하천의 제방[부속시설인 통관(通管) 및 호안(護岸)을 포함한다]
라. 보	• 국가하천에 설치된 높이 5 m 이상인 다기능 보	• 1종시설물에 해당하지 아니하는 보로써 국가하천에 설치된 다기능 보
7. 상하수도		
가. 상수도	• 광역상수도(수원지시설을 포함한다)	• 1종 시설물에 해당하지 아니하는 지방상수도
	• 공업용수도(수원지시설을 포함한다)	
	• 1일 공급능력 3만 톤 이상의 지방상수도(수원지시설을 포함한다)	
나. 하수도		• 공공하수처리시설(1일 최대처리용량 500톤 이상인 시설만 해당한다)
8. 도로 · 철도 · 항만 · 댐 또는 건축물의 부대시설로서 옹벽 및 절토사면		
		• 지면으로부터 노출된 높이가 5 m 이상인 부분의 합이 100 m 이상인 옹벽
		• 연직 높이(옹벽이 있는 경우 옹벽상단으로부터의 높이를 말한다) 50 m 이상을 포함한 절토부로서 단일 수평연장 200 m 이상인 절토사면

3.3 건설업 산업안전보건관리비

1 용어 설명

1) 산업안전보건관리비

"건설업 산업안전보건관리비"(이하 "산업안전보건관리비"라 한다)란 산업재해 예방을 위하여 건설공사 현장에서 직접 사용되거나 해당 건설업체의 본점 또는 주사무소(이하 "본사"라 한다)에 설치된 안전전담부서에서 법령에 규정된 사항을 이행하는 데 소요되는 비용을 말한다.

2) 산업안전보건관리비 대상액

「예정가격 작성기준」(기획재정부 계약예규) 및 「지방자치단체 입찰 및 계약집행기준」(행정안전부 예규) 등 관련 규정에서 정하는 공사원가계산서 구성항목 중 직접재료비, 간접재료비와 직접노무비를 합한 금액(발주자가 재료를 제공할 경우에는 해당 재료비를 포함한다)을 말한다.

3) 적용대상

산업안전보건법 제2조제11호의 건설공사 중 총공사금액 2천만 원 이상인 공사에 적용한다. 다만, 단가계약에 의하여 행하는 공사에 대하여는 총계약금액을 기준으로 적용한다.

또한, 분리발주 공사의 경우 하나의 건설공사가 분리발주 된 경우, 각 분리발주된 공사별로 총공사금액을 판단한다.

산업안전보건법 제2조제11호의 건설공사

- 토목 · 건축공사 등 명칭과 관계없이 시설물을 설치 · 유지 · 보수하는 공사 및 기계설비나 그 밖의 구조물의 설치 및 해체공사 (「건설산업기본법」 제2조제4호)
- 전기설비 등을 설치 · 유지 · 보수하는 공사 및 부대공사 (「전기공사업법」 제2조제1호)
- 정보통신설비의 설치 및 유지 · 보수에 관한 공사와 부대공사(「정보통신공사업법」 제2조제2호)
- 소방시설의 신설 · 증설 · 개설 · 이전 및 정비 (「소방시설공사업법」 제2조)
- 국가유산 수리공사 (「국가유산수리법」 제2조)

예시 : 산업안전보건관리비 계상 대상 판단

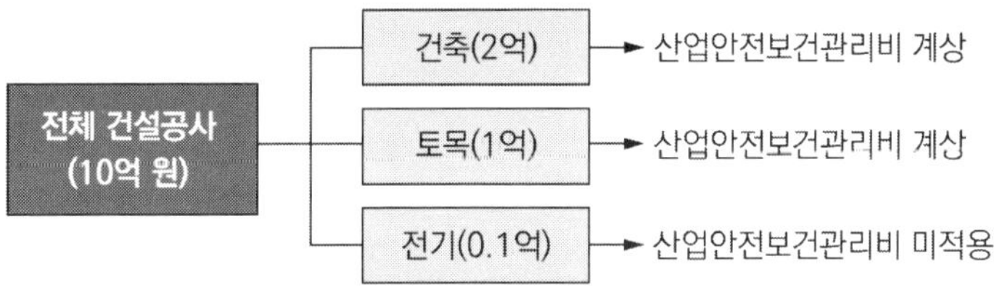

2 안전관리비의 계상 및 사용

1) 계상 기준

① 발주자가 도급계약 체결을 위한 원가계산에 의한 예정가격을 작성하거나, 자기공사자가 건설공사 사업계획을 수립할 때에는 다음 각 호에 따라 산정한 금액 이상의 산업안전보건관리비를 계상하여야 한다. 다만, 발주자가 재료를 제공하거나 일부 물품이 완제품의 형태로 제작 · 납품되는 경우에는 해당 재료비 또는 완제품 가액을 대상액에 포함하여 산출한 산업안전보건관리비와 해당 재료비 또는 완제품 가액을 대상액에서 제외하고 산출한 산업안전보건관리비의 1.2배에 해당하는 값을 비교하여 그중 작은 값 이상의 금액으로 계상한다.

가. 대상액이 5억 원 미만 또는 50억 원 이상인 경우 : 대상액에 계상기준에서 정한 비율을 곱한 금액

나. 대상액이 5억 원 이상 50억 원 미만인 경우 : 대상액에 계상기준에서 정한 비율을 곱한 금액에 기초액을 합한 금액

다. 대상액이 명확하지 않은 경우 : 제4조제1항의 도급계약 또는 자체사업계획상 책정된 총공사금액의 10분의 7에 해당하는 금액을 대상액으로 하고 제1호 및 제2호에서 정한 기준에 따라 계상

공사종류 및 규모별 산업안전보건관리비 계상기준표

구분 / 공사종류	대상액 5억 원 미만인 경우 적용 비율(%)	대상액 5억 원 이상 50억 원 미만인 경우		대상액 50억 원 이상인 경우 적용 비율(%)	영 별표5에 따른 보건관리자 선임 대상 건설공사의 적용 비율(%)
		적용 비율(%)	기초액(원)		
건축공사	3.11	2.28	4,325,000	2.37	2.64
토목공사	3.15	2.53	3,300,000	2.60	2.73
중건설 공사	3.64	3.05	2,975,000	3.11	3.39
특수 건설공사	2.07	1.59	2,450,000	1.64	1.78

② 발주자는 제1항에 따라 계상한 산업안전보건관리비를 입찰공고 등을 통해 입찰에 참가하려는 자에게 알려야 한다.

③ 발주자와 법 제69조에 따른 건설공사도급인 중 자기공사자를 제외하고 발주자로부터 해당 건설공사를 최초로 도급받은 수급인(이하 "도급인"이라 한다)은 공사계약을 체결할 경우 제1항에 따라 계상된 산업안전보건관리비를 공사도급계약서에 별도로 표시하여야 한다.

④ 계상기준의 공사의 종류는 별표 5의 건설공사의 종류 예시표에 따른다. 다만, 하나의 사업장 내에 건설공사 종류가 둘 이상인 경우(분리발주한 경우를 제외한다)에는 공사금액이 가장 큰 공사 종류를 적용한다.

⑤ 발주자 또는 자기공사자는 설계변경 등으로 대상액의 변동이 있는 경우 별표 1의3에 따라 지체 없이 산업안전보건관리비를 조정 계상하여야 한다. 다만, 설계변경으로 공사금액이 800억 원 이상으로 증액된 경우에는 증액된 대상액을 기준으로 제1항에 따라 재계상한다.

설계변경 시 산업안전보건관리비 조정 · 계상 방법

① 설계변경에 따른 산업안전보건관리비는 다음 계산식에 따라 산정한다.
- 설계변경에 따른 산업안전보건관리비 = 설계변경 전의 산업안전보건관리비 + 설계변경으로 인한 산업안전보건관리비 증감액

② 제1호의 계산식에서 설계변경으로 인한 산업안전보건관리비 증감액은 다음 계산식에 따라 산정한다.
- 설계변경으로 인한 산업안전보건관리비 증감액 = 설계변경 전의 산업안전보건관리비 × 대상액의 증감 비율

③ 제2호의 계산식에서 대상액의 증감 비율은 다음 계산식에 따라 산정한다. 이 경우, 대상액은 예정가격 작성 시의 대상액이 아닌 설계변경 전 · 후의 도급계약서상의 대상액을 말한다.
- 대상액의 증감 비율 = [(설계변경 후 대상액 – 설계변경 전 대상액)/설계변경 전 대상액] × 100%

2) 사용기준

① 도급인과 자기공사자는 산업안전보건관리비를 산업재해예방 목적으로 다음 각 호의 기준에 따라 사용하여야 한다.

1. 안전관리자 · 보건관리자의 임금 등

가. 법 제17조제3항 및 법 제18조제3항에 따라 안전관리 또는 보건관리 업무만을 전담하는 안전관리자 또는 보건관리자의 임금과 출장비 전액(지방고용노동관서에 선임 보고한 날부터 발생한 비용에 한정한다)

나. 안전관리 또는 보건관리 업무를 전담하지 않는 안전관리자 또는 보건관리자의 임금과 출장비의 각각 2분의 1에 해당하는 비용 (지방고용노동관서에 선임 보고한 날부터 발생한 비용에 한정한다)

다. 안전관리자를 선임한 건설공사 현장에서 산업재해 예방 업무만을 수행하는 작업지휘자, 유도자, 신호자 등의 임금 전액

라. 별표 1의 2에 해당하는 작업을 직접 지휘 · 감독하는 직 · 조 · 반장 등 관리감독자의 직위에 있는 자가 영 제15조제1항에서 정하는 업무를 수행하는 경우에 지급하는 업무수당(임금의 10분의 1 이내)

관리감독자 안전보건업무 수행 시 수당지급 작업

1. 건설용 리프트·곤돌라를 이용한 작업
2. 콘크리트 파쇄기를 사용하여 행하는 파쇄작업 (2 m 이상인 구축물 파쇄에 한정한다)
3. 굴착 깊이가 2 m 이상인 지반의 굴착작업
4. 흙막이지보공의 보강, 동바리 설치 또는 해체작업
5. 터널 안에서의 굴착작업, 터널거푸집의 조립 또는 콘크리트 작업
6. 굴착 면의 깊이가 2 m 이상인 암석 굴착작업
7. 거푸집지보공의 조립 또는 해체작업
8. 비계의 조립, 해체 또는 변경작업
9. 건축물의 골조, 교량의 상부구조 또는 탑의 금속제의 부재에 의하여 구성되는 것(5 m 이상에 한정한다)의 조립, 해체 또는 변경작업
10. 콘크리트 공작물(높이 2 m 이상에 한정한다)의 해체 또는 파괴 작업
11. 전압이 75 V 이상인 정전 및 활선작업
12. 맨홀 작업, 산소결핍 장소에서의 작업
13. 도로에 인접하여 관로, 케이블 등을 매설하거나 철거하는 작업
14. 전주 또는 통신주에서의 케이블 공중가설작업

2. 안전시설비 등

가. 산업재해 예방을 위한 안전난간, 추락방호망, 안전대 부착설비, 방호장치(기계·기구와 방호장치가 일체로 제작된 경우, 방호장치 부분의 가액에 한함) 등 안전시설의 구입·임대 및 설치 등을 위해 소요되는 비용

나. 「산업재해예방시설자금 융자금 지원사업 및 보조금 지급사업 운영규정」(고용노동부고시) 제2조제12호에 따른 "스마트안전장비 지원사업" 및 「건설기술진흥법」 제62조의3에 따른 스마트 안전장비 구입·임대 비용. 다만, 제4조에 따라 계상된 산업안전보건관리비 총액의 10분의 2를 초과할 수 없다.

다. 용접 작업 등 화재 위험작업 시 사용하는 소화기의 구입·임대비용

3. 보호구 등

가. 영 제74조제1항제3호 및 제77조제1항제3호에 따른 보호구의 구입·수리·관리 등에 소요되는 비용

나. 근로자가 가목에 따른 보호구를 직접 구매·사용하여 합리적인 범위 내에서

보전하는 비용

다. 제1호가목부터 다목까지의 규정에 따른 안전관리자 등의 업무용 피복, 기기 등을 구입하기 위한 비용

라. 제1호가목에 따른 안전관리자 및 보건관리자가 안전보건 점검 등을 목적으로 건설공사 현장에서 사용하는 차량의 유류비 · 수리비 · 보험료

4. 안전보건진단비 등

가. 법 제42조에 따른 유해 · 위험방지계획서의 작성 등에 소요되는 비용

나. 법 제47조에 따른 안전보건진단에 소요되는 비용

다. 법 제125조에 따른 작업환경 측정에 소요되는 비용

라. 그 밖에 산업재해예방을 위해 법에서 지정한 전문기관 등에서 실시하는 진단, 검사, 지도 등에 소요되는 비용

5. 안전보건교육비 등

가. 법 제29조부터 제32조까지의 규정에 따라 실시하는 의무교육이나 이에 준하여 실시하는 교육을 위해 건설공사 현장의 교육 장소 설치 · 운영 등에 소요되는 비용

나. 가목 이외 산업재해 예방이 주된 목적인 교육을 실시하기 위해 소요되는 비용

다. 「응급의료에 관한 법률」 제14조제1항제5호에 따른 안전보건교육 대상자 등에게 구조 및 응급처치에 관한 교육을 실시하기 위해 소요되는 비용

라. 안전보건관리책임자, 안전관리자, 보건관리자가 업무수행을 위해 필요한 정보를 취득하기 위한 목적으로 도서, 정기간행물을 구입하는 데 소요되는 비용

마. 건설공사 현장에서 안전기원제 등 산업재해 예방을 기원하는 행사를 개최하기 위해 소요되는 비용. 다만, 행사의 방법, 소요된 비용 등을 고려하여 사회통념에 적합한 행사에 한한다.

바. 건설공사 현장의 유해 · 위험요인을 제보하거나 개선방안을 제안한 근로자를 격려하기 위해 지급하는 비용

6. 근로자 건강장해예방비 등

가. 법 · 영 · 규칙에서 규정하거나 그에 준하여 필요로 하는 각종 근로자의 건강장해 예방에 필요한 비용

나. 중대재해 목격으로 발생한 정신질환을 치료하기 위해 소요되는 비용

다. 「감염병의 예방 및 관리에 관한 법률」 제2조제1호에 따른 감염병의 확산 방지를 위한 마스크, 손소독제, 체온계 구입비용 및 감염병병원체 검사를 위해 소요되는 비용

라. 법 제128조의2 등에 따른 휴게시설을 갖춘 경우 온도, 조명 설치 · 관리기준을 준수하기 위해 소요되는 비용

마. 건설공사 현장에서 근로자 심폐소생을 위해 사용되는 자동심장충격기(AED) 구입에 소요되는 비용

바. 온열 · 한랭질환으로부터 근로자 건강장해를 예방하기 위한 임시 휴게시설 설치 · 해체 · 임대 비용 및 냉 · 난방기기의 임대 비용

7. 법 제73조 및 제74조에 따른 건설재해예방 전문지도기관의 지도에 대한 대가로 제2조제1항제5호의 자기공사자가 지급하는 비용

8. 「중대재해 처벌 등에 관한 법률 시행령」 제4조제2호나목에 해당하는 건설사업자가 아닌 자가 운영하는 사업에서 안전보건 업무를 총괄 · 관리하는 3명 이상으로 구성된 본사 전담조직에 소속된 근로자의 임금 및 업무수행 출장비 전액. 다만, 제4조에 따라 계상된 산업안전보건관리비 총액의 20분의 1을 초과할 수 없다.

9. 법 제36조에 따른 위험성평가 또는 「중대재해 처벌 등에 관한 법률 시행령」 제4조제3호에 따라 유해 · 위험요인 개선을 위해 필요하다고 판단하여 법 제24조의 산업안전보건위원회 또는 법 제75조의 노사협의체에서 사용하기로 결정한 사항을 이행하기 위한 비용(산업안전보건위원회 또는 노사협의체가 없는 현장의 경우에는 근로자의 의견을 들어 법 제64조에 따른 안전 및 보건에 관한 협의체에서 결정한 사항을 이행하기 위한 비용을 말한다). 다만, 제4조에 따라 계상된 산업안전보건관리비 총액의 100분의 15를 초과할 수 없다.

② 제1항에도 불구하고 도급인 및 자기공사자는 다음 각 호의 어느 하나에 해당하는 경우에는 산업안전보건관리비를 사용할 수 없다. 다만, 제1항제2호나목 및 다목, 제1항제6호나목부터 마목, 제1항제9호의 경우에는 그러하지 아니하다.

1. 「(계약예규)예정가격 작성기준」 제19조제3항 중 각 호(단, 제14호는 제외한다)에 해당되는 비용

2. 다른 법령에서 의무사항으로 규정한 사항을 이행하는 데 필요한 비용
3. 근로자 재해예방 외의 목적이 있는 시설 · 장비나 물건 등을 사용하기 위해 소요되는 비용
4. 환경관리, 민원 또는 수방대비 등 다른 목적이 포함된 경우

③ 도급인 및 자기공사자는 공사진척에 따른 산업안전보건관리비 사용기준을 준수하여야 한다. 다만, 건설공사발주자는 건설공사의 특성 등을 고려하여 사용기준을 달리 정할 수 있다.

공정률(%)	50 이상 70 미만	70 이상 90 미만	90 이상
사용기준(%)	50 이상	70 이상	90 이상

④ 도급인 및 자기공사자는 도급금액 또는 사업비에 계상된 산업안전보건관리비의 범위에서 그의 관계수급인에게 해당 사업의 위험도를 고려하여 적정하게 산업안전보건관리비를 지급하여 사용하게 할 수 있다.

3) 사용금액의 감액 및 반환

발주자는 도급인이 법 제72조제2항에 위반하여 다른 목적으로 사용하거나 사용하지 않은 산업안전보건관리비에 대하여 이를 계약금액에서 감액 조정하거나 반환을 요구할 수 있다.

4) 확인

① 도급인은 산업안전보건관리비 사용내역에 대하여 공사 시작 후 6개월마다 1회 이상 발주자 또는 감리자의 확인을 받아야 한다. 다만, 6개월 이내에 공사가 종료되는 경우에는 종료 시 확인을 받아야 한다.

② 제1항에도 불구하고 발주자, 감리자 및 「근로기준법」 제101조에 따른 관계 근로감독관은 산업안전보건관리비 사용내역을 수시 확인할 수 있으며, 도급인 또는 자기공사자는 이에 따라야 한다.

③ 발주자 또는 감리자는 제1항 및 제2항에 따른 산업안전보건관리비 사용내역 확인 시 기술지도 계약 체결, 기술지도 실시 및 개선 여부 등을 확인하여야 한다.

5) 안전관리비 실행 예산의 작성과 집행

① 공사금액 4천만 원 이상의 도급인 및 자기공사자는 공사실행예산을 작성하는 경우에 해당 공사에 사용하여야 할 산업안전보건관리비의 실행예산을 계상된 산업안전보건관리비 총액 이상으로 별도 편성해야 하며, 이에 따라 산업안전보건관리비를 사용하고 별지 제1호서식의 산업안전보건관리비 사용내역서를 작성하여 해당 공사 현장에 갖추어 두어야 한다.

② 도급인 및 자기공사자는 제1항에 따른 산업안전보건관리비 실행예산을 작성하고 집행하는 경우에 법 제17조와 영 제16조에 따라 선임된 해당 사업장의 안전관리자가 참여하도록 하여야 한다.

6) 산업안전관리비 미계상 등 벌칙

① 건설공사발주자가 전액을 계상하지 않은 경우, 미계상 금액에 해당하는 과태료 부과 (단, 1,000만 원 초과 시 1,000만 원)

② 법정 최소 수준 미만으로 계상한 경우, 부족한 금액과 위반 횟수에 따라 과태료 차등 부과

가. 50% 이상 100% 미만을 계상하지 않은 경우 : 1차 100만 원, 2차 : 300만 원, 3차 : 600만 원 과태료 부과

나. 50% 미만을 계상하지 않은 경우 : 1차 100만 원, 2차 200만 원, 3차 300만 원 과태료 부과

3.4 도급사업 시의 안전보건조치

1 도급사업 안전보건조치

1) 도급사업 시의 안전보건조치(산안법 제62～63조)

같은 장소에서 행하여지는 사업으로서 다음 각 호의 어느 하나에 해당하는 사업 중 일부를 도급을 주어 행하는 사업(건설업 등)의 사업주는 그가 사용하는 근로자와 그의 수급인이 사용하는 근로자가 같은 장소에서 작업을 할 때에 생기는 산업재해를 예방하기 위한 안전보건조치를 해야 한다.

도급인은 관계수급인 근로자가 도급인의 사업장에서 작업을 하는 경우에 자신의 근로자와 관계수급인 근로자의 산업재해를 예방하기 위하여 안전 및 보건 시설의 설치 등 필요한 안전조치 및 보건조치를 하여야 한다. 다만, 보호구 착용의 지시 등 관계수급인 근로자의 작업 행동에 관한 직접적인 조치는 제외한다.

2) 조치사항

① 도급인과 수급인을 구성원으로 하는 안전 및 보건에 관한 협의체의 구성 및 운영
② 작업장 순회 점검
③ 관계수급인이 근로자에게 하는 안전보건교육을 위한 장소 및 자료의 제공 등 지원
④ 관계수급인이 근로자에게 하는 안전보건교육의 실시 확인
⑤ 다음 각 목의 어느 하나의 경우에 대비한 경보체계 운영과 대피방법 등 훈련
  가. 작업장소에서 발파작업을 하는 경우
  나. 작업장소에서 화재 · 폭발, 토사 · 구축물 등의 붕괴 또는 지진 등이 발생한 경우
⑥ 위생시설 등 고용노동부령으로 정하는 시설의 설치 등을 위하여 필요한 장소의 제공 또는 도급인이 설치한 위생시설 이용의 협조
⑦ 같은 장소에서 이루어지는 도급인과 관계수급인 등의 작업에 있어서 관계수급인 등의 작업시기 · 내용, 안전조치 및 보건조치 등의 확인

⑧ 위 항목에 따른 확인 결과 관계수급인 등의 작업 혼재로 인하여 화재·폭발 등 대통령령으로 정하는 위험이 발생할 우려가 있는 경우 관계수급인 등의 작업시기·내용 등의 조정

3) 안전보건 협의체

① 구성 : 도급인인 사업주 및 수급인인 사업주 전원
② 운영 : 매월 1회 이상 정기적으로 회의를 개최, 회의결과 기록·보존
③ 협의 내용 : 작업의 시작 시간, 작업 또는 작업장 간의 연락 방법, 재해발생 위험이 있는 경우 대피 방법, 작업장에서의 위험성평가의 실시에 관한 사항, 사업주와 수급인 또는 수급인 상호 간의 연락 방법 및 작업공정의 조정 등

4) 작업장 순회점검

① 사업주는 작업장을 2일에 1회 이상 순회점검 실시

5) 합동 안전보건점검

① 점검반 : 도급인 사업주, 수급인 사업주, 도급인 및 수급인의 근로자 각 1명
② 주기 : 2개월에 1회 이상

6) 도급인의 안전 및 보건에 관한 정보 제공

① 폭발성·발화성·인화성·독성 등의 유해성·위험성이 있는 화학물질 중 고용노동부령으로 정하는 화학물질 또는 그 화학물질을 포함한 혼합물을 제조·사용·운반 또는 저장하는 반응기·증류탑·배관 또는 저장탱크로서 고용노동부령으로 정하는 설비를 개조·분해·해체 또는 철거하는 작업
② 위 호에 따른 설비의 내부에서 이루어지는 작업
③ 질식 또는 붕괴의 위험이 있는 작업으로서 대통령령으로 정하는 작업
④ 도급인은 안전 및 보건에 관한 정보에 따라 필요한 안전조치 및 보건조치 확인

2 산업안전보건위원회(법 제24조)

1) 대상 공사

① 공사금액 120억 원(토목공사 150억 원) 이상인 사업장

2) 구성

① 근로자위원

가. 근로자대표

나. 근로자대표가 지명하는 1인 이상의 명예산업안전감독관

다. 근로자대표가 지명하는 9인 이내의 당해 사업장의 근로자

② 사용자위원

가. 당해 사업의 대표자

나. 안전관리자

다. 당해 사업의 대표자가 지명하는 9인 이내의 당해 사업장 부서의 장

※ 사업의 일부를 도급에 의하여 행하는 경우로서 안전보건에 관한 협의체를 구성한 경우 협의체에 다음 자를 포함하여 산업안전보건위원회를 구성할 수 있다.

라. 사용자위원으로서 안전관리자, 근로자위원으로서 근로자대표, 명예산업안전감독관, 근로자대표가 지명하는 당해 사업장의 근로자

3) 회의

① 정기회의 : 3개월마다 위원장이 소집

② 임시회의 : 위원장이 필요하다고 인정할 때 소집

3 노사협의체(법 제24조의2)

1) 안전보건에 관한 협의체 구성 · 운영에 관한 특례

① 사업주는 근로자와 사용자가 같은 수로 구성되는 안전보건에 관한 노사협의체를 구성

·운영할 수 있다.

② 사업주가 노사협의체를 구성·운영하는 경우 산업안전보건위원회 및 안전보건에 관한 협의체를 각각 설치·운영하는 것으로 본다.

2) 대상

① 공사금액 120억 원(토목공사 150억 원) 이상 건설업

3) 구성

① 근로자위원

가. 전체 사업의 근로자대표

나. 근로자대표가 지명하는 명예 감독관 1명
(명예감독관이 미위촉된 경우 근로자대표가 지명하는 근로자 1명)

다. 공사금액 20억 원 이상 도급 또는 하도급 사업의 근로자대표

② 사용자위원

가. 해당 사업 대표자

나. 안전관리자 1명

다. 공사금액 20억 원 이상 도급 또는 하도급 사업의 사업주

4) 운영

① 정기회의 : 2개월마다 위원장이 소집

② 임시회의 : 위원장이 필요하다고 인정할 때 소집

3.5 산업안전보건교육

1 정기 안전보건교육(산안법 시행규칙 별표4 및 별표5)

정기교육

관리감독자 정기교육	근로자 정기교육
• 대상 : 현장 공사과장, 대리, 기사, 반장, 십장, 협력업체 반장 등 • 시간 : 반기 8시간 이상 또는 연간 16시간 이상 • 교육내용 – 작업공정 유해 · 위험요인 및 재해예방대책, 산업안전보건법령, 표준안전작업 지도요령, 관리감독자의 역할과 임무 등	• 대상 : 현장 근로자 • 시간 : 반기 12시간 이상(연간 24시간 이상) • 교육내용 – 산업안전 및 사고예방 대책, 건강증진 및 질병예방 대책, 안전작업방법, 보호구 및 안전장치 취급 · 사용, 직무스트레스 예방 및 관리, 직장 내 괴롭힘, 고객의 폭언 등으로 인한 건강장해 예방 및 관리 등

2 수시 안전보건교육(산안법 시행규칙 별표4 및 별표5)

수시 교육

채용 시 교육	특별 교육
• 대상 : 현장 신규채용 근로자 • 시간 – 일용근로자 : 1시간 이상 – 일용근로자 외의 근로자 : 8시간 이상 • 교육내용 – 기계 · 기구 위험성과 작업순서, 작업개시 전 점검, 정리정돈 및 청소에 관한 사항 등	• 대상 : 흙막이 지보공 작업, 2 m 이상 굴착작업 등 (38개 작업) • 시간 – 일용근로자 : 2시간 이상 – 일용근로자 외의 근로자 : 16시간 이상(단기간 간헐적 작업 2시간 이상) • 교육내용 – 대상 작업별 교육내용 구분 실시

3 특별 안전보건교육 대상작업 및 교육내용(산안법 시행규칙 별표8의2)

작업명	교육내용
〈공통내용〉	• 기계 · 기구의 위험성과 작업의 순서 및 동선에 관한 사항 • 작업 개시 전 점검에 관한 사항 • 정리정돈 및 청소에 관한 사항 • 사고 발생 시 긴급조치에 관한 사항 • 산업보건 및 직업병 예방에 관한 사항 • 물질안전보건자료에 관한 사항 • 「산업안전보건법」 및 일반관리에 관한 사항
1. 고압실 내 작업(잠함공법이나 그 밖의 압기공법으로 대기압을 넘는 기압인 작업실 또는 수갱 내부에서 하는 작업만 해당한다)	• 고기압 장해의 인체에 미치는 영향에 관한 사항 • 작업의 시간 · 작업 방법 및 절차에 관한 사항 • 압기공법에 관한 기초지식 및 보호구 착용에 관한 사항 • 이상 발생 시 응급조치에 관한 사항 • 그 밖에 안전보건관리에 필요한 사항
2. 밀폐된 장소(탱크 내 또는 환기가 극히 불량한 좁은 장소를 말한다)에서 하는 용접작업 또는 습한 장소에서 하는 전기용접 장치	• 작업순서, 안전작업방법 및 수칙에 관한 사항 • 환기설비에 관한 사항 • 전격 방지 및 보호구 착용에 관한 사항 • 질식 시 응급조치에 관한 사항 • 작업환경 점검에 관한 사항 • 그 밖에 안전보건관리에 필요한 사항
3. 목재가공용 기계(둥근톱기계, 띠톱기계, 대패기계, 모떼기기계 및 라우터만 해당하며, 휴대용은 제외한다)를 5대 이상 보유한 사업장에서 해당 기계로 하는 작업	• 목재가공용 기계의 특성과 위험성에 관한 사항 • 방호장치의 종류와 구조 및 취급에 관한 사항 • 안전기준에 관한 사항 • 안전작업방법 및 목재 취급에 관한 사항 • 그 밖에 안전보건관리에 필요한 사항
4. 1톤 이상의 크레인을 사용 하는 작업 또는 1톤 미만의 크레인 또는 호이스트를 5대 이상 보유한 사업장에서 해당 기계로 하는 작업	• 방호장치의 종류, 기능 및 취급에 관한 사항 • 걸고리 · 와이어로프 및 비상정지장치 등의 기계 · 기구 점검에 관한 사항 • 화물의 취급 및 작업방법에 관한 사항 • 작업신호 및 공동작업에 관한 사항 • 그 밖에 안전보건관리에 필요한 사항
5. 건설용 리프트 · 곤돌라를 이용한 작업	• 방호장치의 기능 및 사용에 관한 사항 • 기계, 기구, 달기체인 및 와이어 등의 점검에 관한 사항 • 화물의 권상 · 권하 작업방법 및 안전작업 지도에 관한 사항 • 기계 · 기구에 특성 및 동작원리에 관한 사항 • 그 밖에 안전보건관리에 필요한 사항

작업명	교육내용
6. 전압이 75 V 이상인 정전 및 활선작업	• 전기의 위험성 및 전격 방지에 관한 사항 • 해당 설비의 보수 및 점검에 관한 사항 • 정전작업 · 활선작업 시의 안전작업방법 및 순서에 관한 사항 • 절연용 보호구, 절연용 보호구 및 활선작업용 기구 등의 사용에 관한 사항 • 그 밖에 안전보건관리에 필요한 사항
7. 콘크리트 파쇄기를 사용하여 하는 파쇄작업(2 m 이상인 구축물의 파쇄작업만 해당한다)	• 콘크리트 해체 요령과 방호거리에 관한 사항 • 작업안전조치 및 안전기준에 관한 사항 • 파쇄기의 조작 및 공통작업 신호에 관한 사항 • 보호구 및 방호장비 등에 관한 사항 • 그 밖에 안전보건관리에 필요한 사항
8. 굴착면의 높이가 2 m 이상이 되는 지반굴착(터널 및 수직갱 외의 갱 굴착은 제외한다) 작업	• 지반의 형태 · 구조 및 굴착 요령에 관한 사항 • 지반의 붕괴재해 예방에 관한 사항 • 붕괴 방지용 구조물 설치 및 작업방법에 관한 사항 • 보호구의 종류 및 사용에 관한 사항 • 그 밖에 안전보건관리에 필요한 사항
9. 흙막이 지보공의 보강 또는 동바리를 설치하거나 해체하는 작업	• 작업안전 점검 요령과 방법에 관한 사항 • 동바리의 운반 · 취급 및 설치 시 안전작업에 관한 사항 • 해체작업 순서와 안전기준에 관한 사항 • 보호구 취급 및 사용에 관한 사항 • 그 밖에 안전보건관리에 필요한 사항
10. 터널 안에서의 굴착작업(굴착용 기계를 사용하여 하는 굴착 작업 중 근로자가 칼날 밑에 접근하지 않고 하는 작업은 제외한다) 또는 같은 작업에서의 터널 거푸집 지보공의 조립 또는 콘크리트 작업	• 작업환경의 점검 요령과 방법에 관한 사항 • 붕괴 방지용 구조물 설치 및 안전작업 방법에 관한 사항 • 재료의 운반 및 취급 · 설치의 안전기준에 관한 사항 • 보호구의 종류 및 사용에 관한 사항 • 그 밖에 안전보건관리에 필요한 사항
11. 굴착면의 높이가 2 m 이상이 되는 암석의 굴착작업	• 폭발물 취급 요령과 대피 요령에 관한 사항 • 안전거리 및 안전기준에 관한 사항 • 방호물의 설치 및 기준에 관한 사항 • 보호구 및 작업신호 등에 관한 사항 • 그 밖에 안전보건관리에 필요한 사항
12. 거푸집 동바리의 조립 또는 해체작업	• 동바리의 조립방법 및 작업 절차에 관한 사항 • 조립재료의 취급방법 및 설치기준에 관한 사항 • 조립 해체 시의 사고 예방에 관한 사항 • 보호구 착용 및 점검에 관한 사항 • 그 밖에 안전보건관리에 필요한 사항

작업명	교육내용
13. 비계의 조립 · 해체 또는 변경작업	• 비계의 조립순서 및 방법에 관한 사항 • 비계 작업의 재료 취급 및 설치에 관한 사항 • 추락재해 방지에 관한 사항 • 보호구 착용에 관한 사항 • 그 밖에 안전보건관리에 필요한 사항
14. 건축물의 골조, 다리의 상부 구조 또는 탑의 금속제의 부재로 구성되는 것(5 m 이상인 것만 해당한다)의 조립 · 해체 또는 변경작업	• 건립 및 버팀대의 설치순서에 관한 사항 • 조립 해체 시의 추락재해 및 위험요인에 관한 사항 • 건립용 기계의 조작 및 작업신호 방법에 관한 사항 • 안전장비 착용 및 해체순서에 관한 사항 • 그 밖에 안전보건관리에 필요한 사항
15. 처마 높이가 5 m 이상인 목조건축물의 구조 부재의 조립이나 건축물의 지붕 또는 외벽 밑에서의 설치작업	• 붕괴 · 추락 및 재해 방지에 관한 사항 • 부재의 강도 · 재질 및 특성에 관한 사항 • 조립 · 설치순서 및 안전작업방법에 관한 사항 • 보호구 착용 및 작업 점검에 관한 사항 • 그 밖에 안전보건관리에 필요한 사항
16. 콘크리트 인공구조물(그 높이가 2 m 이상인 것만 해당한다)의 해체 또는 파괴작업	• 콘크리트 해체기계의 점점에 관한 사항 • 파괴 시의 안전거리 및 대피 요령에 관한 사항 • 작업방법 · 순서 및 신호 요령에 관한 사항 • 해체 · 파괴 시의 작업안전기준 및 보호구에 관한 사항 • 그 밖에 안전보건관리에 필요한 사항
17. 타워크레인을 설치(상승작업을 포함한다) · 해체하는 작업	• 붕괴 · 추락 및 재해 방지에 관한 사항 • 설치 · 해체 순서 및 안전작업방법에 관한 사항 • 부재의 구조 · 재질 및 특성에 관한 사항 • 신호방법 및 요령에 관한 사항 • 이상 발생 시 응급조치에 관한 사항 • 그 밖에 안전보건관리에 필요한 사항
18. 맨홀작업	• 장비 · 설비 및 시설 등의 안전점검에 관한 사항 • 산소농도 측정 및 작업환경에 관한 사항 • 작업내용 · 안전작업방법 및 절차에 관한 사항 • 보호구 착용 및 보호 장비 사용에 관한 사항 • 그 밖에 안전보건관리에 필요한 사항
19. 밀폐공간에서의 작업	• 산소농도 측정 및 작업환경에 관한 사항 • 사고 시의 응급처치 및 비상 시 구출에 관한 사항 • 보호구 착용 및 사용방법에 관한 사항 • 밀폐공간작업의 안전작업방법에 관한 사항 • 그 밖에 안전보건관리에 필요한 사항

작업명	교육내용
20. 석면해체 · 제거작업	• 석면의 특성과 위험성 • 석면해체 · 제거의 작업방법에 관한 사항 • 장비 및 보호구 사용에 관한 사항 • 그 밖에 안전보건관리에 필요한 사항
21. 타워크레인 신호수	• 타워크레인의 기계적 특성 및 방호장치 등에 관한 사항 • 화물의 취급 및 안전작업방법에 관한 사항 • 신호방법 및 요령에 관한 사항 • 인양 물건의 위험성 및 낙하 · 비래 · 충돌재해 예방에 관한 사항 • 인양물이 적재될 지반의 조건, 인양하중, 풍압 등이 인양물과 타워크레인에 미치는 영향 • 그 밖에 안전보건관리에 필요한 사항

4 관리책임자 등의 직무교육(산안법 시행규칙 별표4)

① 대상 : 안전보건관리책임자, 안전관리자 등

② 이수 시기

가. 신규교육 : 선임된 후 3개월 이내(안전보건관리책임자 6시간 이상, 안전관리자 34시간 이상)

나. 보수교육 : 신규교육 이수 후 매 2년이 되는 날 기준 전후 6개월 사이에 교육 이수

※ 안전보건관리책임자 6시간 이상, 안전관리자 24시간 이상

③ 교육실시기관(건설분야) : 직무교육기관으로 지정받은 교육기관

④ 교육신청 전용 홈페이지 : www.dutyedu.net(한국산업안전보건공단 직무교육센터) 회원가입 후 교육 신청

5 건설업 기초안전보건교육(산안법 시행규칙 별표4)

① 대상 : 건설 일용근로자를 채용할 때 실시하는 안전보건교육(이하 "건설업 기초안전보건교육"이라 한다)

② 교육시간 : 4시간

③ 교육내용 : 건설공사의 종류(건축 · 토목 등) 및 시공 절차(1시간), 산업재해 유형별 위험요인 및 안전보건조치(2시간), 안전보건관리체제 현황 및 산업안전보건 관련 근로자 권리 · 의무(1시간)

3.6 건설업체 재해율

1 건설업체 산업재해발생률 산정 기준

① 대상 : 산업재해발생률 및 산업재해발생 보고의무 위반에 따른 가감점 부여 대상이 되는 건설업체는 매년 「건설산업기본법」 제23조에 따라 국토교통부 장관이 시공 능력을 고려하여 공시하는 건설업체 중 고용노동부 장관이 정하는 업체

② 방법 : 건설업체의 산업재해발생률은 다음의 계산식에 따른 업무상 사고사망만인율(이하 "사고사망만인율"이라 한다)로 산출하되, 소수점 셋째 자리에서 반올림한다.

$$\text{사고사망 만인율}(‱) = \frac{\text{사고사망자 수}}{\text{상시근로자 수}} \times 10{,}000$$

2 건설업체 산업재해발생률 산정 계산방식

사고사망자 수는 다음과 같은 기준과 방법에 따라 산출한다.

① 사고사망자 수는 사고사망만인율 산정 대상 연도의 1월 1일부터 12월 31일까지의 기

간 동안 해당 업체가 시공하는 국내의 건설 현장(자체사업의 건설 현장은 포함한다. 이하 같다)에서 사고사망재해를 입은 근로자 수를 합산하여 산출한다. 다만, 별표 18 제2호마목에 따른 이상기온에 기인한 질병사망자는 포함한다.

가. 「건설산업기본법」 제8조에 따른 종합공사를 시공하는 업체의 경우에는 해당 업체의 소속 사고사망자 수에 그 업체가 시공하는 건설현장에서 그 업체로부터 도급을 받은 업체(그 도급을 받은 업체의 하수급인을 포함한다. 이하 같다)의 사고사망자 수를 합산하여 산출한다.

나. 「건설산업기본법」 제29조제3항에 따라 종합공사를 시공하는 업체(A)가 발주자의 승인을 받아 종합공사를 시공하는 업체(B)에 도급을 준 경우에는 해당 도급을 받은 종합공사를 시공하는 업체(B)의 사고사망자 수와 그 업체로부터 도급을 받은 업체(C)의 사고사망자 수를 도급을 한 종합공사를 시공하는 업체(A)와 도급을 받은 종합공사를 시공하는 업체(B)에 반으로 나누어 각각 합산한다. 다만, 그 산업재해와 관련하여 법원의 판결이 있는 경우에는 산업재해에 책임이 있는 종합공사를 시공하는 업체의 사고사망자 수에 합산한다.

다. 제73조제1항에 따른 산업재해조사표를 제출하지 않아 고용노동부 장관이 산업재해발생연도 이후에 산업재해가 발생한 사실을 알게 된 경우에는 그 알게 된 연도의 사고사망자 수로 산정한다.

② 둘 이상의 업체가 「국가를 당사자로 하는 계약에 관한 법률」 제25조에 따라 공동계약을 체결하여 공사를 공동이행 방식으로 시행하는 경우 해당 현장에서 발생하는 사고사망자 수는 공동수급업체의 출자 비율에 따라 분배한다.

③ 건설공사를 하는 자(도급인, 자체사업을 하는 자 및 그의 수급인을 포함한다)와 설치, 해체, 장비 임대 및 물품 납품 등에 관한 계약을 체결한 사업주의 소속 근로자가 그 건설공사와 관련된 업무를 수행하는 중 사고사망재해를 입은 경우에는 건설공사를 하는 자의 사고사망자 수로 산정한다.

④ 사고사망자 중 다음의 어느 하나에 해당하는 경우로서 사업주의 법 위반으로 인한 것이 아니라고 인정되는 재해에 의한 사고사망자는 사고사망자 수 산정에서 제외한다.

가. 방화, 근로자 간 또는 타인간의 폭행에 의한 경우

나. 「도로교통법」에 따라 도로에서 발생한 교통사고에 의한 경우(해당 공사의 공사용

차량 · 장비에 의한 사고는 제외한다)

다. 태풍 · 홍수 · 지진 · 눈사태 등 천재지변에 의한 불가항력적인 재해의 경우

라. 작업과 관련이 없는 제3자의 과실에 의한 경우(해당 목적물 완성을 위한 작업자 간의 과실은 제외한다)

마. 그 밖에 야유회, 체육행사, 취침 · 휴식 중의 사고 등 건설작업과 직접 관련이 없는 경우

⑤ 재해발생 시기와 사망 시기의 연도가 다른 경우에는 재해발생 연도의 다음연도 3월 31일 이전에 사망한 경우에만 산정 대상 연도의 사고사망자수로 산정한다.

상시근로자 수는 다음과 같이 산출한다.

$$\text{상시근로자 수} = \frac{\text{연간 국내공사 실적액} \times \text{노무비율}}{\text{건설업 월평균 임금} \times 12}$$

① '연간 국내공사 실적액'은 「건설산업기본법」에 따라 설립된 건설업자의 단체, 「전기공사업법」에 따라 설립된 공사업자단체, 「정보통신공사업법」에 따라 설립된 정보통신공사협회, 「소방시설공사업법」에 따라 설립된 한국소방시설협회에서 산정한 업체별 실적액을 합산하여 산정한다.

② '노무비율'은 「고용보험 및 산업재해보상보험의 보험료징수 등에 관한 법률 시행령」 제11조제1항에 따라 고용노동부 장관이 고시하는 일반 건설공사의 노무비율(하도급 노무비율은 제외한다)을 적용한다.

③ '건설업 월평균임금'은 「고용보험 및 산업재해보상보험의 보험료징수 등에 관한 법률 시행령」 제2조제1항제3호가목에 따라 고용노동부 장관이 고시하는 건설업 월평균 임금을 적용한다.

3.7 재해발생 건설업체 제재

1 중대재해발생 건설업체 제재

1) 중대재해 정의

① 사망자가 1명 이상 발생한 재해

② 3개월 이상의 요양이 필요한 부상자가 동시에 2명 이상 발생한 재해

③ 부상자 또는 직업성 질병자가 동시에 10명 이상 발생한 재해

2) 제재 기준

① 근로자가 동시에 2인 이상 사망하는 중대재해가 발생한 경우 건설업체에 입찰 참가자격 제한 또는 영업정지(과징금) 조치

동시 사망자 수	입찰참가자격 제한	영업정지 기간	과징금(원)
2~5인	6개월	2개월	6,000만
6~9인	1년	3개월	8,000만
10인 이상	1년 6월	5개월	1억

② 입찰참가자격 제한 법적 근거

가. 산업안전보건법 제51조의2(영업정지의 요청 등)

나. 국가를 당사자로 하는 계약에 관한 법률 제27조(부정당업자의 입찰 참가자격 제한) 및 동법 시행규칙 별표2

다. 지방자치단체를 당사자로 하는 계약에 관한 법률 제31조(부정당 업자의 입찰 참가자격 제한)

라. 공공기관의 운영에 관한 법률 제39조(회계원칙 등)

③ 영업정지 법적 근거

가. 산업안전보건법 제51조의2(영업정지의 요청 등)

나. 건설산업기본법 제82조(영업정지 등) 및 동법 시행령 별표6

2 산재보험 개별실적 요율제 적용

1) 산재보험 개별실적 요율제

매년 6월 30일 현재를 기준으로 이전 3년 동안의 산재보험료에 대한 산재보험급여 금액의 비율이 85/100를 넘거나 75/100 이하인 사업(재해예방의 노력 여부를 반영하기 위함)에 대하여 그 사업에 적용하는 산재보험요율을 50/100의 범위에서 사업의 규모를 고려하여 인상 또는 인하하여 그 사업에 대한 다음 보험연도의 산재보험료율로 설정하는 제도

2) 적용범위

① 건설업 및 벌목업을 제외한 사업으로서 상시근로자 수가 20명 이상인 사업

② 건설업 중 일괄적용을 받는 사업으로써 매년 당해 보험연도의 2년 전 보험연도의 총 공사실적이 40억 원 이상인 사업

※ 기준 보험연도의 6월 30일 이전 3년의 기간 중에 산재보험료율 적용사업의 종류가 변경된 경우 해당 사업에 있어 개별실적요율을 적용하지 아니한다. 다만, 주된 작업실태가 변경되지 아니하였다고 인정되는 경우 예외.

3) 산정 방법

산재보험급여 금액의 비율을 산정함에 있어서 산재보험료 금액은 기준 보험연도의 6월 30일 현재를 기준으로 하여 다음 각 호의 금액을 합산한 금액으로 한다.

① 기준 보험연도 : 월별보험료의 1월부터 6월까지의 합계액

② 기준 보험연도의 직전 2개 보험연도 : 정산보험료의 합계액 또는 확정보험료의 합계액

③ 기준 보험연도의 3년 전 보험연도

$$= \frac{(\text{기준보험연도의 3년 전 보험연도 정산보험료 또는 확정보험료액}) \times 6}{\text{기준보험연도의 3년 전 보험연도에서 보험관계가 지속된 기간의 총 개월수}}$$

※ 법적 근거 : 고용보험 및 산업재해보상보험의 보험료 징수 등에 관한 법률 제15조(보험료율의 특례)

※ 2024년도 건설공사의 노무비율 : 일반건설공사(27%), 하도급 공사(30%)

3.8 유해위험 기계 · 기구(법 제80조)

1 위험기계 · 기구 방호장치

1) 유해위험 기계 · 기구의 방호장치

유해위험 기계 · 기구명	방호 장치명
1. 아세틸렌 및 가스집합 용접장치	안전기
2. 교류 아크 용접기	자동전격 방지기
3. 크레인, 승강기, 곤돌라, 리프트	과부하방지장치 및 권과방지장치 등
4. 압력용기	압력방출장치
5. 보일러	압력방출방지, 압력제한스위치
6. 연삭기	덮개
7. 목재가공용 둥근톱	반발예방장치, 날 접촉예방장치
8. 정전 및 활선 작업용 기구	절연용 방호구, 활선작업용 기구
9. 추락 및 붕괴 등의 방호용 가설기자재	안전인증 규격제품
10. 동력식 수동대패	칼날 접촉예방 장치

2) 기계 · 기구 등의 유해 · 위험방지조치

유해 · 위험방지조치가 필요한 기계 · 기구 등	기계 등의 대여자 유해 · 위험방지조치	기계 등 대여받는 자의 유해 · 위험방지조치
이동식크레인, 타워크레인, 불도저, 모터그레이더, 로더, 스크레이퍼, 스크레이퍼도저, 파워셔블, 드래그라인, 클램셸, 버킷굴착기, 트렌치, 항타기, 어스드릴, 천공기, 어스오거, 페이퍼드레인머신, 리프트, 지게차, 롤러기, 콘크리트펌프 등	① 해당 기계 등을 미리 점검하고 이상발견 시 즉시 보수 등 조치 ② 해당 기계 등을 대여 받은 자에게 다음 사항을 기재한 서면 발급 • 해당 기계 등의 특성 및 방호조치의 내용, 사용 시 주의사항, 수리 · 보수 · 점검 내역과 주요 부품의 제조일	① 해당 기계 등을 조작하는 자의 관계 법령에 정한 자격이나 기능 확인 ② 해당 기계 등을 조작하는 자에게 다음 사항 주지 • 작업내용, 연락 · 신호 등의 방법, 운행경로 · 제한속도 등 운행에 관한 사항, 기타 필요한 사항 ③ 해당 기계 등을 반환 시에는 수리 · 보수 · 점검내역 · 부품교체 사항 등을 기재한 서면 발급

2 안전인증 검사 제도

1) 안전인증 대상 가설기자재

의무 안전인증 대상 (12종, 33품목)	파이프서포트, 틀형 동바리용 부재(주틀, 가새재, 연결조인트), 시스템동바리용 부재(수직재, 수평재, 가새재, 트러스, 연결조인트), 강관비계용 부재(강관조인트, 벽연결용 철물), 틀형 비계용 부재(주틀, 교차가새, 띠장틀, 연결조인트), 시스템비계용 부재(수직재, 수평재, 가새재, 연결조인트), 이동식비계용 부재(주틀, 발바퀴, 난간틀, 아웃트리거), 작업발판(작업대, 통로용 작업발판), 조임철물(클램프, 철골용 클램프), 받침철물(조절용 받침철물, 피벗형 받침철물), 조립식 안전난간, 추락 또는 낙하방지망(안전방망, 수직보호망, 수직형 추락방망)
자율 안전확인 대상 (8종)	선반지주, 단관비계용 강관, 고정형 받침철물, 달기체인, 달기틀, 방호선반, 엘리베이터 개구부용 난간틀, 측벽용 브라켓

※ 안전인증제도 : 성능검정제도가 안전인증제도로 변경됨에 따라 산업안전보건법 제34조(안전인증) 및 제35조(자율안전확인의 신고)에서 정한 가설기자재가 제조자의 기술능력 및 생산체계와 제품의 성능을 종합적으로 심사하여 안전인증기준에 적합한 경우 안전인증마크(KCs)를 사용할 수 있도록 하는 제도

2) 의무 안전인증 대상 기계 · 기구 등(법 제84조)

기계 · 기구 · 설비	방호장치	보호구
가. 프레스 나. 전단기 및 절곡기 다. 크레인 라. 리프트 마. 압력용기 바. 롤러기 사. 사출성형기 아. 고소(高所) 작업대 자. 곤돌라	가. 프레스 및 전단기 방호장치 나. 양중기용(揚重機用) 과부하 방지장치 다. 보일러 압력방출용 안전밸브 라. 압력용기 압력방출용 안전밸브 마. 압력용기 압력방출용 파열판 바. 절연용 방호구 및 활선작업용기구 사. 방폭구조 전기기계 · 기구 및 부품 아. 추락 · 낙하 및 붕괴 등의 위험 방지 및 보호에 필요한 가설기자재 자. 충돌 · 협착 등의 위험 방지에 필요한 산업용 로봇 방호장치	가. 추락 및 감전위험 방지용 안전모 나. 안전화 다. 안전장갑 라. 방진마스크 마. 방독마스크 바. 송기마스크 사. 전동식 호흡보호구 아. 보호복 자. 안전대 차. 차광 및 비산물 위험방지용 보안경 카. 용접용 보안면 타. 방음용 귀마개 또는 귀덮개

※ 의무 안전인증 대상 유해위험 기계 · 기구, 설비 및 방호장치 · 보호구는 안전성을 평가하기 위하여 그 안전에 관한 성능과 제조자의 기술능력 및 생산체계 등이 안전인증기준에 맞는지 안전인증을 받아야 한다.

3 자율안전확인 대상 기계 · 기구 등(법 제89조)

기계 · 기구 · 설비	방호장치	보호구
가. 공기압축기 나. 곤돌라 등 3종	가. 아세틸렌 또는 가스집합 용접장치용 안전기 나. 교류아크 용접기용 자동전격방지기 다. 목재가공용 둥급톱 반발예방장치와 날접촉 예방장치 라. 동력식 수동대패용 칼날 접촉방지장치 마. 추락 · 낙하 · 붕괴 등의 위험방지 및 보호에 필요한 가설기자재(의무 안전 인증 대상 제외) 등 8개 항목	가. 안전모(추락 및 감전위험방지용 안전모 제외) 나. 보안경(차광 및 비산물 위험방지용 보안경 제외) 다. 보안면(용접용 보안면 제외)

※ 의무 안전인증 대상 기계 · 기구 등이 아닌 안전인증 대상 기계 · 기구 등은 안전에 관한 성능이 안전기준에 맞는지 확인(자율안전확인)하여 신고하여야 한다.

자율안전확인 신고 면제

- 의무 안전인증 기준의 안전인증을 받은 경우
- 품질경영 및 공산품안전관리법 제14조에 따른 안전인증을 받은 경우
- 산업표준화법 제15조에 따른 인증을 받은 경우
- 국가표준기본법에 따른 시험 · 검사기관에서 실시하는 시험을 받은 경우 등

4 안전인증 표시

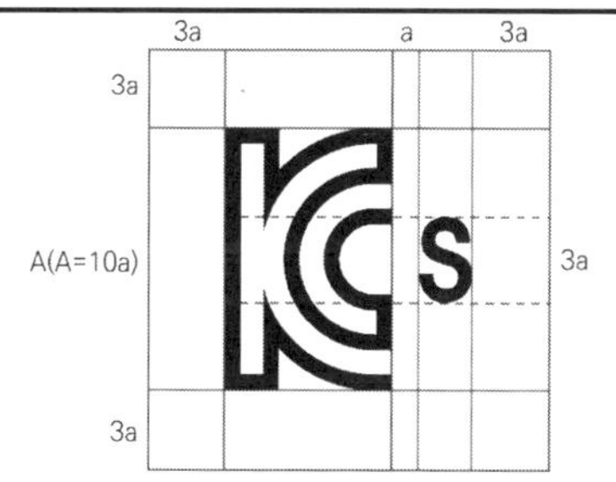

안전인증 및 자율안전확인 표시

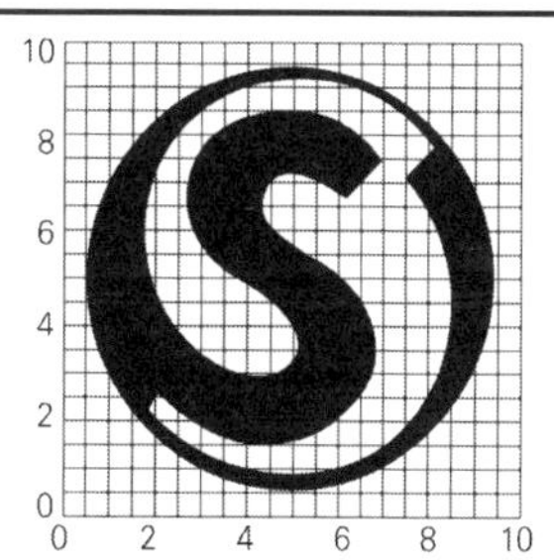

의무 안전인증 대상 외의 안전인증 표시

※ 안전인증을 받은 기계 · 기구 등에는 안전인증표시를 하여야 한다.
※ 법적근거 : 산업안전보건법 제384조(안전인증), 제85조(자율안전확인의 신고)
고용노동부고시 제2022-69호(안전인증 및 자율안전확인의 신고 절차)

5 안전검사(법 제93조)

1) 안전검사 대상 기계 · 기구 등

크레인(이동식크레인과 정격하중 2톤 미만인 호이스트 제외), 리프트, 압력용기, 곤돌라, 산업용 로봇 등 13종

2) 안전검사 주기

크레인, 리프트, 곤돌라 : 사업장 설치 완료일부터 3년 이내에 최초 안전검사 실시 및 그 이후부터 매 2년마다(건설현장에서 사용하는 것은 최초 설치한 날부터 매 6개월마다)

안전검사 면제

- 고압가스안전관리법 제17조 제2항에 따른 검사를 받은 경우
- 에너지이용합리화법 제39조 제4항에 따른 검사를 받은 경우
- 전기사업법 제65조에 따른 검사를 받은 경우
- 건설기계관리법 제13조 제1항 제1호, 제2호 및 제4호에 따른 검사를 받은 경우 등

Chapter | 04

건설공사 발주자의 산업안전업무

4.1 안전보건대장

건설공사발주자는 실질적으로 공사비용, 공사기간 등을 결정하고, 시공사를 선정함으로써 안전관리에 영향을 미침을 고려하여 계획, 설계, 시공 등 공사단계별로 안전보건대장을 작성하여 재해를 야기할 수 있는 위험요인을 관리할 의무 부여 제도이다.

1 건설공사 안전보건대장 개요

1) 안전보건대장의 작성 및 이행확인

2020.1.16. 이후 설계에 관한 계약을 체결한 건설공사부터 적용한다.

① 전문가를 통한 안전보건대장 내용의 적정성 확인은 2021.11.19. 이후 설계에 관한 계약을 체결한 경우부터 적용

② 2024.7.1. 이후 설계에 관한 계약을 체결하는 경우부터 변경된 안전보건대장 서식에 따라 작성

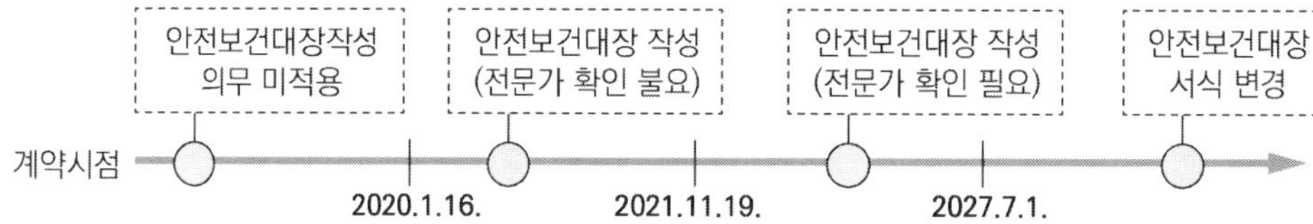

설계 계약 시점별 이행사항

2) 작성 주체

① 계획단계에서 건설공사발주자는 중점 위험요인 및 감소 방안을 포함한 기본안전보건대장을 작성하여 설계자에게 제공

② 발주자에게 업무를 위탁받은 건설사업관리자가 위탁받은 업무의 범위 내에서 기본 안

전보건대장을 작성하는 것도 가능

③ 설계단계에서 건설공사발주자는 설계자에게 설계안전보건대장을 작성토록 하고, 시공사에게 제공

④ 시공단계에서 건설공사발주자는 시공사가 설계안전보건대장을 반영하여 안전한 작업을 위한 공사 안전보건대장을 작성하게 하고, 시공사의 공사안전보건대장에 따른 안전보건조치 계획 이행 여부 확인

단계별 안전보건대장 비교

구분	기본안전보건대장	설계안전보건대장	공사안전보건대장
작성자	발주자	설계자	시공사(원청)
내용	• 산업안전보건법에 따른 발주자의 주요 의무 • 공사현장 제반 정보 • 주요 유해 · 위험요인별 위험성 감소방안	• 적정공기 예산산출서 • 유해 · 위험요인별 위험성 감소 방안 • 산업안전보건관리비 산출내역서	• 안전보건조치 이행계획 • 현장 지도, 점검결과 조치 • 건설기계 · 장비 안전조치

2 안전보건대장 작성대상 건설공사

1) 작성대상

「산업안전보건법」 제2조제11호 각 목에 해당하는 건설공사로서 총공사금액이 50억 원 이상인 건설공사

건설공사란?

① 토목 · 건축공사 등 명칭과 관계없이 시설물을 설치 · 유지 · 보수하는 공사 및 기계설비나 그 밖의 구조물의 설치 및 해체공사(「건설산업기본법」 제2조제4호)

② 전기설비 등을 설치 · 유지 · 보수하는 공사 및 부대공사(「전기공사업법」 제2조제1호)

③ 정보통신설비의 설치 및 유지 · 보수에 관한 공사와 부대공사(「정보총신공사업법」 제2조제2호)

④ 소방시설의 신설 · 증설 · 개설 · 이전 및 정비(「소방시설공사업법」 제2조)

⑤ 국가유산 수리공사(「국가유산수리법」 제2조)

2) 총공사금액

건설공사발주자가 하나의 건설공사를 완성하기 위해 발주한 공사금액의 합계액

① 하나의 건설공사는 토목공사, 건축공사, 그 밖에 공작물의 건설공사와 건설물의 개조·보수·변경 및 해체 등 최종 목적물을 완성하기 위해 행해지는 일체의 작업을 의미

② 건설공사발주자가 하나의 건설공사를 완료하기 위하여 부담하는 비용의 총합

③ 발주자가 재료를 제공하거나 물품이 완제품의 형태로 제작 또는 납품되어 설치되는 경우, 해당 재료비 또는 완제품의 가액을 포함

- 계약의 형태와 관계없이 재료비, 노무비, 경비, 일반관리비, 이윤, 부가가치세 및 제조공장에서 제작·구매한 물품, 재료비에 포함된 장비 구입비 등을 포함

④ 설계는 건설공사의 시공과 관련된 계약과 별개로 이루어지는 것이므로 설계비용은 총공사금액에 미포함

3) 작성대상 판단 시점

건설공사 계획·설계·시공 단계별 기간 중 총공사금액이 50억 원을 상회하는 시점부터 작성

① (계획단계) 총공사금액이 50억 원을 상회할 것으로 예상되는 경우 기본안전보건대장 작성

② (설계단계) 설계 종료* 시점 이전까지 총공사금액이 50억 원 이상으로 예상되는 경우 설계안전보건대장을 작성

* 설계의 명칭을 불문하고 시공에 필요한 설계도면 및 시방서, 물량내역서 등이 확정되어 공사비가 구체적으로 산정되는 설계의 완성 시점을 의미

- 기본안전보건대장을 작성하였으나, 설계단계에서 총공사금액이 50억 원 미만으로 변경된 경우, 설계안전보건대장 작성 불필요
- 반면, 기본안전보건대장을 작성하지 않았으나, 설계단계에서 총공사금액이 50억 원 이상으로 증가한 경우, 설계안전보건대장 작성

※ 이미 설계가 진행 중인 건설공사에 대한 기본안전보건대장 작성은 불필요

③ (시공단계) 하나의 건설공사를 완료하기 위해 발주한 총공사금액의 합계액이 50억 원

이상인 경우 공사안전보건대장을 작성

- 다만, 착공 이후 설계변경 등으로 인해 총공사금액의 합계액이 50억 원 이상으로 증가된 경우, 공사안전보건대장 작성 불필요

※ 안전보건대장은 착공 전부터 건설현장에 필요한 안전보건조치를 준비하기 위한 취지 → 시공 이후 총공사금액이 증가한 경우까지 작성 의무가 있다고 보기 어려움

4) 분리발주 공사

총공사금액이 50억 원 이상인 건설공사의 설계 또는 시공을 분리발주 하는 경우, 각 분리발주된 공사별로 작성

① 다만, 건설공사발주자는 분리 발주하는 모든 건설공사의 기본안전보건대장을 하나로 통합하여 작성할 수 있고,

- 분리발주 건설공사 중 설계자가 같은 공사는 설계안전보건대장을 시공사가 같은 공사는 공사안전보건대장을 통합하여 작성 가능

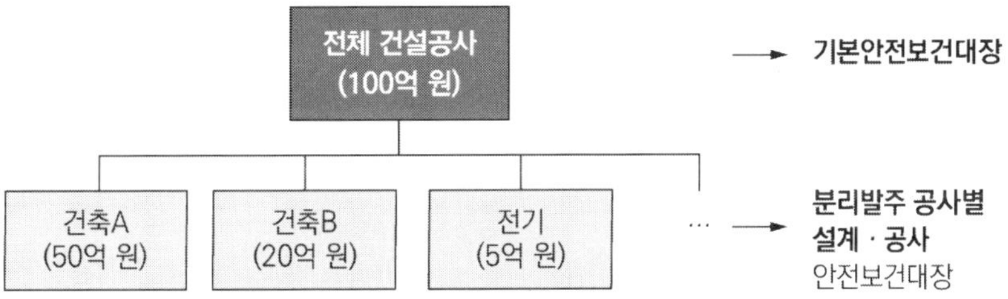

안전보건대장 작성 대상

② 설계 또는 시공이 공동이행 방식인 경우 공동수급체의 대표자가, 분담이행 방식인 경우 각 수급인이 작성

③ (시간 · 장소가 분리된 공사) 시간적 · 장소적으로 분리된 건설공사인 경우 각각의 공사별 금액으로 판단

- 예시1) 단가계약을 통해 교량 보수계획을 진행하는 경우, 각 보수공사별 총공사금액에 따라 판단
- 예시2) A지역과 B지역에 역사(驛舍) 건설공사를 동시에 진행하는 경우, 각 역사별 총공사금액에 따라 판단

3 안전보건대장 작성 시점 및 내용

1) 작성시점 : 건설공사 계획, 설계, 시공단계별 정해진 기한 내에 작성

① 기본대장 : 설계계약 체결 전 건설공사발주자가 작성

② 설계대장 : 설계자는 최종적으로 완성된 설계* 내용을 기준으로 설계안전보건대장을 작성하여 건설공사발주자에게 제출

* 명칭을 불문하고 시공에 필요한 설계도면 및 시방서, 물량내역서 등이 확정되는 등 발주자와 설계자 간 계약에 따라 작성이 완료된 설계를 의미

- 건설공사발주자는 시공사 선정을 위한 입찰 전까지 안전보건 분야의 전문가에게 설계안전보건대장의 적정성을 확인받아야 하므로 이를 감안하여 사전에 설계자와 제출 시기 협의

③ 공사대장 : 시공사는 구체적인 작업계획을 반영하여 공사안전보건대장을 작성하고, 착공일* 전날까지 건설공사발주자에게 제출

* 대지정리 및 가설사무소 설치 등의 공사 준비기간은 미포함

④ 착공 이후 설계변경 또는 공법의 변경 등으로 인해 공사안전보건대장에 기재된 유해·위험요인 또는 안전보건조치가 변동된 경우 이를 공사안전보건대장에 반영하고 건설공사발주자에게 제출

※ 착공 후 설계변경 등이 있는 경우, 설계안전보건대장을 작성한 설계자의 의견을 듣는 것이 바람직 (다만, 기존의 설계안전보건대장 변경은 불필요)

2) 주요 작성내용

건설공사발주자, 설계자, 시공사가 건설현장의 특성과 공사의 내용을 고려하여 효과적인 재해예방 조치를 마련

※ 「건설공사 안전보건대장의 작성 등에 관한 고시」 별지 서식 제1호부터 제3호, 【붙임 1~3 참조】

(1) 기본대장

① 사망사고 유발 주요 위험요인별 안전보건조치와

② 「산업안전보건법」 상 건설공사발주자의 주요 의무를 확인

(2) 설계대장

① 설계단계에서 시공 절차와 방법이 확정되는 가설구조물*의 위험성 감소조치를 마련하되, 거푸집 · 동바리, 비계, 흙막이(「건설기술 진흥법」 제48조제5항 또는 같은 법 제62조 제12항에 따라 설계 시 설계도면을 작성하고 구조검토 시행 필요)

② 설계 시 고려하는 주요 설계조건*에 따라 시공 시 발생이 예상되는 위험요인과 위험성 감소방안 중심으로 작성

* 지반 상태(지내력, 경사도 등)와 구조물별 구조적 한계(하중 및 침하량 허용치 등)

③ 아울러 공종별 공사기간 · 공사비 세부 산출내역 기재

*「건설기술 진흥법」 제39조제3항에 따라 설계용역에 대한 건설사업관리를 시행하는 경우 공사기간 · 공사비 산출 내역은 미작성 가능

(3) 공사대장

① 설계안전보건대장 상의 위험성 감소대책에 따라 시공사가 시행할 구체적 안전보건조치와 이를 반영한 작업계획* 표기

* 시공상세도, 시공계획서, 최초위험성평가 결과서 등 안전보건조치가 시공 내용에 반영되어 있음을 명확히 확인할 수 있는 일체의 자료를 의미

② 타워크레인, 콘크리트 펌프카 등 공사 초기에 설치 · 사용하는 사망사고 다발 기계 · 장비의 배치 · 이동 시 위험요인* 작성

* 기계 · 장비 배치 위치 및 이동 경로의 위험요인, 회전반경(크레인류)을 대지 도면에 표기

③ 건설공사발주자, 기술지도기관 등의 지적사항과 시공사의 조치사항

4 건설공사 안전보건대장 내용의 적정성 확인

1) 자격요건

① 건설공사발주자는 「산업안전보건법 시행령」 제55조의2에서 정하는 자격요건을 갖춘 자에게 적정성 확인을 요청

안전보건 분야 전문가의 자격요건

- 건설안전 분야 **산업안전지도사**
- **건설안전기술사**
- **건설안전기사**로서 **자격 취득 후 3년 이상의 건설안전 실무경력** 보유자
- **건설안전산업기사**로서 **자격 취득 후 5년 이상의 건설안전 실무경력** 보유자

② 적정성 확인의 객관성을 확보하기 위해 건설공사 관련자(발주자, 설계자, 건설사업관리자 소속 임직원 등) 이외의 자에게 요청하는 것이 바람직

※ 「산업안전보건법」 제67조제2항 및 같은 법 시행령 제55조의2 시행('21.11.19)에 따라 안전보건조정자도 자격요건 미충족 시 안전보건대장 적정성 확인 불가

2) 적정성 확인 절차

건설공사발주자는 기본 · 설계 · 공사안전보건대장의 적정성을 안전보건 분야의 전문가에게 확인받아야 함

① (기본대장) 건설공사발주자는 설계계약 체결 전 기본안전보건대장을 작성하여 적정성을 확인받은 후 설계자에게 제공하는 것이 원칙

- 다만, 설계자가 작성 · 제출한 설계안전보건대장과 함께 적정성을 확인받는 것도 가능

② (설계대장) 건설공사발주자는 시공사 선정을 위한 입찰 전에 설계안전보건대장의 적정성을 확인받아야 하며,

- 시공사 선정 입찰 시 적정성을 확인받은 설계안전보건대장을 고지하고, 건설공사 계약체결 시 시공사에게 설계안전보건대장 즉시 제공

※ 분리발주 건설공사별로 시공사 선정 입찰 또는 시공계약의 시기가 다른 경우, 각 입찰 또는 시공계약 대상 건설공사에 해당하는 설계안전보건대장만 고지 · 제공 가능

※ 설계 · 시공 일괄입찰로 설계자 · 시공사가 동일한 경우라도, 공사안전보건대장 작성 전 설계안전보건대장 작성 및 적정성 확인 절차 이행 필요

③ (공사대장) 시공사가 공사안전보건대장을 제출하면 안전보건조치가 갖추어진 후에 공

정이 진행되도록 지체없이 적정성을 확인

- 착공 이후 설계변경 또는 공법의 변경 등으로 인해 시공사가 작성한 유해·위험요인 또는 안전보건조치가 변동한 경우 변동 부분에 대한 적정성 재확인은 불필요

3) 전문가의 역할

각 대장의 유해·위험요인 누락 여부, 효과적인 위험성 감소방안과 이행계획 수립 여부, 산업재해 예방을 위한 적정 수준의 공사기간 및 공사비 확보 여부를 중점 확인

(1) 기본대장

① 건설공사의 내용, 대지 또는 시공상 작업 방법의 특징 등을 고려하여 중점 관리해야 할 예상 유해·위험요인과 감소방안 제시

② 「산업안전보건법」에 따라 건설공사발주자에게 부여된 의무와 역할 주지

(2) 설계대장

① 누락된 유해·위험요인을 추가하거나 불분명한 내용을 명확히 하고, 그에 따른 구체적인 위험성 감소방안을 제시

② 위험요인 제거를 위해 설계·공법 변경을 제안하거나, 시공단계에서 보다 효과적으로 위험성을 감소시킬 수 있는 방안 제시

③ 건설공사발주자 또는 설계자가 제시하는 공사기간과 공사비가 안전한 작업을 할 수 있는 적정한 수준인지 검토하고, 공사기간* 또는 공사비 조정 의견을 제시

* 「공공 건설공사의 공사기간 산정기준」(국토부 고시), 「적정 공사기간 확보를 위한 가이드라인」을 활용하되, 위험성 감소방안의 이행에 필요한 기간 등을 감안

(3) 공사대장

① 시공사가 수립한 위험성 감소방안 이행계획의 적정성을 확인하고, 필요시 작업순서 변경, 사용 기계·장비의 변경 등 효과적인 위험성 감소방안 제시

② 시공계획이 구체적으로 수립되지 않아 명확한 위험성 감소방안을 도출하기 어려운 경

우, 설계안전보건대장과 설계도서를 참조하여 시공사가 해당 공정에서 특히 유의해야 할 안전보건조치 제안

③ 시공사와 함께 설계안전보건대장, 설계도서 등을 검토하고, 위험요인 제거를 위해 설계변경을 제안하거나, 보다 효과적으로 위험성을 감소시킬 수 있는 방안 제시

4) 발주자 조치

설계 또는 시공계획 수립 과정부터 안전보건 분야 전문가를 참여시켜 현장 특성과 공사 내용에 부합하는 유해 · 위험요인 발굴과 효과적인 위험성 감소방안 도출을 지원하는 것이 바람직

① 안전보건 분야의 전문가에게 안전보건대장과 함께 설계도서 등 적정성 확인에 필요한 자료를 제공

② 안전보건 분야의 전문가에게 안전보건대장과 함께 설계도서 등 적정성 확인에 필요한 자료를 제공
- 설계대장 : 공사기간 연장 및 공사비 증액 등 조정, 안전보건조치 보완 · 변경 지시
- 공사대장 : 유해 · 위험요인 추가 · 변경, 안전보건조치 이행계획 보완 · 변경 지시 등

③ 적정성 검토 결과에 따라 설계 또는 시공계획의 변경이 필요한 경우 설계자 및 시공사에게 적정한 작업 기간과 비용을 제공

5 안전보건조치계획 이행 확인

1) 확인 주기

건설공사발주자는 시공사의 공사안전보건대장의 작성 여부와 산업재해 예방조치의 이행 여부를 주기적으로 확인

① 건설공사발주자의 산업재해 예방조치의 이행 확인은 착공 후 매 3개월마다 1회 이상 시행

※ 공사가 중단된 경우, 중단된 기간은 안전보건조치 이행 확인 불필요하고 단, 공사 재개 시점에 안전보건조치 상태 점검과 이행 확인 재개

② 건설공사가 3개월 이내에 종료되는 경우에는 종료 전에 확인

2) 주요 확인 내용

공사안전보건대장에 기재된 유해 · 위험요인별 위험성 감소조치 계획의 실제 이행 여부 확인

※ 건설현장 사망사고 예방 자율점검표([붙임 4] 참조)를 시공사에 전달하여 위험성평가, 작업 전 안전점검회의(TBM) 등에 활용하도록 지원

① 고용노동부, 한국산업안전보건공단 등의 현장 점검 · 감독 결과에 따른 조치내용 및 이행 여부

- 특히, 유해 · 위험방지계획서 이행 확인 현장인 경우, 유해 · 위험방지계획서 이행 확인 결과와 조치 필요사항(지적사항) 및 개선사항 확인

② 건설공사발주자가 시공사의 안전보건조치계획 이행 여부를 확인하기 어려운 경우, 전문가*를 선임하여 확인하는 것도 가능

* 안전보건대장의 적정성 검토자, 안전보건조정자 등. 이때, 이행 확인 업무를 위임하는 자와 증빙서류(계약서, 위임서 등)를 작성 · 보관하는 것이 바람직

3) 발주자의 조치

산업재해 예방조치를 미이행하거나, 예방조치가 미흡한 경우 시정요청, 산업재해가 발생할 우려가 있는 경우 작업중지 요청

※ 필요시, 관할 고용노동지청에 건설현장 점검요청([붙임 5] 참조)

- 시공사가 산업재해 예방계획을 이행(시공 중 예방계획을 변경한 경우도 포함)할 수 있도록 적정한 비용과 공사기간을 제공

4.2 안전보건 조정자

산업안전보건법 제68조에 따라 2개 이상의 건설공사를 도급한 건설공사발주자는 그 2개 이상의 건설공사가 같은 장소에서 행해지는 경우에 작업의 혼재로 인하여 발생할 수 있는 산업재해를 예방하기 위하여 건설공사 현장에 안전보건 조정자를 두어 다수의 공종을 복수의 건설업체가 동시에 진행하는 경우, 작업의 혼재로 인해 발생할 수 있는 산업재해를 예방하기 위한 목적으로 한다.

1 안전보건 조정자의 선임

1) 선임 대상

총공사금액이 50억 원 이상인 복수의 건설공사가 동시에 시공되는 건설현장

2) 총공사금액

① 총공사금액이란 건설공사발주자가 하나의 건설공사를 완성하기 위해 발주한 공사금액의 합계액

② 하나의 건설공사는 토목공사, 건축공사, 그 밖에 공작물의 건설공사와 건설물의 개조·보수·변경 및 해체 등 최종 목적물을 완성하기 위해 행해지는 일체의 작업을 의미

총공사금액 판단기준

- 계약의 형태와 관계없이 **재료비, 노무비, 경비, 일반관리비, 이윤, 부가가치세** 및 제조공장에서 **제작·구매한 물품, 재료비에 포함된 장비구입비** 등을 포함
- **발주자**가 재료를 **제공**하거나 물품이 **완제품의 형태로 제작 또는 납품**되어 **설치**되는 경우, 해당 재료비 또는 완제품의 **가액을 포함**
- 설계는 건설공사의 시공과 관련된 계약과 별개로 이루어지는 것이므로 **설계비용**은 총공사금액에 미포함

3) 선임 기간

① 중첩되어 시공되는 건설공사의 착공일 전날까지 안전보건 조정자를 선임 · 지정

② 건설공사발주자는 안전보건 조정자를 선임 · 지정한 직후 각 공사의 도급인에게 통보

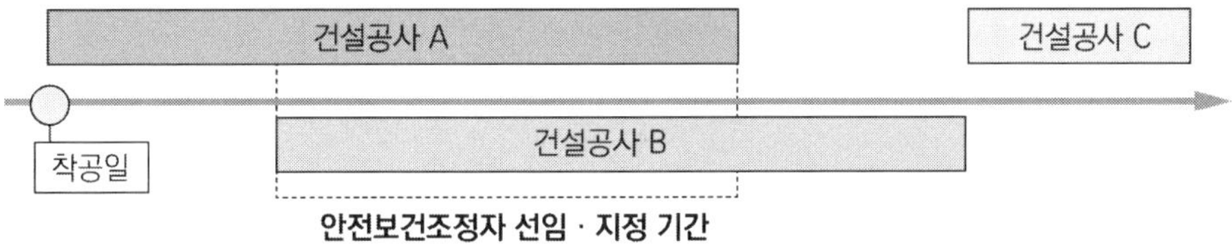

안전보건조정자 선임 기간

4) 자격요건

① 산업안전지도사, 건설안전기술사 등 자격요건을 충족한 전문가를 선임

② 「건축법」, 「주택법」 등에 따라 배치된 감리원 중 주된 공사의 감리업무를 총괄하여 수행하는 자를 안전보건 조정자로 지정

안전보건조정자 선임 자격요건

- **산업안전지도사**
- **건설안전기술사**
- **종합공사**에 해당하는 건설현장에서 **안전보건관리책임자**로서 **3년 이상 재직**한 사람
- **건설안전기사 또는 산업안전기사 자격**을 **취득한 후 건설안전 분야**에서 **5년 이상의 실무경력**이 있는 사람
- **건설안전산업기사 또는 산업안전산업기사** 자격을 **취득한 후 건설안전 분야**에서 **7년 이상의 실무경력**이 있는 사람

③ 산업안전기사 및 산업안전산업기사 자격 취득자로서 건설안전 분야의 실무경력이 있는 자도 안전보건 조정자 선임 가능(2024.3.12. 시행)

④ 건설공사발주자가 건설공사 중 주된 공사의 감리업무를 총괄하여 수행하는 자를 안전

보건 조정자로 지정한 경우

- 해당 감리원 등에게 안전보건 조정자 업무를 수행하도록 한 내용의 증빙서류(계약서, 위임서 등) 작성 · 보관 필요

2 안전보건 조정자의 업무

1) 작업 조정

① 공사 간 혼재된 작업과 그에 따른 위험성을 파악하고, 산업재해 예방을 위한 작업 시기 및 내용 조정

- 안전보건 조정자는 업무를 수행하기 위하여 필요한 경우 각 건설공사의 도급인과 관계수급인에게 자료제출 요구 가능

② 각 공사별 도급인 및 관계수급인이 각각 수립한 공정별 시공계획, 작업내용은 물론 안전보건조치 계획 · 내용의 공유 여부 확인

- 산업재해 예방조치 마련 · 공유, 조정을 위해 위험성평가 절차 참여 필요

2) 안전보건조치

① 혼재작업에 따른 산업재해를 예방할 안전보건조치를 마련하고, 각 공사별 도급인과 관계수급인에게 이행하도록 지시

② 도급인과 관계수급인에게 소속 근로자의 안전장비 미착용 등 안전보건조치 의무 미이행에 대한 개선 요구

3) 발주자 보고

① 건설공사발주자에게 각 시공사의 안전보건조치 이행 상황, 개선지시 불이행 등을 정기적으로 보고하는 것이 바람직

② 작업시기 · 내용, 안전보건조치 변경 등에 따라 공사비 · 공사기간의 조정이 필요한 경우, 건설공사발주자에게 조정 의견 제시

③ 안전보건 조정자 역할과 도급인

- 건설공사발주자에게는 건설공사 현장에 안전보건조정자를 선임 또는 지정하여 산업재해 예방 업무를 수행하도록 해야 할 의무가 명확히 부여되어 있고(법 제68조제1항)
- 안전보건 조정자의 업무 내용과 권한도 산업안전보건법령에 따라 규정되어 있으므로(영 제57조제1항)
- 건설공사발주자가 안전보건 조정자를 통해 각 공사별 시공사의 작업시기 · 내용 조정, 안전보건조치 개선 등 업무를 수행하더라도 그것만으로는 건설공사발주자가 도급인으로서의 안전보건조치 책임을 진다고 보기 어려움

4) 벌칙 규정

안전보건 조정자를 두지 않은 건설공사발주자에게는 500만 원의 과태료 부과

4.3 공사기간 연장 및 설계변경

산업안전보건법 제69조에 따라 건설공사발주자는 시공계약 시 시공사가 안전을 고려하여 업무를 수행하도록 적정한 수준의 공사기간을 설정하고, 법 제70조에 의거 시공 중 산업재해발생 우려가 있는 경우 설계를 변경하거나 공사기간을 연장하여야 한다.

1 공사비 및 공사기간 산정

1) 설계기간 보장

건설공사발주자는 설계자가 안전한 공사가 진행될 수 있도록 위험요인을 제거하거나 안전조치를 마련하여 설계에 반영

- 건설공사 대지 상황, 공종별 적용공법, 자재의 특성 등을 고려하여 적정한 공사비 · 공사기간을 산정하도록 설계 기간을 제공

2) 적정 공기산정

설계자는 공사기간 산정 지침, 기준 등을 참조하여 적정한 공사기간을 건설공사발주자에게 제시

- 「공공 건설공사의 공사기간 산정기준」, 「적정 공사기간 확보를 위한 가이드라인」 등

3) 안전보건대장

건설공사 안전보건대장을 작성하는 경우, 적정성 확인 결과를 반영하여 설계변경 또는 공사비, 공사기간 등 조정

2 시공계약 반영

1) 계약서 반영

① 건설공사발주자는 시공사와 계약 시 설계자가 산정한 공사비, 공사기간을 제시하고,

② 공사기간 미포함 기간, 공사기간 연장 사유*를 계약서에 명확히 반영하는 것이 중요

* 공사기간 연장 사유, 추가 비용의 부담 주체 지정, 지체상금 부과 여부 등은 「산업안전보건법」 제70조(고용노동부), 「민간건설공사 표준도급계약서」(국토교통부), 「적정 공사기간 확보를 위한 가이드라인」(국토교통부) 등 참조([붙임 8] 참조)

2) 적정성 검토

건설공사발주자와 시공사는 계약체결 전 협상 단계 등을 활용하여 설계도서의 내용에 따른 공사기간의 적정 여부를 검토

3 착공 이후 공사기간 연장 및 설계변경

1) 관련 규정

「산업안전보건법」 제70조, 제71조 및 같은 법 시행규칙 제87조, 제88조 기준

- 건설공사 표준도급계약서, 공사기간 산정기준, 적정 공사기간 확보를 위한 가이드라인 관련 사항은 국토교통부의 해석에 따름

2) 임의 변경 금지

① 건설공사발주자는 설계도서에 따라 산정된 공사기간을 단축해서는 안 됨

② 공사비 절감을 위한 위험성 있는 공법 사용 또는 정당한 사유 없이 공법을 변경하는 행위도 금지

- '공사비 절감'에는 단순히 노무비, 경비, 자재비를 줄이기 위해 공사기간을 단축하는 행위도 포함

3) 공사기간 연장

① 불가항력의 사유 또는 건설공사발주자 귀책 사유로 착공이 지연되거나 시공이 중단된 경우,

- 불가항력 사유 : 태풍 · 홍수 등 악천후, 전쟁 · 사변, 지진, 화재, 전염병, 폭동, 그 밖에 계약 당사자가 통제할 수 없는 사태의 발생 등 불가항력의 사유가 있는 경우

② 시공사는 그 사유가 종료된 날부터 10일이 되는 날까지 연장 사유 및 증명 자료를 갖추어 공사기간 연장 요청

- 건설공사를 최초로 도급받은 수급인(원청)은 건설공사발주자에게, 관계수급인(협력업체)은 원청에게 요청
- 원청은 30일 이내에 공사기간 연장 조치 또는 건설공사발주자에게 연장 요청

③ 공사기간 연장 요청을 받은 건설공사발주자는 요청을 받은 날부터 30일 이내에 공사기간 연장 조치

- 공사기간 연장을 하지 않는 경우, 그 사유와 그 사유를 증명하는 서류를 첨부하여

건설공사도급인에게 통보

4) 설계변경 요청

① 시공사는 가설구조물의 붕괴 등으로 산업재해가 발생할 위험이 있는 경우 건설공사발주자에게 설계변경을 요청

설계변경 요청 대상 가설구조물

- 높이 31 m 이상인 비계
- 동력을 이용하여 움직이는 가설구조물
- 작업발판 일체형 거푸집 또는 높이 5 m 이상인 거푸집 동바리
- 터널의 지보공 또는 높이 2 m 이상인 흙막이 지보공

② 설계변경 요청 시 가설구조물의 구조계산서 등 설계의 안전성에 관한 전문가의 검토내용 등을 첨부

가설구조물 안전성 검토 전문가 자격요건

- 건축구조기술사(토목공사 및 터널 지보공과 높이 2 m 이상인 흙막이 지보공 제외
- 토목구조기술사(토목시공 한정)
- 토질 및 기초기술사(터널 지보공과 높이 2 m 이상인 흙막이 지보공 한정)
- 건설기계기술사(동력을 이용하여 움직이는 가설구조물 한정)

「산업안전보건법 시행령」 제58조제2항

③ 설계변경의 요청을 받은 건설공사발주자는 그 내용이 기술적으로 적용이 불가능한 경우가 아니라면 설계를 변경하여야 함

4.4 산업재해 예방 기술지도

산업안전보건법 제69조에 따라 건설공사의 발주자 또는 건설공사도급인은 해당 건설공사를 착공하려는 경우 제74조에 따라 지정받은 전문기관과 건설 산업재해 예방을 위한 지도계약을 체결하고, 건설재해 예방 전문지도기관은 건설공사도급인에게 산업재해 예방을 위한 지도를 실시하여야 하고, 건설공사도급인은 지도에 따라 적절한 조치를 하여야 한다. 이는 전담 안전관리자 선임 의무가 없는 중·소 건설현장의 산업재해 예방을 위함이다.

1 재해예방 기술지도 적용대상

1) 적용 대상

① 「산업안전보건법」 제2조제11호 각 목에 해당하는 건설공사로서 총공사금액이 1억 원 이상, 120억 원(토목공사는 150억 원) 미만인 건설공사

② 「건축법」 제11조에 따른 건축허가 대상 공사(1억 원 미만도 해당)

총공사금액 판단기준

- 계약의 형태와 관계없이 재료비, 노무비, 경비, 일반관리비, 이윤, 부가가치세 및 제조공장에서 제작·구매한 물품, 재료비에 포함된 장비 구입비 등을 포함
- 발주자가 재료를 제공하거나 물품이 완제품의 형태로 제작 또는 납품되어 해당 시공사가 설치하는 경우, 해당 재료비 또는 완제품의 가액을 포함

③ 하나의 건설공사가 분리발주 된 경우, 각 분리 발주된 공사별로 총공사금액을 판단

- 산업안전보건관리비 제도적 대상 판단기준과 동일, 건설공사 안전보건대장 및 안전보건 조정자 제도 적용대상 판단기준과는 상이

2) 적용 제외

① 총공사금액이 기술지도 적용 대상인 경우에도 공사기간이 매우 짧거나, 전담 안전관리자를 선임한 경우 등은 예외

② 제외공사
- 공사기간이 1개월 미만인 건설공사
- 육지와 연결되지 않은 섬 지역(제주특별자치도 제외)에서 이루어지는 건설공사
- 전담 안전관리자를 선임한 건설공사(120억 원 미만 건축공사, 150억 원 미만 토목공사라도 전담 안전관리자를 선임한 경우, 기술지도 적용 제외)
- 유해 · 위험방지계획서를 작성하여 한국산업안전공단에 제출해야 하는 건설공사

2 재해예방 기술지도 계약

1) 기관 선정

① 건설공사발주자가 자율적으로 지도기관을 선정하되, 고용노동부 누리집에서 지도기관별 평가결과*를 확인하여 우수 기관을 선정함이 바람직

* 지도기관별 평가(매년 1회) 후 등급 부여 및 공개(S, A, B, C, D 등 5등급)

② 지도기관은 기관별 일정 지역 범위 내에서만 기술지도를 실시할 수 있음

2) 계약 체결

① 건설공사발주자는 착공일 전날까지 지도기관과 계약 체결
- 대지정리 및 가설사무소 설치 등의 공사 준비기간은 미포함

② 계약서는 반드시 표준 서식(「산업안전보건법 시행규칙」 별지 104호)을 사용하고, 착공신고 시 기술지도계약서 사본을 첨부

3) 대금 지급

① 재해예방 기술지도 계약 체결과 대금 지급은 건설공사 발주자의 의무사항이므로 산업안전보건관리비 사용 불가

② 자기공사자(건설공사를 발주하였으나 건설사업자에게 도급하지 않고, 직접 총괄 · 관리하며 공사를 수행하는 자)는 산업안전보건관리비 사용 가능

3 기술지도 수행 방법

1) 지도 횟수

① 공사기간 중 매 15일 이내마다 1회 실시

- 예) 공사기간이 164일인 경우 : 164/15일 = 10.9회 → 총 10회(소수점 이하 버림)

② 공사기간은 실제 착공이 시작되는 날부터 모든 작업이 종료되는 실 공사종료(준공)일까지를 의미

- 공사도급계약서, 착공신고서, 사용승인서 등을 확인하여 판단

2) 분리발주

하나의 건설공사를 분리발주한 경우, 지도 횟수 충족여부는 각 공사별로 분리하여 산정

3) 기술지도 특례

공사금액이 40억 원 이상인 경우, 공사 종류에 따라 산업안전지도사 또는 건설 · 전기안전기술사 등이 기술지도 8회마다 한 번 이상 방문하여 지도

- 예) 위의 예와 같이 공사기간이 164일인 경우, 총 10회의 기술지도 중 1회차 ~8회차 중 1회는 지도사 등을 통한 기술지도 필요

공사 종류별 기술지도 특례에 따른 지도인력 기준

① 건설공사(전기공사, 정보통신공사, 소방시설공사 제외)
→ 건설 분야 산업안전지도사, 건설안전기술사

② 전기공사, 정보통신공사, 소방시설공사
→ 건설 또는 전기 분야 산업안전지도사, 건설안전기술사, 전기안전기술사, 건설안전기사 · 산업안전기사 자격 취득 후 건설안전 실무경력이 9년 이상인 사람

4) 기술지도 결과 활용

① 건설공사발주자는 기술지도에 따른 개선조치 요구사항과 시공사의 이행 여부를 확인하는 것이 바람직

- 기술지도기관에서 시공사의 개선지도 불이행 사항을 건설공사발주자에게 통보
- 지도기관은 기술지도 결과서를 현장대리인(소장)에게 서면 통보하고, 50억 원 이상인 건설공사(3개월 미만 공사 제외)의 경우 건설업체 본사에도 통보

② 안전보건대장을 작성하는 건설공사인 경우, 공사안전보건대장에 기재된 기술지도 내용과 개선사항 이행 여부 확인 및 기록 필요

③ 공사 종료 시 지도기관은 건설공사발주자에게 기술지도 완료 증명서 발급

5) 벌칙 규정

① (기술지도 미체결) 기술지도를 체결하지 않은 건설공사발주자 등은 300만 원 이하의 과태료 부과

② (지도사항 미이행) 기술지도기관의 지도에 따른 적절한 조치를 하지 않은 건설공사도급인(시공사)은 300만 원 이하의 과태료 부과

Chapter | 05

비계 등 가설공사 안전

비계(Scaffold)란 작업장소가 높아서 손이 닿지 않는 높은 곳의 작업을 할 수 있도록 공사용 통로나 작업용 발판을 설치하기 위하여 구조물의 주위에 조립, 설치되는 가설구조물을 말한다. 또한 비계는 부재의 설치·해체작업, 구조물 작업, 조적작업, 미장작업, 도장작업, 볼팅작업, 용접 또는 용단 작업 등을 할 때 근로자가 작업장소에 접근할 수 있도록 설치하는 가설작업대를 지지하는 구조물을 의미한다.

5.1 공정 개요

1 비계 작업개요

비계의 종류는 재료, 기능, 사용 목적에 따라 다양하고, 국가마다 다소 차이가 있다. 일반적으로 통나무비계, 강관비계, 강관틀비계, 이동식비계, 시스템비계, 달비계, 달대비계, 말비계, 작업발판 일체형 비계 등으로 분류하고 있으며, 국내에서는 통나무비계를 거의 사용하지 않는다.

비계 작업은 고소작업이 있는 건설 현장에 반드시 필요하다. 하지만, 가설공사라는 이유로 설계도서 또는 안전기준에 의하여 작업하기보다는 시공자가 현장에서 공사에 맞게 임의로 설치하거나, 작업의 편의를 위해 주요 부재를 누락하거나 안전시설을 생략하여 떨어짐 및 무너짐 등의 재해가 지속적으로 발생하고 있다.

비계의 설치 높이가 31 m 이상인 경우 비계의 자중에 의한 좌굴(Buckling) 위험성이 높다. 그러나, 작업의 편의를 위해 구조검토 결과와 안전기준을 준수하지 않아 비계 전체가 무너지거나 넘어지는 사고가 발생하곤 한다.

따라서 비계 작업은 공사의 성패를 결정하는 가장 중요한 작업으로 설계단계부터 철저하게 관리되어야 한다. 설계단계에서는 안전한 비계공법 선정 후 설계도서를 작성하고, 시공단계에서는 현장 여건을 고려하여 시공계획서 작성 및 작업전 안전교육을 실시하여야 하며, 설계도서 및 시공계획서에 따라 안전하게 작업될 수 있도록 관리감독을 철저히 하여야 한다.

비계공법 선정 시 시공성, 경제성, 안전성을 모두 고려하여야 하며, 비계 작업의 안전을 위해서는 작업발판, 가설계단, 벽이음, 가새(Bracing) 및 안전난간 등 안전시설을 적기에 설치하여야 한다. 선진국 수준의 비계 작업안전을 위해 시스템 비계 등 안전한 비계 보급을 확대하고, 비계 설치 · 해체 중 추락방지를 위해 선행 안전난간 설치공법을 적용하여야 할 것이다.

2 비계 작업의 특징

1) 비계 작업의 위험요인

① 연결재가 적은 구조로 되기 쉽다.
② 부재 결합이 간략하여 불완전 결합이 많다.
③ 구조물이라는 통상의 개념이 확고하지 않으며, 조립의 정밀도가 낮다.
④ 임시로 설치하는 가시설물로 작업의 편의를 위해 부재를 설치하지 않거나, 임의 해체하기 쉽다.
⑤ 부재는 과소 단면이거나 결함이 있는 재료를 사용하기 쉽다.
⑥ 작업의 편의를 위해 작업발판에 마감자재를 과적하기 쉬워 무너짐위험이 있다.
⑦ 불안정한 구조로 작업할 경우 무너짐 사고의 원인이 될 수 있다.
⑧ 작업발판, 안전난간대 등 안전시설 미설치 시 떨어짐위험성이 높다.
⑨ 마감작업 등 타작업과 간섭으로 벽 이음재를 임의 해체하여 무너짐 등 사고의 원인이 될 수 있다.
⑩ 작업발판 설치 이후 작업발판 위에서 안전난간대 설치 시 떨어짐위험이 있다.

2) 비계 작업의 안전 요건

(1) 안전성 확보

① 무너짐에 대한 안전성 : 구조안전성 확보(구조검토, 침하방지 조치, 가새, 벽이음 철물 설치 등)

② 흔들림에 대한 안전성 : 가새, 벽이음 철물 등 보강

③ 떨어짐에 의한 안전성 : 작업발판, 안전난간대, 가설계단, 추락방호망 설치 및 안전대 착용 등

④ 자재의 낙하에 대한 안전성 : 발끝막이판, 수직보호망, 낙하물방지망 등 낙하방지시설 설치 및 출입금지조치 등

주요 위험 요인

(2) 시공성 확보

① 구조안전성이 확보된 범위 내에서 경량화된 구조

② 작업대의 넓이, 작업 및 통행을 방해하지 않는 구조

③ 무리한 자세가 되지 않도록 적정 장소에 작업대 설치

(3) 경제성 확보

① 가설 및 철거의 신속과 용이

② 현장 가공의 불필요

③ 내용(耐用) 연수가 높은 재료 사용, 다양한 현장 조건에 적용 가능

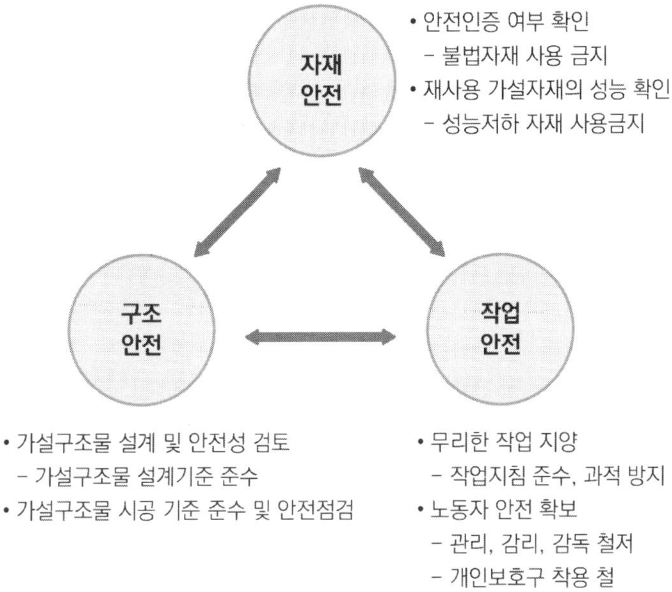

3) 비계의 종류

(1) 재료에 의한 분류

• 강재 비계, 알루미늄 비계, 목재비계 등

강재비계

통나무 비계

대나무 비계

(2) 설치 형식에 의한 분류

① 쌍줄비계 : 비계기둥이 2열인 비계

② 외줄비계 : 비계기둥이 1열인 비계

③ 선반비계 : 작업구간 전체 면에 설치한 비계

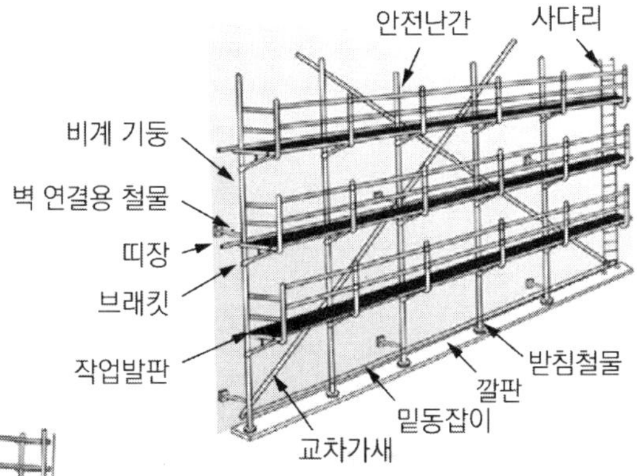

외줄비계

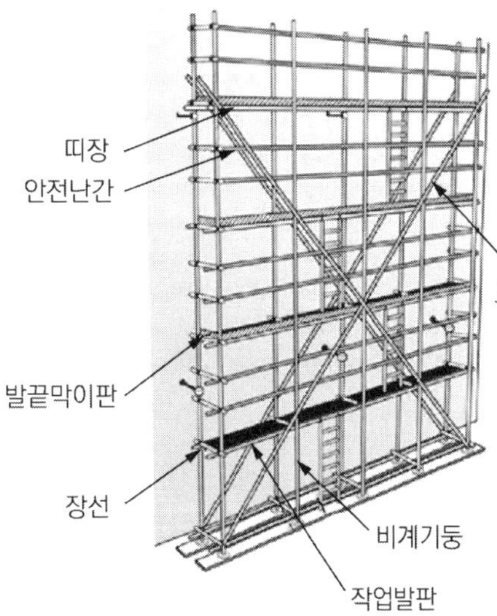

쌍줄비계

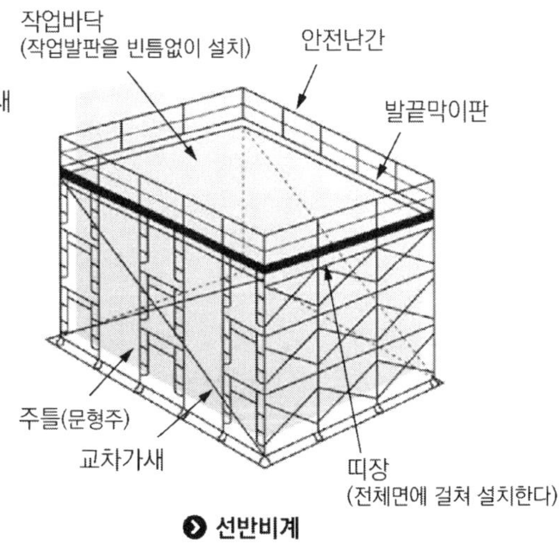

선반비계

(3) 설치 구조에 의한 분류

① 지주형

- 강관비계(단관비계), 강관틀비계, 통나무비계, 시스템비계

② 이동형

- 바퀴 이동형 : 이동식비계 등
- 인력 운반형 : 말비계 등

③ 매달기형

- 달비계 : 외줄(간이)달비계, 쌍줄달비계(곤돌라 형식 등)
- 달대비계 : 전면형 달대비계, 통로형 달대비계, 상자형 달대비계(보용, 기둥용, 접이식], 이동식 천장 달대비계

④ 작업발판 일체식 비계

- 거푸집 · 작업발판 일체식 비계(= 작업발판 일체형 거푸집) : 갱 폼[Gang Form), 클라이밍폼(Climbing Form), 슬라이딩 폼(Sliding Form), 슬립 폼(Slip Form), 라이닝폼(Lining Form), 클라이밍 시스템 폼*(Climbing System Form : ACS, RCS, PCS, GCS 등)

* ACS(Automatic Climbing System), RCS(Rail Climbing System), PCS(Portable Climbing System), GCS(Guide-Rail Climbing System)

4) 비계 작업 시 주의 사항

(1) 공사 조건의 확인

해당 공사에 주어지는 조건이 매우 다양하기 때문에 요구 조건을 확인하고 모든 조건에 대해 신중히 검토하여 조건에 맞는 시공계획을 세워야 한다.

① 작업의 규모 및 특수성

② 요구 품질 및 정도의 수준

③ 공기, 공정의 제약

④ 안전, 공해 대책

⑤ 반입해야 할 재료, 자재의 종류 및 수량

⑥ 인력 확보, 공사용 기계 · 설비의 능력

⑦ 공사비 등

(2) 작업 현장 및 주변 상황 조사

① 부지 내 공지상황 : 자재 적재 장소 등

② 재료 반입 여건 : 자재 반입로의 위치, 넓이 등

③ 부지의 평면상 항목 : 건물 위치, 가설건물, 인접 건물(구조물)

※ 안전한 비계 설치를 위해 인접 건물과 최소 1.5 m 이상 확보(권장)

④ 지반 항목 : 비계 설치 지반의 지내력, 고저차, 지중 장애 등

⑤ 주변 교통상황 : 사람, 차, 교통규제, 버스정거장, 간선도로 등

⑥ 주변 시설물(지장물) : 고압선, 통신선, 담, 수목 등

※ 고압선과 최소안전거리 3 m 이상 확보 [최소안전거리 확보가 어려운 경우 이설, 절연방호구 설치 등]

⑦ 주변 환경 : 학교, 병원, 철도, 작업시간 제한, 주변 건물 등

⑧ 작업장소의 안전 : 환기 불충분 등 질식위험, 인화성 · 가연성 물질로 인한 화재 위험 등

※ 예시) ① 지하층 외벽 아스팔트프라이머 작업 시 질식위험이 있으므로 환기계획 수립, 산소농도 측정, 감시인 배치, 안전교육 등 ② 비계 위 작업발판에서 용접 · 용단 작업 시 인화성 · 가연성 물질 격리, 불연재로 방호, 안전교육, 소화기 비치, 화재감시자 배치 등

(3) 설계도서 검토

① 비계공법 선정

② 비계의 안전인증 및 안전기준(성능) 검토

③ 관련 공사의 동시작업 : 공정 확인 및 작업의 안전성 확보

④ 비계의 소요량과 반입 시기

(4) 시공계획서

① 비계의 조립 · 해체 계획

② 지반의 침하방지 조치계획

③ 적재하중에 대한 안전대책

④ 안전시설 설치계획
⑤ 로프의 결속 방법, 별도의 구명줄 설치계획
⑥ 질식위험장소 환기, 산소 · 유해가스 농도측정 및 감시인 배치 등 질식재해예방 계획 (필요시)
⑦ 안전난간 설치계획

(5) 비계 작업용 시공 도서

① 비계설치도(평면도, 입면도 등)
② 비계설치방법이 포함된 시방서(도면에 포함하여 작성 가능)
③ 비계, 결속재료, 안전난간 설치 등의 시공상세도(도면에 포함하여 작성 가능)
④ 안전인증서나 공인시험기관 시험성적서 등 관련 서류
⑤ 구조계산서
⑥ 공사감독자가 인정하는 구조 분야 전문자격을 갖춘 기술자의 구조계산서를 제출해야 하는 경우
- 높이가 31 m 이상인 비계
- 중량물(활하중 3.5 kN/m^2 이상)을 취급하는 비계
- 양중설비, 콘크리트 타설장비 및 낙하물방지망 등의 안전시설을 설치하는 비계

(6) 비계의 품질관리

① 정기검사
② 조립 전 · 후의 검사
- 재료가 규격에 적합한지 확인
- 재료에 녹, 변형 또는 손상 등에 의한 결점이 없는지 확인
- 비계의 설치가 시공 상세도에 따라 적합하게 되었는지를 검사
- 비계의 기초는 침하를 일으키지 않도록 조치하였는지 확인
- 비계 재료의 결합 상태 및 조임 상태 확인
- 비계는 구조물 등에 벽 이음으로 연결되어 시공되었는지 확인

③ 악천후 전의 검사

- 강풍 주의보가 예보된 경우는 즉시 벽 이음재나 버팀목 등의 상황을 점검하고, 필요에 따라 비계의 경사, 무너짐이나 재료의 흩어짐 방지조치 확인
- 비계에 설치된 안전방망, 수직보호망 및 작업발판 등은 해체하거나, 풍하중에 대하여 안전하도록 보강했는지 확인
- 벽 이음재나 비계의 구성 부재가 소정의 위치에 확실하게 설치되어 있는지를 확인하고, 필요에 따라 버팀대나 당김줄 등으로 보강했는지 확인

④ 악천후 후의 검사

- 비계 위에 떨어져 있는 자재나 공구 등이 있는지 확인
- 전선 등이 걸려 있는지 확인
- 작업발판 등이 날리거나, 어긋나 있는지 확인
- 비계기둥이 놓인 밑면에 미끄러짐 우려가 있는지 확인
- 벽 이음재나 클램프 등이 이완되거나 어긋남이 없는지 확인
- 안전난간 등의 탈락 여부 확인
- 비계 기둥이 침하되었는지 확인
- 각 부재들의 손상, 설치 및 결함 상태 확인

(7) 작업자의 자격

① 비계의 조립 및 해체작업의 자격 · 면허 · 경험 또는 기능

→ 관련근거 : 「유해 · 위험작업의 취업 제한에 관한 규칙」의 별표1

- 「국가기술자격법」에 따른 비계기능사보 이상의 자격
- 「노동자직업능력 개발법」에 따른 해당 분야 직업능력개발훈련 이수자
- 유해 · 위험작업의 취업 제한에 관한 규칙에서 정하는 교육기관에서 교육을 이수한 사람
- 3개월 이상 해당 작업에 경험이 있는 사람(층높이가 10 m 미만인 작업에 한함)

② 작업자의 자격, 경험 등의 여부

- 음주 여부 등
- 고혈압, 저혈압, 약시 등 건강 이상 여부 등

(8) 비계의 설계기준과 구조설계 검토 순서

① KDS 21 60 00 : 2020『비계 및 안전시설물 설계기준』

② KOSHA GUIDE(IC-20-2015)『비계 안전설계 지침』

③ 비계의 구조설계 순서도

하중 계산 (설계하중)	비계에 작용하는 하중 및 외력의 종류, 크기 산정 - 수직방향 하중, 수평방향 하중, 특수 하중 등
응력 계산	하중 · 외력에 의하여 각 부재에 발생되는 응력을 산출 - 휨모멘트, 전단력, 최대 처짐량, 좌굴, 비틀림의 영향 검토
단면 배치 간격 계산	각 부재에 발생되는 응력에 대하여 안전한 단몇 및 배치 간격 결정 - 작업발판, 수평재(띠장, 장선), 수직재, 가새재, 벽이음재, 브래킷 등의 배치

(9) 비계의 구조검토

① 일반 사항

비계 및 작업발판을 설치함에 있어 다음 사항을 준수하여 구조검토를 실시하고 조립도를 작성

- 비계 및 작업발판의 설계는 허용응력 설계법을 적용한다.
- 수직하중(고정하중, 활하중), 풍하중, 수평하중 및 특수하중(낙하물방지망 등 안전시설 포함) 등을 포함하여 검토한다.
- 구조검토 시 비계 및 작업발판 부재의 안전인증기준 또는 성능시험 성적서 중 작은 값을 기초로 한 허용하중 값을 적용한다.
- 비계는 조립 · 해체가 편리하도록 이음부나 교차부에서 하중을 안전하게 전달할 수 있는 구조로 한다.
- 기타 자세한 사항은 비계 설계기준(KDS 21 60 00 : 2020『비계 및 안전시설물 설계기준』을 따른다.

② 설계하중

가. 연직하중

• 고정하중

- 비계 및 작업발판의 자체 중량
- 작업발판의 중량은 실제 중량으로서 최소 0.2 kN/m^2 이상

• 작업하중

- 경작업 : 통로의 역할을 하는 비계와 가벼운 공구만을 필요로 하는 작업으로 1.25 kN/m^2 이상
- 중작업 : 공사용 자재의 적재를 필요로 하는 작업으로 2.5 kN/m^2 이상
- 무거운 작업 : 돌 붙임 공사 등으로 자재의 중량을 참고로 하여 단위면적당 작용하는 작업하중을 적용하여야 하며, 최소 3.5 kN/m^2 이상

나. 수평하중 및 풍하중

• 수평하중

- 풍하중과 연직하중의 5%에 해당하는 수평하중 중에서 큰 값
- 비계의 설치 면에 대하여 X 방향 및 Y 방향에 대하여 각각 적용

• 풍하중

- 건축구조기준 설계하중(KDS 41 10 15 : 2019)
- 보호망, 패널 등에 따른 충실률 등을 고려하여 산정

다. 특수하중

• 양중설비, 콘크리트 타설장비 및 낙하물방지망 등 안전시설을 설치하는 경우 그 영향 고려

③ 하중조합

• 연직하중(자중 및 작업하중)과 수평하중을 동시에 고려
• 수평하중은 각 방향에 대해 서로 독립적으로 작용하며, 중첩하여 적용하지 않음
• 풍하중의 적용은 작업하중의 영향을 고려하지 않음
• 비계 및 안전시설물에 적용하는 하중조합과 허용응력 증가계수는 KDS 21 10 00에 따름

5) 비계 등 가시설의 인증제도

(1) 안전인증 및 자율안전 대상 품목

① 안전인증 대상 품목

- 강관비계용 부재 : 강관조인트, 벽 연결용 철물
- 틀형 비계용 부재 : 주틀, 교차가새, 띠장틀, 연결조인트
- 시스템비계용 부재 : 수직재, 수평재, 가새재, 연결조인트
- 이동식 비계용 부재 : 주틀, 발바퀴, 난간틀, 아웃트리거
- 작업발판 : 작업대, 통로용 작업발판
- 조임철물 : 클램프, 철골용 클램프
- 받침철물 : 조절형 받침철물, 피벗형 받침철물
- 조립식 안전난간

② 자율안전확인 대상 품목

- 선반지주, 단관비계용 강관, 고정형 받침철물, 달기체인, 달기틀, 방호선반, 엘리베이터 개구부용 난간틀, 측벽용 브래킷

5.2 가설공사 재해 현황

1 비계공사 사망재해 현황

최근 5년간 비계공사 중 발생한 사망자는 460명으로 건설업 전체(2,355명)의 19.5%를 점유하였다.

구분	건설업	비계 작업
합계	2,355	460
점유율	100%	19.5%

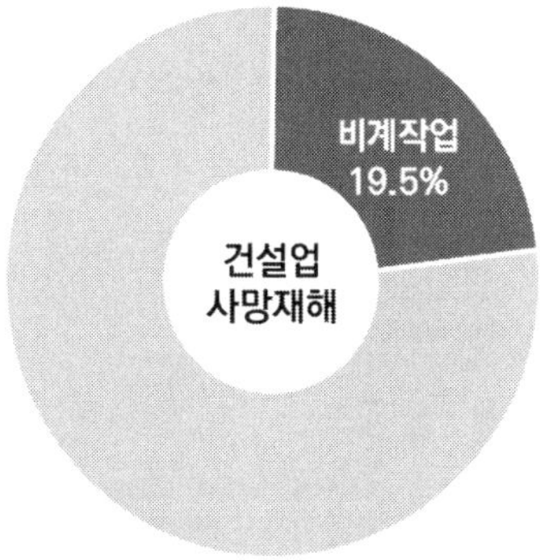

1) 공사 규모별 현황

1억 원 미만이 23.0%(106명으로 가장 많고, 이어 3~10억 원 미만, 120~1,000억 원 미만, 1~3억 원 미만 등의 순으로 나타났다. 특히, 20억 원 미만의 소규모 현장에서 발생한 사망자가 전체의 약 62.2%를 차지하였다.

1억 원 미만	1~3억 원 미만	3~10억 원 미만	10~20억 원 미만	20~50억 원 미만	50~12억 원 미만	120~1,000억 원 미만	1,000억 원 이상	총계
106명	63명	81명	36명	39명	33명	66명	36명	460명
23.0%	13.7%	17.6%	7.8%	8.5%	7.2%	14.3%	7.8%	100%

2) 공사 종류별 현황

아파트, 오피스텔에서 22%(101명로 가장 많고, 다음으로 근생 · 빌딩, 주택(단독, 다세대) 등의 순이다.

아파트, 오피스텔	근생, 빌딩	주택 (단독, 다세대)	학교, 복리시설	전기, 통신, 소방, 설비	개보수, 리모델링	토목	플랜트, 공장	기타	총계
101명	8,463명	7,581명	4,836명	4,739명	3,433명	3,166명	2,833명	12명	460명
22%	18.3%	16.3%	10.4%	10.2%	7.4%	6.7%	6.1%	2.6%	100%

3) 발생 형태별 현황

떨어짐이 96.1%(442명)로 가장 많고, 다음으로 무너짐, 맞음, 감전 등의 순이다.

떨어짐	무너짐	맞음	감전	깔림, 뒤집힘	넘어짐	부딪힘	기타	총계
442명	6명	3명	3명	1명	1명	1명	3명	460명
96.1%	1.3%	0.7%	0.7%	0.2%	0.2%	0.2%	0.7%	100%

4) 비계 종류별 현황

강관비계에서 38.0%(175명)로 가장 많이 발생하였고, 다음으로 사다리, 이동식비계, 달비계, 발판 일체형 비계 등의 순이다.

강관비계	사다리*	이동식 비계	달비계	발판일체형 비계**	말비계	시스템 비계	달대비계	총계
175명	101명	66명	54명	35명	16명	9명	4명	446명
96.1%	1.3%	0.7%	0.7%	0.2%	0.2%	0.2%	0.7%	100%

* 사다리는 이동 통로이나, 현황 파악을 위해 작업발판으로 사용 중 재해발생분을 포함함

** 발판 일체형비계 : 작업발판 또는 거푸집을 일체형으로 제작한 비계로 갱 폼, 플라이밍시스템(ACS, RCS 등) 등

2 비계공사에서 주로 발생하는 사례

① 작업발판 단부에 안전난간을 설치하지 않아 작업 또는 이동 중 떨어짐

② 외부비계 좌굴 방지를 위한 벽 이음을 철선으로 설치하거나, 벽 이음을 설치하지 않아

비계 무너짐

③ 외부 마감작업의 편의를 위해 이미 시공된 벽 이음 임의해체로 비계 무너짐

④ 이동식비계 상부에 안전난간대를 설치하지 않은 상태에서 작업하던 중 단부로 떨어짐

⑤ 이동식비계 상부에 근로자가 탑승한 상태로 이동하던 중 넘어짐

⑥ 이동식비계에 승강설비를 미설치한 상태로 승강 중 떨어짐

⑦ 시스템비계의 작업발판 위에 석재 등 자재를 과적하여 시스템비계 무너짐

⑧ 강관비계 수직재(기둥) 하부 침하 방지조치 미실시로 수직재가 침하되며 변형 · 무너짐

⑨ 외부 쌍줄비계를 비폐합 구조로 설치하여 작업 중 강풍 등의 횡력에 의해 넘어짐

⑩ 말비계 가장 바깥쪽 단부에서 작업 중 넘어지며 떨어짐

⑪ 현장에서 목재로 제작된 말비계 위에서 작업 중 말비계가 무너지며 떨어짐

⑫ 구조적으로 취약한 설비 지지대 등에 달비계 주로프를 결속하여 사용하던 중 지지대가 파괴되며 떨어짐

⑬ 안전대를 미부착한 상태로 달비계 탑승 중 떨어짐

⑭ 달비계 주로프를 지면에 닿지 않게 설치하여 작업 후 하강하던 중 떨어짐

⑮ 달대비계의 연결부 용접 불량으로 달대비계 안에서 작업 중 떨어짐

⑯ 특수비계 제작 시 용접 등의 불량으로 작업 중 무너짐

⑰ 특수비계의 최대적재하중 미준수로 무너짐

⑱ 비계 설치 · 해체작업 중 고압선에 접촉되며 감전

5.3 가설공사 안전 관련 법령 및 기준

1 산업안전보건기준에 관한 규칙

1) 안전난간 설치기준

제13조(안전난간의 구조 및 설치요건) 사업주는 근로자의 추락 등의 위험을 방지하기 위하

여 안전난간을 설치하는 경우 다음 각 호의 기준에 맞는 구조로 설치해야 한다. 〈개정 2015.12.31., 2023.11.14.〉

1. 상부 난간대, 중간 난간대, 발끝막이판 및 난간기둥으로 구성할 것. 다만, 중간 난간대, 발끝막이판 및 난간기둥은 이와 비슷한 구조와 성능을 가진 것으로 대체할 수 있다.
2. 상부 난간대는 바닥면 · 발판 또는 경사로의 표면(이하 "바닥면 등"이라 한다)으로부터 90 cm 이상 지점에 설치하고, 상부 난간대를 120 cm 이하에 설치하는 경우에는 중간 난간대는 상부 난간대와 바닥면 등의 중간에 설치해야 하며, 120 cm 이상 지점에 설치하는 경우에는 중간 난간대를 2단 이상으로 균등하게 설치하고 난간의 상하 간격은 60 cm 이하가 되도록 할 것. 다만, 난간기둥 간의 간격이 25 cm 이하인 경우에는 중간 난간대를 설치하지 않을 수 있다.

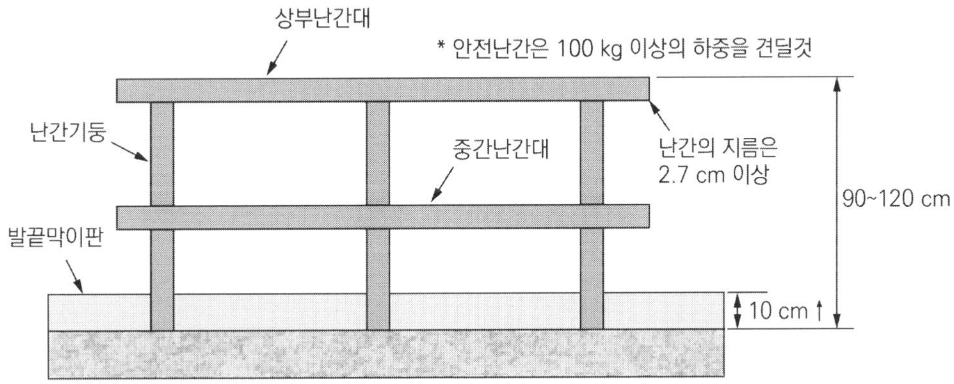

3. 발끝막이판은 바닥면 등으로부터 10 cm 이상의 높이를 유지할 것. 다만, 물체가 떨어지거나 날아올 위험이 없거나 그 위험을 방지할 수 있는 망을 설치하는 등 필요한 예방 조치를 한 장소는 제외한다.
4. 난간기둥은 상부 난간대와 중간 난간대를 견고하게 떠받칠 수 있도록 적정한 간격을 유지할 것
5. 상부 난간대와 중간 난간대는 난간 길이 전체에 걸쳐 바닥면 등과 평행을 유지할 것
6. 난간대는 지름 2.7 cm 이상의 금속제 파이프나 그 이상의 강도가 있는 재료일 것

7. 안전난간은 구조적으로 가장 취약한 지점에서 가장 취약한 방향으로 작용하는 100 kg 이상의 하중에 견딜 수 있는 튼튼한 구조일 것

2) 낙하물방지망 설치기준

제14조(낙하물에 의한 위험의 방지) ① 사업주는 작업장의 바닥, 도로 및 통로 등에서 낙하물이 근로자에게 위험을 미칠 우려가 있는 경우 보호망을 설치하는 등 필요한 조치를 하여야 한다.

② 사업주는 작업으로 인하여 물체가 떨어지거나 날아올 위험이 있는 경우 낙하물방지망, 수직보호망 또는 방호선반의 설치, 출입금지구역의 설정, 보호구의 착용 등 위험을 방지하기 위하여 필요한 조치를 하여야 한다. 이 경우 낙하물방지망 및 수직보호망은 「산업표준화법」 제12조에 따른 한국산업표준(이하 "한국산업표준"이라 한다)에서 정하는 성능기준에 적합한 것을 사용하여야 한다. 〈개정 2017.12.28., 2022.10.18.〉

③ 제2항에 따라 낙하물방지망 또는 방호선반을 설치하는 경우에는 다음 각 호의 사항을 준수하여야 한다.

1. 높이 10 m 이내마다 설치하고, 내민 길이는 벽면으로부터 2 m 이상으로 할 것
2. 수평면과의 각도는 20도 이상 30도 이하를 유지할 것

3) 통로 설치기준

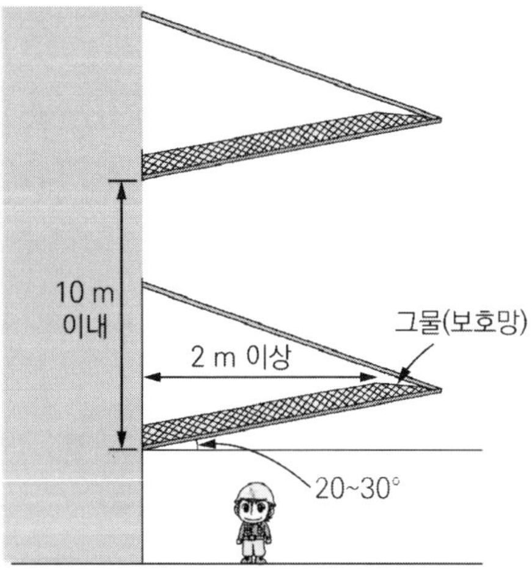

제22조(통로의 설치) ① 사업주는 작업장으로 통하는 장소 또는 작업장 내에 근로자가 사용할 안전한 통로를 설치하고 항상 사용할 수 있는 상태로 유지하여야 한다.

② 사업주는 통로의 주요 부분에 통로표시를 하고, 근로자가 안전하게 통행할 수 있도록 하여야 한다. 〈개정 2016.7.11.〉

③ 사업주는 통로면으로부터 높이 2 m 이내에는 장애물이 없도록 하여야 한다. 다만, 부득이하게 통로면으로부터 높이 2 m 이내에 장애물을 설치할 수밖에 없거나 통로면으로부터 높이 2 m 이내의 장애물을 제거하는 것이 곤란하다고 고용노동부 장관이 인정하는 경우에는 근로자에게 발생할 수 있는 부상 등의 위험을 방지하기 위한 안전 조치를 하여야 한다. 〈개정 2016.7.11.〉

제23조(가설통로의 구조) 사업주는 가설통로를 설치하는 경우 다음 각 호의 사항을 준수하여야 한다.

1. 견고한 구조로 할 것
2. 경사는 30도 이하로 할 것. 다만, 계단을 설치하거나 높이 2 m 미만의 가설통로로서 튼튼한 손잡이를 설치한 경우에는 그러하지 아니하다.
3. 경사가 15도를 초과하는 경우에는 미끄러지지 아니하는 구조로 할 것
4. 추락할 위험이 있는 장소에는 안전난간을 설치할 것. 다만, 작업상 부득이한 경우에는 필요한 부분만 임시로 해체할 수 있다.
5. 수직갱에 가설된 통로의 길이가 15 m 이상인 경우에는 10 m 이내마다 계단참을 설치할 것
6. 건설공사에 사용하는 높이 8 m 이상인 비계다리에는 7 m 이내마다 계단참을 설치할 것

제24조(사다리식 통로 등의 구조) ① 사업주는 사다리식 통로 등을 설치하는 경우 다음 각 호의 사항을 준수하여야 한다. 〈개정 2024.6.28.〉

1. 견고한 구조로 할 것
2. 심한 손상·부식 등이 없는 재료를 사용할 것
3. 발판의 간격은 일정하게 할 것
4. 발판과 벽과의 사이는 15 cm 이상의 간격을 유지할 것
5. 폭은 30 cm 이상으로 할 것

6. 사다리가 넘어지거나 미끄러지는 것을 방지하기 위한 조치를 할 것
7. 사다리의 상단은 걸쳐놓은 지점으로부터 60 cm이상 올라가도록 할 것
8. 사다리식 통로의 길이가 10 m 이상인 경우에는 5 m 이내마다 계단참을 설치할
9. 사다리식 통로의 기울기는 75도 이하로 할 것. 다만, 고정식 사다리식 통로의 기울기는 90도 이하로 하고, 그 높이가 7 m 이상인 경우에는 다음 각 목의 구분에 따른 조치를 할 것
   가. 등받이울이 있어도 근로자 이동에 지장이 없는 경우 : 바닥으로부터 높이가 2.5 m 되는 지점부터 등받이울을 설치할 것
   나. 등받이울이 있으면 근로자가 이동이 곤란한 경우 : 한국산업표준에서 정하는 기준에 적합한 개인용 추락 방지 시스템을 설치하고 근로자로 하여금 한국산업표준에서 정하는 기준에 적합한 전신안전대를 사용하도록 할 것
10. 접이식 사다리 기둥은 사용 시 접혀지거나 펼쳐지지 않도록 철물 등을 사용하여 견고하게 조치할 것

② 잠함(潛函) 내 사다리식 통로와 건조 · 수리 중인 선박의 구명줄이 설치된 사다리식 통로(건조 · 수리작업을 위하여 임시로 설치한 사다리식 통로는 제외한다)에 대해서는 제1항제5호부터 제10호까지의 규정을 적용하지 아니한다.

4) 추락방지 조치 기준

제42조(추락의 방지) ① 사업주는 근로자가 추락하거나 넘어질 위험이 있는 장소[작업발판의 끝 · 개구부(開口部) 등을 제외한다]또는 기계 · 설비 · 선박블록 등에서 작업을 할 때에 근로자가 위험해질 우려가 있는 경우 비계(飛階)를 조립하는 등의 방법으로 작업발판을 설치하여야 한다.

② 사업주는 제1항에 따른 작업발판을 설치하기 곤란한 경우 다음 각 호의 기준에 맞는 추락방호망을 설치해야 한다. 다만, 추락방호망을 설치하기 곤란한 경우에는 근로자에게 안전대를 착용하도록 하는 등 추락위험을 방지하기 위해 필요한 조치를 해야 한다. 〈개정 2017.12.28., 2021.5.28.〉

1. 추락방호망의 설치 위치는 가능하면 작업면으로부터 가까운 지점에 설치하여야 하

며, 작업면으로부터 망의 설치지점까지의 수직거리는 10 m를 초과하지 아니할 것

2. 추락방호망은 수평으로 설치하고, 망의 처짐은 짧은 변 길이의 12% 이상이 되도록 할 것
3. 건축물 등의 바깥쪽으로 설치하는 경우 추락방호망의 내민 길이는 벽면으로부터 3 m 이상 되도록 할 것. 다만, 그물코가 20 mm 이하인 추락방호망을 사용한 경우에는 제14조제3항에 따른 낙하물 방지망을 설치한 것으로 본다.

③ 사업주는 추락방호망을 설치하는 경우에는 한국산업표준에서 정하는 성능기준에 적합한 추락방호망을 사용하여야 한다. 〈신설 2017.12.28., 2022.10.18.〉

④ 사업주는 제1항 및 제2항에도 불구하고 작업발판 및 추락방호망을 설치하기 곤란한 경우에는 근로자로 하여금 3개 이상의 버팀대를 가지고 지면으로부터 안정적으로 세울 수 있는 구조를 갖춘 이동식 사다리를 사용하여 작업을 하게 할 수 있다. 이 경우 사업주는 근로자가 다음 각 호의 사항을 준수하도록 조치해야 한다. 〈신설 2024.6.28.〉

1. 평탄하고 견고하며 미끄럽지 않은 바닥에 이동식 사다리를 설치할 것
2. 이동식 사다리의 넘어짐을 방지하기 위해 다음 각 목의 어느 하나 이상에 해당하는 조치를 할 것
   가. 이동식 사다리를 견고한 시설물에 연결하여 고정할 것
   나. 아웃트리거(outrigger, 전도방지용 지지대)를 설치하거나 아웃트리거가 붙어있는 이동식 사다리를 설치할 것
   다. 이동식 사다리를 다른 근로자가 지지하여 넘어지지 않도록 할 것
3. 이동식 사다리의 제조사가 정하여 표시한 이동식 사다리의 최대사용하중을 초과하지 않는 범위 내에서만 사용할 것
4. 이동식 사다리를 설치한 바닥면에서 높이 3.5 m 이하의 장소에서만 작업할 것
5. 이동식 사다리의 최상부 발판 및 그 하단 디딤대에 올라서서 작업하지 않을 것. 다만, 높이 1 m 이하의 사다리는 제외한다.
6. 안전모를 착용하되, 작업 높이가 2 m 이상인 경우에는 안전모와 안전대를 함께 착용할 것
7. 이동식 사다리 사용 전 변형 및 이상 유무 등을 점검하여 이상이 발견되면 즉시 수리하거나 그 밖에 필요한 조치를 할 것

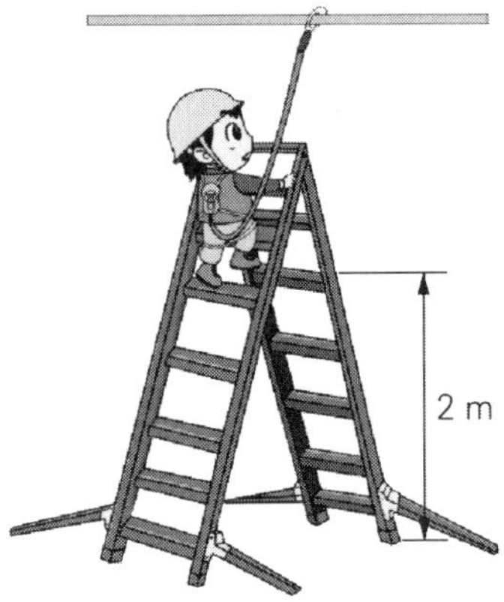

제43조(개구부 등의 방호 조치) ① 사업주는 작업발판 및 통로의 끝이나 개구부로서 근로자가 추락할 위험이 있는 장소에는 안전난간, 울타리, 수직형 추락방망 또는 덮개 등(이하 이 조에서 "난간등"이라 한다)의 방호 조치를 충분한 강도를 가진 구조로 튼튼하게 설치하여야 하며, 덮개를 설치하는 경우에는 뒤집히거나 떨어지지 않도록 설치하여야 한다. 이 경우 어두운 장소에서도 알아볼 수 있도록 개구부임을 표시해야 하며, 수직형 추락방호망은 한국산업표준에서 정하는 성능기준에 적합한 것을 사용해야 한다. 〈개정 2019.12.26., 2022.10.18.〉

② 사업주는 난간 등을 설치하는 것이 매우 곤란하거나 작업의 필요상 임시로 난간 등을 해체하여야 하는 경우 제42조제2항 각 호의 기준에 맞는 추락방호망을 설치하여야 한다. 다만, 추락방호망을 설치하기 곤란한 경우에는 근로자에게 안전대를 착용하도록 하는 등 추락할 위험을 방지하기 위하여 필요한 조치를 하여야 한다. 〈개정 2017.12.28.〉

제43조(개구부 등의 방호 조치) ① 사업주는 작업발판 및 통로의 끝이나 개구부로서 근로자가 추락할 위험이 있는 장소에는 안전난간, 울타리, 수직형 추락방호망 또는 덮개 등(이하 이 조에서 "난간 등"이라 한다)의 방호 조치를 충분한 강도를 가진 구조로 튼튼하게 설치하여야 하며, 덮개를 설치하는 경우에는 뒤집히거나 떨어지지 않도록 설치하여야 한다. 이 경우 어두운 장소에서도 알아볼 수 있도록 개구부임을 표시해야 하며, 수직형 추락방망은 한국산업표준에서 정하는 성능기준에 적합한 것을 사용해야 한다. 〈개정 2019.12.26., 2022.10.18.〉

② 사업주는 난간 등을 설치하는 것이 매우 곤란하거나 작업의 필요상 임시로 난간 등을 해체하여야 하는 경우 제42조제2항 각 호의 기준에 맞는 추락방호망을 설치하여야 한다. 다만, 추락방호망을 설치하기 곤란한 경우에는 근로자에게 안전대를 착용하도록 하는 등 추락할 위험을 방지하기 위하여 필요한 조치를 하여야 한다. 〈개정 2017.12.28.〉

제44조(안전대의 부착설비 등) ① 사업주는 추락할 위험이 있는 높이 2 m 이상의 장소에서 근로자에게 안전대를 착용시킨 경우 안전대를 안전하게 걸어 사용할 수 있는 설비 등을 설치하여야 한다. 이러한 안전대 부착설비로 지지로프 등을 설치하는 경우에는 처지거나 풀리는 것을 방지하기 위하여 필요한 조치를 하여야 한다.

② 사업주는 제1항에 따른 안전대 및 부속설비의 이상 유무를 작업을 시작하기 전에 점검하여야 한다.

제45조(지붕 위에서의 위험 방지) ① 사업주는 근로자가 지붕 위에서 작업을 할 때에 추락하거나 넘어질 위험이 있는 경우에는 다음 각 호의 조치를 해야 한다.

1. 지붕의 가장자리에 제13조에 따른 안전난간을 설치할 것
2. 채광창(skylight)에는 견고한 구조의 덮개를 설치할 것
3. 슬레이트 등 강도가 약한 재료로 덮은 지붕에는 폭 30 cm 이상의 발판을 설치할 것

② 사업주는 작업 환경 등을 고려할 때 제1항제1호에 따른 조치를 하기 곤란한 경우에는 제42조제2항 각 호의 기준을 갖춘 추락방호망을 설치해야 한다. 다만, 사업주는 작업 환경 등을 고려할 때 추락방호망을 설치하기 곤란한 경우에는 근로자에게 안전대를 착용하도록 하는 등 추락위험을 방지하기 위하여 필요한 조치를 해야 한다.

[전문개정 2021.11.19.]

5) 비계 재료 및 구조

제54조(비계의 재료) ① 사업주는 비계의 재료로 변형·부식 또는 심하게 손상된 것을 사용해서는 아니 된다.

② 사업주는 강관비계(鋼管飛階)의 재료로 한국산업표준에서 정하는 기준 이상의 것을 사용해야 한다. 〈개정 2022.10.18.〉

제55조(작업발판의 최대적재하중) 사업주는 비계의 구조 및 재료에 따라 작업발판의 최대 적재하중을 정하고, 이를 초과하여 실어서는 안 된다.

[전문개정 2024.6.28.]

제56조(작업발판의 구조) 사업주는 비계(달비계, 달대비계 및 말비계는 제외한다)의 높이가 2 m 이상인 작업장소에 다음 각 호의 기준에 맞는 작업발판을 설치하여야 한다.

〈개정 2012.5.31., 2017.12.28.〉

1. 발판재료는 작업할 때의 하중을 견딜 수 있도록 견고한 것으로 할 것
2. 작업발판의 폭은 40 cm 이상으로 하고, 발판재료 간의 틈은 3 cm 이하로 할 것. 다만, 외줄비계의 경우에는 고용노동부장관이 별도로 정하는 기준에 따른다.
3. 제2호에도 불구하고 선박 및 보트 건조작업의 경우 선박블록 또는 엔진실 등의 좁은 작업공간에 작업발판을 설치하기 위하여 필요하면 작업발판의 폭을 30 cm 이상으로 할 수 있고, 걸침비계의 경우 강관기둥 때문에 발판재료 간의 틈을 3 cm 이하로 유지하기 곤란하면 5 cm 이하로 할 수 있다. 이 경우 그 틈 사이로 물체 등이 떨어질 우려가 있는 곳에는 출입금지 등의 조치를 하여야 한다.
4. 추락의 위험이 있는 장소에는 안전난간을 설치할 것. 다만, 작업의 성질상 안전난간을 설치하는 것이 곤란한 경우, 작업의 필요상 임시로 안전난간을 해체할 때에 추락방호망을 설치하거나 근로자로 하여금 안전대를 사용하도록 하는 등 추락위험 방지 조치를 한 경우에는 그러하지 아니하다.
5. 작업발판의 지지물은 하중에 의하여 파괴될 우려가 없는 것을 사용할 것
6. 작업발판재료는 뒤집히거나 떨어지지 않도록 둘 이상의 지지물에 연결하거나 고정시킬 것
7. 작업발판을 작업에 따라 이동시킬 경우에는 위험 방지에 필요한 조치를 할 것

6) 비계 조립 · 해체 점검

제57조(비계 등의 조립 · 해체 및 변경) ① 사업주는 달비계 또는 높이 5 m 이상의 비계를 조립 · 해체하거나 변경하는 작업을 하는 경우 다음 각 호의 사항을 준수하여야 한다.

1. 근로자가 관리감독자의 지휘에 따라 작업하도록 할 것

2. 조립 · 해체 또는 변경의 시기 · 범위 및 절차를 그 작업에 종사하는 근로자에게 주지시킬 것
3. 조립 · 해체 또는 변경 작업구역에는 해당 작업에 종사하는 근로자가 아닌 사람의 출입을 금지하고 그 내용을 보기 쉬운 장소에 게시할 것
4. 비, 눈, 그 밖의 기상상태의 불안정으로 날씨가 몹시 나쁜 경우에는 그 작업을 중지시킬 것
5. 비계재료의 연결 · 해체작업을 하는 경우에는 폭 20 cm 이상의 발판을 설치하고 근로자로 하여금 안전대를 사용하도록 하는 등 추락을 방지하기 위한 조치를 할 것
6. 재료 · 기구 또는 공구 등을 올리거나 내리는 경우에는 근로자가 달줄 또는 달포대 등을 사용하게 할 것

② 사업주는 강관비계 또는 통나무비계를 조립하는 경우 쌍줄로 하여야 한다. 다만, 별도의 작업발판을 설치할 수 있는 시설을 갖춘 경우에는 외줄로 할 수 있다.

제58조(비계의 점검 및 보수) 사업주는 비, 눈, 그 밖의 기상상태의 악화로 작업을 중지시킨 후 또는 비계를 조립 · 해체하거나 변경한 후에 그 비계에서 작업을 하는 경우에는 해당 작업을 시작하기 전에 다음 각 호의 사항을 점검하고, 이상을 발견하면 즉시 보수하여야 한다.

1. 발판 재료의 손상 여부 및 부착 또는 걸림 상태
2. 해당 비계의 연결부 또는 접속부의 풀림 상태
3. 연결 재료 및 연결 철물의 손상 또는 부식 상태
4. 손잡이의 탈락 여부
5. 기둥의 침하, 변형, 변위(變位) 또는 흔들림 상태
6. 로프의 부착 상태 및 매단 장치의 흔들림 상태

7) 강관비계 및 강관틀비계

제59조(강관비계 조립 시의 준수사항) 사업주는 강관비계를 조립하는 경우에 다음 각 호의 사항을 준수해야 한다. 〈개정 2023.11.14.〉

1. 비계기둥에는 미끄러지거나 침하하는 것을 방지하기 위하여 밑받침철물을 사용하

거나 깔판·받침목 등을 사용하여 밑둥잡이를 설치하는 등의 조치를 할 것

2. 강관의 접속부 또는 교차부(交叉部)는 적합한 부속철물을 사용하여 접속하거나 단단히 묶을 것
3. 교차 가새로 보강할 것
4. 외줄비계·쌍줄비계 또는 돌출비계에 대해서는 다음 각 목에서 정하는 바에 따라 벽이음 및 버팀을 설치할 것. 다만, 창틀의 부착 또는 벽면의 완성 등의 작업을 위하여 벽이음 또는 버팀을 제거하는 경우, 그 밖에 작업의 필요상 부득이한 경우로서 해당 벽이음 또는 버팀 대신 비계기둥 또는 띠장에 사재(斜材)를 설치하는 등 비계가 넘어지는 것을 방지하기 위한 조치를 한 경우에는 그러하지 아니하다.
   가. 강관비계의 조립 간격은 별표 5의 기준에 적합하도록 할 것
   나. 강관·통나무 등의 재료를 사용하여 견고한 것으로 할 것
   다. 인장재(引張材)와 압축재로 구성된 경우에는 인장재와 압축재의 간격을 1 m 이내로 할 것
5. 가공전로(架空電路)에 근접하여 비계를 설치하는 경우에는 가공전로를 이설(移設)하거나 가공전로에 절연용 방호구를 장착하는 등 가공전로와의 접촉을 방지하기 위한 조치를 할 것

제60조(강관비계의 구조) 사업주는 강관을 사용하여 비계를 구성하는 경우 다음 각 호의 사항을 준수해야 한다. 〈개정 2012.5.31., 2019.10.15., 2019.12.26., 2023.11.14.〉

1. 비계기둥의 간격은 띠장 방향에서는 1.85 m 이하, 장선(長線) 방향에서는 1.5 m 이하로 할 것. 다만, 다음 각 목의 어느 하나에 해당하는 작업의 경우에는 안전성에 대한 구조검토를 실시하고 조립도를 작성하면 띠장 방향 및 장선 방향으로 각각 2.7 m 이하로 할 수 있다.
   가. 선박 및 보트 건조작업
   나. 그 밖에 장비 반입·반출을 위하여 공간 등을 확보할 필요가 있는 등 작업의 성질상 비계기둥 간격에 관한 기준을 준수하기 곤란한 작업
2. 띠장 간격은 2.0 m 이하로 할 것. 다만, 작업의 성질상 이를 준수하기가 곤란하여 쌍기둥틀 등에 의하여 해당 부분을 보강한 경우에는 그러하지 아니하다.
3. 비계기둥의 제일 윗부분으로부터 31 m 되는 지점 밑부분의 비계기둥은 2개의 강관

으로 묶어 세울 것. 다만, 브라켓(bracket, 까치발) 등으로 보강하여 2개의 강관으로 묶을 경우 이상의 강도가 유지되는 경우에는 그러하지 아니하다.

4. 비계기둥 간의 적재하중은 400 kg을 초과하지 않도록 할 것

제61조(강관의 강도 식별) 사업주는 바깥지름 및 두께가 같거나 유사하면서 강도가 다른 강관을 같은 사업장에서 사용하는 경우 강관에 색 또는 기호를 표시하는 등 강관의 강도를 알아볼 수 있는 조치를 하여야 한다.

제62조(강관틀비계) 사업주는 강관틀 비계를 조립하여 사용하는 경우 다음 각 호의 사항을 준수하여야 한다.

1. 비계기둥의 밑둥에는 밑받침철물을 사용하여야 하며 밑받침에 고저차(高低差)가 있는 경우에는 조절형 밑받침철물을 사용하여 각각의 강관틀비계가 항상 수평 및 수직을 유지하도록 할 것
2. 높이가 20 m를 초과하거나 중량물의 적재를 수반하는 작업을 할 경우에는 주틀 간의 간격을 1.8 m 이하로 할 것
3. 주틀 간에 교차 가새를 설치하고 최상층 및 5층 이내마다 수평재를 설치할 것
4. 수직방향으로 6 m, 수평방향으로 8 m 이내마다 벽이음을 할 것
5. 길이가 띠장 방향으로 4 m 이하이고 높이가 10 m를 초과하는 경우에는 10 m 이내마다 띠장 방향으로 버팀기둥을 설치할 것

8) 달비계, 달대비계 및 걸침비계

제63조(달비계의 구조) ① 사업주는 곤돌라형 달비계를 설치하는 경우에는 다음 각 호의 사항을 준수해야 한다. 〈개정 2021.11.19.〉

1. 다음 각 목의 어느 하나에 해당하는 와이어로프를 달비계에 사용해서는 아니 된다.
   가. 이음매가 있는 것
   나. 와이어로프의 한 꼬임[(스트랜드(strand)를 말한다. 이하 같다)]에서 끊어진 소선(素線)[필러(pillar)선은 제외한다)]의 수가 10% 이상(비자전로프의 경우에는 끊어진 소선의 수가 와이어로프 호칭지름의 6배 길이 이내에서 4개 이상이거

나 호칭지름 30배 길이 이내에서 8개 이상)인 것

다. 지름의 감소가 공칭지름의 7%를 초과하는 것

라. 꼬인 것

마. 심하게 변형되거나 부식된 것

바. 열과 전기충격에 의해 손상된 것

2. 다음 각 목의 어느 하나에 해당하는 달기 체인을 달비계에 사용해서는 아니 된다.

가. 달기 체인의 길이가 달기 체인이 제조된 때의 길이의 5%를 초과한 것

나. 링의 단면지름이 달기 체인이 제조된 때의 해당 링의 지름의 10%를 초과하여 감소한 것

다. 균열이 있거나 심하게 변형된 것

3. 삭제 〈2021.11.19.〉

4. 달기 강선 및 달기 강대는 심하게 손상·변형 또는 부식된 것을 사용하지 않도록 할 것

5. 달기 와이어로프, 달기 체인, 달기 강선, 달기 강대는 한쪽 끝을 비계의 보 등에, 다른 쪽 끝을 내민 보, 앵커볼트 또는 건축물의 보 등에 각각 풀리지 않도록 설치할 것

6. 작업발판은 폭을 40 cm 이상으로 하고 틈새가 없도록 할 것

7. 작업발판의 재료는 뒤집히거나 떨어지지 않도록 비계의 보 등에 연결하거나 고정시킬 것

8. 비계가 흔들리거나 뒤집히는 것을 방지하기 위하여 비계의 보·작업발판 등에 버팀을 설치하는 등 필요한 조치를 할 것

9. 선반 비계에서는 보의 접속부 및 교차부를 철선·이음철물 등을 사용하여 확실하게 접속시키거나 단단하게 연결시킬 것

10. 근로자의 추락 위험을 방지하기 위하여 다음 각 목의 조치를 할 것

가. 달비계에 구명줄을 설치할 것

나. 근로자에게 안전대를 착용하도록 하고 근로자가 착용한 안전줄을 달비계의 구명줄에 체결(締結)하도록 할 것

다. 달비계에 안전난간을 설치할 수 있는 구조인 경우에는 달비계에 안전난간을

설치할 것

② 사업주는 작업의자형 달비계를 설치하는 경우에는 다음 각 호의 사항을 준수해야 한다. 〈신설 2021.11.19.〉

1. 달비계의 작업대는 나무 등 근로자의 하중을 견딜 수 있는 강도의 재료를 사용하여 견고한 구조로 제작할 것
2. 작업대의 4개 모서리에 로프를 매달아 작업대가 뒤집히거나 떨어지지 않도록 연결할 것
3. 작업용 섬유로프는 콘크리트에 매립된 고리, 건축물의 콘크리트 또는 철재 구조물 등 2개 이상의 견고한 고정점에 풀리지 않도록 결속(結束)할 것
4. 작업용 섬유로프와 구명줄은 다른 고정점에 결속되도록 할 것
5. 작업하는 근로자의 하중을 견딜 수 있을 정도의 강도를 가진 작업용 섬유로프, 구명줄 및 고정점을 사용할 것
6. 근로자가 작업용 섬유로프에 작업대를 연결하여 하강하는 방법으로 작업을 하는 경우 근로자의 조종 없이는 작업대가 하강하지 않도록 할 것
7. 작업용 섬유로프 또는 구명줄이 결속된 고정점의 로프는 다른 사람이 풀지 못하게 하고 작업 중임을 알리는 경고표지를 부착할 것
8. 작업용 섬유로프와 구명줄이 건물이나 구조물의 끝부분, 날카로운 물체 등에 의하여 절단되거나 마모(磨耗)될 우려가 있는 경우에는 로프에 이를 방지할 수 있는 보호 덮개를 씌우는 등의 조치를 할 것
9. 달비계에 다음 각 목의 작업용 섬유로프 또는 안전대의 섬유벨트를 사용하지 않을 것
   가. 꼬임이 끊어진 것
   나. 심하게 손상되거나 부식된 것
   다. 2개 이상의 작업용 섬유로프 또는 섬유벨트를 연결한 것
   라. 작업 높이보다 길이가 짧은 것
10. 근로자의 추락 위험을 방지하기 위하여 다음 각 목의 조치를 할 것
   가. 달비계에 구명줄을 설치할 것
   나. 근로자에게 안전대를 착용하도록 하고 근로자가 착용한 안전줄을 달비계의 구명줄에 체결(締結)하도록 할 것

제64조(달비계의 점검 및 보수) 사업주는 달비계에서 근로자에게 작업을 시키는 경우에 작업을 시작하기 전에 그 달비계에 대하여 제58조 각 호의 사항을 점검하고 이상을 발견하면 즉시 보수하여야 한다.

제65조(달대비계) 사업주는 달대비계를 조립하여 사용하는 경우 하중에 충분히 견딜 수 있도록 조치하여야 한다.

제66조(높은 디딤판 등의 사용금지) 사업주는 달비계 또는 달대 비계 위에서 높은 디딤판, 사다리 등을 사용하여 근로자에게 작업을 시켜서는 아니 된다.

9) 말비계 및 이동식비계

제67조(말비계) 사업주는 말비계를 조립하여 사용하는 경우에 다음 각 호의 사항을 준수하여야 한다.

1. 지주부재(支柱部材)의 하단에는 미끄럼 방지장치를 하고, 근로자가 양측 끝부분에 올라서서 작업하지 않도록 할 것
2. 지주부재와 수평면의 기울기를 75도 이하로 하고, 지주부재와 지주부재 사이를 고정시키는 보조부재를 설치할 것
3. 말비계의 높이가 2 m를 초과하는 경우에는 작업발판의 폭을 40 cm 이상으로 할 것

제68조(이동식비계) 사업주는 이동식비계를 조립하여 작업을 하는 경우에는 다음 각 호의 사항을 준수하여야 한다. 〈개정 2019.10.15., 2024.6.28.〉

1. 이동식비계의 바퀴에는 뜻밖의 갑작스러운 이동 또는 전도를 방지하기 위하여 브레이크·쐐기 등으로 바퀴를 고정시킨 다음 비계의 일부를 견고한 시설물에 고정하거나 아웃트리거를 설치하는 등 필요한 조치를 할 것
2. 승강용사다리는 견고하게 설치할 것
3. 비계의 최상부에서 작업을 하는 경우에는 안전난간을 설치할 것
4. 작업발판은 항상 수평을 유지하고 작업발판 위에서 안전난간을 딛고 작업을 하거나 받침대 또는 사다리를 사용하여 작업하지 않도록 할 것
5. 작업발판의 최대적재하중은 250 kg을 초과하지 않도록 할 것

10) 시스템 비계

제69조(시스템 비계의 구조) 사업주는 시스템 비계를 사용하여 비계를 구성하는 경우에 다음 각 호의 사항을 준수하여야 한다.

1. 수직재 · 수평재 · 가새재를 견고하게 연결하는 구조가 되도록 할 것
2. 비계 밑단의 수직재와 받침철물은 밀착되도록 설치하고, 수직재와 받침철물의 연결부의 겹침길이는 받침철물 전체길이의 3분의 1 이상이 되도록 할 것
3. 수평재는 수직재와 직각으로 설치하여야 하며, 체결 후 흔들림이 없도록 견고하게 설치할 것
4. 수직재와 수직재의 연결철물은 이탈되지 않도록 견고한 구조로 할 것
5. 벽 연결재의 설치 간격은 제조사가 정한 기준에 따라 설치할 것

제70조(시스템비계의 조립 작업 시 준수사항) 사업주는 시스템 비계를 조립 작업하는 경우 다음 각 호의 사항을 준수하여야 한다.

1. 비계기둥의 밑둥에는 밑받침철물을 사용하여야 하며, 밑받침에 고저차가 있는 경우에는 조절형 밑받침철물을 사용하여 시스템 비계가 항상 수평 및 수직을 유지하도록 할 것
2. 경사진 바닥에 설치하는 경우에는 피벗형 받침 철물 또는 쐐기 등을 사용하여 밑받침철물의 바닥 면이 수평을 유지하도록 할 것
3. 가공전로에 근접하여 비계를 설치하는 경우에는 가공전로를 이설하거나 가공전로에 절연용 방호구를 설치하는 등 가공전로와의 접촉을 방지하기 위하여 필요한 조치를 할 것
4. 비계 내에서 근로자가 상하 또는 좌우로 이동하는 경우에는 반드시 지정된 통로를 이용하도록 주지시킬 것
5. 비계 작업근로자는 같은 수직면상의 위와 아래 동시 작업을 금지할 것
6. 작업발판에는 제조사가 정한 최대적재하중을 초과하여 적재해서는 아니 되며, 최대적재하중이 표기된 표지판을 부착하고 근로자에게 주지시키도록 할 것

2 가설공사 일반사항(KCS 21 10 00 : 2022)

1) 안전관리

(1) 적용 범위

이 기준은 가설공사 현장의 안전관리를 효과적으로 수행하는데 필요한 전반적인 사항에 대하여 적용한다.

(2) 안전관리계획

① 수급인은 당해 가설공사가 건설기술진흥법 제62조에 따른 안전관리계획 수립 대상 건설공사 또는 제62조의2에 따른 소규모안전관리계획 수립 대상 건설공사인 경우 해당 안전관리계획을 수립하여 발주청 또는 인허가기관의 장에게 제출하여 승인을 받아야 한다. 안전관리계획의 내용을 변경한 경우에도 또한 같다. 이때 동 가설공사가 지하안전관리에 관한 특별법(이하 “지하안전법”) 제14조 및 같은 법 시행령 제13조, 제23조에 해당되는 경우에는 지하안전법 제10조에 따라 해당 사항을 안전관리계획에 반영하여야 한다.

② 수급인은 당해 가설공사가 산업안전보건법 제42조제1항제3호 및 같은 법 시행령 제42조제3항에 해당되는 경우, 산업안전보건법 제42조 및 같은 법 시행규칙 제42조에 따라 가설공사의 유해 · 위험방지계획에 관한 사항을 해당 작업 시작 전에 이행하여야 한다.

③ ①에 해당하는 가설공사가 ②의 가설공사에 해당하는 경우, 수급인은 건설기술진흥법 시행령 제98조 또는 산업안전보건법 시행규칙 제42조에 따라 안전관리계획과 유해 · 위험방지계획을 통합하여 작성할 수 있다.

④ 수급인은 건설기술진흥법 시행령 제103조의 규정에 따라 당일 공사 근로자를 대상으로 공사 착수 전에 안전교육을 실시하여야 한다.

⑤ 안전관리계획서에는 안전관리 조직, 안전점검활동, 안전보호구 착용 등 가설공사 시공 중에 필요한 모든 안전대책이 포함되어야 한다.

⑥ 공사현장에는 필요한 개소마다 눈에 잘 띄도록 안전표지를 설치하여야 한다.

⑦ 공사현장에는 예상되는 추락, 낙하 등의 재해를 방지하기 위한 안전시설을 설치하여야 한다.

⑧ 공사현장에는 화재예방을 위해 화재예방, 소방시설 설치 · 유지 및 안전관리에 관한 법률, 소화기구 및 자동소화장치의 화재안전기준(NFSC 101), 임시소방시설의 화재안전기준(NFSC 606) 등에서 정한 소방시설을 구비하여야 한다.

⑨ 공사현장에서는 근로자에게 안전모와 안전화 기타 해당 작업에 필요한 개인용 안전보호구를 착용하게 하여야 한다.

⑩ 수급인은 당해 가설공사가 건설기술진흥법 시행령 제101조의2제1항에 해당되는 경우, 건설기술진흥법 제62조제11항 및 같은 법 시행령 제101조의2에 따라 가설구조물의 구조적 안전성 확인에 관한 사항을 해당 작업 시작 전에 이행하여야 한다.

(3) 안전관리 활동

① 건설공사의 안전관리활동에 대한 절차와 내용은 건설기술진흥법, 산업안전보건법 및 건설공사 안전관리업무 수행지침에 따른다.

② 안전보건관리책임자는 가설공사 시 안전교육계획을 수립하여 실시하고 그 결과를 기록하여야 한다.

③ 수급인은 해당 가설공사의 특성을 고려하여 건설기술진흥법 시행령 제100조제1호에 따른 자체안전점검에 대한 계획을 수립하여 실시하여야 하며, 안전점검의 결과와 조치내용을 기록 · 보관하여야 한다.

Chapter 06

굴착공사 작업안전

지반을 파는 작업이며 지반의 토질에 따라 크게 토사굴착과 암굴착으로 나눠지고 암굴착은 풍화암, 연암, 경암 굴착으로 세분화된다. 굴착은 지반의 조사 및 구조물 시공을 목적으로 행해지며, 흔히 굴착과 사면 절취는 구별 없이 통용되고 있으나 굴착은 조사 및 구조물 설치를 목적으로 지반을 파는 것이며 사면 절취는 도로나 철도 건설, 택지 조성 등을 하면서 평지를 만들기 위해 지장이 되는 언덕이나 사면을 깎아내는 것이다.

최근에는 사회간접자본(SOC)의 확충 및 지하공간 이용의 극대화에 따라 대형 굴착공사들이 많아져 대형 무너짐 재해 위험이 높아지고 있는 추세이다. 또한 굴착공사는 작업 중 사고가 발생하게 되면 인명 피해는 물론 주변 건물, 지하 매설물 등에 막대한 피해를 동반해 사회문제를 야기하기도 한다.

6.1 지반 굴착공법의 종류와 공법

1 사면 개착공법(Slope Open Cut Method)

개착공법은 굴착부지의 여유가 있는 경우 흙막이 벽체와 지보공 없이 안정된 사면을 유지하며 굴착하는 공법으로 비교적 큰 평면을 가지고 굴착 심도가 작은 경우에 유리하다.

1) 장점

① 흙막이벽이나 버팀대, 띠장 등의 지보공이 불필요하므로 공사비가 싸다.

② 대형 장비의 사용이 가능하며 공기를 단축할 수 있다.

2) 단점

① 굴착 시 비탈을 취하므로 대지에 여유가 필요하다. 특히 지반이 약한 경우에는 비탈면

의 각도가 느슨하므로 넓은 면적이 필요하다.

② 굴착 면적에 비해 굴착 깊이가 깊은 경우에는 굴착이나 되메우기 토량이 많아져 공사비가 증가한다.

2 버팀보식 공법(Strut Method)

굴착 벽면에 흙막이벽을 설치하고 이것을 버팀대, 띠장 등의 지복공으로 지지하며 굴착을 진행해가는 공법이다.

1) 장점

① 재료의 압축강도 그 자체를 이용하여 지지하기 때문에 작용하는 응력 상태를 확인하기 쉬우므로 안전관리에 유리하다.

② 재질이 신뢰되며 시공이 간편하여 가장 많이 채용되고 있는 공법이다.

2) 단점

① 굴착 평면의 크기와 형상에 제한을 받게 된다(일반적으로 일변의 길이가 50 m 정도가 한도임).

② 강재의 수축이나 접합부의 유동이 크다.

3) 시공순서

① ❶ 엄지말뚝 천공 후 항타

② ❷, ❸ 피스브래킷 및 주형보 받침보 설치

③ ❹ 주형보 설치 및 주형브레이싱 설치

④ ❺ 1단 버팀보 설치 위치 굴착, 보걸이 설치

⑤ ❻, ❼ 띠장 및 스크루 잭 설치

⑥ ❽ 버팀보 설치

⑦ ❾ 1단 버팀보 수평보강재 설치
⑧ ❺ 2단 버팀보 설치 위치 굴착 및 보걸이 설치
⑨ ❻, ❼ 띠장 및 스크루 잭 설치
⑩ ❽ 버팀보 설치
⑪ ❾ 2단 버팀보 수평보강재 설치
⑫ ❿ 1, 2단 버팀보 수직보강재 설치
⑬ 같은 순서에 따라 단계별 시공

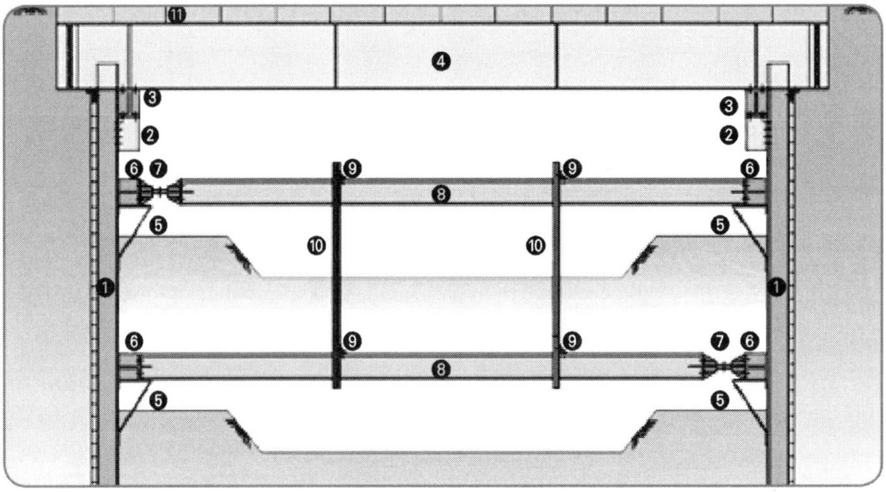

Strut공법 부재 명칭

❶ 엄지말뚝 ❷ 피스브래킷 ❸ 주형보 받침보 ❹ 주형보
❺ 보걸이 ❻ 띠장 ❼ 스크루 잭 ❽ 버팀보
❾ 버팀보 수평보강재 ❿ 버팀보 수직보강재 ⓫ 복공판

3 어스앵커(Earth Anchor)식 개착공법

이 공법은 버팀대 대신으로 굴착 주변 지반 중에 어스앵커를 설치하여 흙막이벽에 작용하는 외력을 받도록 하는 공법으로, 굴착 깊이가 복잡하며 대지에 경사가 있는 등 버팀대 설치가 곤란한 경우에 적합하다.

1) 장점

① 버팀대 등의 장해물이 없으므로 굴착작업이나 지하 구체공사 등의 작업 능률이 좋다.
② 지하 구체나 바닥과 기둥의 위치에 관계없이 앵커를 설치할 수가 있다.
③ 굴착 평면이나 단면의 형상에 제약을 받지 않는다.

2) 단점

① 앵커를 정착시키는 지반이 적당한 위치에 필요하게 된다.
② 차수벽일 경우에는 시공 시 누수 현상이 발생한다.
③ 앵커가 대지 외에 시공되는 경우에는 사전에 소유자의 동의를 구할 필요가 있다.

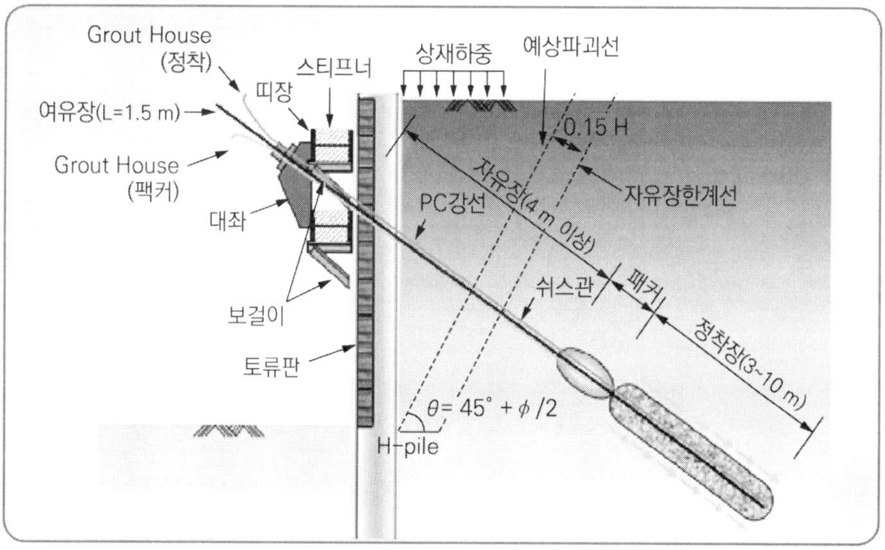

3) 시공순서

① 흙막이벽 설치
② 1차 터파기
③ 앵커 삽입부 천공 - 인장재(앵커체) 삽입, 1차 주입(무압, 공전체), 2차 주입(팩커브, 가압), 3차 주입(정착부, 가압)

④ 띠장 브래킷 설치(띠장 설치, 대좌 및 지압 앵커
⑤ 앵커 인장 조임
⑥ 2차 터파기

4 역타공법(Top-Down)

역타공법(Top-Down)이란 지하층 외부 옹벽(Diaphragm Wall, Slurry Wall)을 본체 구조물로 사용하고 지하층 기둥은 현장 타설 말뚝으로 충분한 지내력을 받을 수 있는 지층까지 시공한 후 지하층의 슬래브(Slab) 및 빔(Beam)을 연속벽과 연결하며 토공과 병행하여 단계적으로 상부에서 하부로 내려감과 동시에 지상 구조물 공사를 실시하는 타공법을 의미한다.

역타공법은 영구 벽체 및 슬래브를 완성하며 굴토하므로 타 공법보다 인접 지반의 변형을 최소화해 안전성을 확보할 수 있을 뿐만 아니라 지하 연속벽 자체의 차수성으로도 외벽 수위가 급격히 저하되어 생기는 침하에 대한 영향이 거의 무시되므로 연약지반 및 인접 건물이 밀집된 도심지에서 깊은 굴착을 요할 시에 매우 효과적인 공법이다.

1) 장점

① 지하 연속벽 자체의 차수성 및 강성만으로도 인접 지반 변형을 최소화하므로 침하에 대한 영향이 거의 없다.
② 1층 바닥 슬래브 선시공으로 동절기나 우기에도 하부층 시공이 용이하며, 공사작업장으로 이용이 가능하며 시공성이 우수하다.
③ 상부 구조물 시공을 지하 구조물과 동시에 수행하므로 공기 단축이 가능하다.

2) 단점

① 지하층 공사 시 수직작업 공간이 협소하고 제약이 많아 작업 능률이 저하된다.
② 지하 굴착공간의 환기 등 작업 환경이 상대적으로 열악하다.
③ 타 공법에 비해 세심한 사전계획이 필요하다.

3) 시공 흐름도

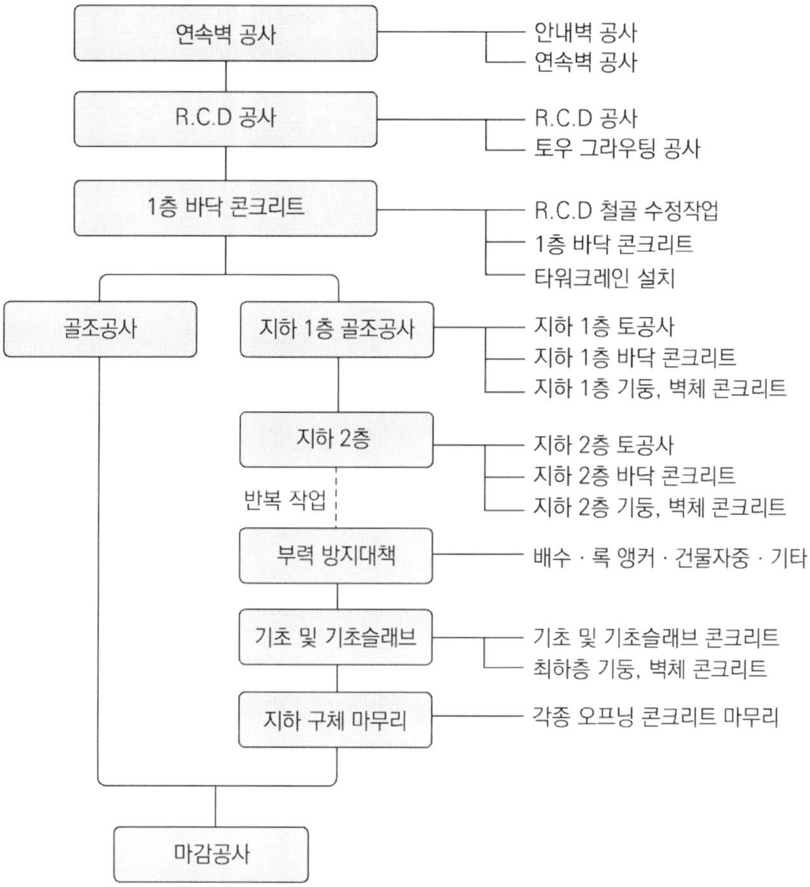

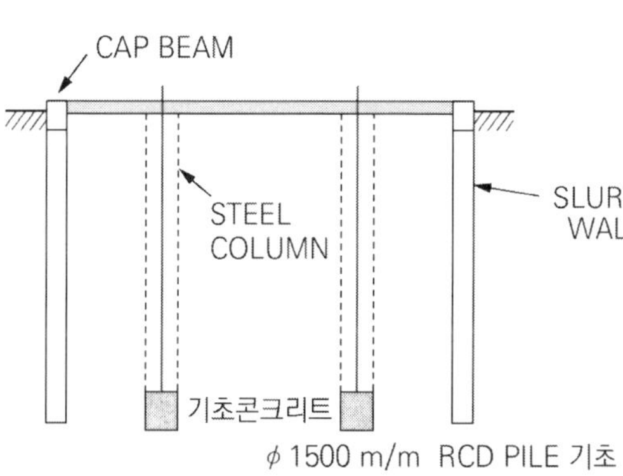

❯ 건물 외벽 및 내부기둥 작업

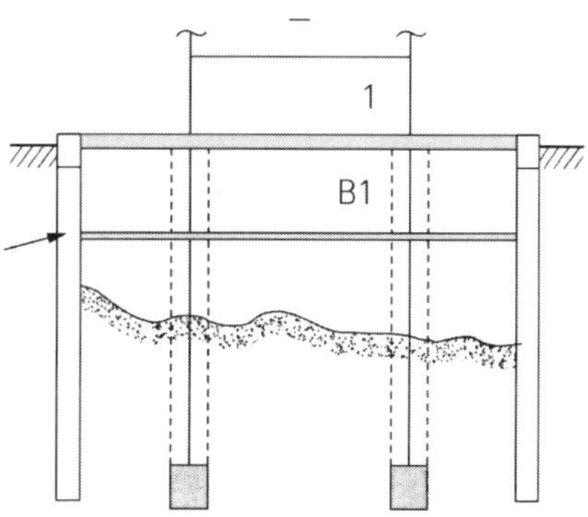

❯ 1층 슬래브 완성 및 지하 굴착

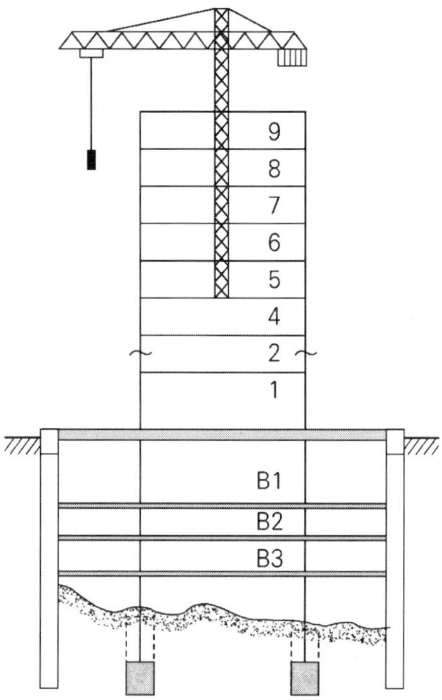

지상구조물 및 지하굴착 작업

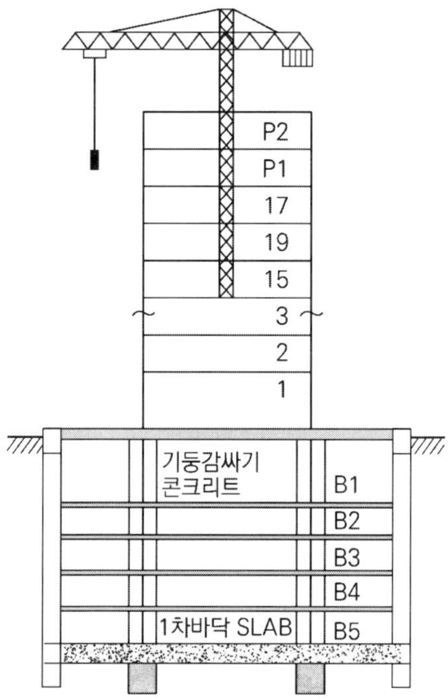

기초바닥 슬래브 시공

6.2 굴착공사 재해 현황

1 재해발생 현황

지반 굴착공사는 장비 및 자재 반입, 흙막이 지보공, 터파기 및 가시설 설치, 구조물 공사, 흙막이 가시설 해체 및 되메우기 등으로 나눌 수 있다. 굴착 과정에서 토사 무너짐, 흙막이 지보공 및 가시설 설치 시 근로자 떨어짐, 굴착장비 등 차량계 건설기계 등에 의한 끼임 등의 재해가 발생할 수 있다.

1) 재해발생 주요 유형

① 굴착기, 항타기 및 항발기, 덤프트럭 등 차량계 건설기계에 의한 끼임
② 굴착작업 시 토사 무너짐
③ 버팀대 등 흙막이 가시설 설치 · 해체작업 시 떨어짐
④ 천공 등 작업 시 장비(항타기 및 항발기) 토석 떨어짐
⑤ 흙막이 가시설 등 중량물 운반 시 떨어짐 또는 부딪힘
⑥ 작업장 내에서 이동 중 미끄러지거나 걸려 넘어짐
⑦ 적재된 H빔(H-Beam) 등 적재물 무너짐으로 인한 깔림
⑧ 도로 등 구간에서 작업 시 도로에서 교통사고 발생

2 주요 공정별 위험요인

1) 사면 개착공법

공정	위험요인	예방 대책	비고
장비 자재 반입	• 장비 하역 시 안전작업 절차 미준수에 의해 하역 중 장비 넘어짐 • 하역작업 근로자가 작업방법을 숙지하지 못해 무리한 작업 진행 중 넘어짐 • 장비 반입 시 부속품 떨어짐, 넘어짐, 연결부 탈락 • 운반트럭에 설치된 경사로 탈락에 의해 하역 중 장비 넘어짐 • 굴착기 운전원의 운전 미숙에 의한 넘어짐, 부딪힘 재해발생	• 장비 하역 시 작업 전 점검을 실시하고 작업 중 안전작업 절차 준수 • 하역작업 시 관리감독자 배치하여 근로자가 무리한 작업을 하지 않도록 통제 • 반입 장비는 연결부, 기계장치의 이상 유무를 사전점검하고 운행 및 조작 실시 • 운반트럭에 하역용 경사로 설치 시 연결부가 탈락되지 않도록 견고하게 설치 • 굴착기 운전원의 자격 유무, 경험 정도 등을 사전에 확인	
굴착	• 법면, 토질이나 지층 상태 점검 소홀에 따른 무너짐 • 굴착 법면의 굴착구배 미준수에 의해 법면 무너짐 • 과굴착에 의한 법면 무너짐 • 흙막이 상부 지상에서 작업 시 굴착면 단부로 떨어짐 • 굴착기 버킷이 연결부에서 탈락되면서 떨어짐	• 작업 전, 작업 중법면상태, 토질 및 지층 상태를 수시로 확인 • 굴착법면에 무너짐 위험이 있을 경우 근로자 출입을 금지시키고, 굴착구배를 준수해 안정감 있게 법면 유지 • 과굴착을 금지하고 토질에 적합한 굴착 깊이 준수 • 흙막이 상부, 굴착 단부에는 안전난간대 설치	

공정	위험요인	예방 대책	비고
	• 굴착기 회전 중 후면부에 부딪힘	• 굴착기 버킷 연결부위 작업 전 체결 상태 확인 • 굴착기 후면부에 경광등, 접근금지 표지 설치, 유도자에 의한 주변 근로자 통제	
토사 반입	• 굴착기 운전원, 운전 미숙에 의한 작업 중 근로자와 부딪침 • 토사 반출 시 주변 법면 무너짐 • 근로자가 무리하게 운반트럭 상부에 올라가다 떨어짐	• 굴착기 운전원은 자격 유무, 경험 정도를 확인하여 적정성 여부 확인 • 토사 반출 작업장 주변 법면의 굴착구배 준수, 무너짐 위험 방지조치 실시 • 토사 반출, 토사 인양 시 관리감독자를 배치하여 근로자가 불안전한 행동을 하지 않도록 작업 지시	

2) 버팀보 개착공법

공정	위험요인	예방 대책	비고
장비 자재 반입	• 장비 하역 시 안전작업 절차 미준수에 의해 하역 중 장비 넘어짐 • 하역작업 근로자가 작업방법을 숙지하지 못하여 무리한 작업진행 중 넘어짐 • 장비 반입 시 부속품 떨어짐, 넘어짐, 연결부 탈락 • 운반트럭에 설치된 경사로 탈락에 의해 하역 중 장비 넘어짐 • 굴착기 운전원의 운전 미숙에 의한 넘어짐, 부딪힘 재해발생 • 자재 인양 시 1 줄걸이로 결속하여 인양 중 자재 떨어짐 • 인양 중 인양용 보조로프 절단에 의해 인양 물체 떨어짐 • 훅 해지장치 미설치로 자재 인양 중 훅에서 로프탈락, 자재 떨어짐 • 자재 인양 중 카고크레인 등 양중기 붐대가 꺾이면서 자재와 함께 떨어짐 • 이동식 크레인 회전 중 부딪힘	• 장비하역 시 작업 전 점검을 실시하고 작업 중 안전작업 절차준수 • 하역작업 시 관리감독자 배치하여 근로자가 무리한 작업을 하지 않도록 통제 • 반입장비는 연결부, 기계장치의 이상 유무를 사전점검하고 운행 및 조작실 시 • 운반트럭에 하역용 경사로 설치 시 연결부가 탈락되지 않도록 견고하게 설치 • 굴착기 운전원의 자격 유무, 경험 정도 등을 사전에 확인 • 자재 결속 시 2줄걸이로 견고하게 결속하고 수평으로 인양 • 섬유로프 등 보조로프 사용 전 손상, 부식 여부 확인하고 견고한 것 사용 • 훅 해지장치 설치하여 사용 • 카고크레인 등 양중기 반입 시 붐대의 견고성, 연결부 이상 유무 등 사전점검 실시 • 주변 근로자 통제 및 작업장 주변 출입통제 조치	
천공	• 이동식 크레인 인양 작업 중 지반 침하에 의한 크레인 넘어짐 • 연약지반에 천공장비 설치 · 작업 중 장비 넘어짐 • 천공 구멍으로 근로자 빠짐 위험 • 천공 시 슬라임 분출 위험	• 견고하고 평탄한 지반에 설치 • 지반 침하 방지조치 • 지내력 확보를 위한 깔판 설치 및 지내력 확보를 위한 보강 조치 • 천공 구멍 덮개 및 방호설비 설치 • 슬라임 날림 방지막 설치	

공정	위험요인	예방 대책	비고
토류판 설치 및 굴착	• 토류판 절단 또는 가공 중 신체 손상 • 굴착 단부에서 떨어짐 • H-파일 등 자재 인양 시 이동식 크레인 붐이 꺾이면서 자재 떨어짐 • 이동식 크레인 넘어짐 위험 • H-파일 등 설치작업 중 부재의 떨어짐 • 흙막이 버팀보 위에 적재된 자재, 공구 등 떨어짐 • 흙막이 지보공 무너짐 • 띠장, 버팀보 설치작업 중 떨어짐 • 작업장소로 승강 · 이동 중 떨어짐 • 용접작업 중 감전 • 굴착작업 중 장비에 끼임	• 목재 가공용 둥근톱 안전장치 (반발예방장치 및 접촉예방장치) 설치 • 안전난간 등 떨어짐 방지시설설치 • 이동식 크레인은 반입 후 본체, 붐대, 연결부, 유압장치 등의 이상 유무 확인 • 이동식 크레인은 견고하고 평탄한 지반에 설치, 지반 침하방지조치 • 인양 시 2줄걸이 작업 및 와이어로프 안전상태 사전점검 • 흙막이 버팀보에는 자재, 공구 등 적재 금지 • 사전 구조검토 실시하고 소단을 형성하면서 굴착한 후 적기에 버팀보 설치, 계측관리 실시 • 안전대부착설비 설치 및 안전대 착용 • 안전한 구조의 가설통로 설치 • 교류아크용접기에 안전장치 (자동전격방지기) 설치 • 굴착기 등 장비 주변 출입 금지 조치 및 신호수 배치	

3) 어스앵커식 개착공법

공정	위험요인	예방 대책	비고
장비 · 자재 반입 및 천공	• 장비하역 시 안전작업 절차 미준수에 의해 하역 중 장비 넘어짐 • 하역작업 근로자가 작업방법을 숙지하지 못하여 무리한 작업진행 중넘어짐 • 장비 반입 시 부속품 떨어짐, 넘어짐, 연결부 탈락 • 운반트럭에 설치된 경사로 탈락에 의해 하역 중 장비 넘어짐 • 굴착기 운전원의 운전미숙에 의한 넘어짐, 부딪힘 재해발생 • 자재 인양 시 1 줄걸이로 결속하여 인양 중 자재 떨어짐 • 인양 중 인양용 보조로프 절단에 의해 인양 물체 떨어짐 • 훅 해지장치 미설치로 자재 인양 중 훅에서 로프 탈락, 자재 떨어짐 • 자재 인양 중 카고크레인 등 양중기 붐	• 장비 하역 시 작업 전 점검을 실시하고 작업 중 안전작업 절차 준수 • 하역작업 시 관리감독자 배치하여 근로자가 무리한 작업을 하지 않도록 통제 • 반입장비는 연결부, 기계장치의 이상 유무를 사전점검하고 운행 및 조작 실시 • 운반트럭에 하역용 경사로 설치시 연결부가 탈락되지 않도록 견고하게 설치 • 굴착기 운전원의 자격유무, 경험정도 등을 사전에 확인 • 자재 결속 시 2줄 걸이로 견고 하게 결속하고 수평으로 인양 • 섬유로프 등 보조로프 사용 전 손상, 부식 여부 확인, 견고한 것 사용 • 인양용 훅에는 해지장치 설치하여 사용 • 카고크레인 등 양중기 반입 시 붐대의 견고성, 연결부 이상 유무 등 사전점검 실시	

공정	위험요인	예방 대책	비고
	대가 꺾이면서 자재와 함께 떨어짐 • 연약지반에 천공장비 설치 · 작업중 장비 넘어짐 • 천공 구멍으로 근로자 빠짐 위험 • 천공 시 슬라임 분출 위험	• 지내력 확보를 위한 깔판 설치및 지내력 확보를 위한 보강조치 • 천공 구멍 덮개 및 방호설비 설치 • 슬라임 날림 방지막 설치	
토류판 설치 및 굴착	• 지하 매설물 파손에 의한 폭발 등위험 • 작업 중 소음 · 분진 발생에 의한 건강 장애 • 근로자 작업 시 강선에 찔림 • 정착 길이 부족으로 무너짐 위험 • 띠장 등 설치작업 중 부재 떨어짐 • 용접작업 중 감전 • 작업발판 미설치로 떨어짐 • 인장력 부족에 따른 흙막이 무너짐 • 작업장소로 승강 · 이동 중 떨어짐 • 굴착작업 중 장비 끼임 • 과굴착에 따른 흙막이 무너짐 위험	• 작업 전 지하 매설물 현황 및 위치확인 • 소음 · 분진 발생 방지막 설치 • 강선 보호막 설치 및 위험구간 출입금지 조치 • 고정단과 자유단을 확인하여 정착 길이 확보 • 인양 시 2줄 걸이 작업 및 와이어로프 안전상태 사전점검 • 교류아크용접기에 안전장치(자동전격방지기) 설치 • 용접케이블 주기적 점검 • 손상된 케이블 새로 교체하거나 절연용 테이프를 사용하여 케이블의 절연 저하되지 않도록 조치 • 작업발판을 설치하고 사다리 등 사용 금지 • 시방서 기준을 준수하고 최대인장력은 항복강도의 90% 이내 유지 • 안전한 구조의 가설통로 설치 • 굴착기 등 장비 주변 출입금지 조치 및 신호수 배치 • 사전 구조검토 실시하고 소단을 형성하면서 굴착한 후 적기에 가시설 설치, 계측관리 실시	

4) 역타 공법

공정	위험요인	예방 대책	비고
지하연속벽	• 지하 매설물 파손 위험 • 장비 · 자재 하역 시 안전작업 절차 미준수에 의해 하역 중 넘어짐 • 하역작업 근로자가 작업방법을 숙지하지 못하여 무리한 작업 진행 중 넘어짐 • 장비 반입 시 부속품 떨어짐, 넘어짐, 연결부 탈락 • 벤토나이트 믹서기 등 장비 조립 시 떨어짐 및 끼임 위험 • 굴착기 운전원의 운전 미숙에 의한 넘어짐, 부딪힘 재해발생	• 지장물 조사 및 지장물 이설, 보호조치 • 장비 하역 시 작업 전 점검을 실시하고 작업 중 안전작업 절차 준수 • 하역작업 시 관리감독자 배치하여 근로자가 무리한 작업을 하지 않도록 통제 • 반입장비는 연결부, 기계장치의 이상 유무를 사전점검하고 운행 및 조작 실시 • 장비 조립 순서에 의해 진행하고 떨어짐 방지조치 • 굴착기운전원의 자격 유무, 경험 정도 등을 사전에 확인 실시 • 자재 결속 시 2줄걸이로 견고하게 결속하고	

공정	위험요인	예방 대책	비고
	• 자재 인양 시 1줄걸이로 결속하여 인양 중 자재 떨어짐 • 연약지반에 작업 중 장비 넘어짐 • 지하 연속벽 굴착구간으로 떨어짐 • 철근망 인양 시 철근 무너짐 또는 줄걸이 잘못으로 떨어짐 • 콘크리트 타설 시 장비 끼임, 부딪힘 위험	수평으로 인양 • 지내력 확보를 위한 깔판설치 및 지내력 확보를 위한 보강 조치 • 굴착 단부 방호조치 또는 작업근로자 외 접근 통제 • 철근망의 조립 상태 사전점검 및 철근망 전체를 지지할 수 있는 줄걸이 방법으로 인양 • 콘크리트 타설 장비 인근 출입금지조치 및 신호수 배치	
기둥공사	• 지하 매설물 파손 위험 • 장비 · 자재 하역 시 안전작업 절차 미준수에 의해 하역 중 넘어짐 • 하역작업 근로자가 작업방법을 숙지하지 못해 무리한 작업 진행 중 넘어짐 • 장비 반입 시 부속품 떨어짐, 넘어짐, 연결부 탈락 • R.C.D 장비로 굴착작업 시 케이싱, 그랩 등의 탈락 위험 • 연약지반에서 작업 중 장비 넘어짐 • R.C.D 기둥 설치구간 개구부 떨어짐 위험 • 철근망 인양 시 철근 무너짐 또는 줄걸이 잘못으로 떨어짐 • 콘크리트 타설 시 장비 끼임, 부딪힘 위험	• 지장물 조사 및 지장물 이설, 보호조치 • 장비 하역 시 작업 전 점검을 실시하고 작업 중 안전작업 절차 준수 • 하역작업 시 관리감독자 배치하여 근로자가 무리한 작업을 하지 않도록 통제 • 반입장비는 연결부, 기계장치의 이상 유무를 사전점검하고 운행 및 조작 실시 • 케이싱, 그랩 등 체결상태 사전확인, 작업 반경 내 접근 통제 • 지내력 확보를 위한 깔판 설치 및 지내력 확보를 위한 보강조치 • 충분한 강도를 가진 개구부 덮개 등 설치 • 철근망의 조립 상태 사전점검 및 철근망 전체를 지지할 수 있는 줄걸이 방법으로 인양 • 콘크리트 타설장비 인근 출입금지조치 및 신호수 배치	
슬래브 공사 및 굴착	• 지하 매설물 파손 위험 • 굴착작업 시 굴착기 등 장비 끼임 • 작업장소로 승강 · 이동 중 떨어짐, 넘어짐 • 이동식 크레인 줄걸이 작업 시 넘어짐 • 철골보 인양 거치 시 떨어짐 위험 • 철골보 등 조립작업 시 떨어짐 위험 • 철근 다발 등 중량물 인양작업 시 떨어짐 또는 무너짐 위험 • 철근 조립작업 시 떨어짐 위험 • 양중기 기계장치 이상으로 조작 중 갑작스런 회전 또는 자재 떨어짐 위험 • 훅 해지장치 미설치로 자재 인양 중 훅에서 로프 탈락, 자재 떨어짐 위험 • 거푸집 동바리 무너짐 위험 • 거푸집 자재의 불안전하게 적재로 충	• 지장물 조사 및 지장물 이설, 보호조치 • 굴착기 등 장비 작업구간 내 출입 금지 및 신호수 배치 • 안전한 구조의 가설통로 설치 • 중량물 인양작업용 이동식 크레인 등 인양장비의 허용범위 내에서 작업 • 철골보 인양작업 시 2점지지 및 샤클 등 체결 상태 확인 • 철골보 등 떨어짐 위험장소에 안전대부착설비 등 떨어짐 방호조치 • 철근 다발 등의 중량물은 해당 장소에 분산배치 • 작업구간 하부 안전방망, 단부안전난간 설치 • 양중기 사용 전 기계장치의 이상 유무 사전점검 • 인양용 훅에는 해지장치 설치하여 사용 • 거푸집 동바리 설치 시 구조검토 후 조립도에 의해 조립	

공정	위험요인	예방 대책	비고
	격 · 편심하중에 의한 무너짐 • 목재가공용 둥근톱 사용 중 감전, 또는 톱날에 접촉으로 베임 위험	• 거푸집 자재 적재시 붕괴되지 않도록 안전하게 적재 • 둥근톱에는 접지, 누전차단기 설치 및 톱날 접촉방지용 덮개설치	

6.3 굴착공사 안전 관련 법령 및 기준

1 산업안전보건기준에 관한 규칙

1) 굴착면의 기울기 등

제338조(굴착작업 사전조사 등) 사업주는 굴착작업을 할 때에 토사 등의 붕괴 또는 낙하에 의한 위험을 미리 방지하기 위하여 다음 각 호의 사항을 점검해야 한다.

1. 작업장소 및 그 주변의 부석 · 균열의 유무
2. 함수(含水) · 용수(湧水) 및 동결의 유무 또는 상태의 변화

[전문개정 2023.11.14.][제339조에서 이동, 종전 제338조는 제339조로 이동 〈2023.11.14.〉]

제339조(굴착면의 붕괴 등에 의한 위험방지) ① 사업주는 지반 등을 굴착하는 경우 굴착면의 기울기를 별표 11의 기준에 맞도록 해야 한다. 다만, 「건설기술 진흥법」 제44조제1항에 따른 건설기준에 맞게 작성한 설계도서상의 굴착면의 기울기를 준수하거나 흙막이 등 기울기면의 붕괴 방지를 위하여 적절한 조치를 한 경우에는 그렇지 않다.

② 사업주는 비가 올 경우를 대비하여 측구(側溝)를 설치하거나 굴착경사면에 비닐을 덮는 등 빗물 등의 침투에 의한 붕괴재해를 예방하기 위하여 필요한 조치를 해야 한다.

[전문개정 2023.11.14.][제338조에서 이동, 종전 제339조는 제338조로 이동 〈2023.11.14.〉]

제340조(굴착작업 시 위험방지) 사업주는 굴착작업 시 토사 등의 붕괴 또는 낙하에 의하여 근로자에게 위험을 미칠 우려가 있는 경우에는 미리 흙막이 지보공의 설치, 방호망의 설치 및 근로자의 출입 금지 등 그 위험을 방지하기 위하여 필요한 조치를 해야 한다.
[전문개정 2023.11.14.]

제341조(매설물 등 파손에 의한 위험방지) ① 사업주는 매설물 · 조적벽 · 콘크리트벽 또는 옹벽 등의 건설물에 근접한 장소에서 굴착작업을 할 때에 해당 가설물의 파손 등에 의하여 근로자가 위험해질 우려가 있는 경우에는 해당 건설물을 보강하거나 이설하는 등 해당 위험을 방지하기 위한 조치를 하여야 한다.

② 사업주는 굴착작업에 의하여 노출된 매설물 등이 파손됨으로써 근로자가 위험해질 우려가 있는 경우에는 해당 매설물 등에 대한 방호조치를 하거나 이설하는 등 필요한 조치를 하여야 한다.

③ 사업주는 제2항의 매설물 등의 방호작업에 대하여 관리감독자에게 해당 작업을 지휘하도록 하여야 한다. 〈개정 2019.12.26.〉

제342조(굴착기계 등에 의한 위험방지) 사업주는 굴착작업 시 굴착기계 등을 사용하는 경우 다음 각 호의 조치를 해야 한다.

1. 굴착기계 등의 사용으로 가스도관, 지중전선로, 그 밖에 지하에 위치한 공작물이 파손되어 그 결과 근로자가 위험해질 우려가 있는 경우에는 그 기계를 사용한 굴착작업을 중지할 것
2. 굴착기계 등의 운행경로 및 토석(土石) 적재장소의 출입방법을 정하여 관계 근로자에게 주지시킬 것

[전문개정 2023.11.14.]

제344조(굴착기계 등의 유도) ① 사업주는 굴착작업을 할 때에 굴착기계 등이 근로자의 작업장소로 후진하여 근로자에게 접근하거나 굴러 떨어질 우려가 있는 경우에는 유도자를 배치하여 굴착기계 등을 유도하도록 해야 한다. 〈개정 2019.10.15., 2023.11.14.〉

② 운반기계 등의 운전자는 유도자의 유도에 따라야 한다. [제목개정 2023.11.14.]

2) 흙막이지보공

제345조(흙막이지보공의 재료) 사업주는 흙막이 지보공의 재료로 변형·부식되거나 심하게 손상된 것을 사용해서는 아니 된다.

제346조(조립도) ① 사업주는 흙막이 지보공을 조립하는 경우 미리 그 구조를 검토한 후 조립도를 작성하여 그 조립도에 따라 조립하도록 해야 한다. 〈개정 2023.11.14.〉

② 제1항의 조립도는 흙막이판·말뚝·버팀대 및 띠장 등 부재의 배치·치수·재질 및 설치방법과 순서가 명시되어야 한다.

제347조(붕괴 등의 위험 방지) ① 사업주는 흙막이 지보공을 설치하였을 때에는 정기적으로 다음 각 호의 사항을 점검하고 이상을 발견하면 즉시 보수하여야 한다.

1. 부재의 손상·변형·부식·변위 및 탈락의 유무와 상태
2. 버팀대의 긴압(緊壓)의 정도
3. 부재의 접속부·부착부 및 교차부의 상태
4. 침하의 정도

② 사업주는 제1항의 점검 외에 설계도서에 따른 계측을 하고 계측 분석 결과 토압의 증가 등 이상한 점을 발견한 경우에는 즉시 보강조치를 하여야 한다.

3) 발파작업의 위험방지

제348조(발파의 작업기준) 사업주는 발파작업에 종사하는 근로자에게 다음 각 호의 사항을 준수하도록 하여야 한다.

1. 얼어붙은 다이나마이트는 화기에 접근시키거나 그 밖의 고열물에 직접 접촉시키는 등 위험한 방법으로 융해되지 않도록 할 것
2. 화약이나 폭약을 장전하는 경우에는 그 부근에서 화기를 사용하거나 흡연을 하지 않도록 할 것
3. 장전구(裝塡具)는 마찰·충격·정전기 등에 의한 폭발의 위험이 없는 안전한 것을 사용할 것
4. 발파공의 충진재료는 점토·모래 등 발화성 또는 인화성의 위험이 없는 재료를 사

용할 것

5. 점화 후 장전된 화약류가 폭발하지 아니한 경우 또는 장전된 화약류의 폭발 여부를 확인하기 곤란한 경우에는 다음 각 목의 사항을 따를 것
   가. 전기뇌관에 의한 경우에는 발파모선을 점화기에서 떼어 그 끝을 단락시켜 놓는 등 재점화되지 않도록 조치하고 그때부터 5분 이상 경과한 후가 아니면 화약류의 장전장소에 접근시키지 않도록 할 것
   나. 전기뇌관 외의 것에 의한 경우에는 점화한 때부터 15분 이상 경과한 후가 아니면 화약류의 장전장소에 접근시키지 않도록 할 것
6. 전기뇌관에 의한 발파의 경우 점화하기 전에 화약류를 장전한 장소로부터 30 m 이상 떨어진 안전한 장소에서 전선에 대하여 저항측정 및 도통(導通)시험을 할 것

제349조(작업중지 및 피난) ① 사업주는 벼락이 떨어질 우려가 있는 경우에는 화약 또는 폭약의 장전 작업을 중지하고 근로자들을 안전한 장소로 대피시켜야 한다.
② 사업주는 발파작업 시 근로자가 안전한 거리로 피난할 수 없는 경우에는 앞면과 상부를 견고하게 방호한 피난장소를 설치하여야 한다. 〈개정 2019.1.31.〉

2 가설공사 흙막이공사(KCS 21 30 00 : 2022)

1) 적용 범위

① 이 기준은 구조물 기초나 지하구조물을 위한 개착 공사 시 가설흙막이 공사에 적용한다.
② 가설흙막이 벽체와 지지구조 형식은 다음과 같으며, 각 공법의 적용은 설계도에 따른다.
   가. 벽체 형식에 따른 분류
      • 엄지말뚝+흙막이판 벽체
      • 강널말뚝(steel sheet pile) 벽체
      • 소일시멘트 벽체(soil cement wall)
      • CIP(Cast In Placed Pile)
      • 지하연속벽체

나. 지지 구조형식에 따른 분류

- 자립식
- 버팀구조 형식
- 지반앵커 형식
- 네일링 형식
- 경사고임대 형식

다. 흙막이벽 배면의 지반보강 그라우팅

- JSP 공법
- LW 공법
- SGR 공법
- 숏크리트 공법

2) 시공 일반사항

① 흙막이공의 시공은 설계도에 따르며, 명시된 시공 및 되메우기 순서에 따라 단계적인 설치와 해체가 될 수 있어야 한다.

② 흙막이 공사 진행 시 불가피하게 설계도면과 다르게 시공하여야 할 경우에는 공사를 중단하고 대체 방안을 강구한 이후에 시공하여야 한다.

③ 지하수 유출, 지반의 이완 및 침하, 각종 부재의 변형 및 좌굴, 긴결부의 풀림 등을 수시로 점검하고, 이상이 있을 경우 즉시 보강하며, 그에 따른 안정성을 추가로 검토하여야 한다.

④ 굴착공사 중 흙막이벽의 이상 변위 발생 시 조기 안정성 확보를 위하여 지중 경사계 측정 결과를 즉시 공사감독자에게 보고하여야 한다.

⑤ 굴착 시기가 늦어져 주변 여건이 변경된 경우는 이를 충분히 반영하여 재설계하여야 하며, 공사감독자의 승인을 받은 후 굴착작업을 하여야 한다. 특히, 굴착 설계도서 납품일에서 6개월 이상 경과된 경우에는 주변 상황을 반드시 재검토하여야 한다.

⑥ 굴토 시에는 안전한 단계굴착 높이를 정하여 각 단계별로 굴착 후 즉시 띠장, 버팀대, 지반앵커, 네일링 등으로 흙막이의 안정성을 확보한 후 다음 단계의 굴착을 시행하여야 한다. 버팀대 등이 설치되기 이전의 굴착면은 지반특성을 고려하여 충분한 폭의

소단을 두어 안정성을 확보하여야 한다.

⑦ 작용하는 측압을 무시할 수 있는 암반구간의 경우에도 록볼트와 숏크리트 등으로 변형을 방지하여 안전을 확보하여야 한다.

⑧ 흙막이 공사 완료 이후에는 주변에 배수시설을 갖추어 흙막이 공사장 내로 지표수가 유입되지 않도록 하여야 한다.

⑨ 흙막이 벽 주변에 계획 이상의 하중이 적재되지 않도록 하여야 한다.

⑩ 콘크리트 타설 후 7일 이상 양생이 되지 않은 콘크리트로부터 30 m 내에서 말뚝을 박지 않아야 한다.

⑪ 소음 및 진동이 허용값 이내이어야 한다.

⑫ 흙막이공사 완료 후 지하구조물 본체 공사 중 빈번히 발생하는 지하구조물 부상현상에 대해 항시 관심을 두고 가시설 주위의 완벽한 배수시설을 갖춰 지표수가 흙막이 공사장 내로 유입되지 않도록 충분한 대책을 세워야 한다.

⑬ 말뚝을 이어서 사용할 때에는 그 이음의 위치가 동일 높이에서 시공되지 않도록 하여야 하며, 이음은 전단면 맞대기(butt)용접 또는 이음판을 연속 필렛용접으로 하여야 한다.

Chapter 07

차량계 건설기계 작업안전

차량계 건설기계(장비, Construction Machinery)라 함은 건설공사를 목적으로 사용하는 모든 기계의 총칭으로 기계적인 동력을 활용하여 굴착, 운반, 견인 등에 사용하는 건설장비 및 중기류를 말한다.

최근 국내 건설공사에서는 구조물의 고층화, 대형화, 대단지화에 따른 대형 건설장비의 사용과 신재료 및 신공법 개발의 가속화 등으로 중대재해발생 가능성이 점차 높아지고 있다. 이러한 현상들은 매년 되풀이되는 재해 및 여러 사고 등을 통해서도 나타나고 있다.

국내의 건설기계작업 시 안전성 확보에 대한 기준은 산업안전보건법령에 제정되어 있으나 건설기계의 종류 및 주요 내용에 대해서는 포괄적으로 제정되어 있는 실정이다. 이에 따라 다양한 건설기계를 이용한 건설공사는 주로 장비 운전자 및 작업자의 경험을 기초로 한 작업이 이루어지고 있어 매년 건설기계 산업재해가 증가하고 있다. 대부분의 재해의 주 원인은 운전자와 근로자의 안전수칙 미준수이지만, 장비 자체의 결함에 의한 재해발생 비율도 높아지고 있다.

이를 예방하기 위해서 장비 사용 전에 장비의 결함 여부를 파악하고 작업에 대한 사전안전성 검토를 충실히 하여야 한다. 다시 말해 작업조건(작업장소의 지형 및 지반 상태 등)을 철저히 조사 · 검토하고, 작업에 적합한 장비를 선정해야 한다. 아울러 운행 경로와 작업방법을 확인하는 등 사전 작업계획을 수립하고, 작업 책임자 및 운전자에게 작업에 대한 모든 정보를 주지시킴으로써 사전에 위험을 예방할 수 있도록 하여야 한다.

7.1 차량계 건설기계 개요

1 차량계 건설기계 작업 특성

1) 건설기계관리법에 의한 분류

건설기계관리법 시행령 제2조(별표 1)에 따라 건설공사에 사용할 수 있는 기계

건설 기계명	범위
1. 불도저 2. 굴착기	• 무한궤도 또는 타이어식인 것 • 무한궤도 또는 타이어식으로 굴착장치를 가진 자체 중량 1톤 이상인 것
3. 로더	• 무한궤도 또는 타이어식으로 적재장치를 가진 자체 중량 2톤 이상인 것. 다만, 차체굴절식 조향장치가 있는 자체 중량 4톤 미만인 것은 제외한다.
4. 지게차	• 타이어식으로 들어올림장치와 조종석을 가진 것. 다만, 전동식으로 솔리드타이어를 부착한 것 중 도로(「도로교통법」 제2조제1호에 따른 도로를 말하며, 이하 같다)가 아닌 장소에서만 운행하는 것과 「농업기계화 촉진법」에 따른 농업기계에 해당하는 것은 제외한다.
5. 스크레이퍼	• 흙 · 모래의 굴착 및 운반장치를 가진 자주식인 것
6. 덤프트럭	• 적재용량 12톤 이상인 것. 다만, 적재용량 12톤 이상 20톤 미만의 것으로 화물운송에 사용하기 위하여 자동차관리법에 의한 자동차로 등록된 것을 제외한다.
7. 기중기	• 무한궤도 또는 타이어식으로 강재의 지주 및 선회장치를 가진 것. 다만, 궤도(레일)식인 것을 제외한다.
8. 모터그레이더	• 정지장치를 가진 자주식인 것
9. 롤러	• 조종석과 전압장치를 가진 자주식인 것 • 피견인 진동식인 것
10. 노상안정기	• 노상안정장치를 가진 자주식인 것
11. 콘크리트 뱃칭플랜트	• 골재저장통 · 계량장치 및 혼합장치를 가진 것으로서 원동기를 가진 이동식인 것
12. 콘크리트 피니셔	• 정리 및 사상장치를 가진 것으로 원동기를 가진 것
13. 콘크리트 살포기	• 정리장치를 가진 것으로 원동기를 가진 것
14. 콘크리트 믹서트럭	• 혼합장치를 가진 자주식인 것(재료의 투입 · 배출을 위한 보조장치가 부착된 것을 포함한다)

건설 기계명	범위
15. 콘크리트펌프	• 콘크리트배송능력이 매시간당 5 m^3 이상으로 원동기를 가진 이동식과 트럭적재식인 것
16. 아스팔트 믹싱플랜트	• 골재공급장치 · 건조가열장치 · 혼합장치 · 아스팔트 공급장치를 가진 것으로 원동기를 가진 이동식인 것
17. 아스팔트 피니셔	• 정리 및 사상장치를 가진 것으로 원동기를 가진 것
18. 아스팔트살포기	• 아스팔트 살포장치를 가진 자주식인 것
19. 골재살포기	• 골재살포장치를 가진 자주식인 것
20. 쇄석기	• 20 kW 이상의 원동기를 가진 이동식인 것
21. 공기압축기	• 공기배출량이 매분당 2.83 m^3(매 m^2당 7 kg 기준) 이상의 이동식인 것
22. 천공기	• 천공장치를 가진 자주식인 것
23. 항타 및 항발기	• 원동기를 가진 것으로 헤머 또는 뽑는 장치의 중량이 0.5톤 이상인 것
24. 자갈채취기	• 자갈채취장치를 가진 것으로 원동기를 가진 것
25. 준설선	• 펌프식 · 바켓식 · 딧퍼식 또는 그래브식으로 비자항식인 것. 다만, 「선박법」에 따른 선박으로 등록된 것은 제외한다.
26. 특수건설기계	• 제1호부터 제25호까지의 규정 및 제27호에 따른 건설기계와 유사한 구조 및 기능을 가진 기계류로서 국토교통부 장관이 따로 정하는 것
27. 타워크레인	• 수직타워의 상부에 위치한 지브(jib)를 선회시켜 중량물을 상하, 전후 또는 좌우로 이동시킬 수 있는 것으로서 원동기 또는 전동기를 가진 것. 다만, 「산업집적활성화 및 공장설립에 관한 법률」 제16조에 따라 공장등록대장에 등록된 것은 제외한다.

※ 비고

위 표 제22호의 천공기로서 2016년 7월 1일 당시 등록하지 않은 천공기(제작 당시에는 등록대상인 자주식 천공기가 아니었으나 개조 등을 통하여 등록대상인 자주식 천공기로 변경한 것만 해당한다)의 소유자는 제3조에도 불구하고 2017년 6월 30일까지 다음 각 호의 서류를 제출하여 천공기를 건설기계로 등록할 수 있다.

1. 법 제32조에 따라 설립된 협회로서 법 제21조에 따라 건설기계대여업의 등록을 한 자를 회원으로 하는 협회에서 발급한 등록지원서류(해당 천공기의 당초 제작 또는 수입 출처를 증명하고 현재의 소유자를 확인하는 서류를 말한다)
2. 법 제14조에 따라 천공기의 검사대행자로 지정받은 자가 작성한 제원표

2) 산업안전보건법에 의한 분류

산업안전보건기준에 관한 규칙 제196조(차량계 건설기계의 정의)에 따라 동력원을 사용하여 특정되지 아니한 장소로 스스로 이동할 수 있는 건설기계로서 별표 6에서 정한 기계

차량계 건설기계(제196조 관련)

1. 도저형 건설기계(불도저, 스트레이트도저, 틸트도저, 앵글도저, 버킷도저 등)
2. 모터그레이더(motor grader, 땅 고르는 기계)
3. 로더(포크 등 부착물 종류에 따른 용도 변경 형식을 포함한다)
4. 스크레이퍼(scraper, 흙을 절삭 · 운반하거나 펴 고르는 등의 작업을 하는 토공기계)
5. 크레인형 굴착기계(크램쉘, 드래그라인 등)
6. 굴착기(브레이커, 크러셔, 드릴 등 부착물 종류에 따른 용도 변경 형식을 포함한다)
7. 항타기 및 항발기
8. 천공용 건설기계(어스드릴, 어스오거, 크롤러드릴, 점보드릴 등)
9. 지반 압밀침하용 건설기계(샌드드레인머신, 페이퍼드레인머신, 팩드레인머신 등)
10. 지반 다짐용 건설기계(타이어롤러, 매커덤롤러, 탠덤롤러 등)
11. 준설용 건설기계(버킷준설선, 그래브준설선, 펌프준설선 등)
12. 콘크리트 펌프카
13. 덤프트럭
14. 콘크리트 믹서 트럭
15. 도로포장용 건설기계(아스팔트 살포기, 콘크리트 살포기, 아스팔트 피니셔, 콘크리트 피니셔 등)
16. 골재 채취 및 살포용 건설기계(쇄석기, 자갈 채취기, 골재살포기 등)
17. 제1호부터 제16호까지와 유사한 구조 또는 기능을 갖는 건설기계로써 건설작업에 사용하는 것

3) 작업목적별 분류

건설작업 시 사용하는 건설기계를 작업 목적별로 분류하면 다음과 같다.

구분	작업의 종류	건설기계의 종류
차량계 건설기계	굴착	불도저, 굴착기 크램쉘
	굴착, 싣기	파워셔블, 굴착기, 로더, 크램쉘, 드레그라인
	굴착, 운반	불도저, 스크레이퍼, 로더, 스크레이퍼도저
	정지	불도저, 모토그레이더
	도랑파기	트렌치, 굴착기
	다짐	롤러(로드, 진동, 떨림, 타이머)
	콘크리트 타설	콘크리트 펌프, 콘크리트 펌프카
기초공사용 건설기계	항타	항타기, 항발기
	천공	천공기, 어스트릴, 아오스커, 리버스 서퓰레이션 드릴
	지반강화	페이퍼드리엔머신
특정 공사용 건설기계	양중	이동식 크레인, 케이블 크레인, 지브 크레인
	기타	아스팔트 피니셔, 크롤러 드릴, 고소작업차 등

2 건설기계장비 조정 및 검사

1) 건설기계 조종사 면허의 종류

① 건설기계 조종사 면허의 종류(건설기계관리법 시행규칙 제75조, 별표 21)

건설기계 조종사면허의 종류(제75조 관련)

면허의 종류	조종할 수 있는 건설기계
1. 불도저	• 불도저
2. 5톤 미만의 불도저	5톤 미만의 불도저
3. 굴착기	굴착기
4. 3톤 미만의 굴착기	3톤 미만의 굴착기
5. 로더	로더
6. 3톤 미만의 로더	3톤 미만의 로더
7. 5톤 미만의 로더	5톤 미만의 로더
8. 지게차	지게차
9. 3톤 미만의 지게차	3톤 미만의 지게차
10. 기중기	기중기
11. 롤러	롤러, 모터그레이더, 스크레이퍼, 아스팔트피니셔, 콘크리트피니셔, 콘크리트 살포기 및 골재살포기
12. 이동식 콘크리트펌프	이동식 콘크리트펌프
13. 쇄석기	쇄석기, 아스팔트믹싱플랜트 및 콘크리트뱃칭플랜트
14. 공기압축기	공기압축기
15. 천공기	천공기(타이어식, 무한궤도식 및 굴진식을 포함한다. 다만, 트럭적재식은 제외한다), 항타 및 항발기
16. 5톤 미만의 천공기	5톤 미만의 천공기(트럭적재식은 제외한다)
17. 준설선	준설선 및 자갈 채취기
18. 타워크레인	타워크레인
19. 3톤 미만의 타워크레인	3톤 미만의 타워크레인 중 비고 제3호의 세부 규격에 적합한 타워크레인

※ 비고

1. 영 별표 1의 특수건설기계에 대한 조종사면허의 종류는 제73조에 따라 운전면허를 받아 조종하여야 하는 특수건설기계를 제외하고는 위 면허 중에서 국토교통부 장관이 지정하는 것으로 한다.
2. 3톤 미만의 지게차의 경우에는 「도로교통법 시행규칙」 제53조에 적합한 종류의 자동차운전면허가 있는 사람으로 한정한다.
3. 3톤 미만 타워크레인의 세부 규격은 다음 각 목의 구분에 따른다. 이 경우 세부 규격에 적합한 타워크레인은 조종사 등이 세부 규격을 쉽게 인지할 수 있도록 마스트 1단에 정격하중, 지브 최대길이 및 지브 최대 모멘트가 기재된 안내판을 부착해야 한다.

가. 2020년 6월 30일 이전에 등록된 타워크레인

구분	타워형(T형)	러핑형(L형)
정격하중	3톤 미만	
지브 최대 길이	50 m 이하	35 m 이하
지브 최대 모멘트	686 kN · m 이하 ※ 지브 최대 모멘트는 지브의 모든 부분에서 최대 모멘트값 이하여야 하며, 다음 표의 산식에 따라 계산한다. 지브 최대 모멘트(kN · m) = 타워크레인 중심부에서 후크의 중심부까지의 수평거리(m) × 인양 가능한 최대하중(톤) × 중력 가속도(9.8 m/s²)	
설치 높이	지상 15층 이하 건축물 공사에 사용할 수 있는 높이	

나. 2020년 7월 1일 이후에 등록되는 타워크레인

구분	타워형(T형)	러핑형(L형)
정격하중	3톤 미만	
지브 최대길이	40 m 이하	30 m 이하
지브 최대 모멘트	588 kN · m 이하	
설치 높이	지상 10층 이하 건축물 공사에 사용할 수 있는 높이	

② 도로를 주행하는 건설기계의 면허

면허의 종류	대상 건설기계
1종 대형	덤프트럭, 아스팔트 살포기, 노상안정기, 콘크리트 펌프, 콘크리트 믹서트럭, 천공기(트럭 적재식)

③ 카고크레인

구분	1종 대형 면허	1종 보통 면허
카고크레인	적재 중량 12톤 이상	적재 중량 12톤 미만
고소작업차	총 중량 10톤 이상	총 중량 10톤 미만

2) 건설기계 검사

건설기계 정기검사 유효기간(건설기계관리법 시행규칙 제22조, 별표 7)

정기검사 유효기간(제22조제1항 관련)

기종		연식	검사유효기간
1. 굴착기	타이어식	-	1년
2. 로더	타이어식	20년 이하	2년
		20년 초과	1년
3. 지게차	1톤 이상	20년 이하	2년
		20년 초과	1년
4. 덤프트럭	-	20년 이하	1년
		20년 초과	6개월
5. 기중기	-	-	1년
6. 모터그레이더	-	20년 이하	2년
		20년 초과	1년
7. 콘크리트 믹서트럭	-	20년 이하	1년
		20년 초과	6개월
8. 콘크리트펌프	트럭적재식	20년 이하	1년
		20년 초과	6개월
9. 아스팔트살포기	-	-	1년
10. 천공기	-	-	1년
11. 항타 및 항발기	-	-	1년
12. 타워크레인	-	-	6개월
13. 특수건설기계			
가. 도로보수트럭	타이어식	20년 이하	1년
		20년 초과	6개월
나. 노면파쇄기	타이어식	20년 이하	2년
		20년 초과	1년
다. 노면측정장비	타이어식	20년 이하	2년
		20년 초과	1년
라. 수목이식기	타이어식	20년 이하	2년
		20년 초과	1년

기종		연식	검사유효기간
마. 터널용 고소작업차	-	-	1년
바. 트럭지게차	타이어식	20년 이하	1년
		20년 초과	6개월
사. 그 밖의 특수건설기계	-	20년 이하	3년
		20년 초과	1년
14. 그 밖의 건설기계	-	20년 이하	3년
		20년 초과	1년

비고 :
1. 신규등록 후의 최초 유효기간의 산정은 등록일부터 기산한다.
2. 연식은 신규등록일(수입된 중고건설기계의 경우에는 제작연도의 12월 31일)부터 기산한다.
3. 타워크레인을 이동 설치하는 경우에는 이동 설치할 때마다 정기검사를 받아야 한다.

3 건설기계장비 산업재해발생 현황

1) 산업재해 현황

건설현장에 사용하는 건설기계나 중장비에 의한 사망사고는 기계의 특성에 따라 떨어짐 · 맞음 · 끼임 등 다양한 형태로 발생한다. 특히, 기계 · 장비 사망사고의 약 80% 이상이 트럭, 굴착기, 고소작업대, 이동식크레인, 콘크리트펌프카, 항타/항발기에서 발생한다.

굴착기와 트럭의 경우 이동 또는 후진 중 부딪힘, 고소작업대의 경우 작업 중 작업대에서 떨어짐, 끼임, 이동식 크레인의 경우 인양물에 맞음, 그리고 콘크리트펌프카, 항타기의 경우 붐 · 리더 등 장비의 넘어짐, 맞음이 주된 사고이다. 기계 · 장비로 인한 사망사고를 예방하기 위해서는 안전검사 등을 통해 자체의 안전성을 확보하는 것뿐만 아니라, 각 기계 · 장비를 사용하는 목적 및 기계의 특성과 사고 발생유형을 고려한 안전한 작업방법과 절차를 정하고 이행하는 것이 중요하다. 또한, 작업자는 이동하거나 작업을 시작하기 전에 주변의 건설기계 또는 중장비와 접촉 위험이 없는지 살펴보아야 한다.

최근 3년간(2020~2022년) 건설업 기계 · 장비 사망사고 현황 (단위 : 명, 산재보험 승인기준)

구분	건설업 전체	기계장비 소계	트럭*	굴착기	고소 작업대	이동식 크레인	타워 크레인	콘크리트 펌프카	항타기 항발기	기타
건설업 전체	1,277	306	66	63	62	34	14	12	8	47
50억 원 미만	929	198	46	46	49	20	2	6	3	26
1억 원 미만	377	81	24	18	22	5	1	0	0	5
1~50억 원	552	117	22	28	27	15	1	6	3	21
50억 원 이상	347	108	20	17	13	14	12	6	5	21
50~120억 원	88	21	4	4	6	4	0	0	1	2
120~800억 원	143	48	12	8	4	4	7	1	2	10
800억 원 이상	116	39	4	5	3	6	5	5	2	9

* 트럭 : 덤프트럭, 트레일러트럭, 화물자동차 등 포함
** 산재보험 승인일 기준

2) 건설기계 · 장비 주요 사고 유형

① 굴착기, 덤프트럭 등 건설기계에 의한 끼임

② 건설기계 · 장비의 작업반경 내 출입하여 장비에 부딪힘

③ 굴착기 버킷 탈락에 의한 부딪힘

④ 지반 침하, 무리한 작업 진행 등으로 장비 넘어짐

⑤ 상차, 하역작업 중 화물칸에서 떨어짐

⑥ 이동식 크레인 등 사용 시 인양 중인 화물 떨어짐

⑦ 붐대 등이 인근 고압전선 등에 접촉되어 감전

⑧ 고속작업대, 이동식 크레인 등 기계적 결함으로 인한 파손

⑨ 용도 외 사용 등 부적정한 작업방법으로 인한 떨어짐

⑩ 정비 · 수리 시 안전조치 미실시로 인한 끼임

3) 건설기계 · 장비 주요 사고 유형별 핵심 안전수칙

(1) 양중기

① 정의 : 중량물을 매달아 상하 및 좌우(수평 또는 선회)로 운반하는 기계

② 종류 : 크레인, 이동식크레인, 타워크레인, 리프트, 곤돌라, 승강기 등

③ 핵심 안전수칙 TOP 3

가. 인양 중인 화물이 작업자 머리 위로 지나가지 않도록 한다.

나. 적재하중을 초과하지 않는다.

다. 슬링벨트, 훅 등 인양고리 체결을 철저히 하여 자재의 이탈을 방지한다.

(2) 고소작업대

① 정의 : 화물이나 사람을 싣고 다른 장소로 운반하는 기계

② 종류 : 고소작업대(차량 · 시저형), 화물자동차(트럭), 지게차, 구내운반차 등

③ 핵심 안전수칙 TOP 3

가. 차량이 이동하는 경로에 작업자의 출입을 금지하고, 차량을 유도한다.

나. 화물을 한쪽에 치우치거나 운전자의 시야를 가리지 않도록 적재한다.

다. 허용하중 및 적재하중을 초과하지 않는다.

(3) 차량계 건설기계

① 정의 : 운전을 통해 특정되지 않은 장소로 이동할 수 있는 기계

② 종류 : 굴착기, 덤프트럭, 콘크리트 펌프카, 항타 · 항발기, 콘크리트믹서트럭(레미콘), 천공기, 로더, 롤러, 불도저, 스크레이퍼, 크램쉘

③ 핵심 안전수칙 TOP 3

가. 차량이 이동하는 경로에 작업자의 출입을 금지하고, 차량을 유도한다.

나. 기계를 본래 용도로만 사용한다.

다. 운전석을 이탈할 경우, 시동을 끄고 키를 분리한다.

4) 건설기계 · 장비 점검 사항

(1) 작업시작 전 점검 사항

작업의 종류	점검내용
크레인을 사용하여 작업을 하는 때	가. 권과방지장치 · 브레이크 · 클러치 및 운전장치의 기능 나. 주행로의 상측 및 트롤리(trolley)가 횡행하는 레일의 상태 다. 와이어로프가 통하고 있는 곳의 상태
이동식 크레인을 사용하여 작업을 할 때	가. 권과방지장치나 그 밖의 경보장치의 기능 나. 브레이크 · 클러치 및 조정장치의 기능 다. 와이어로프가 통하고 있는 곳 및 작업장소의 지반상태
리프트(자동차정비용 리프트를 포함)를 사용하여 작업을 할 때	가. 방호장치 · 브레이크 및 클러치의 기능 나. 와이어로프가 통하고 있는 곳의 상태
곤돌라를 사용하여 작업을 할 때	가. 방호장치 · 브레이크의 기능 나. 와이어로프 · 슬링와이어(sling wire) 등의 상태
양중기의 와이어로프 · 달기체인 · 섬유로프 · 섬유벨트 또는 훅 · 샤클 · 링 등의 철구(이하 "와이어로프 등"이라 한다)를 사용하여 고리걸이작업을 할 때	와이어로프 등의 이상 유무
지게차를 사용하여 작업을 하는 때	가. 제동장치 및 조종장치 기능의 이상 유무 나. 하역장치 및 유압장치 기능의 이상 유무 다. 바퀴의 이상 유무 라. 전조등 · 후미등 · 방향지시기 및 경보장치 기능의 이상 유무
구내운반차를 사용하여 작업을 할 때	가. 제동장치 및 조종장치 기능의 이상 유무 나. 하역장치 및 유압장치 기능의 이상 유무 다. 바퀴의 이상 유무 라. 전조등 · 후미등 · 방향지시기 및 경음기 기능의 이상 유무 마. 충전장치를 포함한 홀더 등의 결합상태의 이상 유무
고소작업대를 사용하여 작업을 할 때	가. 비상정지장치 및 비상하강 방지장치 기능의 이상 유무 나. 과부하 방지장치의 작동 유무(와이어로프 또는 체인구동방식의 경우) 다. 아웃트리거 또는 바퀴의 이상 유무 라. 작업면의 기울기 또는 요철 유무 마. 활선작업용 장치의 경우 홈 · 균열 · 파손 등 그 밖의 손상 유무
화물자동차를 사용하는 작업을 하게 할 때	가. 제동장치 및 조종장치의 기능 나. 하역장치 및 유압장치의 기능 다. 바퀴의 이상 유무
차량계 건설기계를 사용하여 작업을 할 때	브레이크 및 클러치 등의 기능
슬링 등을 사용하여 작업을 할 때	가. 훅이 붙어있는 슬링 · 와이어슬링 등이 매달린 상태 나. 슬링 · 와이어슬링 등의 상태(작업시작 전 및 작업 중 수시로 점검)

5) 건설기계 · 장비 안전교육

(1) 특수형태근로종사자인 건설기계 운전원 안전보건교육(산업안전보건법 제77조제2항) 최초 노무제공 시 교육(산업안전보건법 제77조제2항)

① 대상 : 최초 노무를 제공하는, 근로자가 아닌 건설기계 운전원(특수형태근로종사자)

② 방법 : 작업 배치 전, 집체교육, 현장교육, 인터넷 원격교육 등 실시

※ 안전보건교육기관에 위탁 가능

③ 시간 : 2시간 이상(단기간 작업* 또는 간헐적 작업**에 노무를 제공하는 경우 1시간 이상)

* 단기간 작업 : 2개월 이내 종료되는 1회성 작업,
** 간헐적 작업 : 연간 총 작업일수가 60일을 초과하지 않는 작업

④ 면제

가. (교육시간 1/2 면제) 해당 건설기계 작업에 6개월 이상 근무한 경험이 있는 사람을 이직 후 1년 이내에 채용한 경우

나. (전체 면제) 도급인의 사업장 내에서 이전에 하던 업무와 동일한 업무에 종사하는 경우, 특별 안전보건교육을 실시한 경우, 동일 사업장 내에서 다시 종사하게 된 경우

⑤ 내용

가. 기계 · 기구의 위험성과 작업순서 및 동선에 관한 사항

나. 작업개시 전 점검에 관한 사항

다. 교통안전 및 운전안전에 관한 사항

라. 보호구 착용에 관한 사항 등(산업안전보건법 시행규칙 [별표4])

(2) 특별 안전보건교육(산업안전보건법 제29조제3항)

① 대상

가. 굴착면 높이 2 m 이상 굴착작업

나. 운반용 등 하역기계를 5대 이상 사용하는 작업

다. 이동식크레인 또는 타워크레인 사용작업 등

② 방법 : 작업 배치 전

③ 시간

가. 16시간 이상(최초 작업에 종사하기 전 4시간 이상 실시하고, 12시간은 3개월 이내에서 분할하여 실시 가능)

나. 2시간 이상(단기간 작업* 또는 간헐적 작업**에 노무를 제공하는 경우 1시간 이상)

* 2개월 이내 종료되는 1회성 작업

** 연간 총 작업일수가 60일을 초과하지 않는 작업

④ 면제

가. (교육시간 1/2 면제) 건설업에 6개월 이상 종사자가 이직 후 1년 이내에 이직 전과 동일한 특별교육 대상 작업에 종사하는 경우

나. 전체 면제) 도급인의 사업장 내에서 이전에 하던 업무와 동일한 업무에 종사하는 경우

⑤ 내용 : 공통사항 및 각 건설기계의 사업장 내 작업 시 안전관리 사항으로 분류

(3) 건설기계조종사 안전교육

① 목적 : 건설기계로 인한 인적 · 물적 피해 예방을 위한 안전 및 전문성 향상

② 대상

가. 일반건설기계* 조종사

나. 하역운반 등 기타 건설기계** 조종사

(건설기계관리법 시행규칙 제83조 및 별표 22의2)

* 굴착기, 불도저, 로더, 롤러 등

** 지게차, 기중기, 타워크레인, 콘크리트펌프, 천공기, 쇄석기, 공기압축기, 준설선 등

③ 내용 : 건설기계관리법 시행규칙 별표 22의2

가. 관련 법령

- 건설기계관리법 및 산업안전보건법의 주요 내용
- 사고 예방을 위한 조종사의 역할과 의무

나. 기계의 구조(특성, 주요 구조부, 방호 및 안전장치)

다. 작업안전

- 조종작업 준수사항
- (일반건설기계) 굴착공사의 작업안전 조치 등(하역운반 등 기타 건설기계) 줄걸이 작업과 신호체계 이해 등
- 기계 기능상 점검(작업 전 · 중 · 후)

라. 재해사례 및 예방대책(작업의 위험성, 재해사례 및 예방대책)

- (시간) 4시간(교육내용별 1시간)
- (주기) 면허를 최초로 받은 날 또는 안전교육 등을 받은 날로부터 3년
- (방법) 집체교육(시청각교육 포함) 또는 인터넷강의 등 원격교육

※ 교육내용 중 "작업의 위험성"은 가상현실 또는 증강현실 기술을 이용한 체험교육 활용

- (교육기관) 국토교통부 지정 전문교육기관

※ 대한건설기계협회, 대한건설기계안전관리원, 한국크레인협회 등 11개소

7.2 작업계획서

1 차량계 건설기계 작업계획서

① 개요 : 작업계획서는 사고위험이 높은 기계 · 장비를 사용하는 등의 고위험 작업을 할 때 작업방법과 유해 · 위험요인 감소 · 제거대책을 "사전에" 계획하고 계획한 대로 이행하기 위한 일종의 "안전작업절차서"이다.

작업계획서는 기계 · 장비의 종류 · 제원, 작업내용, 작업장소의 지형 · 지반 상태 등을 미리 조사한 결과를 토대로 작성하게 되므로, 객관적인 정보를 바탕으로 합리적이고 효과적인 작업계획을 수립할 수 있도록 도와준다.

② 작업계획서 대상 : 사업주는 다음 각 호의 작업을 하는 경우 근로자의 위험을 방지하

기 위하여 해당 작업, 작업장의 지형 · 지반 및 지층 상태 등에 대한 사전조사를 하고 그 결과를 기록 · 보존해야 하며, 조사결과를 고려하여 작업계획서를 작성하고 그 계획에 따라 작업을 하도록 해야 한다.

가. 타워크레인을 설치 · 조립 · 해체하는 작업

나. 차량계 하역운반기계 등을 사용하는 작업(화물자동차를 사용하는 도로상의 주행작업은 제외한다. 이하 같다)

다. 차량계 건설기계를 사용하는 작업

라. 화학설비와 그 부속설비를 사용하는 작업

마. 안전보건규칙 제318조에 따른 전기작업(해당 전압이 50 V를 넘거나 전기에너지가 250 VA를 넘는 경우로 한정한다)

바. 굴착면의 높이가 2 m 이상이 되는 지반의 굴착작업

사. 터널굴착작업

아. 교량(상부구조가 금속 또는 콘크리트로 구성되는 교량으로서 그 높이가 5 m 이상이거나 교량의 최대 지간 길이가 30 m 이상인 교량으로 한정한다)의 설치 · 해체 또는 변경 작업

자. 채석작업

차. 구축물, 건축물, 그 밖의 시설물 등(이하 "구축물 등"이라 한다)의 해체작업

카. 중량물의 취급작업

타. 궤도나 그 밖의 관련 설비의 보수 · 점검작업

파. 열차의 교환 · 연결 또는 분리 작업(이하 "입환작업"이라 한다)

③ 사업주는 제1항에 따라 작성한 작업계획서의 내용을 해당 근로자에게 알려야 한다.

④ 사업주는 항타기나 항발기를 조립 · 해체 · 변경 또는 이동하는 작업을 하는 경우 그 작업방법과 절차를 정하여 근로자에게 주지시켜야 한다.

⑤ 사업주는 제1항제12호의 작업에 모터카(motor car), 멀티플타이탬퍼(multiple tie tamper), 밸러스트 콤팩터(ballast compactor, 철도자갈다짐기), 궤도안정기 등의 작업차량(이하 "궤도작업차량"이라 한다)을 사용하는 경우 미리 그 구간을 운행하는 열차의 운행관계자와 협의하여야 한다.

2 작업계획서 작성 및 이행

① 작성자 : 실제 해당 작업을 수행하는 작업반장(또는 관리감독자)

② 검토 : 공정 및 작업(안전) 점검 회의 시 관리감독자, 원 · 하청 현장소장, 안전관리자 등이 함께 작성된 작업계획서 검토 및 보완

③ 작업 전 : 아침조회 후, 작업반별 TBM 시 모든 해당 작업자에게 작업계획서의 주요 내용을 공유하고 알린다.

※ 작업자의 합리적인 의견은 가능한 한 반영하고, 보완 · 수정할 수 있도록 한다.

④ 작업 중 : 작업계획서에 따라 작업을 하며, 작업반장, 유도자 등은 작업계획서의 준수 및 안전대책의 이행 여부를 수시로 확인한다.

⑤ 작업 후 : 작업 종료 후 현장소장은 작업계획서대로 작업이 진행되었는지 점검하고, 미흡한 부분이 발견되는 경우 지속적으로 수정 · 보완한다.

※ 기계 · 장비의 종류 및 제원, 작업방법, 운행경로 등 주요 작업내용의 변경이 있는 경우 변경사항을 반영한 작업계획서를 작성하고 이행과정을 반복한다.

3 작업계획서 작업자 주지 및 이행 확인

① 전일 작업(안전)점검 회의 시 작성된 작업계획서를 공유하고 논의한다.

② 당일 작업 전 TBM 등 작업(안전)점검 시 작업자에게 알린다.

③ 관리감독자 등은 작업 전에 자율점검표를 활용하여 안전대책 등의 이행 여부를 확인 · 점검한다.

④ 작업 중에는 작업계획서대로 작업수행 및 안전대책이 이행되는지를 수시로 확인하여 적절히 이루어지지 않는 경우, 우선 작업을 중지하고 개선 후 작업하도록 조치한다.

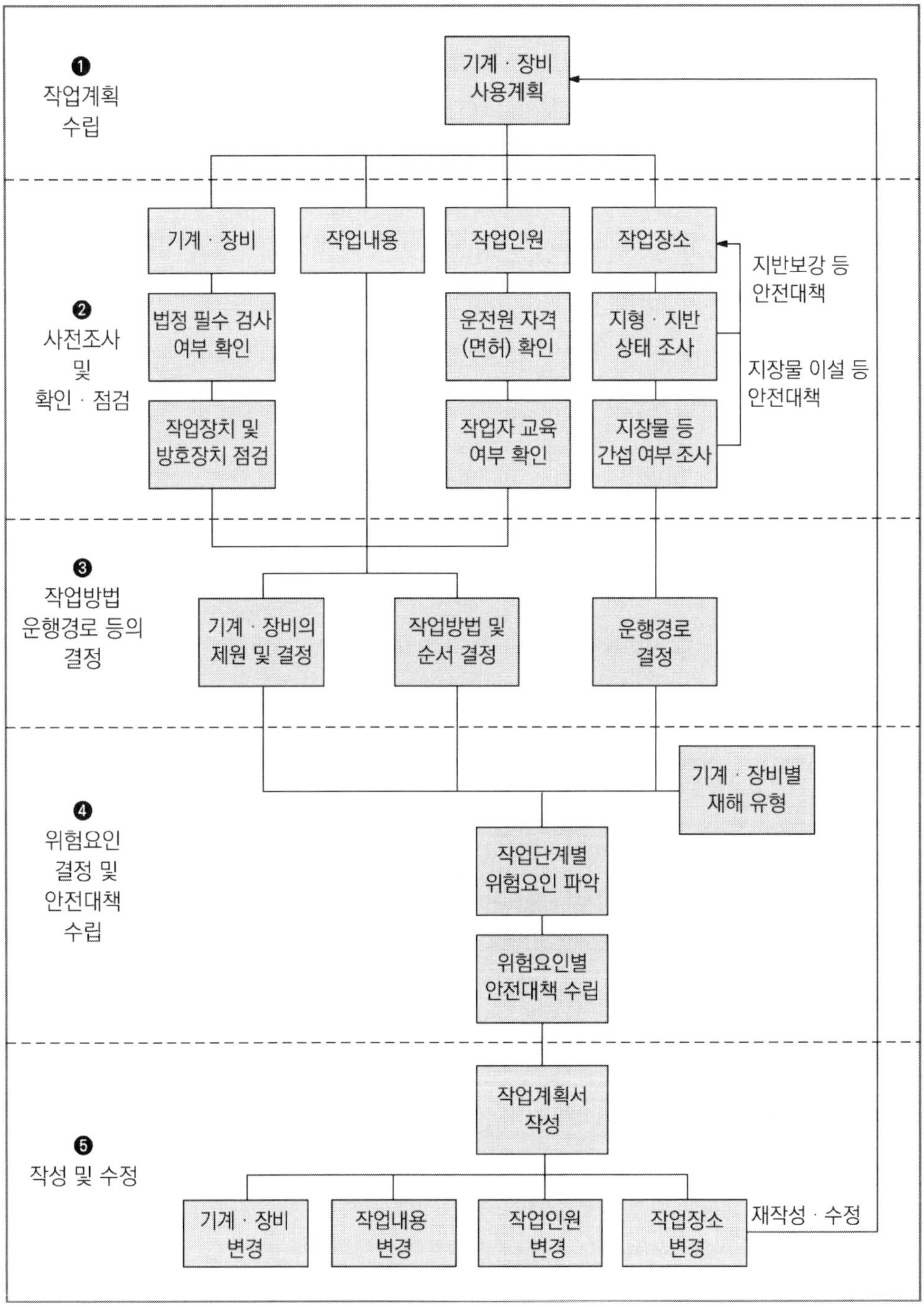

작업계획서 작성절차 도식

7.3 차량계 건설기계 안전 관련 법령 및 기준 (산업안전보건기준에 관한 규칙)

1 차량계 건설기계 등

제196조(차량계 건설기계의 정의) "차량계 건설기계"란 동력원을 사용하여 특정되지 아니한 장소로 스스로 이동할 수 있는 건설기계로서 별표 6에서 정한 기계를 말한다.

산업안전보건기준에 관한 규칙 [별표 6] 〈개정 2022.10.18.〉

차량계 건설기계(제196조 관련)

1. 도저형 건설기계(불도저, 스트레이트도저, 틸트도저, 앵글도저, 버킷도저 등)
2. 모터그레이더(motor grader, 땅 고르는 기계)
3. 로더(포크 등 부착물 종류에 따른 용도 변경 형식을 포함한다)
4. 스크레이퍼(scraper, 흙을 절삭 · 운반하거나 펴 고르는 등의 작업을 하는 토공기계)
5. 크레인형 굴착기계(크램쉘, 드래그라인 등)
6. 굴착기(브레이커, 크러셔, 드릴 등 부착물 종류에 따른 용도 변경 형식을 포함한다)
7. 항타기 및 항발기
8. 천공용 건설기계(어스드릴, 어스오거, 크롤러드릴, 점보드릴 등)
9. 지반 압밀침하용 건설기계(샌드드레인머신, 페이퍼드레인머신, 팩드레인머신 등)
10. 지반 다짐용 건설기계(타이어롤러, 매커덤롤러, 탠덤롤러 등)
11. 준설용 건설기계(버킷준설선, 그래브준설선, 펌프준설선 등)
12. 콘크리트 펌프카
13. 덤프트럭
14. 콘크리트 믹서 트럭
15. 도로포장용 건설기계(아스팔트 살포기, 콘크리트 살포기, 아스팔트 피니셔, 콘크리트 피니셔 등)
16. 골재 채취 및 살포용 건설기계(쇄석기, 자갈채취기, 골재살포기 등)
17. 제1호부터 제16호까지와 유사한 구조 또는 기능을 갖는 건설기계로서 건설작업에 사용하는 것

제197조(전조등의 설치) 사업주는 차량계 건설기계에 전조등을 갖추어야 한다. 다만, 작업을 안전하게 수행하기 위하여 필요한 조명이 있는 장소에서 사용하는 경우에는 그러하지 아니하다.

제198조(낙하물 보호구조) 사업주는 토사등이 떨어질 우려가 있는 등 위험한 장소에서 차량계 건설기계[불도저, 트랙터, 굴착기, 로더(loader : 흙 따위를 퍼 올리는 데 쓰는 기계), 스크레이퍼(scraper : 흙을 절삭 · 운반하거나 펴 고르는 등의 작업을 하는 토공기계), 덤프트럭, 모터그레이더(motor grader : 땅 고르는 기계), 롤러(roller : 지반 다짐용 건설기계), 천공기, 항타기 및 항발기로 한정한다]를 사용하는 경우에는 해당 차량계 건설기계에 견고한 낙하물 보호구조를 갖춰야 한다. 〈개정 2021.11.19., 2022.10.18., 2024.6.28.〉

[제목개정 2022.10.18.]

제199조(전도 등의 방지) 사업주는 차량계 건설기계를 사용하는 작업할 때에 그 기계가 넘어지거나 굴러떨어짐으로써 근로자가 위험해질 우려가 있는 경우에는 유도하는 사람을 배치하고 지반의 부동침하 방지, 갓길의 붕괴 방지 및 도로 폭의 유지 등 필요한 조치를 하여야 한다.

제200조(접촉 방지) ① 사업주는 차량계 건설기계를 사용하여 작업을 하는 경우에는 운전 중인 해당 차량계 건설기계에 접촉되어 근로자가 부딪칠 위험이 있는 장소에 근로자를 출입시켜서는 아니 된다. 다만, 유도자를 배치하고 해당 차량계 건설기계를 유도하는 경우에는 그러하지 아니하다.

② 차량계 건설기계의 운전자는 제1항 단서의 유도자가 유도하는 대로 따라야 한다.

제201조(차량계 건설기계의 이송) 사업주는 차량계 건설기계를 이송하기 위해 자주 또는 견인에 의해 화물자동차 등에 싣거나 내리는 작업을 할 때에 발판 · 성토 등을 사용하는 경우에는 해당 차량계 건설기계의 전도 또는 굴러 떨어짐에 의한 위험을 방지하기 위해 다음 각 호의 사항을 준수해야 한다. 〈개정 2019.10.15., 2021.5.28.〉

1. 싣거나 내리는 작업은 평탄하고 견고한 장소에서 할 것
2. 발판을 사용하는 경우에는 충분한 길이 · 폭 및 강도를 가진 것을 사용하고 적당한

경사를 유지하기 위하여 견고하게 설치할 것

3. 자루 · 가설대 등을 사용하는 경우에는 충분한 폭 및 강도와 적당한 경사를 확보할 것

제202조(승차석 외의 탑승금지) 사업주는 차량계 건설기계를 사용하여 작업을 하는 경우 승차석이 아닌 위치에 근로자를 탑승시켜서는 아니 된다.

제203조(안전도 등의 준수) 사업주는 차량계 건설기계를 사용하여 작업을 하는 경우 그 차량계 건설기계가 넘어지거나 붕괴될 위험 또는 붐 · 암 등 작업장치가 파괴될 위험을 방지하기 위하여 그 기계의 구조 및 사용상 안전도 및 최대사용하중을 준수하여야 한다.

제204조(주용도 외의 사용 제한) 사업주는 차량계 건설기계를 그 기계의 주된 용도에만 사용하여야 한다. 다만, 근로자가 위험해질 우려가 없는 경우에는 그러하지 아니하다.

제205조(붐 등의 강하에 의한 위험 방지) 사업주는 차량계 건설기계의 붐 · 암 등을 올리고 그 밑에서 수리 · 점검작업 등을 하는 경우 붐 · 암 등이 갑자기 내려옴으로써 발생하는 위험을 방지하기 위하여 해당 작업에 종사하는 근로자에게 안전지지대 또는 안전블록 등을 사용하도록 하여야 한다. 〈개정 2019.10.15.〉

제206조(수리 등의 작업 시 조치) 사업주는 차량계 건설기계의 수리나 부속장치의 장착 및 제거작업을 하는 경우 그 작업을 지휘하는 사람을 지정하여 다음 각 호의 사항을 준수하도록 하여야 한다. 〈개정 2019.10.15.〉

1. 작업순서를 결정하고 작업을 지휘할 것
2. 제205조의 안전지지대 또는 안전블록 등의 사용상황 등을 점검할 것

2 항타기 및 항발기

제207조(조립 · 해체 시 점검사항) ① 사업주는 항타기 또는 항발기를 조립하거나 해체하는 경우 다음 각 호의 사항을 준수해야 한다. 〈신설 2022.10.18.〉

1. 항타기 또는 항발기에 사용하는 권상기에 쐐기장치 또는 역회전방지용 브레이크를

부착할 것

2. 항타기 또는 항발기의 권상기가 들리거나 미끄러지거나 흔들리지 않도록 설치할 것
3. 그 밖에 조립 · 해체에 필요한 사항은 제조사에서 정한 설치 · 해체작업 설명서에 따를 것

② 사업주는 항타기 또는 항발기를 조립하거나 해체하는 경우 다음 각 호의 사항을 점검해야 한다. 〈개정 2022.10.18.〉

1. 본체 연결부의 풀림 또는 손상의 유무
2. 권상용 와이어로프 · 드럼 및 도르래의 부착상태의 이상 유무
3. 권상장치의 브레이크 및 쐐기장치 기능의 이상 유무
4. 권상기의 설치상태의 이상 유무
5. 리더(leader)의 버팀 방법 및 고정상태의 이상 유무
6. 본체 · 부속장치 및 부속품의 강도가 적합한지 여부
7. 본체 · 부속장치 및 부속품에 심한 손상 · 마모 · 변형 또는 부식이 있는지 여부

[제목개정 2022.10.18.]

제209조(무너짐의 방지) 사업주는 동력을 사용하는 항타기 또는 항발기에 대하여 무너짐을 방지하기 위하여 다음 각 호의 사항을 준수해야 한다. 〈개정 2019.1.31., 2022.10.18., 2023.11.14.〉

1. 연약한 지반에 설치하는 경우에는 아웃트리거 · 받침 등 지지구조물의 침하를 방지하기 위하여 깔판 · 받침목 등을 사용할 것
2. 시설 또는 가설물 등에 설치하는 경우에는 그 내력을 확인하고 내력이 부족하면 그 내력을 보강할 것
3. 아웃트리거 · 받침 등 지지구조물이 미끄러질 우려가 있는 경우에는 말뚝 또는 쐐기 등을 사용하여 해당 지지구조물을 고정시킬 것
4. 궤도 또는 차로 이동하는 항타기 또는 항발기에 대해서는 불시에 이동하는 것을 방지하기 위하여 레일 클램프(rail clamp) 및 쐐기 등으로 고정시킬 것
5. 상단 부분은 버팀대 · 버팀줄로 고정하여 안정시키고, 그 하단 부분은 견고한 버팀 · 말뚝 또는 철골 등으로 고정시킬 것

제210조(이음매가 있는 권상용 와이어로프의 사용 금지) 사업주는 항타기 또는 항발기의 권상용 와이어로프로 제63조제1항제1호 각 목에 해당하는 것을 사용해서는 안 된다. 〈개정 2021.5.28., 2022.10.18.〉

제211조(권상용 와이어로프의 안전계수) 사업주는 항타기 또는 항발기의 권상용 와이어로프의 안전계수가 5 이상이 아니면 이를 사용해서는 아니 된다.

제212조(권상용 와이어로프의 길이 등) 사업주는 항타기 또는 항발기에 권상용 와이어로프를 사용하는 경우에 다음 각 호의 사항을 준수해야 한다. 〈개정 2022.10.18.〉

1. 권상용 와이어로프는 추 또는 해머가 최저의 위치에 있을 때 또는 널말뚝을 빼내기 시작할 때를 기준으로 권상장치의 드럼에 적어도 2회 감기고 남을 수 있는 충분한 길이일 것
2. 권상용 와이어로프는 권상장치의 드럼에 클램프 · 클립 등을 사용하여 견고하게 고정할 것
3. 권상용 와이어로프에서 추 · 해머 등과의 연결은 클램프 · 클립 등을 사용하여 견고하게 할 것
4. 제2호 및 제3호의 클램프 · 클립 등은 한국산업표준 제품이거나 한국산업표준이 없는 제품의 경우에는 이에 준하는 규격을 갖춘 제품을 사용할 것

제213조(널말뚝 등과의 연결) 사업주는 항발기의 권상용 와이어로프 · 도르래 등은 충분한 강도가 있는 샤클 · 고정철물 등을 사용하여 말뚝 · 널말뚝 등과 연결시켜야 한다.

제216조(도르래의 부착 등) ① 사업주는 항타기나 항발기에 도르래나 도르래 뭉치를 부착하는 경우에는 부착부가 받는 하중에 의하여 파괴될 우려가 없는 브라켓 · 샤클 및 와이어로프 등으로 견고하게 부착하여야 한다.

② 사업주는 항타기 또는 항발기의 권상장치의 드럼축과 권상장치로부터 첫 번째 도르래의 축 간의 거리를 권상장치 드럼폭의 15배 이상으로 하여야 한다.

③ 제2항의 도르래는 권상장치의 드럼 중심을 지나야 하며 축과 수직면상에 있어야 한다.

④ 항타기나 항발기의 구조상 권상용 와이어로프가 꼬일 우려가 없는 경우에는 제2항과 제3항을 적용하지 아니한다.

제217조(사용 시의 조치 등) ① 사업주는 압축공기를 동력원으로 하는 항타기나 항발기를 사용하는 경우에는 다음 각 호의 사항을 준수하여야 한다. 〈개정 2022.10.18.〉

1. 해머의 운동에 의하여 공기호스와 해머의 접속부가 파손되거나 벗겨지는 것을 방지하기 위하여 그 접속부가 아닌 부위를 선정하여 공기호스를 해머에 고정시킬 것
2. 공기를 차단하는 장치를 해머의 운전자가 쉽게 조작할 수 있는 위치에 설치할 것

② 사업주는 항타기나 항발기의 권상장치의 드럼에 권상용 와이어로프가 꼬인 경우에는 와이어로프에 하중을 걸어서는 아니 된다.

③ 사업주는 항타기나 항발기의 권상장치에 하중을 건 상태로 정지하여 두는 경우에는 쐐기장치 또는 역회전방지용 브레이크를 사용하여 제동하는 등 확실하게 정지시켜 두어야 한다.

제218조(말뚝 등을 끌어 올릴 경우의 조치) ① 사업주는 항타기를 사용하여 말뚝 및 널말뚝 등을 끌어 올리는 경우에는 그 훅 부분이 드럼 또는 도르래의 바로 아래에 위치하도록 하여 끌어올려야 한다.

② 항타기에 체인블록 등의 장치를 부착하여 말뚝 또는 널말뚝 등을 끌어 올리는 경우에는 제1항을 준용한다.

제220조(항타기 등의 이동) 사업주는 두 개의 지주 등으로 지지하는 항타기 또는 항발기를 이동시키는 경우에는 이들 각 부위를 당김으로 인하여 항타기 또는 항발기가 넘어지는 것을 방지하기 위하여 반대 측에서 윈치로 장력와이어로프를 사용하여 확실히 제동하여야 한다.

제221조(가스배관 등의 손상 방지) 사업주는 항타기를 사용하여 작업할 때에 가스배관, 지중전선로 및 그 밖의 지하공작물의 손상으로 근로자가 위험에 처할 우려가 있는 경우에는 미리 작업장소에 가스배관·지중전선로 등이 있는지를 조사하여 이전 설치나 매달기 보호 등의 조치를 하여야 한다.

3 굴착기

제221조의2(충돌위험 방지조치) ① 사업주는 굴착기에 사람이 부딪히는 것을 방지하기 위해 후사경과 후방영상표시장치 등 굴착기를 운전하는 사람이 좌우 및 후방을 확인할 수 있는 장치를 굴착기에 갖춰야 한다.

② 사업주는 굴착기로 작업을 하기 전에 후사경과 후방영상표시장치 등의 부착상태와 작동 여부를 확인해야 한다. [본조신설 2022.10.18.]

제221조의3(좌석안전띠의 착용) ① 사업주는 굴착기를 운전하는 사람이 좌석안전띠를 착용하도록 해야 한다.

② 굴착기를 운전하는 사람은 좌석안전띠를 착용해야 한다. [본조신설 2022.10.18.]

제221조의4(잠금장치의 체결) 사업주는 굴착기 퀵커플러(quick coupler)에 버킷, 브레이커(breaker), 크램셸(clamshell) 등 작업장치(이하 "작업장치"라 한다)를 장착 또는 교환하는 경우에는 안전핀 등 잠금장치를 체결하고 이를 확인해야 한다. [본조신설 2022.10.18.]

제221조의5(인양작업 시 조치) ① 사업주는 다음 각 호의 사항을 모두 갖춘 굴착기의 경우에는 굴착기를 사용하여 화물 인양작업을 할 수 있다.

1. 굴착기의 퀵커플러 또는 작업장치에 달기구(훅, 걸쇠 등을 말한다)가 부착되어 있는 등 인양작업이 가능하도록 제작된 기계일 것
2. 굴착기 제조사에서 정한 정격하중이 확인되는 굴착기를 사용할 것
3. 달기구에 해지장치가 사용되는 등 작업 중 인양물의 낙하 우려가 없을 것

② 사업주는 굴착기를 사용하여 인양작업을 하는 경우에는 다음 각 호의 사항을 준수해야 한다.

1. 굴착기 제조사에서 정한 작업설명서에 따라 인양할 것
2. 사람을 지정하여 인양작업을 신호하게 할 것
3. 인양물과 근로자가 접촉할 우려가 있는 장소에 근로자의 출입을 금지시킬 것
4. 지반의 침하 우려가 없고 평평한 장소에서 작업할 것
5. 인양 대상 화물의 무게는 정격하중을 넘지 않을 것

③ 굴착기를 이용한 인양작업 시 와이어로프 등 달기구의 사용에 관해서는 제163조부터

제170조까지의 규정(제166조, 제167조 및 제169조에 따라 준용되는 경우를 포함한다)을 준용한다. 이 경우 “양중기” 또는 “크레인”은 “굴착기”로 본다. [본조신설 2022.10.18.]

7.4 건설지원장비(KCS 21 20 10 : 2022)

1 시공 일반사항

1) 작업계획

① 수급인은 건설장비를 가동하기 전에 해당 장비의 종류, 성능, 운행경로, 작업순서, 작업방법 등이 명기된 작업계획서를 작성하고, 산업안전보건기준에 관한 규칙(이하 안전보건규칙) 제35조에 따라 관리감독자가 동 작업계획서에 대한 검토업무를 수행하도록 하여야 한다.

② 수급인은 단기간 작업이라도 작업계획서를 작성하여야 하며 동일한 작업을 장기적으로 시행하는 경우에는 1회만 작성한다. 다만, 작업의 내용이 변경되는 경우에는 변경된 작업내용이 포함된 새로운 작업계획서를 작성하여야 한다.

③ 건설기계관리법 제3조에 따라 등록된 건설기계의 주요 구조나 원동기, 동력전달장치, 제동장치 등 주요 장치를 변경 또는 개조하고자 하는 때에는 건설기계관리법 제17조에 따르고, 같은 법 제13조제1항제3호 및 같은 법 시행규칙 제25조에 따른 구조변경검사를 받아야 한다.

2) 장비점검

① 수급인은 공사용 장비를 현장 내 반입하기 전에 관리감독자로 하여금 장비운용에 따른 유해 · 위험방지를 위해 필요한 사항을 점검표를 활용하여 점검하도록 하여야 하며, 운전자는 매일 작업시작 전에 안전점검을 실시하고 점검기록을 보관하여야 한다.

이때 운전자가 점검해야 할 내용은 다음과 같다.

가. 제동장치, 클러치 및 조종장치 기능의 이상 유무 확인

나. 하역장치 및 유압장치 기능 및 차륜의 이상 유무 확인

다. 전조등, 후미등, 방향지시기 및 경보장치 기능 이상유무 확인

라. 양중장비의 경우 와이어 로프, 슬링로프 등의 상태 확인

마. 해당 장비 안전장치의 정상작동 유무 및 좌석 안전띠 설치상태 확인

② 수급인은 건설장비 사용 중 정기적(월간 혹은 주간)으로 장비 안전점검표에 따라 점검을 실시하고 안전관리자는 그 점검결과를 확인하여야 한다.

2 작업계획서

① 중량물 양중계획서는 실무자가 작성하여야 하며 다음 사항을 준수한다.

가. 중량물 취급작업이 시작되기 전에 작성하여야 한다.

나. 중량물의 종류가 달라졌을 때 작성하여야 한다.

다. 작업경로가 변경되었을 때 작성하여야 한다.

라. 하역운반기계 등이 변경되었을 때 작성하여야 한다.

② 양중계획서에는 다음 내용을 확인할 수 있는 작업장 내 도면이 포함되어야 한다.

가. 장비 위치

나. 중량물 위치(시점, 종점) 및 운반경로

다. 작업지휘자, 신호수, 근로자 위치

라. 지장물 또는 장애물 위치

마. 출입 통제 구역

③ 중량물 취급 작업에 따른 추락 · 낙하 · 전도 · 협착 및 붕괴 등의 위험 요인을 확인하고 이에 대한 방지 대책 내용을 작성하여 작업계획서에 포함하여야 한다.

가. 중량물 인양 작업 시 위험요인 및 방지 대책

나. 중량물 운반 작업 시 위험요인 및 방지 대책

다. 중량물 하역 작업 시 위험요인 및 방지 대책

④ 경사면에서 중량물을 취급하는 경우에는 다음 내용을 작성하여 작업계획서에 포함하여야 한다.

가. 구름멈춤대, 쐐기 등을 이용한 중량물의 동요나 이동 조치 방안

나. 중량물이 구르는 방향인 경사면 아래로의 근로자 출입 제한 방안

3 근로자 탑승장비

1) 고소작업대

(1) 일반사항

① 고소작업대 · 고소작업차 근로자는 안전대, 안전모 등 보호구를 착용하여야 한다.

② 지정된 운전자만이 운전을 실시하고 지정되지 않은 근로자는 절대 운전하지 않아야 한다.

③ 지정된 운전자는 작업대로부터 이탈 시 전원 키를 소지하여야 하며 경사로 등이 아닌 지정된 위치에 정차하여야 한다.

④ 부득이하게 경사면에 주차 시에는 차량 앞면이 경사면 아래로 향하도록 고임목을 설치하여야 한다.

⑤ 적재하중을 초과하여 과적해서는 안 된다.

⑥ 고소작업대 · 고소작업차를 사용하여 작업 시에는 작업지휘자를 배치하고 작업구간 하부에는 근로자의 통행을 금지하도록 접근금지 조치를 실시하여야 한다.

⑦ 고압선 주변 및 강풍, 강우 등 악천후에는 옥외 작업을 중지하여야 한다.

⑧ 조작스위치 오작동을 방지하기 위해 오조작 방지용 가드가 설치되어야 한다.

⑨ 고소작업대 · 고소작업차를 인양 또는 양중용으로 사용하는 등 용도 외 사용을 금지하여야 한다.

(2) 차량탑재형 고소작업대 준수사항

① 작업장 주변의 위험한 지면, 물체, 건물 등에 주의하여 장비를 조작하여야 하며 사람이 근접하지 않도록 하여야 한다.

② 작동 전 장비에 대한 즉각적 교정이 요구되는 사항이 없는지 확인하여야 한다.

③ 운전자는 장비 용량의 한계를 숙지하여 허용 한계 내에서 작동하여야 한다.

④ 고소작업대는 안정기를 이용하여 장비가 항상 지면에 수평을 이루는 상태에서 작업을 수행하며 최대 허용 경사도가 초과되는 곳에서는 작업을 금지하여야 한다.

⑤ 작업 중인 작업대의 수평은 작업대 평면으로부터 ±5도 이상 변동되지 않아야 한다.

⑥ 고소작업대 내에서 작업 시 상부 근로자의 협착, 충돌재해를 예방하기 위한 방호가드를 설치하여야 한다.

⑦ 작업대는 추락방지를 위한 안전인증 성능 이상의 난간대가 설치되어 있어야 한다.

⑧ 붐 위를 걸어서 작업대에 들어가거나 작업대 안에서 나와 붐 위를 걸어 다녀서는 안되며 작업대 내에서 사다리를 사용하지 않아야 한다.

⑨ 근로자가 오르고 내릴 경우 작업대는 구조물에서 300 mm 이내에 있어야 한다.

⑩ 고소작업대 사용자에 대한 교육은 주기적으로 실시하며 특히 운전자에게는 실기교육을 실시하여야 한다.

⑪ 작업을 위한 공구 및 개인장비는 작업대 밖으로 돌출되지 않도록 하며, 자재 등이 조작장치에 접촉되지 않도록 사전 조치하여야 한다.

⑫ 도장작업 시 호스에 의한 걸림 현상이 발생하지 않도록 안전조치 후 작업에 착수하여야 한다.

⑬ 고소작업대의 신축붐을 이용하여 기계 또는 다른 물체를 당기거나 미는 행위를 하지 않아야 된다.

⑭ 붐이나 작업대를 다른 구조물을 지지하는 용도로 사용하지 않아야 한다.

⑮ 고소작업대의 붐은 근로자와 그들의 장비를 받쳐주는 용도 이외에는 사용하지 않아야 한다.

⑯ 고소작업대의 작업 중 전도를 방지하기 위하여 운행 전 고소작업대의 지지대가 견고한 지반에 지정되어 있는지 확인 후 작업을 수행하여야 한다.

(3) 고소작업대(차)는 다음의 안전장치가 정상적으로 작동되어야 한다.

① 자동안전장치 : 작업대가 최하부에서 상승하면 주행을 방지하기 위한 안전장치로 일부 고소작업대에 한하여 설치

② 과부하방지장치 : 적재하중의 120%를 초과하는 화물을 적재할 경우 경보음 및 경광등이 작동되며 작업대의 움직임을 정지시키는 안전장치
③ 비상안전장치 : 동력의 이상 및 근로자의 협착 등 조종이 불가하여 작업대의 하강이 불가능한 경우 외부에서 작업대를 강제 하강시키는 안전장치
④ 비상정지장치 : 비상시 동력을 차단하여 작업대의 승강을 정지시키는 안전장치
⑤ 모멘트감지장치 : 허용전도모멘트에 도달하였을 때 시각적인 경고신호를 주며 전도모멘트를 증가시키는 방향의 움직임을 제한하는 안전장치
⑥ 아웃트리거(outrigger) 고정장치 : 아웃트리거가 설치된 고소작업대의 작업대가 최하단에 위치하지 않을 경우 아웃트리거가 작동되지 않도록 하는 안전장치
⑦ 과상승방지장치 : 작업대의 과상승에 의한 협착, 끼임, 충돌 등을 방지하는 안전장치로 작업대 상부 600 mm 이상의 높이에 2개소 이상 설치

(4) 작업 중 안전장치 기능을 제거하거나 정상적인 작동에 방해되는 어떠한 행위도 하여서는 안되며 작업 중 안전장치 기능에 이상을 발견한 경우에는 즉시 작업을 중지하고 지체 없이 담당직원 및 안전관리자에게 통보하여야 한다.

(4) 안전사고 예방

① 추락 방지

가. 작업대를 상승한 경우에는 안전대 훅을 난간 등에 걸고 작업하여야 한다.

나. 작업대의 난간을 밟고 올라서거나 자재 등의 위에서 작업하지 않아야 한다. 부득이하게 상부 구조물 또는 천장으로 이동 시 추락에 주의하여야 한다.

다. 작업대 모든 면에는 안전난간을 설치하고 난간 위에서 작업을 금지하여야 한다.

라. 고소작업차의 경우 전도되어도 근로자가 추락하지 않도록 생명줄은 차량에 고정하지 않고 구조물에 설치해야 하며, 로립 등 추락방지장치를 사용해야 한다. 다만, 구조물에 추락방지장치를 부착할 수 없는 경우는 추락방지를 위한 별도의 대책을 수립하여야 한다.

② 낙하 방지

가. 난간대 높이 이상 자재를 적재하거나 난간대 위에 자재를 적재하지 않아야 한다.

나. 작업 시 사용하는 공도구는 낙하의 위험이 없도록 하여야 한다.

③ 전도 방지

가. 전도를 방지하기 위해 지반상태 및 수평도를 확인하고, 아웃트리거(outrigger)가 있는 경우 아웃트리거(outrigger)를 최대 확장하여야 한다. 고소작업차의 경우 아웃트리거(outrigger)의 사용시 타이어가 지면에서 뜨도록 하고 받침의 사용은 2단을 초과하지 않아야 한다.

나. 작업대를 상승시킨 상태에서 절대 주행하지 않는다.

다. 자재 등이 과적 및 편하중이 되도록 적재하지 않아야 한다.

라. 작업대에 케이블, 덕트 등의 자재를 고정하지 않아야 한다.

마. 주행경로는 사전에 확인하고 경사 및 개구부가 없도록 하여야 한다.

바. 개구부가 있는 경우 충분한 강도의 재질로 개구부를 막고 덮개를 고정시키며 개구부임을 알리는 표시를 하여야 한다.

④ 협착 방지

가. 과상승방지장치가 설치된 경우 작업 중에 상시 사용토록 하여야 한다.

나. 작업 전 상부에 협착의 위험이 없도록 하고 작업 중 비상정지버튼을 사용하여 불시작동을 방지하여야 한다.

다. 출입구, 통로 등의 이동 시 협착의 위험이 없도록 경로를 확인하여야 한다.

⑤ 충돌 방지

가. 차량 이동 시 근로자의 접근을 금지하고 경보음이 작동되어야 한다.

나. 차량 주행경로는 사전에 확인하고 충돌의 위험이 없도록 한다.

⑥ 화재 방지

가. 작업대 상부에서 용접 작업 시 용접용 보호구를 착용하여야 한다.

나. 작업대에 불꽃비산 방지포를 부착하고 하부에는 감시인을 배치하여야 한다.

다. 작업장소 및 작업대에는 소화기를 비치하여야 한다.

⑦ 정비 및 수리

가. 고소작업대 · 고소작업차의 수리, 부품의 교체 등의 정비는 전문가에 의해서 수행하여야 한다.

나. 이동이 가능한 고소작업대 · 고소작업차의 경우 현장 내 정비 및 보수를 금지한다. 다만, 부득이한 경우(반출 후 수리가 불가능한 경우)에는 사전 승인 후 관리감독

자 입회 하에 시행하여야 한다.

다. 고소작업대 · 고소작업차의 하중을 지지하는 부품을 정비 또는 교체 하였을 경우에는 하중 검사를 실시하여야 한다.

라. 고소작업대 · 고소작업차를 임의 구조변경 하거나 제조사의 규격에 맞지 않는 부품의 사용을 해서는 안 된다.

4 굴착기

1) 굴착기 사용 중 준수사항

① 굴착기에 운전자 이외의 근로자를 탑승시켜서는 안 된다.

② 화물차 등에 싣거나 내리는 작업은 평탄하고 견고한 장소에서 실시하여야 한다.

③ 각종 등화류는 정상적으로 작동되고 필요시 경광등을 부착하고, 후퇴등은 변속장치를 후퇴위치로 조작할 때 점등되고, 경보가 울려야 한다.

④ 후사경은 정상위치에 견고하게 설치되어 있어야 하며 후면에는 카메라, 협착방지봉(2개 이상), 작업반경 내 접근금지 표지를 부착하여야 한다.

⑤ 굴착기로 소자재 양중 시 제작사에서 양중 능력이 검토된 경우 매뉴얼의 양중 능력을 초과하지 않아야 하고 소자재를 제외한 양중 및 하역 목적으로 사용하여서는 안 된다.

⑥ 임의제작, 기종의 변경, 규격의 증가 및 규정된 용량을 초과하는 작업장치를 사용하여서는 안 된다.

⑦ 굴착작업에 의하여 지하 매설물 등의 파손이 우려가 있는 경우 사전 지장물 조사를 실시하고 매설물에 대한 방호조치 및 이설 등 필요한 조치를 하여야 한다.

⑧ 운전자가 작업을 중지한 경우 조종실의 안전레버를 작동시켜 오조작을 방지하고, 주종실을 이탈하는 경우 버킷, 디퍼 등의 장치를 가장 낮은 위치 또는 지면에 내려놓아야 한다.

⑨ 조종실 내부에는 긴급 시 탈출하기 위한 비상탈출용 망치, 화재 시 초기 진화를 위한 소화기와 수상작업 시 안전을 고려하여 구명조끼를 비치하여야 한다.

⑩ 엔진룸과 같은 장소에는 발화되기 쉬운 유류 및 오일류를 보관해서는 안 된다.

⑪ 현장 내 주행 시 제한속도를 준수하고 장거리 후방주행은 절대 금지하여야 한다.

⑫ 타이어는 갈라지거나 코드층이 노출될 정도의 손상이 없어야 하며, 무한궤도(track)는 이탈을 방지하기 위해 좌우가 균등하게 아이들러(idler)를 전·후진하여 장력 및 유격을 조정하여야 한다.

⑬ 가공선로 및 고압선 인근에서 작업 시 붐의 접촉을 방지하기 위하여 붐의 길이만큼 이격하고, 유도자의 지시에 따라 이동 및 작업을 하여야 한다.

2) 안전장치

굴착기는 다음의 안전장치가 정상적으로 작동되어야 한다. 다만, 국가의 인증·검사 기준에 해당 안전장치 부착 의무가 없으며 법에 의한 사용승인이 완료된 경우에는 제외한다.

① 조종실 안전레버 : 운전자 탑승 및 이탈 등 이동 시 조종레버 오조작에 의한 작업장치의 불시동작을 방지하는 장치

② 퀵 커플러 안전핀 : 유압 커플러 장치의 오작동으로 인한 버킷 등 작업장치의 낙하를 방지하기 위한 핀으로서 작업장치 교체 후 반드시 체결하여야 하며, 퀵 커플러의 버킷 잠금장치는 이중 잠금으로 하여야 함

③ 조종사 보호가드 : 운전석의 위쪽 또는 앞쪽에서 접근하는 물체로부터 운전을 보호하는 가드

④ 좌석안전띠 및 전도보호구조 : 운전자 이탈을 방지하는 좌석안전띠 및 전도 시 좌석안전띠를 착용한 상태의 조종사를 보호하기 위한 구조

⑤ 훅 해지장치 : 소자재 인양 등에 사용하는 훅에서 슬링로프·줄걸이 등이 이탈되는 것을 방지하기 위한 개폐장치

⑥ 후방 카메라 : 굴착기 후면에 설치되어 후진 시 근로자의 협착 및 충돌을 방지하는 장치

⑦ 후진경보장치 : 굴착기 후진 시 근로자의 협착·충돌 및 타 장비와의 충돌을 방지하기 위해 주변 근로자·운전자에게 경보를 울리는 장치

3) 안전사고 예방

(1) 낙하 방지

① 작업장치(attachment)의 고정 및 체결상태를 수시로 점검하여 사전 예방을 실시하여야 한다.
② 부득이하게 소자재를 양중 시 양중물이 낙하되지 않도록 점검하여야 한다.
③ 부석제거 등 낙반 등의 우려가 있는 경우 헤드가드를 설치하여야 한다.
④ 파쇄(브레이커) 작업 시 유리 등의 파손방지를 위해 안전망(metal lath) 등을 설치하여야 한다.

(2) 협착 · 충돌 방지

① 근로자와 충돌의 위험이 있는 장소에는 장비와 근로자의 동선을 구획하여 근로자의 출입을 금지하고, 부득이한 경우에는 유도자를 배치하여야 한다.
② 굴착기 운전자는 유도자가 유도하는 대로 따라야 한다.
③ 타이어식의 경우 경사면에서는 후진 주행을 금지하여야 한다.

(3) 전도 방지

① 굴착기가 전도되거나 굴러떨어짐으로써 근로자가 위험해질 우려가 있는 경우에는 유도자를 배치하여야 한다.
② 지반의 부동침하방지, 갓길의 붕괴방지 및 도로 폭 유지 등 필요한 조치를 하여야 한다.
③ 이송을 위해 발판 및 가설대를 사용하는 경우 충분한 폭 및 강도와 적당한 경사를 확보하여야 한다.

(4) 정비 및 수리

① 굴착기의 수리, 부품의 교체 등의 정비는 굴착기 전문가에 의해서 수행하여야 한다.
② 이동이 가능한 굴착기의 경우 현장 내 정비 및 보수를 금지한다. 다만, 반출 후 수리가 불가능한 경우에는 사전 승인 후 관리감독자 입회 하에 시행하여야 한다.
③ 나항의 작업을 수행함에 있어 붐 · 암 등을 올리고 수리 · 점검작업을 하여야 하는 경우 안전지주 또는 안전블럭을 사용하여야 한다.

Chapter | 08

철근콘크리트 공사 안전

철근콘크리트 공사는 건설 구조물의 주요 구조부를 철근과 콘크리트 재료를 사용하여 구축하는 것으로서, 구조부의 형상을 만드는 거푸집을 설치하고 거푸집 내부에 철근을 배근하며 이후 콘크리트를 타설해 경화시킴으로써 구조물이 안정되도록 하는 작업을 말한다.

철근콘크리트 구조물은 건설 구조물의 기초, 기둥, 벽체, 계단, 슬래브 등으로 구성되며 특히 슬래브의 콘크리트를 타설하기 위해서는 수평으로 거푸집을 설치하고 거푸집 하부에 동바리를 설치하여 이를 지지하며, 거푸집 위에 철근을 배근하고 콘크리트를 타설하게 되는데 이때 동바리 설치 불량 등으로 슬래브 콘크리트 타설 시 무너짐재해가 발생해 많은 인명 피해가 발생하고 TV 등 주요 매스컴에서 건설 재해의 문제점에 대한 이슈가 되기도 한다. 따라서 이를 예방하기 위해서는 사전에 작업계획을 철저하게 수립하고 동바리 구조를 검토 및 조립도를 작성하여 사전계획에 따라 안전하게 시공하는 것이 중요하다.

8.1 거푸집공사

1 거푸집공사 개요

거푸집이란 콘크리트 구조물의 가설 틀로써 콘크리트가 굳지 않은 상태, 즉 콘크리트가 불안정한 시기부터 콘크리트가 강도를 발현하여 자립할 시기까지 굳지 않은 콘크리트를 지지하는 가설 구조물을 말하는 것으로써, 콘크리트를 일정한 형상과 치수로 유지시켜 주며 경화에 필요한 수분의 누출을 방지하고 외기의 영향을 차단하여 콘크리트가 적절하게 양생이 되도록 하는 등의 역할을 하는 가설구조물이다.

거푸집은 이와 같이 가설구조물이지만, 거푸집 자체의 하중과 굳지 않은 콘크리트의 무게, 작업 시의 재료, 장비, 인력 등에 의한 적재하중에 견딜 수 있도록 튼튼하고 안전해야 한다.

콘크리트 공사 중 발생하는 안전사고는 그 대부분이 콘크리트 타설 중에 일어나며 거푸집 시공 불량으로 인한 것이다. 이러한 거푸집 붕괴 사고는 대형 사고로 연결되어 인적, 물적 피해와 더불어 공사기간 지연을 초래하게 된다. 더욱이, 거푸집공사는 가설 비계, 가설 발판 등을 주로 사용하게 되어 안전사고의 발생 가능성이 매우 높고 거푸집 자체가 중량물이므로 안전에 취약할 수밖에 없다. 따라서 거푸집은 콘크리트의 자중, 측압 등 고정하중뿐만 아니라 작업 중 작업자의 이동, 각종 소요 자재 등의 적재 등에도 안전하도록 구조적으로 검토되고 철저하게 확인이 되어야 한다.

2 거푸집의 종류

1) 철재 패널폼

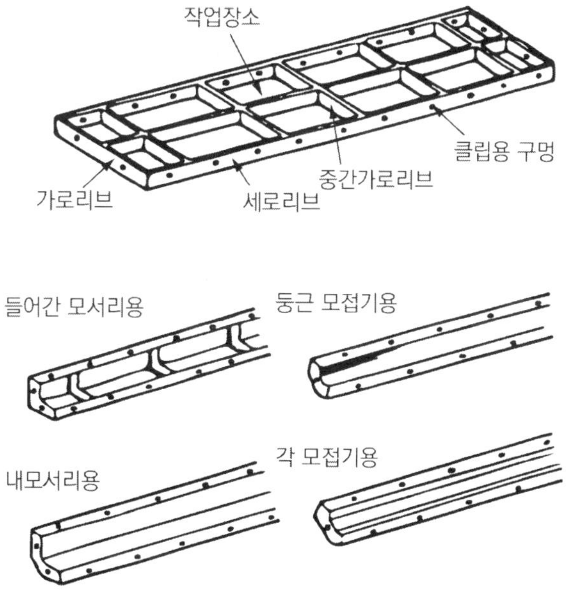

철재 패널폼의 형상

(1) 개요

가장 초보적인 단계의 시스템 거푸집으로서 상품명을 따라 일명 “유로폼”이라고도 한다. 패널폼은 원래 모듈식 거푸집(modular form)이라고 하여 건물의 평면 형상이 규격화되어 표준타입의 거푸집을 변형시키지 않고 조립함으로써, 현장 제작에 소요되는 인력을 줄여 생산성을 향상시키고 자재의 전용 횟수는 증대시키는 것을 목적으로 개발된 것이다.

(2) 특성

① 제작 방법 : 공장 제작하여 일정 횟수 사용 후 합판 교체 및 프레임 교정 등 보수 작업은 현장에서도 가능하다.

② 경제적 전용 횟수 : 패널폼은 최초 구매 후 약 60회 정도 사용이 가능하나 15회 정도 사용한 후에는 합판 교체, 프레임 교정 및 도장을 하여야 한다. 패널폼은 신품 구매하여 10회 이상만 합판 교체 없이 사용하면 일반 합판 거푸집 3회용보다 거푸집 손료가 낮아지는데 국내의 경우, 아파트의 층수는 대부분 15층 내외이고 공사 도중 합판 교체를 거의 하지 않는 것으로 보면 아파트 공사에는 매우 경제적인 거푸집 공법이라 할 수 있다.

③ 장단점

장점	단점
• 일반 합판 거푸집에 비하여 시공상의 정밀도가 높다 • 타 거푸집 시스템과의 조합이 쉽다. • 장비가 불필요하다. • 초기 투자비가 적고 거푸집 손료가 싸므로 경제적이다. • 아파트, 사무실 등 거의 모든 구조물에 적용 가능하다.	• 부재의 크기가 작고 해체, 조립을 반복하므로 인력 소모가 많다. • 부재 조립, 해체, 운반을 인력에 의존하므로 시공 속도가 늦고 인력 수급 상황에 민감하다. • 곡면 시공이 어렵다. • 거푸집 이음 부위가 많아 시멘트 페이스트의 누출이 많고, 이음 부위 면 처리 비용이 많이 든다. • 높은 측압에는 약하다. • 시공 품질이 작업자의 기능도와 작업 성실도에 크게 좌우된다.

④ 적용대상 : 패널폼은 거의 모든 구조물에 적용 가능한 거푸집 시스템으로서 그 적용 범위는 매우 넓다. 그러나 패널폼은 인력 소모가 많고 안전성이 떨어져 최근에는 점차 그 사용이 줄고 보다 나은 시스템 거푸집을 사용하는 경향이 있다. 가장 많이 적용되는 구조물로서는 역시 아파트를 들 수 있는데 아파트의 구조가 비교적 모듈화 되어 있고 반복되는 모듈의 수가 많아 경제적인 전용이 가능하기 때문이다.

⑤ 공정 : 아파트 기준으로 층당 8~10일이 소요된다.

⑥ 사용 장비 : 원칙적으로 장비는 필요 없으나 줄기초나 외벽 등에 대형화하여 사용할

때는 크레인을 사용하기도 한다.

⑥ 시공 시 유의 사항

가. 설치 시 유의 사항

- 패널은 사용하기 전에 불순물을 제거하고 표면에 박리제를 발라야 한다.
- 패널간에는 웨지핀(wedge pin)을 300 mm 이하의 간격으로 설치한다.
- 플랫타이는 가로, 세로 600 mm 이하의 간격으로 하여 웨지핀으로 단단히 고정시키고, 최하단은 밑에서 300 mm 이하로 설치한다.
- 보강용 파이프는 패널이 한 장 높이일 때는 2단, 두 장 높이일 때는 3단 이상으로 하고 수직재는 1,800 mm의 간격 이하로 설치한다.
- 파이프 후크(pipe hook)는 수직용, 수평용 모두 채워야 하고 그 간격은 600 mm 이하로 한다.
- 벽체 지지용 빗동바리는 1,800 mm 이하의 간격으로 설치하고 고임 위치는 패널 높이의 2/3 되는 지점으로 한다.

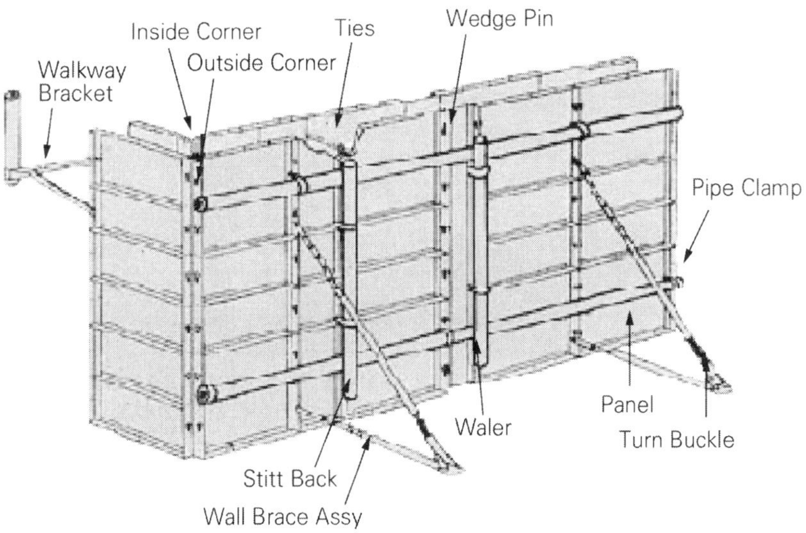

철재 패널폼의 구성 개요도

나. 해체 시 유의 사항

- 벽체 거푸집의 탈형은 콘크리트가 소요강도 이상임을 확인한 후 실시한다.

- 직각으로 만나는 벽체가 있는 부분의 거푸집은 중앙부에서 모서리 쪽으로 해체한다.
- 패널 해체 시에는 구조물에 진동, 충격 등이 발생하지 않도록 한다.
- 패널은 무리하게 제거하거나 던지면 손상이 발생하므로 주의를 요한다.
- 해체 후 부품의 수거 및 관리를 철저히 한다.

2) 갱 폼(gang form)

(1) 개요

사용할 때마다 작은 부재의 조집, 분해를 반복하지 않고 대형화, 단순화하여 한 번에 설치하고 해체하는 거푸집 시스템을 말한다. 원래 갱 폼이라고 하는 것은 넓은 의미에서는 대형화한 모든 거푸집을 의미하지만 시스템 거푸집을 분류할 때는 벽체용 거푸집만을 뜻한다.

아파트 공사 갱 폼의 예

(2) 특성

① 제작 방법 : 현장 제작, 공장 제작 모두 가능하나 근거리 운반시에는 공장 제작, 원거리 운반 시에는 현장 제작한다.

② 전용 횟수 : 경제적인 전용 횟수는 30~40회 정도이므로 15층 이상의 아파트에서 층당 0.5벌로 전용하면 경제적으로 사용할 수 있다.

③ 중량 : 1 m^2 당 50~100 kg 내외

④ 사용장비 : 타워 크레인 또는 모빌 크레인(저층)

⑤ 장단점

장점	단점
• 조립, 분해가 생략되고 설치와 탈형만 하므로 인력 절감 • 콘크리트 이음부위(joint) 감소로 마감 단순화 및 비용 절감 • 기능공의 기능도에 크게 좌우되지 않는다. • 1개 현장 사용 후 합판 교체하여 재사용 가능	• 장비 필요 • 초기 투자비 과다 • 거푸집 조립 시간 필요 • 기능공의 교육 및 숙달 기간 필요

(3) 적용

갱 폼은 고층 아파트, 콘도미니엄, 병원, 사무소 등 대부분의 건축 구조물에 적용이 가능하나 그중에서도 벽식 구조의 건물이 적용 효과가 매우 크며, 수직적 또는 수평적으로 동일 모듈이 15개 정도 이상이면 적용이 가능하다.

3) 플라잉 폼(flying form)

(1) 개요

바닥에 콘크리트를 타설하기 위한 거푸집으로서 거푸집널, 장선, 멍에, 동바리 등을 일체로 제작하여 부재화한 거푸집인데 테이블처럼 생겼다고 하여 일명 “테이블 폼(table form)”이라고도 한다.

(2) 특성

① 제작 방법 : 이 시스템도 갱 폼과 마찬가지로 현장 제작을 원칙으로 하되, 운반거리가 근거리인 경우에는 제작해서 현장으로 운반하기도 한다.

② 전용 횟수 : 경제적인 전용 횟수는 30~40회 이상이며 보통 갱 폼과 조합되어 사용되므로 갱 폼과 같은 전용 횟수를 기대할 수 있다.

③ 중량 : 1 m^2 당 50 kg 내외

④ 사용 장비 : 타워크레인 또는 모빌 크레인

⑤ 장단점

장점	단점
• 조립, 분해가 생략되므로 설치시간이 단축된다. • 거푸집의 처짐량이 적다. • 기능공의 기능도에 크게 좌우되지 않는다. • 합판을 제외한 주요 부재의 재사용이 가능하다. • 인력이 절감된다.	• 장비가 필요하다. • 초기 투자비가 크다.

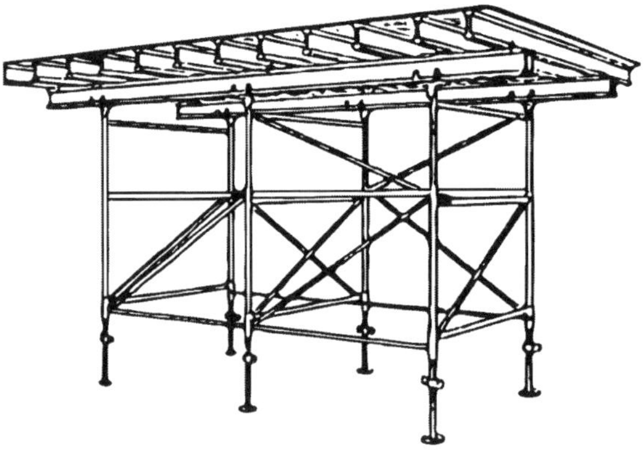

플라잉 폼

(3) 적용

이 시스템은 수직적인 반복 모듈을 가진 구조물뿐만 아니라 수평적인 반복 모듈을 가진 구조물에도 적용 효과가 크기 때문에 아파트, 호텔, 병원 등의 건축물뿐만 아니라 초고층 철근콘크리트 건물 또는 지하 주차장과 같은 지하 구조물에도 적용된다. 지하층의 면적이 아주 넓은 경우에는 소량의 거푸집만으로도 반복적이고 순환적(cycle 공정)인 작업이 가능하기 때문에 적용 효과가 크다 하겠다.

4) 클라이밍 폼(climbing form)

(1) 개요

① 벽체용 거푸집으로서 거푸집과 벽체 마감 공사를 위한 비계틀을 일체로 조립하여 한

꺼번에 인양시켜 거푸집을 설치하는 공법인데, 간단하게 표현하면 앞에서 소개한 갱 폼에 거푸집 설치를 위한 비계틀과 기 타설된 콘크리트의 마감 작업용 비계를 일체로 제작한 거푸집이라 할 수 있다.

② 클라이밍 폼 시스템에는 외벽용 외에도 엘리베이터 샤프트, 배관 샤프트 등 슬래브 없이 벽체로만 연속되는 부분에 사용하는 샤프트 플랫폼(shaft platform) 시스템이 포함되는데, 형태는 상이하지만 거푸집과 작업대를 한 단위체로 조립하였다는 점에서는 같다고 할 수 있다. 이것은 안전성이 매우 높아 안전 작업대로 사용되기도 하는데 특히 엘리베이터 샤프트에서의 안전 작업이 매우 효과적이다.

③ 근래에 건축물이 고층화, 대형화되고 있고 초고층 건축물을 콘크리트를 이용한 튜부식 구조(tubular system : 외벽을 막의 형태로 강성을 가지게 하여 작은 단면으로도 초고층화가 가능한 구조 시스템)로 시공하는 경향이 늘어나면서 클라이밍 폼 시스템은 그 필요성이 증대되고 있다.

클라이밍 폼

(2) 특성

① 제작 방법 : 클라이밍 시스템을 분해 상태로 현장에 운반하여 공정 진척에 따라 조립한다.

② 전용 횟수 : 거푸집을 제외한 클라이밍 시스템의 전용 횟수는 80~100회 정도가 경제

적이나 1개 현장 사용 후 분해하여 콘크리트 제거, 기름칠, 방청 도장 등을 실시하여야 오래 사용할 수 있다.

③ 중량 : 거푸집을 제외한 클라이밍 시스템(브래킷 2조)의 무게는 폭 3.0 m × 높이 3.5 m 거푸집 기준으로 약 700 kg이다.

④ 장 · 단점

장점	단점
• 거푸집 작업 및 마감 작업을 위한 비계틀이 일체로 제작되어 있으므로 비계 설치가 필요없다. • 고소 작업 시 안전성이 높다. • 거푸집 해체 시 콘크리트에 미치는 충격이 적다. • 장비를 이용하여 설치, 해체하므로 인력이 절감되고 시공 속도가 빠르다. • 콘크리트 면의 품질이 양호하다.	• 초기 투자비가 많다.

(3) 적용

클라이밍 폼은 수직적으로 반복되거나 높이가 높은 건축물 또는 구조물에 적용된다.

5) 터널 폼(tunnel form)

(1) 개요

① 터널 폼이란 벽식 철근 콘크리트 구조를 시공할 때 벽과 바닥의 콘크리트 타설을 한 번에 가능하게 하기 위하여, 벽체용 거푸집과 슬래브 거푸집을 일체로 제작하여 한 번에 설치하고 해체할 수 있도록 한 거푸집이다.

② 거푸집 제작을 위한 주요 부재의 재질은 보통 철재를 사용하고, 거푸집 시공방식은 소량의 거푸집으로 존치 기간을 최소로 단축하여(강제 양생의 경우는 12시간도 가능) 거푸집을 이동시킨다.

③ 이러한 방식은 PC 제작과 견주어 생각할 수 있는데 PC 공법이 PC 몰드는 정지되어 있고 PC 생산품(Module)이 움직여 시공 장소에서 생산하며 탈형 후에도 PC 몰드(터널 폼)가 움직여 다음의 PC 생산 장소로 움직인다고 생각할 수도 있는 것이다.

④ 벽식 구조물에 사용되는 터널 폼 외에 토목공사에서는 원형 터널 또는 배수 암거 등

에 적용하기도 하는데, 골조는 철재를 이용하고 거푸집널은 합판을 사용하여 제작하며 박스 칼버트 터널 폼(box culvert tunnel form)이라고 한다.

터널 폼

(2) 특성

① 제작 : 터널 폼은 패널 단위로 공장에서 제작하여 운반상의 편의를 위하여 운반 거리가 단거리일 때는 반조립 상태로, 장거리일 때는 완전 해체 상태로 운반하고 사용 현장에서 조립한다.

② 전용 횟수 및 보관 방법 : 터널 폼의 경제적인 전용 횟수는 100회 정도이나 1개 현장 사용 후에는 콘크리트 제거 및 기름칠을 실시하고 필요하다면 녹막이 도장을 해야 한다. 녹막이를 위하여 폐유를 사용하는 경우도 있으나 폐류는 콘크리트 표면 강도를 저하시키므로 가급적 피하는 것이 좋다.

③ 중량 : 터널 폼의 중량은 벽체의 측압, 바닥 콘크리트의 두께 등에 따라 달라지겠지만 일반적인 벽식 철근콘크리트의 경우에는 1 m^2 당 50~80 kg 정도이다.

3 거푸집 조립작업 위험요인

1) 거푸집 조립 작업순서

(1) 작업순서

❶ 자재 반입 · 가공 · 운반 → ❷ 거푸집 동바리 조립 → ❸ 거푸집 동바리 해체 → ❹ 거푸집 동바리 인양

(2) 주요 작업 및 안전조치 사항

1. 자재 반입 · 가공 · 운반

① 줄걸이 인양용 훅에 해지장치 설치

② 인양용 로프는 견고한 것 사용

③ 와이어로프는 손상되거나 변형이 없는 것 사용

④ 카고크레인 붐대는 물체를 안전하게 인양하기에 충분히 견고한지 사전점검 및 인양하중 조견표 확인

⑤ 카고크레인의 기계장치 및 유압장치의 이상 유무 점검

⑥ 카고크레인 운전원의 자격 유무는 작업 전 확인

⑦ 인양 자재는 2줄걸이로 결속하고 수평 유지

⑧ 목재 가공용 둥근 톱에는 톱날 접촉 방지용 덮개 설치

⑨ 목재 가공용 둥근 톱에는 누전차단기와 접지선 연결 사용

⑩ 근로자는 안전모 등 개인보호구 착용

⑪ 관리감독자를 배치하여 안전하게 작업 지시

⑫ 거푸집 자재 적재는 무너짐 위험이 없도록 균형 유지

2. 거푸집 동바리 조립

① 작업자는 안전대 고리를 안전대 부착설비에 체결하고 작업실시

② 거푸집 동바리는 2단으로 설치 금지

③ 거푸집 설치작업 중 보 상부, 슬래브 단부 등 떨어짐 위험 부위에 안전대 부착설비

설치

④ 거푸집 동바리는 구조검토 및 조립도에 따라 설치 간격 준수

⑤ 동바리 높이 조절용 핀은 전용핀 사용

⑥ 거푸집 동바리 재료는 안전인증품 사용

⑦ 작업자는 안전모, 안전대 등 개인보호구 착용 철저

⑧ 동바리 높이 3.5 m 이상인 경우 수평연결재를 두 방향으로 2 m 이내마다 설치

⑨ 거푸집 동바리는 넘어짐 또는 이동되지 않도록 상·하부 고정

⑩ 거푸집 자재 인양 시 훅 해지장치를 설치해 로프가 탈락되지 않도록 조치

⑪ 거푸집 동바리 연결부는 전용 클램프로 고정

⑫ 가조립된 슬래브판 보거푸집 등은 연결부가 탈락되지 않도록 고정

3. 거푸집 동바리 해체

① 해체작업 중 바닥 개구부 등 떨어짐 위험 장소에 방호조치 실시

② 거푸집 해체 중 불안전하게 매달린 자재는 사전 제거

③ 거푸집 동바리 해체 시 안전작업 절차 준수

④ 거푸집 동바리 해체작업자는 안전모 등 개인보호구 착용

⑤ 벽체 또는 천장에서 거푸집을 떼어내기 위해 무리한 동작 금지

⑥ 거푸집 해체 시 거푸집 자재는 설치순서 역순으로 단계별 해체

⑦ 해체된 자재는 무너지지 않도록 적정 높이로 균형 있게 적재

⑧ 해체된 자재는 걸려 넘어지지 않도록 일정한 장소에 정리·정돈

⑨ 높은 장소의 거푸집 해체 시 비계를 설치하고 작업발판에 안전난간대 설치

4. 거푸집 동바리 인양

① 근로자는 안전모, 안전화 등 개인보호구 착용 후 작업

② 클램프 등 소형 부속자재는 달포대나 인양박스 사용하여 양중

③ 길이가 긴 자재는 2줄걸이로 견고하게 결속하고 수평으로 인양

④ 인양용 보조로프는 손상·부식되지 않고 견고한 것 사용

⑤ 양중기로 자재 인양 시 훅에 해지장치를 설치하여 사용

⑥ 자재는 인양 후 정해진 장소에 안전하게 적재

⑦ 엘리베이터 피트 등을 통해 자재를 상부층으로 인력 인양 시
⑧ 작업발판 견고하게 설치
⑨ 개구부는 자재를 인양하고 즉시 덮도록 조치
⑩ 적재된 자재는 무너지거나 굴러 내리지 않도록 조치

2) 갱 폼 작업

(1) 개요

갱 폼이란 대형 패널폼 에 작업용 비계 및 작업발판을 일체화해서 거푸집 설치와 해체를 용이하게 한 시스템 폼으로 일반적으로 크레인을 사용하여 인양 및 해체작업을 한다. 갱 폼 작업 시에는 크레인으로 결속하지 않은 상태에서 갱 폼을 인양하고 해체하던 중 갱 폼 떨어짐, 갱 폼 위에서 근로자가 이동 중 안전난간 미설치로 인해 단부로 떨어짐 등의 재해가 발생된다.

(2) 작업순서

❶ 갱폼 자재 반입 → ❷ 갱폼 조립 → ❸ 갱폼 인양 · 설치 → ❹ 갱폼 해체 · 반출

(3) 주요 작업별 위험요인

1. 갱 폼 자재 반입
① 인양로프는 손상 또는 부식되지 않은 것 사용
② 양중기의 훅에는 해지장치 설치
③ 근로자가 무리하게 차량 상부에 올라가서 작업하지 않도록 조치
④ 운반차량은 신호수에 의해 안전하게 유도
⑤ 자재 반입 장소는 평탄하고 견고한 장소에 마련
⑥ 자재 인양 시 탈락되지 않도록 견고하게 결속
⑦ 근로자는 안전모 등 개인보호구 착용 후 작업실시

⑧ 반입된 자재는 정해진 장소에 안전하게 적재

2. 갱 폼 조립

① 조립된 갱 폼을 이동식 크레인으로 정리 · 정돈 시 관리감독자에 의해 지휘감독 실시

② 조립된 갱 폼을 타워크레인으로 인양하여 정리 시 주변과 부딪침 위험요인 사전 파악

③ 갱 폼 조립작업 중 걸려 넘어질 유해 · 위험요인 사전 제거

④ 넘어짐 방지조치를 한 사다리 설치 · 사용

⑤ 갱 폼 프레임에 근로자가 무리하게 올라서서 조립작업을 하지 않도록 조치

⑥ 고소작업 시 이동식비계 등을 설치하여 작업실시

⑦ 갱 폼 면에 박리재 도포 시 미끄럼 방지조치 실시

3. 갱 폼 인양 · 설치

① 근로자가 갱 폼 밖으로 프레임을 밟고 이동하지 않도록 조치

② 갱 폼과 건물 벽체 사이로 떨어지지 않도록 안전난간 설치 및 안전대 착용 후 작업 실시

③ 갱 폼 작업발판 위에는 떨어짐 위험물 방치 금지

④ 갱 폼 볼트를 체결하기 전에 타워크레인으로 갱 폼 체결

⑤ 갱 폼 인양로프는 2개소에 결속하여 갱 폼을 수직으로 인양

⑥ 양중기 훅에는 해지장치 부착

⑦ 근로자는 안전모, 안전화 등 개인보호구 착용

⑧ 갱 폼 작업발판에 미끄러지거나 넘어질 위험요인 사전 제거

⑨ 인양용 로프는 손상 · 부식되지 않은 견고한 것 사용

⑩ 인양용 고리는 탈락되지 않도록 견고하게 설치

4. 갱 폼 해체 · 반출

① 갱 폼 해체작업 중 갱 폼과 벽체 사이로 떨어지지 않도록 안전난간 설치 및 안전대 착용 후 작업 실시

② 갱 폼 위에는 해체 전 떨어짐 위험물 사전 제거
③ 갱 폼 해체 시 해체작업장소 하부에는 출입 통제조치 실시
④ 갱 폼 외부로 근로자가 나오는 등 불안전한 행동을 하지 않도록 조치
⑤ 타워크레인으로 갱 폼을 체결한 후 갱 폼 체결볼트를 해체
⑥ 인양용 훅에는 해지장치 설치
⑦ 근로자는 안전모, 안전대 등 개인보호구 착용
⑧ 관리감독자를 배치하여 작업 지휘감독
⑨ 보조로프는 손상·변형·부식된 것 사용 금지
⑩ 갱 폼은 2줄걸이로 체결하여 수직으로 인양

8.2 철근공사

1 철근공사 특성

1) 철근공사 개요

철근콘크리트 공사는 건물의 뼈대를 축조하는 것으로서 건설공사의 핵심을 이루며 안전사고의 발생빈도가 높은 공정 중의 하나이다.

2) 재료

철근은 KS D 3504(철근콘크리트용 봉강)의 규격으로 정한 것에 의한다. 지름은 9~32 mm의 것이 일반적이나 최근에는 더 굵은 지름의 것이 생산된다. 철근공사로 중요한 것은 거푸집공사, 콘크리트 공사와의 상관관계를 가지고 삼위일체가 되어 실시된다. 이 방법은 시공계획에 준하여 시공도를 작성하여 재료를 발주하여 가공 및 조립한다.

3) 시공도

구조 설계도에 준하여 배근, 가공이 정확하게 실시되고 사용 재료의 구분 및 색출에 가능한 시공도를 작성한다. 일반적으로 부재별로 분류하고 이음 부분의 길이 축 부분의 길이, 정착 부분의 길이를 규정대로 구하고 정척물의 사용을 많이 한다.

4) 철근 최소 피복 두께

(1) 프리스트레스(PSC) 하지 않는 부재의 현장치기 콘크리트

① 수중에서 치는 콘크리트 : 100 mm

② 흙에 접하여 콘크리트를 친 후 영구히 흙에 묻혀 있는 콘크리트 : 75 mm

③ 흙에 접하거나 옥외의 공기에 직접 노출되는 콘크리트

가. D19 이상의 철근 : 50 mm

나. D16 이하의 철근, 지름 16 mm 이하의 철선 : 40 mm

④ 옥외의 공기나 흙에 직접 접하지 않는 콘크리트

가. 슬래브, 벽체, 장선

(가) D35 초과하는 철근 : 40 mm

(나) D35 이하인 철근 : 20 mm

나. 보, 기둥 : 40 mm

콘크리트의 설계기준압축강도 f_{ck}가 40 MPa 이상인 경우 규정된 값에서 10 mm 저감시킬 수 있다.

다. 쉘, 절판부재 : 20 mm

(2) 프리스트레스(PSC) 하는 부재의 현장치기 콘크리트

① 흙에 접하여 콘크리트를 친 후 영구히 흙에 묻혀 있는 콘크리트 : 75 mm

② 흙에 접하거나 옥외의 공기에 직접 노출되는 콘크리트

가. 벽체, 슬래브, 장선구조 : 30 mm

나. 기타 부재 : 40 mm

③ 옥외의 공기나 흙에 직접 접하지 않는 콘크리트

가. 슬래브, 벽체, 장선 : 20 mm

나. 보, 기둥

(가) 주철근 : 40 mm

(나) 띠철근, 스터럽, 나선철근 : 30 mm

다. 쉘, 절판부재

(가) D19 이상의 철근 : d_b

(나) D16 이하의 철근, 지름 16 mm 이하의 철선 : 10 mm

5) 철근 운반

(1) 인력 운반

① 긴 철근은 2인이 1조가 되어 어깨메기로 하여 운반하는 등 안전성을 도모한다.

② 긴 철근을 부득이 한 사람이 운반할 때는 한쪽을 어깨에 메고 한쪽 끝을 땅에 끌면서 운반한다.

③ 운반 시에는 항상 양끝을 묶어 운반한다.

④ 1회 운반 시 1인당 무게는 25 kg 정도가 적절하며 무리한 운반은 삼가야 한다.

⑤ 공동 작업 시는 신호에 따라 작업을 행한다.

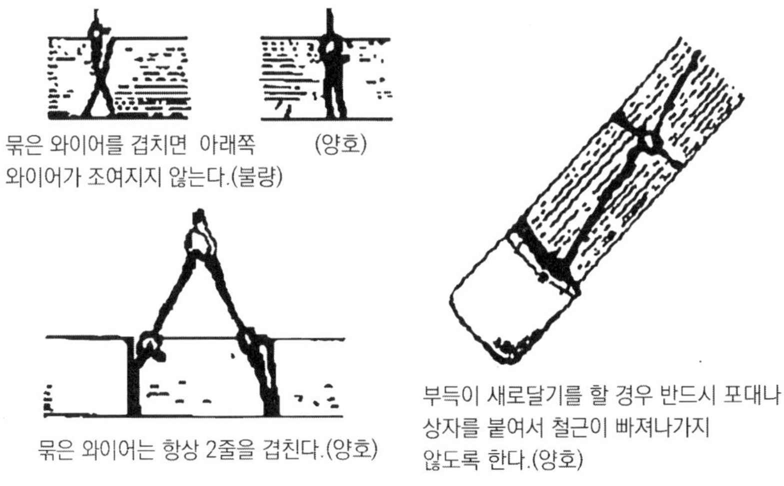

➋ 묶은 와이어의 걸치기 예

(2) 기계 운반

① 달아 올릴 때는 로프와 기구의 허용하중을 검토하여 과다한 권양을 삼가야 한다.
② 비계나 비계다리, 거푸집 등에 다량의 철근을 걸쳐놓거나 얹어놓아서는 안 된다.
③ 달아 올리거나 내릴 때는 작업 책임자를 배치하여, 수신호 또는 표준신호방법에 의하여 시행한다.
④ 권양기 운전자는 숙련자가 한다.

6) 철근의 종류

철근 콘크리트 공사에 사용하는 철근의 종류는 원형 철근, 이형 철근, 철선, 피아노선, 용접 철망 등이 있으며, 철근은 원형 철근과 이형 철근으로 대별할 수 있다. 이형 철근은 마디와 리브(rib)가 붙어 있어서 콘크리트와의 부착을 좋게 한다.

7) 철근의 인양 방법

(1) 이음 방법

① 두 군데를 묶어 인양한다.
② 매다는 각도는 60도 이내로 한다.
③ 와이어로프의 미끄럼을 방지한다.
④ 후크는 해지 장치가 있는 것을 사용한다.
⑤ 철근의 중량과 중심을 확인한다.
⑥ 철근을 세워 올릴 때는 포대나 상자를 이용하여 철근이 빠지지 않도록 한다.

(2) 인양 방법

① 운전자와 신호수 사이에는 신호 방법을 충분히 협의해 둔다.
② 체결 작업이 끝나면 작업자는 안전한 장소로 대피한다.
③ 신호자의 인양 신호에 의하여 인양한다.
④ 인양 중에 짐이 흔들리거나 장해물에 걸렸을 때는 즉시 운전을 중지시킨다.

⑤ 인양 자재를 필요장소에 적치할 때 적당한 위치에서 일단 멈추고 적치 장소를 확인한 후 인양물을 서서히 내린다.

⑥ 유사시 정지 신호를 하여 적당한 곳에서 일단 멈추어 걸이상태, 인양물의 무너짐, 흔림, 회전과 와이어로프의 상태를 재확인 후 인양한다.

⑦ 인양된 것을 이동시킬 때는 지상 2 m 높이로 유지하고 통행자의 위험, 장해물, 가공 전선 등의 유무를 확인하며 이동한다.

⑧ 보조 와이어로프를 사용 시 인양물의 도괴, 회전이 발생하지 않도록 하며 장해물에 걸리지 않게 한다.

2 철근작업 주요 위험요인

1) 철근 조립 작업순서

❶ 철근 반입 → ❷ 철근 가공 → ❸ 철근운반 · 인양 → ❹ 철근 조립

2) 주요작업 및 안전조치사항

(1) 철근 반입

① 지게차에는 전조등 및 후미등을 설치하고 후면에는 근로자 부딪힘 방지용 경광등 설치

② 철근 적재장은 평탄하고 견고한 지반에 마련

③ 철근 하역 시 주변에 부딪힘 위험물 사전 파악 및 제거

④ 지게차 운전원은 자격 여부를 작업 전 확인

⑤ 신호수를 배치하여 지게차와 운반 차량을 유도

⑥ 지게차로 철근 하역 시 철근이 굴러 떨어지지 않도록 수평 유지

⑦ 근로자는 안전모 등 개인보호구 착용 철저

(2) 철근 가공

① 철근 등 자재는 정리 · 정돈하고 근로자 통로 확보
② 철근 가공장 주변에는 가공장 경계 및 울타리 설치
③ 철근 절곡기는 접지선 연결하여 사용
④ 적재된 철근은 넘어짐 위험이 없도록 균형을 유지하여 적재
⑤ 근로자는 안전모 등 개인보호구 착용
⑥ 철근 절단기 외함에는 접지선 연결
⑦ 철근 절곡기 풋스위치에는 오작동 방지 위해 덮개 설치
⑧ 철근 절단기와 절곡기는 누전차단기에 연결되어 사용

(3) 철근 운반 및 인양

① 길이가 긴 철근은 2줄걸이로 결속하여 수평으로 인양
② 인양용 훅에는 해지장치 설치
③ 철근 인양작업 중 유도자를 배치하여 양중 신호실시
④ 인양로프는 견고한 것 사용
⑤ 소형 철근 자재는 인양함에 적재하여 인양토록 조치
⑥ 철근 운반차량의 현장 반입 시 유도자를 배치해 주변 근로자 통제
⑦ 철근 운반차량 현장 이동 시 건설 구조물과 운반 중인 철근이 부딪칠 위험이 없도록 사전 운반통로 점검 및 조치
⑧ 인양 중인 철근 하부에 근로자가 통행하지 않도록 조치

(4) 철근 조립

① 철근 배근작업 시 관리감독자를 배치하여 주변 통제실시
② 작업발판을 미설치하고 불안전한 물체에 올라서서 작업하지 않도록 조치
③ 조립된 벽체, 기둥 철근 등은 넘어짐 방지조치 실시
④ 철근에 무리하게 올라서서 작업하지 않도록 조치
⑤ 이동식비계에는 안전난간, 승강시설 등을 설치하여 사용
⑥ 규정된 작업발판이 아닌 페인트통 등을 발판으로 사용하지 않도록 조치

⑦ 말비계는 넘어짐 위험이 없고 견고한 것 사용
⑧ 근로자는 안전모 등 개인보호구 착용 후 작업 실시

8.3 콘크리트 공사

1 콘크리트 공사 특성

1) 콘크리트 공사 개요

콘크리트 공사는 콘크리트 타설 준비로 콘크리트 운반 및 타설 기계의 성능을 고려하여 선택하여야 하며 콘크리트 타워를 설치하였을 경우에는 사용하기 전, 사용 중, 사용 후에도 안전에 대한 점검을 실시해야 한다.

2) 콘크리트 타설 시 준비할 사항

① 콘크리트의 운반, 타설 기계는 설치 계획 시 성능을 확인하여야 한다.
② 사용 전, 후 검사는 물론 사용 중에도 점검에 소홀함이 없어야 한다.
③ 콘크리트 타워를 설치할 경우에 근로자에게 작업기준을 지시하고 작업 책임자를 지정하여 설치작업 중에는 상주하여 현장에서 지휘하도록 하여야 한다.

3) 콘크리트 다설 시 안전 수칙

① 타설 순서는 계획에 의하여 실시하여야 한다.
② 콘크리트를 치는 도중에는 거푸집, 지보공 등의 이상 유무를 확인하여야 하고, 담당자를 배치하여 이상이 발생한 때에는 신속한 처리를 하여야 한다.
③ 타설 속도는 건설부 제정 콘크리트 표준 시방서에 의한다.
④ 손수레를 이용하여 콘크리트를 운반할 때에는 다음 사항을 준수하여야 한다.

가. 손수레를 타설하는 위치까지 천천히 운반하여 거푸집에 충격을 주지 아니하도록 타설하여야 한다.

나. 손수레에 의하여 운반할 때에는 적당한 간격을 유지하여야 하고 뛰어서는 안 되며, 통로 구분을 명확히 하여야 한다.

다. 운반통로에 방해가 되는 것은 즉시 제거하여야 한다.

⑤ 기자재 설치, 사용을 할 때에는 다음 사항을 준수하여야 한다.

가. 콘크리트의 운반, 타설 기계를 설치하여 작업할 때에는 성능을 확인하여야 한다.

나. 콘크리트의 운반, 타설 기계는 사용 전, 사용 중, 사용 후 반드시 점검하여야 한다.

⑥ 콘크리트를 한 곳에만 치우쳐서 타설할 경우 거푸집의 변형 및 탈락에 의한 붕괴 사고가 발생되므로 타설 순서를 준수하여야 한다.

⑦ 진동기는 적절히 사용되어야 하며, 지나친 진동은 거푸집 도괴의 원인이 될 수 있으므로 각별히 주의하여야 한다.

⑧ 바닥 위에 흘린 콘크리트는 완전히 청소한다.

⑨ 계단실의 콘크리트 부어 넣기는 특히 책임자를 정하고 주의해서 시공하여 계단의 디딤 면이나 난간은 정규 치수로 밀실하게 부어 넣는다.

⑩ 철골보의 아래와 철골, 철근의 복잡한 거푸집의 부분 등은 책임자를 정하여 완전한 시공이 되도록 한다.

⑪ 최상부의 슬래브는 이어붓기를 되도록 피하고 일시에 전체를 타설하도록 한다.

⑫ 타워에 연결되어 있는 슈트의 접속은 확실한지 확인한다.

4) 펌프카 사용 시 안전 수칙

① 레디믹스트 콘크리트(이하 레미콘이라 함) 트럭과 펌프카를 적절히 유도하기 위하여 차량 안내자를 배치하여야 한다.

② 펌프 배관용 비계를 사전 점검하고 이상이 있을 때에는 보강 후 작업하여야 한다.

③ 펌프카의 배관 상태를 확인하여야 하며, 레미콘 트럭과 펌프카와 호스 선단의 연결 작업을 확인하여야 하며 장비 사양의 적정 호스 길이를 초과하여서는 안 된다.

④ 호스 선단이 요동하지 아니하도록 확실히 붙잡고 타설하여야 한다.

⑤ 공기 압송 방법의 펌프카를 사용할 때에는 콘크리트가 비산하는 경우가 있으므로 주

의하여 타설하여야 한다.

⑥ 펌프카의 붐대를 조정할 때에는 주변 전선 등 지장물을 확인하고 이격거리를 준수하여야 한다.

⑦ 아웃트리거를 사용할 때 지반의 부등 침하로 펌프카가 전도되지 아니하도록 하여야 한다.

⑧ 펌프카의 전후에는 식별이 용이한 안전 표지판을 설치하여야 한다.

2 콘크리트 타설 및 다지기

1) 운반용 기계 · 기구

(1) 손수레

콘크리트 타워나 슈트 등에서부터 부어 넣을 장소까지 이용하게 되며 다음과 같은 조치를 한다.

① 운반 거리는 운반 도중 콘크리트 면에 심한 블리딩 및 경량 골재가 분리되지 않는 범위 내로 한다.

② 콘크리트 운반용 발판 등을 설치하여 운반길은 평탄하게 만든다.

(2) 슈트(chute)

슈트는 가능한 한 수직형 훌렉시블 슈트(flexible chute)로 하며 경사 슈트를 사용할 때는 경사가 4/10~7/10 정도로 하고, 콘크리트의 재료 분리를 피하기 위하여 끝단에 길이 60 cm 이상의 로드관을 붙이거나 일단 용기에 받은 후 부어 놓도록 한다.

(3) 벨트 컨베이어(belt conveyor)

경사진 벨트 컨베이어의 경우에는 운반 중에 콘크리트가 분리되지 않을 범위 내로해야 한다.

(4) 버킷(bucket)

밑면으로부터 콘크리트를 배출하는 형식인 것은 될 수 있는 한 배출구가 밑면의 중앙부에 있는 것으로 한다.

(5) 콘크리트 펌프

콘크리트 펌프 사용 시 조골재의 크기는 배관의 지름에도 따르지만 가능한 한 40 mm 이하가 좋으며, 세골재율이 약간 많은 콘크리트가 좋다.

2) 콘크리트 다지기

타설된 콘크리트는 기포, 공극, 여분의 물 등이 있으며 거푸집, 철근, 매설물 등에 밀착하여 치밀하고 균질의 콘크리트가 되도록 충분히 다져야 한다.

콘크리트 다짐을 할 때에는 다음과 같이 한다.

① 진동기는 철근 또는 철골에 직접 접촉되지 않도록 하고 뽑을 때에는 천천히 뽑아내어 콘크리트에 구멍이 남지 않도록 한다.

② 막대형 진동기는 수직 방향으로 넣고 간격은 약 60 cm 이하로 한다.

③ 거푸집 진동기는 막대형 진동기를 사용할 수 없는 기둥 및 벽체 부분에 사용하고 표면 진동기는 슬래브와 같이 두께가 얇은 부분의 콘크리트 표면에 직접 사용한다.

3) 콘크리트 양생

콘크리트를 타설한 다음 수화 작용을 충분히 발휘시킴과 동시에 건조 및 외력에 의한 균열 발생을 방지하고 콘크리트의 강도 발현을 위해 보호하는 것을 말한다.

콘크리트 양생 시 유의할 사항은 다음과 같다.

① 콘크리트의 온도는 항상 2℃ 이상으로 유지해야 한다.

② 콘크리트 타설 후 수화작용을 돕기 위하여 최소 5일간은 수분을 보존한다.

③ 일광의 직사, 급격한 건조 및 한냉에 대하여 보호한다.

④ 콘크리트 타설 후 1일간은 그 위를 보행하거나 공기구 등 중량물을 올려 놓지 않는다.

⑤ 콘크리트가 충분히 경화될 때까지는 충격 및 하중을 가하지 않게 주의한다.

4) 슬럼프 시험(slump test)

거푸집 속에는 철근, 철골, 배관, 기타 매설물이 있으므로 콘크리트가 거푸집의 모서리, 또는 철근 등의 매설물 주위에 가득 채워져 밀착되도록 다져 넣으려면 콘크리트에 충분한 유동성이 있어서 부어 넣어 다지는 작업의 용이성, 즉 시공연도(workability)가 있어야 한다. 이 시공연도의 좋고 나쁨을 판단하기 위해 KSF 2403(포틀랜드 시멘트 콘크리트의 슬럼프 시험방법)에 정하는 바에 따라 다음과 같은 시험을 한다.

(1) 슬럼프 시험 기구

① 철판
② 슬럼프 테스트 콘(slump test cone)
③ 다짐 막대
④ 측정 기기

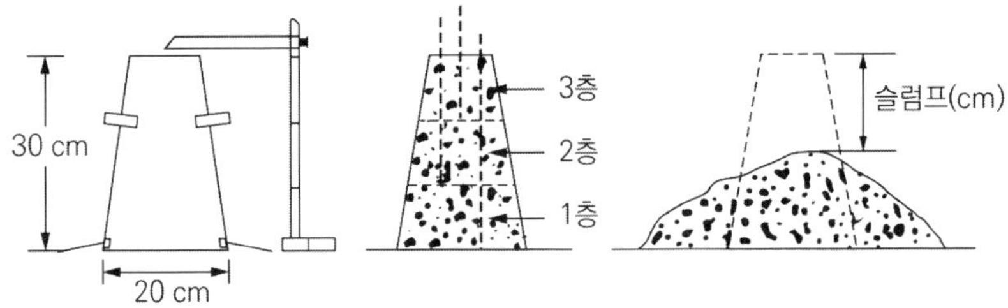

슬럼프값(cm)	좋음	나쁨
15~18	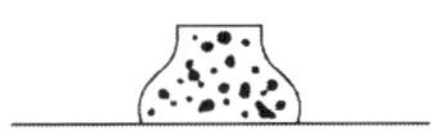 균등한 슬럼프 충분한 끈기가 있다.	 끈기가 없고 부분적으로 무너진다.
	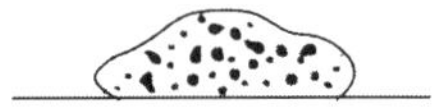 덤핑하여 내리지만 끈기가 있다.	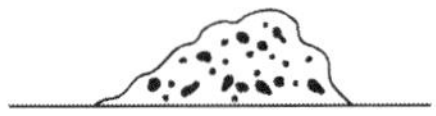 덤핑으로 흐트러지듯이 허물어진다.
20~22	 미끈하게 넓혀지고 골재의 분리가 없다.	 골재가 분리되어 위에 뜬다.

슬럼프 시험의 기구 및 기준(KS F 2403)

(2) 시험 방법

① 수밀성 평판을 수평으로 설치한다.

② 시험통을 철판 중앙에 밀착한다.

③ 비빈 콘크리트를 10 cm 높이까지 부어 넣는다.

④ 다짐 막대로 윗면을 고르고 25회 밑 철판에 닿을 정도로 찔러 다진다.

⑤ 10 cm 간격으로 1단, 2단, 3단으로 구분하여 각각 25회씩 다진다.

⑥ 통을 가만히 들어 올려 벗긴다.

⑦ 측정계기로 콘크리트의 흘러내린 높이차를 구한다.

슬럼프는 통에 다져 넣은 높이(30 cm)에서 통을 벗겨 콘크리트가 무너져 내려앉은 높이까지의 거리를 cm로 표시한 것이다.

콘크리트의 컨시스턴시(consistency : 연경도)는 작업에 알맞는 범위 내에서 될 수 있는 대로 슬럼프 값이 작은 것이 좋다. 각종 구조물에 대한 슬럼프의 범위는 다음 값을 표준으로 한다.

(단위 : cm)

장소	진동 다짐이 아닐 때	진동 다짐일 때
기둥, 바닥판, 보	15～19	5～10
기둥, 보	19～22	10～15

3 콘크리트 타설 주요 위험요인

1) 콘크리트 타설 순서

❶ 콘크리트 타설장비 반입 ➡ ❷ 콘크리트 반입 · 운반 ➡ ❸ 콘크리트 타설 · 다짐 ➡ ❹ 콘크리트 양생 · 보양

2) 주요작업 및 안전조치사항

(1) 콘크리트 타설장비 반입

① 콘크리트 펌프카의 아웃트리거에는 전용 받침대를 설치하여 사용
② 레미콘 호스 및 파이프의 연결 상태는 견고한지 작업 전 확인
③ 펌프카 붐 설치 시 주변 고압선의 방호조치 및 이격거리 확보
④ 콘크리트 펌프카 붐 연결부 탈락 위험성에 대한 사전점검 실시
⑤ 펌프카 운전원은 콘크리트 타설 위치가 보일 수 있도록 콘크리트 펌프카 위치 선정
⑥ 콘크리트 펌프카 거치 장소는 견고하고 평탄한 곳 선정
⑦ 콘크리트 펌프카의 아웃트리거는 충분히 인장하여 안전성 확보
⑧ 콘크리트 펌프카 정비 시 유압장치 고장에 의한 갑작스러운 붐 떨어짐 방지를 위해 안전블록 설치 등 조치

3) 콘크리트 반입 · 운반

① 레미콘 트럭 상부에서 작업 시 떨어짐 위험 방지를 위해 안전대 착용 등 개인보호구 착용
② 콘크리트 배출 슈트 등 레미콘 기계장치 조작 시 끼임 위험 방지를 위해 무리한 작업 금지
③ 레미콘 트럭 운전기사의 자격, 보험 여부는 작업 전 확인
④ 레미콘 트럭 후진, 운행 시 끼임, 부딪힘 재해예방을 위해 신호수 배치 및 주변 근로자 통제
⑤ 레미콘 트럭의 현장 반입 경로 사전 확인
⑥ 레미콘 트럭과 콘크리트 펌프카의 부딪침 방지를 위해 후진 시 신호 철저
⑦ 콘크리트 반입 장소 작업구역 내 접근 방지책 설치
⑧ 근로자는 개인보호구 착용 후 작업실시

4) 콘크리트 타설 · 다짐

① 콘크리트 파이프의 연결부는 전용 클립 견고하게 고정 및 결속
② 콘크리트 타설 장소에는 개구부, 슬래브 단부의 안전조치 실시

③ 콘크리트 타설 근로자는 안전모, 보호장갑, 안전장화 등 착용
④ 콘크리트 다짐용 진동기는 전원 측에 누전차단기 연결 등 감전 예방조치
⑤ 콘크리트 호스의 이동 및 조정을 위한 손잡이는 작업 중 탈락되지 않도록 견고하게 설치
⑥ 호퍼를 이용하여 콘크리트 운반 · 타설 시 와이어로프와 호퍼의 결속부 사전 확인
⑦ 콘크리트 피니셔 회전부에 근로자 접촉방지용 덮개 등 방호조치 실시
⑧ 콘크리트 호스와 파이프 사이의 연결은 견고하게 체결
⑨ 철근 배근 상부에는 콘크리트 타설 시 근로자 이동용 작업통로 설치

5) 큰크리트 양생 · 보양

① 콘크리트 양생용 열풍기는 누전차단기 및 접지선 연결 사용
② 콘크리트 양생용으로 갈탄 사용 시 적절한 환기조치 실시
③ 콘크리트 양생용 갈탄 교체 시 관리감독자의 지휘에 따라 실시
④ 콘크리트 양생 장소 주변의 개구부 등에는 떨어짐 방호조치 실시
⑤ 콘크리트 양생 장소 출입 시 호흡용 보호구 착용
⑥ 콘크리트 양생 장소에 화재 예방조치 및 소화기 비치
⑦ 콘크리트 양생 시 야간작업을 위해 조명시설

8.4 철근콘크리트 공사 재해 현황

1 재해발생 현황

1) 철근콘크리트 공사 재해 개요

2015년도 철근콘크리트 공사 중 발생한 재해는 2,391명으로 전체 대비 9.5%, 사망자는

43명으로 8.7%를 점유하는 것으로 나타난다.

재해자는 거푸집 설치 · 해체(56.1%), 철근 조립 · 가공(21.1%), 콘크리트 타설(16.7%) 순으로 발생. 사망자는 거푸집 설치 · 해체(44.2%), 콘크리트 타설(34.9%), 철근 조립 · 가공(11.6%) 순으로 발생하였다.

2) 철근콘크리트 공사 발생 형태별 분류

2015년도 철근콘크리트 공사 중 발생한 재해는 떨어짐이 26.5%(634명)를 차지해 가장 많이 발생되었고, 다음으로 떨어짐 · 물체에 맞음, 넘어짐, 끼임 순으로 재해가 발생하였다.

구분	거푸집 설치 해체	콘크리트 타설	철근조립가공	자재반입	계
계	1,342	400	505	144	2,391
떨어짐	433	103	51	47	634
물체에 맞음	379	42	18	29	468
넘어짐	178	73	153	14	418
끼임	70	28	170	24	292
부딪힘	130	37	30	10	207
깔림 · 뒤집힘	54	10	13	8	85
절단 · 베임 · 찔림	45	9	26	1	81
불균형 및 무리한 동작	22	15	15	7	59
무너짐	10	44	1	-	55
작업관련 질병(뇌심혈관 등)	17	10	24	3	54
화학물질 투출 · 접촉	-	20	-	-	20
하재	-	5	1	-	6
이상온도 접촉	1	3	1	-	5
기타	-	1	1	-	2
폭발 · 파열	2	-	-	-	2
감전	-	-	-	1	1
분류 불능	1	-	-	-	1
사업장 외 교통사고	-	-	-	1	1

2 철근콘크리트 공사 발생형태별 사망사고 분류

2015년도 철근콘크리트 공사 중 발생한 사망사고는 떨어짐이 41.9%(18명)를 차지해 가장 많이 발생되었고, 다음으로 깔림 · 뒤집힘, 작업성관련(뇌심 등), 무너짐 순으로 사망재해가 발생하였다.

구분	거푸집 설치 해체	콘크리트 타설	철근조립가공	자재반입	계
계	19	15	5	4	43
떨어짐	12	4	-	2	18
깔림 · 뒤집힘	3	2	-	1	6
작업관련 질병(뇌심혈관 등)	2	-	3	-	5
무너짐	-	3	-	-	3
물체에 맞음	1	1	-	1	3
화학물질 누출 · 접촉	-	3	-	-	3
끼임	1	1	-	-	2
기타	-	-	1	-	1
넘어짐	-	1	-	-	1
절단 · 베임 · 찔림	-	-	1	-	1

8.5 철근콘크리트 공사 안전 관련 법령 및 기준

1 산업안전보건기준에 관한 규칙

1) 거푸집 및 동바리

제328조(재료) 사업주는 콘크리트 구조물이 일정 강도에 이르기까지 그 형상을 유지하기

위하여 설치하는 거푸집 및 동바리의 재료로 변형·부식 또는 심하게 손상된 것을 사용해서는 안 된다. 〈개정 2023.11.14.〉

제329조(부재의 재료 사용기준) 사업주는 거푸집 및 동바리에 사용하는 부재의 재료는 한국산업표준에서 정하는 기준 이상의 것을 사용해야 한다. [전문개정 2023.11.14.]

제330조(거푸집 및 동바리의 구조) 사업주는 거푸집 및 동바리를 사용하는 경우에는 거푸집의 형상 및 콘크리트 타설(打設) 방법 등에 따른 견고한 구조의 것을 사용해야 한다. 〈개정 2023.11.14.〉

제331조(조립도) ① 사업주는 거푸집 및 동바리를 조립하는 경우에는 그 구조를 검토한 후 조립도를 작성하고, 그 조립도에 따라 조립하도록 해야 한다. 〈개정 2023.11.14.〉

② 제1항의 조립도에는 거푸집 및 동바리를 구성하는 부재의 재질·단면규격·설치간격 및 이음방법 등을 명시해야 한다. 〈개정 2023.11.14.〉

제331조의2(거푸집 조립 시의 안전조치) 사업주는 거푸집을 조립하는 경우에는 다음 각 호의 사항을 준수해야 한다.

1. 거푸집을 조립하는 경우에는 거푸집이 콘크리트 하중이나 그 밖의 외력에 견딜 수 있거나, 넘어지지 않도록 견고한 구조의 긴결재(콘크리트를 타설할 때 거푸집이 변형되지 않게 연결하여 고정하는 재료를 말한다), 버팀대 또는 지지대를 설치하는 등 필요한 조치를 할 것
2. 거푸집이 곡면인 경우에는 버팀대의 부착 등 그 거푸집의 부상(浮上)을 방지하기 위한 조치를 할 것

[본조신설 2023.11.14.]

제331조의3(작업발판 일체형 거푸집의 안전조치) ① "작업발판 일체형 거푸집"이란 거푸집의 설치·해체, 철근 조립, 콘크리트 타설, 콘크리트 면처리 작업 등을 위하여 거푸집을 작업발판과 일체로 제작하여 사용하는 거푸집으로서 다음 각 호의 거푸집을 말한다.

1. 갱 폼(gang form)
2. 슬립 폼(slip form)
3. 클라이밍 폼(climbing form)

4. 터널 라이닝 폼(tunnel lining form)
5. 그 밖에 거푸집과 작업발판이 일체로 제작된 거푸집 등

② 제1항제1호의 갱 폼의 조립 · 이동 · 양중 · 해체(이하 이 조에서 "조립등"이라 한다) 작업을 하는 경우에는 다음 각 호의 사항을 준수해야 한다. 〈개정 2023.11.14.〉

1. 조립등의 범위 및 작업절차를 미리 그 작업에 종사하는 근로자에게 주지시킬 것
2. 근로자가 안전하게 구조물 내부에서 갱 폼의 작업발판으로 출입할 수 있는 이동통로를 설치할 것
3. 갱 폼의 지지 또는 고정철물의 이상 유무를 수시점검하고 이상이 발견된 경우에는 교체하도록 할 것
4. 갱 폼을 조립하거나 해체하는 경우에는 갱 폼을 인양장비에 매단 후에 작업을 실시하도록 하고, 인양장비에 매달기 전에 지지 또는 고정철물을 미리 해체하지 않도록 할 것
5. 갱 폼 인양 시 작업발판용 케이지에 근로자가 탑승한 상태에서 갱 폼의 인양작업을 하지 않을 것

③ 사업주는 제1항제2호부터 제5호까지의 조립등의 작업을 하는 경우에는 다음 각 호의 사항을 준수하여야 한다.

1. 조립등 작업 시 거푸집 부재의 변형 여부와 연결 및 지지재의 이상 유무를 확인할 것
2. 조립 등 작업과 관련한 이동 · 양중 · 운반 장비의 고장 · 오조작 등으로 인해 근로자에게 위험을 미칠 우려가 있는 장소에는 근로자의 출입을 금지하는 등 위험 방지 조치를 할 것
3. 거푸집이 콘크리트 면에 지지될 때에 콘크리트의 굳기 정도와 거푸집의 무게, 풍압 등의 영향으로 거푸집의 갑작스런 이탈 또는 낙하로 인해 근로자가 위험해질 우려가 있는 경우에는 설계도서에서 정한 콘크리트의 양생기간을 준수하거나 콘크리트 면에 견고하게 지지하는 등 필요한 조치를 할 것
4. 연결 또는 지지 형식으로 조립된 부재의 조립등 작업을 하는 경우에는 거푸집을 인양장비에 매단 후에 작업을 하도록 하는 등 낙하 · 붕괴 · 전도의 위험 방지를 위하여 필요한 조치를 할 것

[제337조에서 이동 〈2023.11.14.〉]

제332조(동바리 조립 시의 안전조치) 사업주는 동바리를 조립하는 경우에는 하중의 지지상태를 유지할 수 있도록 다음 각 호의 사항을 준수해야 한다.

1. 받침목이나 깔판의 사용, 콘크리트 타설, 말뚝박기 등 동바리의 침하를 방지하기 위한 조치를 할 것
2. 동바리의 상하 고정 및 미끄러짐 방지 조치를 할 것
3. 상부 · 하부의 동바리가 동일 수직선상에 위치하도록 하여 깔판 · 받침목에 고정시킬 것
4. 개구부 상부에 동바리를 설치하는 경우에는 상부하중을 견딜 수 있는 견고한 받침대를 설치할 것
5. U헤드 등의 단판이 없는 동바리의 상단에 멍에 등을 올릴 경우에는 해당 상단에 U헤드 등의 단판을 설치하고, 멍에 등이 전도되거나 이탈되지 않도록 고정시킬 것
6. 동바리의 이음은 같은 품질의 재료를 사용할 것
7. 강재의 접속부 및 교차부는 볼트 · 클램프 등 전용철물을 사용하여 단단히 연결할 것
8. 거푸집의 형상에 따른 부득이한 경우를 제외하고는 깔판이나 받침목은 2단 이상 끼우지 않도록 할 것
9. 깔판이나 받침목을 이어서 사용하는 경우에는 그 깔판 · 받침목을 단단히 연결할 것

[전문개정 2023.11.14.]

제332조의2(동바리 유형에 따른 동바리 조립 시의 안전조치) 사업주는 동바리를 조립할 때 동바리의 유형별로 다음 각 호의 구분에 따른 각 목의 사항을 준수해야 한다.

1. 동바리로 사용하는 파이프 서포트의 경우
   가. 파이프 서포트를 3개 이상 이어서 사용하지 않도록 할 것
   나. 파이프 서포트를 이어서 사용하는 경우에는 4개 이상의 볼트 또는 전용철물을 사용하여 이을 것
   다. 높이가 3.5 m를 초과하는 경우에는 높이 2 m 이내마다 수평연결재를 2개 방향으로 만들고 수평연결재의 변위를 방지할 것
2. 동바리로 사용하는 강관틀의 경우
   가. 강관틀과 강관틀 사이에 교차가새를 설치할 것

나. 최상단 및 5단 이내마다 동바리의 측면과 틀면의 방향 및 교차가새의 방향에서 5개 이내마다 수평연결재를 설치하고 수평연결재의 변위를 방지할 것

다. 최상단 및 5단 이내마다 동바리의 틀면의 방향에서 양단 및 5개틀 이내마다 교차가새의 방향으로 띠장틀을 설치할 것

3. 동바리로 사용하는 조립강주의 경우 : 조립강주의 높이가 4 m를 초과하는 경우에는 높이 4 m 이내마다 수평연결재를 2개 방향으로 설치하고 수평연결재의 변위를 방지할 것

4. 시스템 동바리(규격화 · 부품화된 수직재, 수평재 및 가새재 등의 부재를 현장에서 조립하여 거푸집을 지지하는 지주 형식의 동바리를 말한다)의 경우

가. 수평재는 수직재와 직각으로 설치해야 하며, 흔들리지 않도록 견고하게 설치할 것

나. 연결철물을 사용하여 수직재를 견고하게 연결하고, 연결부위가 탈락 또는 꺾어지지 않도록 할 것

다. 수직 및 수평하중에 대해 동바리의 구조적 안정성이 확보되도록 조립도에 따라 수직재 및 수평재에는 가새재를 견고하게 설치할 것

라. 동바리 최상단과 최하단의 수직재와 받침철물은 서로 밀착되도록 설치하고 수직재와 받침철물의 연결부의 겹침 길이는 받침철물 전체 길이의 3분의 1 이상 되도록 할 것

5. 보 형식의 동바리[강제 갑판(steel deck), 철재트러스 조립 보 등 수평으로 설치하여 거푸집을 지지하는 동바리를 말한다]의 경우

가. 접합부는 충분한 걸침 길이를 확보하고 못, 용접 등으로 양끝을 지지물에 고정시켜 미끄러짐 및 탈락을 방지할 것

나. 양끝에 설치된 보 거푸집을 지지하는 동바리 사이에는 수평연결재를 설치하거나 동바리를 추가로 설치하는 등 보 거푸집이 옆으로 넘어지지 않도록 견고하게 할 것

다. 설계도면, 시방서 등 설계도서를 준수하여 설치할 것 [본조신설 2023.11.14.]

제333조(조립 · 해체 등 작업 시의 준수사항) ① 사업주는 기둥 · 보 · 벽체 · 슬래브 등의 거푸집 및 동바리를 조립하거나 해체하는 작업을 하는 경우에는 다음 각 호의 사항을

준수해야 한다. 〈개정 2021.5.28., 2023.11.14.〉

1. 해당 작업을 하는 구역에는 관계 근로자가 아닌 사람의 출입을 금지할 것
2. 비, 눈, 그 밖의 기상상태의 불안정으로 날씨가 몹시 나쁜 경우에는 그 작업을 중지할 것
3. 재료, 기구 또는 공구 등을 올리거나 내리는 경우에는 근로자로 하여금 달줄·달포대 등을 사용하도록 할 것
4. 낙하·충격에 의한 돌발적 재해를 방지하기 위하여 버팀목을 설치하고 거푸집 및 동바리를 인양장비에 매단 후에 작업을 하도록 하는 등 필요한 조치를 할 것

② 사업주는 철근조립 등의 작업을 하는 경우에는 다음 각 호의 사항을 준수하여야 한다.

1. 양중기로 철근을 운반할 경우에는 두 군데 이상 묶어서 수평으로 운반할 것
2. 작업위치의 높이가 2 m 이상일 경우에는 작업발판을 설치하거나 안전대를 착용하게 하는 등 위험 방지를 위하여 필요한 조치를 할 것

2) 콘크리트 타설 등

제334조(콘크리트의 타설작업) 사업주는 콘크리트 타설작업을 하는 경우에는 다음 각 호의 사항을 준수해야 한다. 〈개정 2023.11.14.〉

1. 당일의 작업을 시작하기 전에 해당 작업에 관한 거푸집 및 동바리의 변형·변위 및 지반의 침하 유무 등을 점검하고 이상이 있으면 보수할 것
2. 작업 중에는 감시자를 배치하는 등의 방법으로 거푸집 및 동바리의 변형·변위 및 침하 유무 등을 확인해야 하며, 이상이 있으면 작업을 중지하고 근로자를 대피시킬 것
3. 콘크리트 타설작업 시 거푸집 붕괴의 위험이 발생할 우려가 있으면 충분한 보강조치를 할 것
4. 설계도서상의 콘크리트 양생기간을 준수하여 거푸집 및 동바리를 해체할 것
5. 콘크리트를 타설하는 경우에는 편심이 발생하지 않도록 골고루 분산하여 타설할 것

제335조(콘크리트 타설장비 사용 시의 준수사항) 사업주는 콘크리트 타설작업을 하기 위하여 콘크리트 플레이싱 붐(placing boom), 콘크리트 분배기, 콘크리트 펌프카 등(이하

이 조에서 "콘크리트 타설장비"라 한다)을 사용하는 경우에는 다음 각 호의 사항을 준수해야 한다. 〈개정 2023.11.14.〉

1. 작업을 시작하기 전에 콘크리트 타설장비를 점검하고 이상을 발견하였으면 즉시 보수할 것
2. 건축물의 난간 등에서 작업하는 근로자가 호스의 요동 · 선회로 인하여 추락하는 위험을 방지하기 위하여 안전난간 설치 등 필요한 조치를 할 것
3. 콘크리트 타설장비의 붐을 조정하는 경우에는 주변의 전선 등에 의한 위험을 예방하기 위한 적절한 조치를 할 것
4. 작업 중에 지반의 침하나 아웃트리거 등 콘크리트 타설장비 지지구조물의 손상 등에 의하여 콘크리트 타설장비가 넘어질 우려가 있는 경우에는 이를 방지하기 위한 적절한 조치를 할 것

[제목개정 2023.11.14.]

2 거푸집 및 동바리 일반사항(KCS 21 50 05 : 2022)

1) 일반사항

(1) 공종별 시공계획서

① 거푸집 및 동바리의 각 단위 공정별 안전시공 절차 및 주의사항

② 거푸집 및 동바리 조립 · 해체계획

③ 특수공법에 대한 공법 개요 및 안전작업계획

④ 콘크리트 타설계획

⑤ 동바리 재설치는 다음 사항을 포함한 시공계획서를 작성하여 공사감독자의 승인을 받아 시공하여야 한다.

⑥ 고정하중, 작업하중, 수평하중 및 기타 설계 시 고려되는 하중

⑦ 콘크리트의 설계기준강도

⑧ 층 간 콘크리트 타설 간격

⑨ 동바리 재설치 시점의 콘크리트 압축강도

⑩ 동바리 해체 후 상부 구조물의 안전성 평가 결과

(2) 시공 상세도

① 수급인은 시공 전에 거푸집 및 동바리 시공도면을 제출하여 공사감독자에게 승인을 받아야 한다.

② 시공 상세도에는 다음 사항이 포함되어야 한다.

가. 관련된 상세를 포함한 거푸집 시스템 및 설치 방법
나. 콘크리트 타설 순서와 평면 및 표고에 따른 시공이음의 위치
다. 도관, 개구부, 우묵한 곳, 관, 덕트 및 기타 부착품의 치수 및 위치
라. 동바리 사용자재 및 치수
마. 지반지지방법 및 침하대책
바. 지상통로계획, 임시난간 및 보정 방법
사. 콘크리트 타설이 제약받는 곳에서의 타설방법
아. 거푸집 및 동바리 해체를 위한 방법 및 일정
자. 콘크리트 타설 중 거푸집의 이동을 탐지하기 위한 방법
차. 구조계산서
카. 양중이 필요한 경우 양중 방법, 양중지점의 위치 및 양중 무게
타. 누수 방지재료 및 거푸집 박리제 도포 계획
파. 전이보, 전이슬래브 등 분할타설 시 전단보강계획

(3) 거푸집 및 동바리 구조계산서

작업발판 일체형 거푸집, 높이 5 m 이상인 거푸집 동바리, 공사현장에서 제작하여 조립·설치하는 복합형 가설구조물 및 그 밖에 발주자 또는 인허가기관의 장이 필요하다고 인정한 구조물에 대해서는 건설기술진흥법 시행령 제101조2에 따라 시공 전 수급인이 관계전문가로부터 구조적 안전성을 확인받아야 한다. 여기서, 관계전문가라 함은 기술사법에 등록되어 있는 자로 수급인에게 고용되지 않은 기술사이어야 한다.

(4) 안전관리계획서

안전관리계획서는 KCS 21 10 00(1.7)에 따른다.

2) 시공 일반사항

(1) 일반사항

① 수급인은 거푸집 및 동바리를 설치하는 경우 산업안전보건기준에 관한 규칙 제331조에서 정하는 조립도에 따라야 한다.

② 거푸집 및 동바리는 콘크리트가 구조적으로 안정되기까지 유동상태의 콘크리트를 지지하고 소정의 강도에 도달할 수 있도록 하여야 하며, 완성된 구조물의 위치, 형상 및 치수가 정확하게 확보되어 만족스러운 콘크리트 구조물이 되도록 시공되어야 한다.

③ 거푸집 및 동바리는 공종별 시공계획서 및 시공 상세도에 따라 시공하여야 하며, 콘크리트를 타설했을 때 시공 허용오차를 넘는 변형이 발생하지 않도록 제작, 설치하여야 한다.

④ 거푸집의 연결과 조립은 시공 상세도에 따르며, 이음매의 연결이 허용오차 이내에 들도록 하여야 한다.

⑤ 강재를 현장에서 용접하여 사용할 경우에는 공사감독자의 승인을 받은 후에 용접하여야 한다.

⑥ 굳지 않은 콘크리트의 무게와 압력 및 작업하중으로 인하여 과다한 변형이 예상되는 경우에는 침하량 보정을 위한 솟음(camber)을 두어야 한다. 특히 포스트텐셔닝 콘크리트 보에서는 긴장에 의한 탄성 변형, 쉬스관과의 마찰, 정착장치의 활동 및 건조수축(shrinkage), 크리프(creep), 강재의 릴렉세이션, 온도신축 등을 고려하여 솟음량을 결정하여야 한다.

⑦ 도관, 슬리브, 설비박스, 벽 속에 묻힌 구체, 문틀, 배수구, 금속 긴결봉, 삽입재, 못질띠, 블록킹, 접지 및 정착물 또는 다른 공사의 부착에 필요한 제품 등은 정확한 위치에 고정시켜야 한다.

⑧ 거푸집의 양중에는 거푸집 널의 손상이나 휨을 방지하도록 필요한 기구를 사용하여야

한다.

⑨ 양중 시에는 거푸집에 표시된 양중지점의 위치를 확인하여야 한다.

⑩ 거푸집 및 동바리 설치를 위한 기계 장비의 설치, 조립, 해체는 공사감독자의 승인을 받은 후 시행한다.

⑪ 기계 장비는 전도, 침하의 위험이 없는 장소에 설치한다.

⑫ 기계 장비에는 정해져 있는 제원, 용량을 명시하여야 한다.

⑬ 기계 장비 운전 중 이상 음향, 진동 등을 감지한 경우에는 운전을 정지하고 검사한다.

⑭ 건설기술진흥법 제48조제5항에 해당하는 거푸집공사는 전체 공사의 공정을 좌우하므로 시공성, 경제성, 안전성을 고려하여 재료의 전용계획, 공법의 선정, 공정관리 체계를 수립하여야 하고 이를 설계도서 등에 반영하여야 한다.

⑮ 거푸집 재료의 전용계획은 공사의 안전성, 경제성 및 시공성을 고려하여야 한다.

3) 시스템동바리

(1) 지주 형식 동바리

① 수급인은 동바리 시공 시 공급자가 제시한 설치 및 해체 방법과 안전수칙을 준수하여야 한다.

② 동바리는 구조설계 결과를 반영한 시공 상세도에 따라 정확히 설치한 후 검사하여 안전성을 확인하여야 한다.

③ 동바리를 지반에 설치할 경우에는 연직하중에 견딜 수 있도록 지반의 지지력을 검토하고 침하 방지조치를 하여야 한다.

④ 수직재와 수평재는 직교되게 설치하여야 하며 이음부나 접속부 등은 흔들림이 없도록 체결하여야 한다.

⑤ 수직재, 수평재 및 가새재 등의 여러 부재를 연결한 경우에는 수직도를 유지하도록 시공하여야 한다.

⑥ 시스템 동바리는 연직 및 수평하중에 대해 구조적 안전성이 확보되도록 구조설계에 의해 작성된 조립도에 따라 수직재 및 수평재에 가새재를 설치하고 연결부는 견고하게 고정하여야 한다.

⑦ 동바리를 설치하는 높이는 단변 길이의 3배를 초과하지 말아야 하며, 초과 시에는 주변구조물에 지지하는 등 붕괴방지 조치를 하여야 한다. 다만, 수평버팀대 등의 설치를 통해 전도 및 좌굴에 대한 구조안전성이 확인된 경우에는 3배를 초과하여 설치할 수 있다.

⑧ 콘크리트 두께가 0.5 m 이상일 경우에는 동바리 수직재 상단과 하단의 경계조건 및 U헤드와 조절형 받침철물의 나사부 유격에 의한 수직재 좌굴하중의 감소를 방지하기 위하여, U헤드 밑면으로부터 최상단 수평재 윗면, 조절형 받침철물 윗면으로부터 최하단 수평재 밑면까지의 순간격이 400 mm 이내가 되도록 설치하여야 한다.

⑨ 수직재를 설치할 때에는 수평재와 수평재 사이에 수직재의 연결부위가 2개소 이상 되지 않도록 하여야 한다.

⑩ 가새재는 수평재 또는 수직재에 핀 또는 클램프 등의 결합방법에 의해 견고하게 결합되어 이탈되지 않도록 하여야 한다.

⑪ 동바리 최하단에 설치하는 수직재는 받침철물의 조절너트와 밀착하게 설치하여야 하며, 편심하중이 발생하지 않도록 수평을 유지하여야 한다.

⑫ 멍에는 편심하중이 발생하지 않도록 U헤드의 중심에 위치하여야 하며, 멍에가 U헤드에서 전도되거나 이탈되지 않도록 고정시켜야 한다.

⑬ 동바리 자재의 반복 사용으로 인한 변형 및 부식 등 심하게 손상된 자재는 사용하지 않도록 한다

⑭ 경사진 바닥에 설치할 경우 고임재 등을 이용하여 동바리 바닥이 수평이 되도록 하여야 하며, 고임재는 미끄러지지 않도록 바닥에 고정시켜야 한다.

(2) 보 형식 동바리

① 수급인은 동바리 시공 시 공급자가 제시한 설치 및 해체 방법과 안전수칙을 준수하여야 한다.

② 동바리는 구조설계 결과를 반영한 시공 상세도에 따라 정확히 설치한 후 검사하여 안전성을 확인하여야 한다.

③ 보 형식 동바리의 양단은 지지물에 고정하여 움직임 및 탈락을 방지하여야 한다.

④ 보와 보 사이에는 수평연결재를 설치하여 움직임을 방지하여야 한다.

⑤ 보조 브라켓 및 핀 등의 부속장치는 소정의 성능과 안전성을 확보할 수 있도록 시공하여야 한다.

⑥ 보 설치지점은 콘크리트의 연직하중 및 보의 하중을 견딜 수 있는 견고한 곳이어야 한다.

⑦ 보는 정해진 지점 이외의 곳을 지점으로 이용해서는 아니 된다.

4) 거푸집 해체 및 동바리 재설치

(1) 거푸집 해체

① 해체 시기 · 범위 및 절차를 근로자에게 교육하여야 하며, 해체작업 구역 내에는 당해 작업에 종사하는 근로자 및 관련자 이외에는 출입을 금지시켜야 한다.

② 비 · 눈 그 밖의 기상상태의 불안정으로 인하여 날씨가 몹시 나쁠 때에는 해체작업을 중지하여야 한다.

③ 보 및 슬래브 하부의 거푸집을 해체할 때에는 거푸집 보호는 물론 거푸집의 낙하충격으로 인한 근로자의 재해를 방지하여야 한다.

④ 거푸집 해체는 콘크리트 표면을 손상하거나 파손하지 않고, 콘크리트 부재에 과도한 하중이나 거푸집에 과도한 변형이 생기지 않는 방법으로 하여야 한다.

⑤ 거푸집 및 동바리는 예상되는 하중에 충분히 견딜만한 강도를 발휘하기 전에 해체해서는 안 되며, 그 시기 및 순서는 공사시방으로 정하거나, 공사감독자의 지시에 따른다.

⑥ 거푸집 및 동바리의 해체 시기 및 순서는 시멘트의 성질, 콘크리트의 배합, 구조물의 종류와 중요도, 부재의 종류 및 크기, 부재가 받는 하중, 콘크리트 내부의 온도와 표면 온도의 차이 등을 고려하여 결정하고 책임기술인의 검토 및 확인 후 공사감독자의 승인을 받는다.

⑦ 해체한 거푸집은 신속하게 반출하여 작업공간을 확보하고, 재사용을 고려한 거푸집은 다음 작업 장소로 이동이 용이한 곳에 적재하여야 한다.

⑧ 자재를 슬래브 위에 쌓아 놓는 경우에는 콘크리트의 재령에 따른 허용하중을 추정하여 자재를 분산시키도록 한다.

⑨ 거푸집 해체 후 거푸집 이음매에 생긴 돌출부를 제거하고, 구멍이 있는 경우에는 구조

체에 사용했던 콘크리트와 같은 배합비의 모르타르로 메워야 한다.

⑩ 구조물의 강도에 영향을 미치거나 철근의 수명에 해를 끼칠만한 정도의 큰 구멍이 생겼을 경우, 영향권 내의 콘크리트를 제거하고 다시 시공하여야 한다.

⑪ 거푸집을 해체한 콘크리트 면이 거칠게 마무리된 경우, 구멍 및 기타 결함이 있는 부위는 땜질하고, 6 mm 이상의 돌기물은 제거한다.

⑫ 거푸집 및 동바리를 해체한 직후 구조물에 재하하는 하중은 콘크리트의 강도, 구조물의 종류, 작용하중의 종류와 크기 등을 고려하여 유해한 균열 및 기타 손상이 발생하지 않는 범위 이내로 한다.

(2) 거푸집 존치기간

① 공사시방서에 의하여 별도로 존치 기간이나 거푸집 해체 가능 강도가 정해져 있지 않은 경우에는 다음 사항에 따른다.

② 콘크리트를 지탱하지 않은 부위, 즉 기초, 보, 기둥, 벽 등의 측면 거푸집의 경우 콘크리트 압축강도가 5 MPa 이상 도달한 경우 거푸집 널을 해체할 수 있다(표 참조). 다만, 거푸집 널 존치기간 중의 평균 기온이 10℃ 이상인 경우는 콘크리트 재령이 아래 표에 주어진 재령 이상 경과하면 압축강도 시험을 하지 않고도 해체할 수 있다.

③ 슬래브 및 보의 밑면, 아치 내면의 거푸집 널 존치기간은 현장 양생한 공시체의 콘크리트의 압축강도 시험에 의하여 설계기준강도의 2/3 이상의 값에 도달한 경우 거푸집 널을 해체할 수 있다. 다만, 14 MPa 이상이어야 한다(표 참조).

콘크리트의 압축강도 시험을 하는 경우 거푸집 널의 해체 시기

부재		콘크리트의 압축강도
확대기초, 보, 기둥, 벽 등의 측면		5 MPa 이상
슬래브 및 보의 밑면, 아치 내면	단층구조의 경우	설계기준압 축강도의 2/3배 이상 또한, 14 MPa 이상
	다층구조인 경우	설계기준 압축강도 이상 (필러 동바리 구조를 이용할 경우는 구조계산에 의해 기간을 단축할 수 있음. 단, 이 경우라도 최소강도는 14 MPa 이상으로 함)

④ 조강시멘트를 사용한 경우 또는 강도 시험결과에 따라 하중에 견딜만한 충분한 강도를 얻을 수 있는 경우에는 공사감독자의 승인을 받아 거푸집 널 제거 시기를 조정할 수 있다.

⑤ 보, 슬래브 및 아치 하부의 거푸집 널은 원칙적으로 동바리를 해체한 후에 해체하도록 한다. 그러나 구조설계로 안전성이 확보된 양의 동바리를 현 상태대로 유지하도록 설계·시공된 경우 콘크리트를 10℃ 이상 온도에서 4일 이상 양생한 후 사전에 책임기술인의 검토 및 확인 후 공사감독자의 승인을 받아 해체할 수 있다.

콘크리트의 압축강도를 시험하지 않을 경우(기초, 보, 기둥 및 벽의 측면) 거푸집 널의 해체 시기

시멘트의 종류 / 평균 기온	조강포틀랜드 시멘트	보통포틀랜드 시멘트 고로슬래그 시멘트(1종) 포틀랜드포졸란 시멘트(A종) 플라이애쉬 시멘트(1종)	고로슬래그 시멘트(2종) 포틀랜드포졸란 시멘트(B종) 플라이애쉬 시멘트(2종)
20℃ 이상	2일	3일	4일
20℃ 미만 10℃ 이상	3일	4일	6일

⑥ 강도의 확인은 현장에서 양생한 표준공시체 혹은 타설된 콘크리트의 압축강도 시험으로 확인한다.

⑦ 연속 또는 강성구조교량의 타설된 경간을 지지하는 동바리는 인접하여 타설될 경간에서 동바리가 해체되는 경간의 1/2 이상 길이에 대한 콘크리트 타설 후, 소정의 강도에 도달한 후에 해체하여야 한다. 다만, 교량 바닥판의 동바리와 공사감독자의 승인을 받은 경우에는 예외로 할 수 있다.

⑧ 아치교의 동바리는 아치가 서서히 균일하게 하중을 받을 수 있도록 상단부분부터 시작하여 단부로 균일하게 점진적으로 제거하여야 한다.

⑨ 콘크리트는 양생 시에 직사 일광이나 바람이 있거나 과도하게 건조하면 표면에 건조수축 및 균열이 발생하는 등 손상이 생기기 쉬우므로 거푸집 탈형 후에는 시트 등으로 직사 일광이나 강풍을 피하고 급격히 수분의 증발을 방지하여야 한다.

(3) 동바리 재설치

① 콘크리트의 타설하중과 동바리 자중에 대하여 하부 슬래브 및 보의 지지성능이 부족할 경우, 하부 슬래브 및 보 타설 시 설치한 동바리를 해체하지 않고 존치하거나, 적절한 동바리를 재설치하여야 하며, 고층건물의 경우 최소 3개 층에 걸쳐 동바리를 재설치하여야 한다.

② 각 층에 재설치 되는 동바리는 동일한 위치에 놓이게 하는 것을 원칙으로 한다. 다만, 구조계산에 의하여 그 안전성을 확인한 경우에는 예외로 한다.

③ 동바리 재설치는 지지하는 구조물에 변형이 없도록 밀착하되, 이로 인해 재설치 된 동바리에 별도의 하중이 재하 되지 않도록 하여야 한다.

④ 동바리 해체 시 해당 부재에 가해지는 하중이 구조계산서에서 제시한 그 부재의 설계하중을 상회하는 경우에는 전술한 존치기간에 관계없이 구조계산에 의하여 충분히 안전한 것을 확인한 후에 해체한다.

⑤ 재설치된 동바리로 연결된 부재들은 하중에 의하여 동일한 거동을 하며, 각 부재들은 각각의 강성에 의하여 하중을 부담하는 것으로 한다.

⑥ 거푸집 및 동바리를 떼어낸 직후의 구조물에 하중이 재하될 경우에는 콘크리트의 강도, 구조물의 종류, 작용하중의 종류와 크기 등을 고려하여 유해한 균열이나 손상을 받지 않도록 하여야 한다.

Chapter | 09

철골공사 작업안전

9.1 철골공사

철골 작업은 중량물을 취급하므로 작업원의 추락 재해나 재료, 공구의 취급상의 부주의로 낙하, 비래 재해 등을 발생시키고 중대 재해에 연결되는 요소를 많이 갖고 있다. 따라서 조립 작업에는 숙련된 작업원을 배치하고 작업의 준비나 순서 등을 충분히 협의하여 팀워크가 짜인 작업이 필요하다.

1 철골 구조의 역학적 분류

철골의 구조형식을 역학적으로 분류하면 라멘 구조, 트러스 구조가 있으며 축조의 접합 상태에 따라 분류하고 있다.

1) 라멘 구조(riged frame)

라멘 구조란 축조의 각절점이 강하게 접합되어 있는 구조이며 역학적으로 휨재, 압축재, 인장재가 결합되어 있는 형식이다.

2) 트러스 구조(truss frame)

트러스 구조는 골조의 각 절점이 모두 핀으로 접합되어 있으며 일반적으로 각 부재가 삼각형을 구성하는 골조이다. 역학적으로는 절점에 하중이 작용하면 각 부재에는 축방향력만이 전달된다.

2 철골공사 전 검토 사항

1) 설계도 및 공작도 확인

① 부재의 형상 및 치수(길이, 폭 및 두께), 접합부의 위치, 브라켓의 내민 치수, 건물의 높이 등을 확인하여 철골의 건립 형식이나 건립 작업상의 문제점, 관련 가설 설비 등을 검토하여야 한다.

② 부재의 최대 중량과 검토 결과에 따라 건립 기계의 종류를 선정하고 부재 수량에 따라 건립 공정을 검토하여 시공 기간 및 건립 기계의 대수를 결정하여야 한다.

③ 현장 용접의 유무, 이음부의 시공 난이도를 확인하고 건립 작업 방법을 결정하여야 한다.

④ 철골 철근 콘크리트조의 경우 철골 계단이 있으면 작업이 편리하므로 건립 순서 등을 검토하고 안전 작업에 이용하여야 한다.

⑤ 한쪽만 많이 내민 보가 있는 기둥은 취급이 곤란하므로 보를 절단하거나 또는 무게 중심의 위치를 명확히 하는 등의 필요한 조치를 해 두어야 한다. 또 폭이 좁고 길며 두께가 얇은 보나 기둥 등으로 가보강이 필요한 것은 이를 도면에 표시해 두어야 한다.

⑥ 건립 후에 가설 부재나 부품을 부착하는 것은 위험한 작업(고소 작업등)이 예상되므로 다음 사항을 사전에 계획하여 공작도에 포함시켜야 한다.

가. 외부 비계받이 및 화물 승강 설비용 브라켓
나. 기둥 승강용 트랩
다. 구명줄 설치용 고리
라. 건립에 필요한 와이어 걸이용 고리
마. 난간 설치용 부재
바. 기둥 및 보 중앙의 안전대 설치용 고리
사. 방망 설치용 부재
아. 비계 연결용 부재
자. 방호선반 설치용 부재
차 양중기 설치용 보강재

⑦ 구조 안전의 위험이 큰 다음 철골 구조물은 건립 중 강풍에 의한 풍압 등 외압에 대한 내력이 설계에 고려되었는지 확인하여야 한다.

가. 높이 20 m 이상의 구조물

나. 구조물의 폭과 높이의 비가 1 : 4 이상인 구조물

다. 단면구조에 현저한 차이가 있는 구조물

라. 연면적당 철골량이 50 kg/m^2 이하인 구조물

마. 기둥이 타이 플레이트(tie plate)형인 구조물

바. 이음부가 현장 용접인 구조물

2) 건립 계획

① 철골 건립 계획을 세우기 위하여 현지 조사를 실시할 때는 다음 사항을 조사·검토하여야 한다.

가. 현장 작업에서 발생되는 소음, 낙하물 등이 인근주민, 통행인, 가옥 등에 위해를 끼칠 우려가 있는지의 여부를 조사하고 대책을 수립하여야 한다.

나. 차량 통행이 인근 가옥, 전주, 가로수, 가스, 수도관 및 케이블 등의 지하 매설물에 지장을 주는지의 여부, 통행인 또는 차량 진행에 방해가 되는지의 여부, 자재 적치장의 소요 면적은 충분한지 등을 조사하여야 한다.

다. 건립용 기계의 부움이 오르내리거나 선회하는 작업반경 내에 인접 가옥 또는 전선이 없는지, 기타 주변 지형지물과의 간격과 높이 등을 조사하여야 한다.

② 건립 기계는 다음 사항을 검토하여 적절한 것을 선정하여야 한다.

가. 건립 기계의 출입로, 설치장소, 기계 조립에 필요한 면적, 이동식 크레인은 건물 주위 주행 통로의 유무, 타워크레인과 가이 데릭 등 기초 구조물을 필요로 하는 정치식 기계는 기초 구조물을 설치할 수 있는 공간과 면적 등을 검토하여야 한다.

나. 이동식 크레인의 엔진 소음은 부근의 환경을 해칠 우려가 있으므로 학교, 병원, 주택 등이 근접되어 있는 경우에는 소음을 측정 조사하고 소음 진동 허용치는 관계법에서 정하는 바에 따라 처리하여야 한다.

다. 건물의 길이 또는 높이 등 건물의 형태에 적합한 건립 기계를 선정하여야 한다.

라. 타워크레인, 가이 데릭, 삼각 데릭 등 정치식 건립 기계의 경우 그 기계의 작업 반경이 건물 전체를 수용할 수 있는지의 여부, 또 부움이 안전하게 인양할 수 있는 하중 범위, 수평거리, 수직 높이 등을 검토하여야 한다.

③ 건립 순서를 계획할 때는 다음 사항을 검토하여야 한다.

가. 철골 건립에 있어서는 현장 건립 순서와 공장 제작 순서가 일치되도록 계획하고 제작 검사의 사전 실시, 현장 운반 계획 등을 확인하여야 한다.

나. 어느 한 면만을 2절점 이상 동시에 세우는 것은 피해야 하며 1스팬 이상 수평 방향으로도 조립이 진행되도록 계획하여 좌굴, 탈락에 의한 도괴를 방지하여야 한다.

다. 건립 기계의 작업반경과 진행 방향을 고려하여 조립순서를 결정하고 조립 설치된 부재에 의해 후속 작업이 지장을 받지 않도록 계획하여야 한다.

라. 연속기둥 설치 시 기둥을 2개 세우면 기둥사이의 보를 동시에 설치하도록 하며 그다음의 기둥을 세울 때에도 계속 보를 연결시킴으로써 좌굴 및 편심에 의한 탈락 방지 등의 안전성을 확보하면서 건립을 진행시켜야 한다.

마. 건립 중 도괴를 방지하기 위하여 가보울트 체결 기간을 단축시킬 수 있도록 후속 공사를 계획하여야 한다.

④ 운반로의 교통 체계 또는 장애물에 의한 부재 반입의 제약, 작업시간의 제약 등을 고려하여 1일 작업량을 결정하여야 한다.

⑤ 강풍, 폭우 등과 같은 악천후 시에는 작업을 중지하여야 하며 특히 강풍 시에는 높은 곳에 있는 부재나 공구류가 낙하 비래하지 않도록 조치하여야 한다. 이때 작업을 중지해야 하는 악천후는 다음 경우를 말한다.

가. 풍속 : 10분간의 평균 풍속이 1초당 10 m 이상

나. 강우량 : 1시간당 1 mm 이상

다. 강설량 : 1시간당 10 mm 이상

풍속별 작업 범위

풍속(m/s)	종별	작업 범위
0~7	안전 작업 범위	전 작업 실시
7~10	주의 경보	외부 용접, 도장 작업 중지
10~14	경고 경보	건립 작업 중지
14 이상	위험 경보	고소 작업자는 즉시 철수하여 안전 대피

⑥ 건립 기계, 용접기 등의 사용에 필요한 전력과 기둥의 승강용 트랩, 구명줄, 추락 방지용 방망, 비계, 방호 절망, 통로 등의 배치 및 설치 방법을 검토하여야 한다.

⑦ 지휘명령 계통과 기계 공구류의 점검 및 취급 방법, 신호 방법, 악천후에 대비한 처리 방법 등을 검토하여야 한다.

3 철골 건립 전의 준비

1) 앵커볼트의 매립

① 앵커볼트는 매립 후에 수정하지 않도록 설치하여야 한다.

② 앵커볼트를 매립하는 정밀도는 다음 각목의 범위 이내여야 한다.

가. 기둥 중심은 기준선 및 인접 기둥의 중심에서 5 mm 이상 벗어나지 않을 것

나. 인접 기둥 간 중심 거리의 오차는 3 mm 이하일 것

다. 앵커볼트는 기둥 중심에서 2 mm 이상 벗어나지 않을 것

라. 베이스 플레이트의 하단은 기준 높이 및 인접 기둥의 높이에서 3 mm 이상 벗어나지 않을 것

③ 앵커볼트는 견고하게 고정시키고 이동, 변형이 발생하지 않도록 주의하면서 콘크리트를 타설해야 한다.

2) 기본 치수의 측정

① 기둥 간격, 수직, 수평도 등의 기본 치수를 측정하여 확인해야 한다.

② 부정확하게 설치된 앵커볼트는 수정하여야 한다.
③ 철골 기초 콘크리트의 배합 강도는 설계기준과 동일한지 확인하여야 한다.

4 철근 건립 작업

1) 건립 준비

① 지상 작업장에서 건립 준비 및 기계·기구를 배치할 경우에는 낙하물의 위험이 없는 평탄한 장소를 선정하여 정비하고 경사지에서는 작업대나 임시 발판 등을 설치하는 등 안전하게 한 후 작업하여야 한다.
② 건립 작업에 지장이 되는 수목은 제거하거나 이설하여야 한다.
③ 인근에 건축물 또는 고압선 등이 있는 경우에는 이에 대한 방호조치 및 안전조치를 하여야 한다.
④ 사용 전에 기계·기구에 대한 정비 및 보수를 철저히 실시하여야 한다.
⑤ 기계가 계획대로 배치되어 있는가, 윈치는 작업구역을 확인할 수 있는 곳에 위치하였는가, 기계에 부착된 앙카 등 고정장치와 기초 구조 등을 확인하여야 한다.

2) 철골 건립 공법

철골 건립공법을 결정하기 위해서는 건축물의 형상, 기둥과 보의 접합 방식, 입지 조건, 건립장비의 종류, 공기 등을 고려하여야 하며 건립공법은 아래와 같다.

풍속별 작업 범위

건립공법 건립장비	특징 개요도
층별건립공법 (쌓아올림공법)	• 가장 보편적인 방법 • 철골 건립 공기는 길지만 철골공사와 병행하여 하부 골조공사 가능 • 1절마다 건축물 전체 평면의 다림보기 조정가능 • 빌딩(중~초고층)에 적합
타워크레인	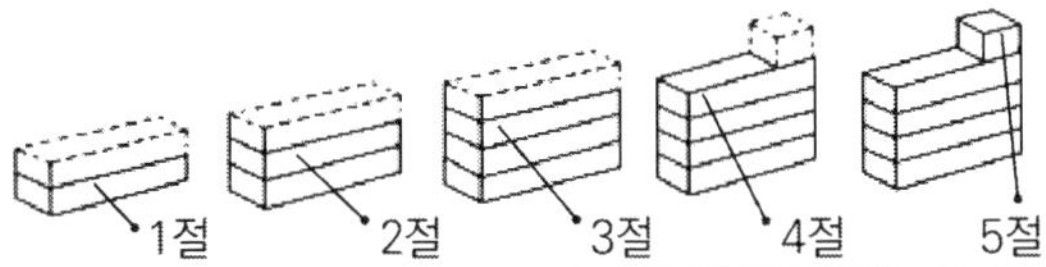
후진건립공법 (후퇴조립공법)	• 빌딩(높이 40 m 정도)에 적합 • 건립 기간이 짧고 좁은 부지에서도 작업 가능 • 다림보기 수정이 어려움(주의사항) • 철골 자립 검토 필요
이동식크레인	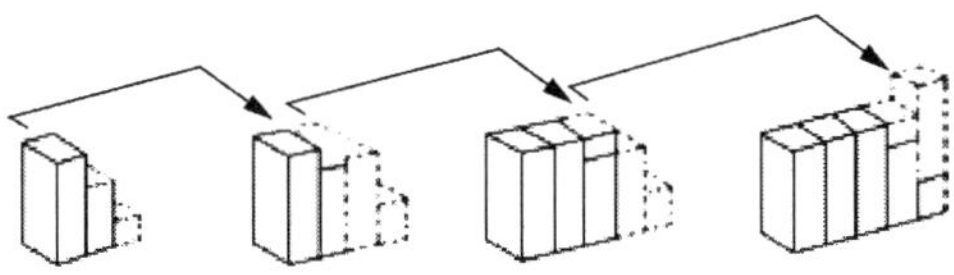
폭단위건립공법 (골조조립공법)	• 공장 등의 작은 건물과 저층의 폭이 좁고 긴 구조에 적합 • 축별건립공법에 비해 공기가 길어짐(주의사항) • 최초 1열이 자립하지 않을 때를 대비해 브레이싱 등 보강 필요
이동식크레인	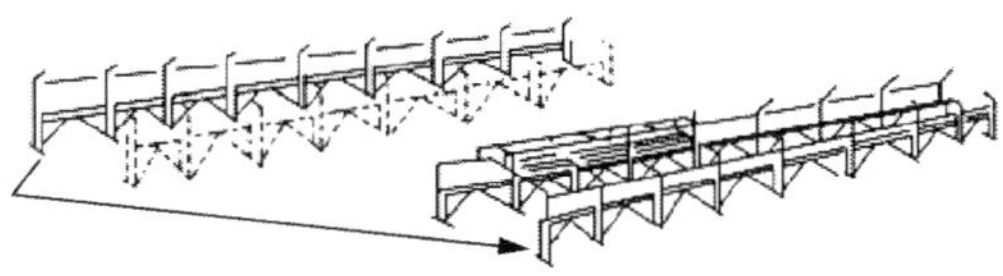
축별건립공법 (원통절단형 조립공법)	• 공장 등의 작은 건물과 저층의 폭이 좁고 긴 구조에 적합 • 폭단위건립공법에 비해 공기 단축 가능 • 높은 건물에는 부적합(주의사항) • 이동축의 진행방향 안전을 체크하여야 함(브레이싱 등 보강 필요)
이동식크레인	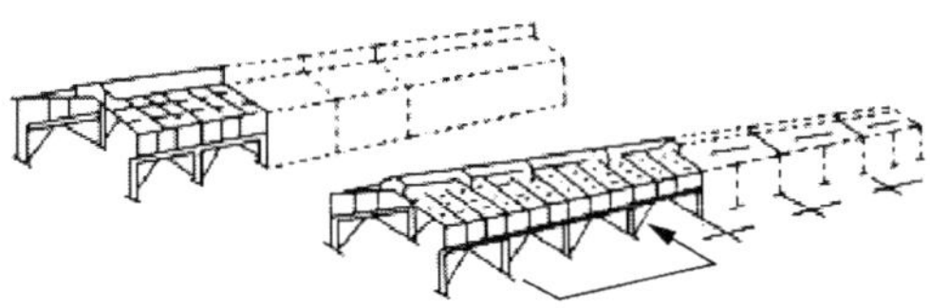

① 지상 작업장에서 건립 준비 및 기계 · 기구를 배치할 경우에는 낙하물의 위험이 없는 평탄한 장2. 철골 반입

② 다른 작업에 장해가 되지 않는 곳에 철골을 적치하여야 한다.

③ 받침대는 적치될 부재의 중량을 고려 적당한 간격으로 안정성 있는 것을 사용하여야 한다.

④ 부재 반입 시는 건립의 순서 등을 고려하여 반입하여야 하며 시공순서가 빠른 부재는 상단부에 위치하도록 한다.

⑤ 부재 하차 시는 쌓여있는 부재의 도괴에 대비하여야 한다.

⑥ 부재 하차 시 트럭 위에서의 작업은 불안정하므로 인양 시 부재가 무너지지 않도록 주의하여야 한다.

⑦ 부재에 로프를 체결하는 작업자는 경험이 풍부한 사람이 하도록 하여야 한다.

⑧ 인양 시 기계의 운전자는 서서히 들어 올려 일단 안정 상태로 된 것을 확인한 다음 다시 서서히 들어 올리며 트럭 적재함으로부터 2 m 정도가 되었을 때 수평 이동시켜야 한다.

⑨ 수평 이동 시는 다음 사항을 준수하여야 한다.

가. 전선 등 다른 장해물에 접촉할 우려는 없는지 확인하여야 한다.

나. 유도 로프를 끌거나 누르지 않도록 하여야 한다.

다. 인양된 부재의 아래쪽에 작업자가 들어가지 않도록 하여야 한다.

라. 내려야 할 지점에서 일단 정지시킨 후 흔들림을 정지시킨 다음 서서히 내리도록 하여야 한다.

⑩ 적치 시는 너무 높게 쌓지 않도록 하며 체인 등으로 묶어두거나 버팀대를 대어 넘어가지 않도록 하여야 하며 적치 높이는 적치 부재하단 폭의 1/3 이하이어야 한다.

3) 건립 작업

(1) 기둥 건립

1. 기둥의 인양

① 인양 와이어로프와 샤클, 받침대, 유도 로프, 구명용 마닐라 로프(기둥 승강용), 큰 지렛대, 드래프트 핀, 조임 기구 등을 준비하여야 한다.

② 발 디딜 곳, 손잡을 곳, 안전대 설치 장치 등을 확인하여야 한다.

③ 기둥 위쪽 끝의 볼트 구멍을 이용하여 인양용 장방형의 덧댐 철판을 부착하여야 한다. 이때 볼트는 무게를 충분히 견딜 수 있는 규격이어야 하며 덧댐철판이 휘지 않도록 충분히 체결하여야 한다.

④ 덧댐철판에 와이어로프를 설치할 때에는 샤클을 사용하여야 하며 샤클용 구멍이나 볼트 구멍에 와이어로프를 직접 걸이 사용해서는 안 된다.

⑤ 보의 브라켓 부재의 밑쪽에 와이어로프를 걸 경우는 밑에 보호용 굄재를 사용하여야 한다.

⑥ 후크에 인양 와이어로프를 걸 때에는 중심에 걸도록 하여야 하며 기둥 건립 작업 중 요동에 의한 탈락을 방지하기 위하여 해지판 설치 등 탈락 방지 기능이 있는 것을 사용하여야 한다.

⑦ 기둥을 일으켜 세울 때는 옆으로 미끄러지는 등의 위험을 방지하기 위하여 다음 사항을 준수하여야 한다.

가. 기둥을 일으켜 세우기 전에 기둥의 밑부분에 미끄럼 방지를 위한 깔판을 삽입하여야 한다.

나. 기둥을 일으켜 세울 때는 밑부분이 미끄러지지 않게 서서히 들어올려야 한다.

다. 좌우 회전 시 급히 움직이면 회전 운동이 발생하므로 서서히 실시해야 한다.

라. 달아 올린 기둥이 흔들릴 때는 일단 지면으로 내려 흔들림을 멈추게 한 다음 바로 잡아 다시 올려야 한다.

⑧ 권상, 수평 이동 및 선회 시에는 부재의 이동 범위 안에 사람이 없는 것을 확인한 후 실시하여야 한다.

⑨ 인양 및 부재에 로프를 매는 작업은 경험이 충분한 자가 하도록 해야 한다.

⑩ 철골 인양 시 통신, 신호 체계를 수립하고 충분한 사전 교육을 하여야 한다.

⑫ 철골 인양 작업 시 작업 책임자는 건립 기계와 인양 작업자를 동시에 관찰할 수 있는 지점에 위치하여야 한다.

2. 기둥의 고정

① 앵커볼트에 고정시키는 작업은 다음 순서에 따라야 한다.

가. 기둥의 인양은 고정시킬 바로 위에서 일단 멈춘 다음 손이 닿을 위치까지 내리도록 한다.

나. 앵커볼트의 바로 위까지 흔들림이 없도록 유도하면서 방향을 확인하고 천천히 내려야 한다.

다. 기둥 베이스 구멍을 통해 앵커볼트를 보면서 정확히 유도하고, 볼트가 손상되지 않도록 조심스럽게 제자리에 위치시켜야 한다. 이때 손발이 끼지 않도록 주의한다.

라. 바른 위치에 잘 들어갔는지 확인하고 앵커볼트 전체의 균형을 유지하면서 확실히 조여야 한다.

마. 인양 와이어로프를 제거하기 위하여 기둥 위로 올라갈 때 또는 기둥에서 내려올 때는 기둥의 트랩을 이용하여야 한다.

바. 인양 와이어로프를 풀어 제거할 때에는 안전대를 사용해야 하며 샤클핀이 빠져 떨어지는 일 등이 발생하지 않도록 주의해야 한다.

② 다른 철골 기둥에 접속시키는 작업은 다음 순서에 따라야 한다.

가. 작업자는 2인 1조로 하여 기둥에 올라간 다음 안전대를 기둥의 위쪽 부분에 설치한 후 인양되는 기둥을 기다리도록 한다.

나. 기둥이 아래층 기둥의 윗부분까지 인양되면 일단 동작을 정지시켜야 한다.

다. 인양된 기둥이 흔들리거나 기둥의 접속 방향이 맞지 않을 때는 신호를 명확히 하여 유도하여야 한다.

라. 기둥의 접속에 앞서 이음 철판(splice plate)에 설치된 볼트를 느슨하게 풀어둔다.

마. 아래층 기둥 윗부분 가까이 이동되면 작업자는 수공구 등을 이용하여 정확한 접속 위치로 유도하여야 한다.

바. 볼트를 필요한 수만큼 신속히 체결해야 한다.

사. 작업자가 기둥을 오르고 내릴 때에는 기둥의 트랩을 이용하고 인양 와이어로프를 제거할 때는 안전대를 사용하여야 한다.

(2) 보의 조립

1. 보의 인양

① 인양 와이어로프의 매달기 각도는 양변 60도를 기준으로 2열로 매달고 와이어 체

결 지점은 수평부재의 1/3 기점을 기준하여야 한다.

② 조립되는 순서에 따라 사용될 부재가 하단부에 적치되어 있을 때에는 상단부의 부재를 무너뜨리는 일이 없도록 주의하여 옆으로 옮긴 후 부재를 인양하여야 한다.

③ 크램프로 부재를 체결할 때는 다음 사항을 준수하여야 한다.

가. 크램프는 부재를 수평으로 하는 두 곳의 위치에 사용하여야 하며 부재 양단방향은 등간격이어야 한다.

나. 부득이 한 군데만을 사용할 때는 위험이 적은 장소로서 간단한 이동을 하는 경우에 한하여야 하며 부재 길이의 1/3 지점을 기준하여야 한다.

다. 두 곳을 매어 인양시킬 때 와이어로프의 내각은 60도 이하이어야 한다.

라. 크램프의 정격 용량 이상 매달지 않아야 한다.

마. 체결 작업 중 크램프 본체가 장애물에 부딪히지 않게 주의하여야 한다.

바. 크램프의 작동상태를 점검한 후 사용하여야 한다.

④ 유도로프는 확실히 매야 한다.

⑤ 인양할 때는 다음 사항을 준수하여야 한다.

가. 인양 와이어로프는 후크의 중심에 걸어야 하며 후크는 용접의 경우 용접장 등 용접 규격을 확인하여 인양 시 취성 파괴에 의한 탈락을 방지하여야 한다.

나. 신호자는 운전자가 잘 보이는 곳에서 신호하여야 한다.

다. 불안정하거나 매단 부재가 경사지면 지상에 내려 다시 체결하여야 한다.

라. 부재의 균형을 확인하면 서서히 인양하여야 한다.

마. 흔들리거나 선회하지 않도록 유도로프로 유도하며 장애물에 닿지 않도록 주의하여야 한다.

2. 보의 설치

① 보의 설치작업에 있어 반드시 안전대를 기둥의 본체 부재 또는 기둥 승강용 트랩에 걸어 추락을 방지하여야 한다.

② 작업자는 한 곳에 2인, 다른 곳에 1인 또는 2인 한 조가 되어 기둥에 올라가야 하며, 기둥 상단부 및 보 연결부 등에 안전대 부착설비를 하여야 한다.

③ 작업자가 기둥과 연결된 브라켓에 올라앉은 자세로 보를 설치할 수 있는 브라켓

형태의 보는 다음 순서에 따라 조립하여야 한다.

가. 보의 인양에 앞서 브라켓의 플랜지 상단에 가체결한 이음 철판(splice plate)의 볼트를 풀고 이 이음 철판을 브라켓의 플랜지 하단으로 옮겨 다시 볼트로 체결한다.

나. 인양된 보가 브라켓 가까이까지 인양되었으며 일단 멈추도록 해야 한다.

다. 인양된 보의 흔들림, 설치 방향을 확인하고 신호를 명확히 하여 브라켓의 바로 윗부분으로 정확하게 유도시킨다.

라. 보 양단의 작업자는 서로 협력하면서 수공구를 이용하여 볼트 구멍을 맞추도록 해야 된다.

마. 볼트 구멍이 맞지 않을 경우는 신속히 지지용 드래프트 핀을 타입해야 하며, 이때 필요 이상 무리한 힘을 가하여 볼트 구멍이 손상되지 않도록 하여야 한다.

바. 플랜지 상단, 웨브의 이음 철판을 필요한 만큼의 볼트로 체결하여 이때 철판을 손에서 떨어뜨리지 않도록 주의해야 한다.

④ 작업자가 기둥에 매달린 자세로 설치하게 되는 브라켓이 없는 형태의 보의 경우도 위 ③의 브라켓이 있는 형태의 보에서만 적용되는 부분을 제외하고는 모두 같은 요령으로 조립하여야 한다.

⑤ 인양 와이어 로프를 해체할 때에는 안전대를 사용하여 보 위를 이동하여야 하며 안전대를 설치할 구명줄은 보의 설치와 동시에 기둥 간에 설치하도록 해야 한다.

⑥ 해체한 와이어 로프는 후크에 걸어 내리며 밑으로 던져서는 안 된다.

5 철골공사용 가설 설비

1) 비계 및 작업발판

(1) 비계

① 달비계 등 전면에 걸쳐 설치하는 전면비계는 추락 방지용 방망을 연결 설치하여 사용해야 한다.

② 달기틀 및 달비계용 달기 체인은 "가설기자재 성능검정규격"에 적합한 것이어야 한다.

(2) 재료 적치 장소와 통로

① 철골 건립의 진행에 따라 공사용 재료, 공구, 용접기 등의 적치장소와 통로를 가설하여야 하며 구체공사에도 이용될 수 있도록 계획하여야 한다.

② 철골 철근 콘크리트조의 경우 작업장을 통상 연면적 1,000 m^2에 1개소를 설치하고 그 면적은 50 m^2 이상이어야 한다. 또한 2개소 이상 설치할 경우에는 작업장 간 상호 연락통로를 가설하여야 한다.

③ 작업장 설치 위치는 기중기의 선회 범위 내에서 수평 운반 거리가 가장 짧게 되도록 계획하여야 한다.

④ 계획상 최대 적재 하중과 작업 내용, 공정 등을 검토하여 작업장에 적재되는 자재의 수량, 배치방법 등의 제한 요령을 명확히 정하여 안전 수칙을 부과하여야 한다.

⑤ 철골조의 바닥에 철판을 부설하여 통로로 사용할 수 있으나 재료를 쌓아둘 수는 없으므로 스팬이 큰 건물에서는 가설 강재를 부설하여 사용토록 하여야 한다.

⑥ 건물 외부로 돌출된 작업장은 적재하중과 작업하중을 고려하여 충분한 안전성을 갖게 하여야 하며 작업자가 추락하지 않도록 난간과 낙하방지를 위한 안전 난간대 등 안전 설비를 갖추어야 한다.

⑦ 가설통로는 사용 목적에 따라 안전성을 충분히 고려하여 설치하여야 하며 통로 양측에 높이 90 cm, 수평충격력 100 kg 이상의 지지력이 있는 견고한 손잡이 난간을 설치하여야 한다.

(3) 동력 및 용접 설비

① 타워크레인을 사용하는 고층구조물의 경우에는 크레인이 위층으로 점차 이동하므로 크레인용 동력과 용접용 동력도 승강이 가능하도록 최상층 높이까지 이동할 수 있는 케이블 등을 준비하여야 한다.

② 현장 용접을 할 필요가 있을 경우에는 공정에 따른 용접량, 용접 방법, 용접 규격, 용접기의 대수 등을 정확히 계획하여야 한다.

③ 용접기, 용접봉, 건조기 등은 보관소를 따로 설치하여 작업장소의 이동에 따라 이동시

키면서 작업하도록 계획하여야 한다.

(4) 재해 방지 설비

① 철골공사에 있어서는 용도, 사용 장소 및 조건에 따라 재해 방지 설비를 갖추어야 한다.

재해 방지 설비

기능		용도, 사용 장소, 조건	설비
추락 방지	안전한 작업이 가능한 작업대	높이 2 m 이상의 장소로서 추락의 우려가 있는 작업	비계, 달비계, 수평 통로, 안전 난간대
	추락자가 보호할 수 있는 것	작업대 설치가 어렵거나 개구부 주위로 난간 설치 어려운 곳	추락 방지용 방망
	추락의 우려가 있는 위험장소에서 작업자의 행동을 제한하는 것	개구부 및 작업대의 끝	난간, 울타리
	작업자의 신체를 유지시키는 것	안전한 작업대나 난간 설비를 할 수 없는 곳	안전대 부착 설비, 안전대, 구명줄
낙하 및 비산 방지	위에서 낙하된 것을 막는 것	철골 건립, 보울트 체결 및 기타 상하 작업	방호철망, 방호 울타리, 가설 앵커 설비
	제3자의 위해 방지	보울트, 콘크리트 덩어리, 형틀재, 일반자재, 먼지 등이 낙하, 비산할 우려가 있는 작업	방호 철망, 방호 시트, 방호울타리 방호선반, 안전망
	불꽃의 비산 방지	용접, 용단을 수반하는 작업	석면포

② 고소작업에 따른 추락방지를 위하여 추락방지용 방망을 설치하도록 하고 작업자는 안전대를 사용하도록 하며 안전대 사용을 위해 미리 철골에 안전대 부착설비를 설치해 두어야 한다.

③ 구명줄을 설치할 경우에는 1가닥의 구명줄을 여러 명이 동시에 사용하지 않도록 하여야 하며 구명줄을 마닐라 로프 직경 16 mm를 기준하여 설치하고 작업 방법을 충분히 검토하여야 한다.

④ 낙하, 비래 및 비산 방지 설비는 지상층의 철골 건립 개시 전에 설치하고 철골건물의 높이가 지상 20 m 이하일 때는 방호선반을 1단 이상, 20 m 이상인 경우에는 2단 이상

설치토록 하며 설치 방법은 건물 외부 비계 방호 시트에서 수평거리로 2 m 이상 돌출하고 20도 이상의 각도를 유지시켜야 한다.

⑤ 외부 비계를 필요로 하지 않는 공법을 채택한 경우에도 낙하, 비래 및 비산 방지 설비를 하여야 하며 철골보 등을 이용하여 설치하여야 한다.

⑥ 화기를 사용할 경우에는 그곳에 불연 재료로 울타리를 설치하거나 석면포로 주위를 덮은 등의 조치를 취해야 한다.

⑦ 철골 건물 내부에 낙하 비래 방지 시설을 설치할 경우에는 일반적으로 3층 간격마다 수평으로 철망을 설치하여 작업자의 추락 방지 시설을 겸하도록 하되 기둥 주위에 공간이 생기지 않도록 하여야 한다.

⑧ 철골 건립 중 건립 위치까지 작업자가 안전하게 승강할 수 있는 사다리, 계단, 외부비계, 승강용 엘리베이터 등을 설치해야 하며 건립이 실시되는 층에서는 주로 기둥을 이용하여 올라가는 경우가 많으므로 기둥 승강 설비로서 기둥 제작 시 16 mm 철근 등을 이용하여 30 cm 이상의 폭으로 트랩을 설치하여야 하며 안전대 부착설비 구조를 겸용하여야 한다.

9.2 철골공사 재해 현황

1 철골공사 사망재해 현황

1) 공사 규모별 현황

1억 원 미만이 31.2%(102명)로 가장 많았다. 이어 1~3억 원 미만, 3~10억 원 미만, 20~50억 원 미만 등의 순으로 나타났으며, 특히 20억 원 미만의 소규모 현장에서 전체 사망자의 70% 이상을 점유하는 것으로 분석된다.

1억 원 미만	1~3억 원 미만	3~10억 원 미만	10~20억 원 미만	20~50억 원 미만	50~120억 원 미만	120억 원 이상	총계
102명 (31.2%)	53명 (16.2%)	47명 (14.4%)	29명 (8.9%)	44명 (13.5%)	23명 (7.0%)	29명 (8.9%)	327명 (100%)

2) 공사 종류별 현황

플랜트 · 공장에서 47.4%(155명)로 가장 많았고, 이어 창고, 빌딩, 근생 · 상가, 개보수 · 철거 등의 순으로 발생된다.

플랜트 공장	창고	빌딩	근생 상가	개보수 철거 공사	주택	학교 체육관	종교 후생 시설	주차 시설	기타	총계
155명 (47.4%)	67명 (20.5%)	28명 (836%)	24명 (7.3%)	15명 (4.6%)	6명 (1.8%)	6명 (1.8%)	5명 (1.5%)	3명 (0.9%)	18명 (5.5%)	327명 (100%)

3) 발생 형태별

떨어짐에서 83.8%(274명)로 가장 많았고, 다음으로 불균형 동작, 끼임, 깔림, 물체에 맞음 등의 순으로 발생된다.

떨어짐	불균형동작	끼임	깔림	물체에 맞음	부딪힘 접촉	감점	넘어짐	기타	총계
274명 (83.8%)	13명 (4.0%)	10명 (3.1%)	9명 (2.8%)	8명 (2.4%)	4명 (1.2%)	4명 (1.2%)	3명 (0.9%)	2명 (0.6%)	327명 (100%)

4) 추락 높이별 현황

높이별 떨어짐 사망자는 5~10 m 미만이 47.8%(131명)를 차지해 가장 많았고, 다음으로 10~15 m 미만, 2~5 m 미만 등의 순으로 발생된다.

2 m 미만	2~5 m 미만	5~10 m 미만	10~15 m 미만	15~20 m 미만	20 m 이상	총계
2명 (0.7%)	44명 (16.1%)	131명 (47.8%)	68명 (24.8%)	14명 (5.1%)	15명 (5.5%)	274명 (100%)

2 철골작업에서 주로 발생한 대표적인 재해

① 철골 부재 반입, 하차 시 철골부재에 끼임
② 이동식 크레인을 이용한 철골 부재 하역 시 철골 부재에 부딪힘
③ 철골 부재 인양 시 철골 부재 결속부 탈락에 의한 부재 떨어짐
④ 철골 부재 건립 시 설계도서 미준수로 무너짐
⑤ 철골 기둥 승강 시 안전대 미착용으로 떨어짐
⑥ 철골 부재 조립작업 중 안전대 미착용 또는 하부 추락방호망 미설치로 떨어짐
⑦ 철골 부재 용접 작업 중 감전
⑧ 데크플레이트 설치작업 중 개구부, 슬래브 단부로 떨어짐
⑨ 데크플레이트 판개 후 가용접 지연으로 근로자 떨어짐
⑩ 데크플레이트 걸침길이 부족 또는 단면결손 구간 보강 미흡 상태로 콘크리트타설 중 무너짐
⑪ 철골 부재 용단 또는 철근 압접 작업 중 역화에 의한 아세틸렌 · LPG 용기 폭발
⑫ 고소작업대 이용 내화피복 · 도장 작업 시 과상승으로 끼임
⑬ 이동식 크레인 붐 단부에 불법 탑승설비 부착 후 작업 중 연결부 탈락으로 떨어짐
⑭ 철골 지붕 위에서 지붕재 교체 · 해체작업 또는 이동 중 채광판 · 슬레이트 파손으로 떨어짐

9.3 철골공사 안전 관련 법령 및 기준

1 산업안전보건기준에 관한 규칙

1) 철골작업 시 안전관리

제380조(철골조립 시의 위험 방지) 사업주는 철골을 조립하는 경우에 철골의 접합부가 충

분히 지지되도록 볼트를 체결하거나 이와 같은 수준 이상의 견고한 구조가 되기 전에는 들어 올린 철골을 걸이로프 등으로부터 분리해서는 아니 된다. 〈개정 2019.1.31.〉

제381조(승강로의 설치) 사업주는 근로자가 수직 방향으로 이동하는 철골부재(鐵骨部材)에는 답단(踏段) 간격이 30 cm 이내인 고정된 승강로를 설치하여야 하며, 수평방향 철골과 수직방향 철골이 연결되는 부분에는 연결작업을 위하여 작업발판 등을 설치하여야 한다.

제382조(가설통로의 설치) 사업주는 철골작업을 하는 경우에 근로자의 주요 이동통로에 고정된 가설통로를 설치하여야 한다. 다만, 제44조에 따른 안전대의 부착설비 등을 갖춘 경우에는 그러하지 아니하다.

제383조(작업의 제한) 사업주는 다음 각 호의 어느 하나에 해당하는 경우에 철골작업을 중지하여야 한다.

1. 풍속이 초당 10 m 이상인 경우
2. 강우량이 시간당 1 mm 이상인 경우
3. 강설량이 시간당 1 cm 이상인 경우

2 강구조공사 일반사항(KCS 14 31 05 : 2019)

1) 시공 일반사항 – 안전시설

① 시공자는 현장조립 및 설치 시, 고소작업과 현장상황에 적합한 안전시설을 설치해야 한다.

② 안전시설용 장비는 장비의 성능시험에 합격한 장비를 사용해야 한다.

③ 공사에 대한 안전관리는 산업안전보건법 관리규정에 적합해야 한다.

2) 조립 설치 안전시설

(1) 준비 및 안전대책

현장조립 작업 시 안전에 대한 기술적인 요구사항이 준수될 때까지 공사를 시작해서는 안 되며 다음과 같은 사항들이 반드시 고려되어야 한다.

① 크레인과 접근 장비의 확고한지지 대책과 유지 방법
② 현장으로의 접근로와 현장 내에서의 도로계획
③ 플랜트의 안전한 운용에 영향을 미칠 지반 조건
④ 구조물 가설 지지대의 예측 가능한 침하
⑤ 지하 시설물, 가공선이나 현장 장애물의 상세
⑥ 현장 반입 물품들의 치수 및 무게 제한
⑦ 현장 내와 주변의 특이한 환경문제와 기후조건
⑧ 작업에 영향을 주거나 또는 받는 인접 구조물의 정보
⑨ 다른 공정과의 협력작업을 위한 사전에 조율된 작업절차
⑩ 구조물의 적재하중, 강풍, 지진, 적설하중에 대한 안전성
⑪ 부재 낙하방지 및 작업원의 추락방지 등 안전대책
⑫ 강재작업 시 허용 가능한 최대 가설 및 적재하중
⑬ 합성구조 가설 시 콘크리트 타설 관리
⑭ 곡선교의 경우 부반력 검토 등 전도 안전성 확보
⑮ 교량 받침 등 먼저 설치된 구조물과의 간섭 사항 검토

(2) 공사용 가설물준비 및 안전장치 설치

강재의 설치, 본 접합 등을 위해 각 작업마다에 필요한 비계, 통로, 자재보관, 안전, 양생 설비를 설치해야 하며, 구조형식, 설치 순서, 지상조립방법 등에 의해 가설물 설치계획이 다르므로 시공계획에 가장 적합한 것인가를 확인한다.

1. 비계, 통로의 안전
   ① 사다리, 안전로프, 안전블록 등은 주로 비계공의 승강, 수평이동을 위해 필요하며 강부재 형상, 치수, 추락방지에 대한 적합성을 확인한다.
   ② 용접 시에는 용접기, 가스통, 용접와이어 및 자재를 쌓아 놓는 경우에는 중량이 50~60 kN에 이르는 경우가 있으므로 이에 대한 안전성을 확보해야 한다.

③ 비계의 안전을 확보하기 위해 가설 안전설비의 부착 및 고정방법을 확인하고, 설치 순서, 작업순서를 확인한 후 안전설비를 설치해야 한다.

④ 비계에 설치하는 가설 안전설비는 부재에 손상 혹은 마모가 발생하지 않도록 주의해야 하고, 특히 와이어로프, 체인 등에 손상 혹은 마모가 발생한 경우에는 즉시 교체해야 한다.

2. 현장용접 시의 방풍대책

① 용접결함을 방지하기 위해 용접부에서의 풍속을 제어하기 위한 방풍대책을 수립해야 한다.

② 가스실드아크 반자동용접에서는 용접부에서의 풍속을 2 m/s 이하로 하고, 피복아크용접과 셀프실드아크 반자동용접은 풍속을 10 m/s 이하로 해야 한다. 그 이상일 경우에는 바람막이를 설치해야 한다.

③ 용접부의 풍속을 제어하기 위해 용접 개소 전체를 둘러막아서 양생한다.

④ 용접 불꽃과 가우징 불꽃에 의한 화재를 방지하기 위해 불연재로 양생해야 한다.

3. 낙하방지대책

① 강구조 설치와 동시작업으로 수평, 수직의 낙하방지를 위해 안전망을 설치해야 한다.

② 통로의 배치 및 작업내용에 적합한 안전망 설치계획을 수립하고, 작업감독원의 승인을 받아야 한다.

4. 크레인의 안전

① 설치용 크레인은 설치 지반의 내력과 크레인 최대하중을 확인하고 전도 방지대책을 수립해야 한다.

② 크레인의 설치 위치를 확인하고, 크레인의 회전범위 내에서는 작업을 금지해야 한다.

③ 크레인 설치 위치 및 설정하중을 확인하고, 만일 대지가 협소할 경우 적법한 절차를 걸쳐서 보행자 안전을 위한 낙하물 방호용 안전통로를 설치한다.

3) 가시설공사

(1) 지지대 설치

1. 지지대 확인
   ① 지지대의 상태와 위치는 반드시 설치 전에 적절한 시각적인 측정장비를 이용해서 확인해야 한다.
   ② 만일 지지대를 설치하기에 적절하지 않으면 설치하기 전에 반드시 수정해야 한다. 또한 무엇이 불일치했는지에 대해서 반드시 기록해야 한다.

2. 지지대의 설치와 적합성
   ① 모든 기초와 기초 볼트 및 강재작업을 위한 다른 지지대들은 강재 구조물을 놓기에 적합하게 준비되어야 한다.
   ② 지지대, 앵커나 받침의 위치와 높이에 대해 공사감독자의 확인 및 승인을 득하기 전에는 설치해서는 안 된다.
   ③ 기초 볼트를 미리 긴장한다면 최소한 볼트상단 100 mm까지는 콘크리트가 부착되지 않도록 배치해야 한다.
   ④ 슬리브(sleeve)안으로 들어가도록 계획된 기초 볼트는 볼트 직경(최소 75 mm)의 3배의 슬리브와 같이 공급되어야 한다.

3. 지지대의 적합성 유지
   ① 설치가 진행되는 중에, 강재 작업의 지지대는 설치가 시작됐을 때의 상태와 동일한 상태가 유지되어야 한다.
   ② 부식방지를 위해 필요한 지지대의 면적이 확보되어야 하며, 적절한 부식방지대책이 수립되어야 한다.
   ③ 특별한 규정이 없다면, 지지대의 침하에 대한 보정이 적절히 이루어져야 한다. 보정은 설치물과 지지대 사이의 그라우팅(grouting)이나 패킹(packing)으로 처리하는 것이 좋다. 보정은 일반적으로 받침 밑에서 실시한다.
   ④ 시공자는 현장조립 및 설치 시, 고소작업과 현장 상황에 적합한 안전시설을 설치해야 한다.

Chapter 10

마감공사 작업안전

구조물 신축공사는 일반적으로 굴착공사, 기초공사, 골조공사, 설비 및 마감 공사 순으로 진행된다. 이 중 마감공사는 공사의 마무리 단계로서, 준공된 구조물의 기능, 미관등 사용성과 당초 사용 목적의 만족성에 중요한 영향을 미치는 공종이다. 그리고 기계전기설비, 배관 등 타 공종과 동시에 작업이 진행되는 경우가 많고 인력이 많이 투입되므로 철저한 안전관리가 요구된다.

마감공사는 구조물의 골조를 완료한 후 그 외부와 내부를 마감하는 공사로 구분할 수 있다. 건축물은 내부공간에 의해 당초 계획했던 기능을 수행하게 되는데, 최근사회 · 기술의 발전과 사용자의 필요에 따라서 내부공간에 요구되는 기능들이 점점 복잡 · 다양해지고 있다. 내부공간은 바닥, 천장 및 벽체로 구성되며, 내부공간에 요구되는 기능에 따라 적합한 성능의 마감재가 선정되어야 한다. 조적 · 미장 · 견출 공사는 바닥 및 벽체를 구성하여 내부공간을 창조하는 생산행위이다.

10.1 조적 공사

1 조적공사 특징

조적공사는 특히 마감공사의 시작이 되는 주요한 공종의 하나로써 골조공사와 마감공사를 이어주는 가교 역할을 하는 공사이다.

조적공사에 사용되는 주요 자재는 벽돌, 블록, 시멘트, 모래 등 취급하기가 비교적 용이한 재료들이다. 하지만 인력 운반이 많고 규격화된 작업발판 및 가설기자재 사용을 기피하여 운반 및 작업 중 떨어짐, 넘어짐, 무너짐, 끼임, 부딪힘 등의 재해발생 요인이 잠재해 있다. 골조공사가 80% 정도 진행되었을 때 조적공사를 시작하는 것이 이상적이며, 층당 소요시간(작업시간)이 타 공사에 비해 비교적 짧다.

2 분류

조적공사는 모르타르를 사용하여 벽돌 및 블록 등을 쌓아 구조물을 축조하거나, 장치하는 공사를 말하며,

① 사용 재료에 따라 벽돌공사, 블록공사, 석공사 등으로 구분하고
② 구조 · 용도에 따라 내력벽, 칸막이벽, 중공벽 등을 형성시키는 공사로 분류되며
③ 공사 규모에 따라 소규모 건설현장에서는 내력벽 공사가, 아파트 등 중 · 대형 건설현장에서는 칸막이벽 등의 비구조용 공사가 주종을 이루고 있다.

3 벽돌공사

벽돌공사는 조적공사의 일종으로써, 시멘트벽돌 또는 적벽돌을 모르타르를 이용하여 쌓아 건물의 벽체, 기둥 등을 구성하는 공사이다. 벽돌조 건물은 벽 두께가 두꺼워 실내면적이 줄어들고 건물의 무게가 무거우며 지진, 풍압, 기타의 횡력에 약하다.

그러나 내화, 내구적이고 압축력에 강하며 외관이 미려하고 구조 및 시공법이 간단하고 건축공사비도 저렴하여 많이 사용되고 있다.

장점	단점
• 내구, 내화적이다. • 방한, 방서에 유리하다. • 구조가 간단하고 시공이 용이하다. • 건축공사비가 저렴하다.	• 벽체에 습기가 차기 쉽다. • 횡력에 약하여 대규모 건물에는 부적합하다. • 습기 방지를 위해 공간 쌓기를 해야 한다. • 벽 두께가 커져 실내 유효면적이 감소한다. • 건물 자체의 무게가 무겁다. • 형태를 자유롭게 할 수 없다.

1) 벽돌의 종류

(1) 보통벽돌(Common Brick)

진흙을 소성하여 만든 벽돌을 보통벽돌이라 한다. 완전 연소로 구운 적벽돌(붉은벽돌)과 불완전 연소로 구운 빛깔이 검게 된 검정벽돌이 있으며, 통상 적벽돌을 보통벽돌이라 칭한다. 검정벽돌은 주로 치장용으로 많이 사용한다.

(2) 이형벽돌(Special Brick, Moulded Brick)

구조물의 용도에 따라 특별한 형태로 제작된 벽돌을 이형벽돌이라 하며, 일반적으로 사용하는 보통벽돌과는 형상, 치수, 빛깔, 원료 등에 차이가 있다.

(3) 경량벽돌(Light Weight Brick)

벽돌의 중량을 감소시키거나 단열 및 흡음의 목적으로 만든 벽돌을 경량벽돌이라 하며 다공질벽돌과 구멍벽돌이 있다.

(4) 내화벽돌(Fire Brick)

내화점토로 만든 벽돌로 내화도가 1,500～2,000℃ 정도인 황백색의 벽돌을 내화벽돌이라 한다. 부뚜막, 굴뚝, 보일러실 등 항상 화열을 접하는 곳의 안벽 쌓기에 사용되며 내화도에 따라 저급품, 고급품으로 구별한다.

(5) 시멘트벽돌(Cement Brick)

시멘트와 모래를 배합하여 가압성형을 한 후 양생한 것으로 미관이 필요하지 않은 건축물의 내·외벽에 주로 사용한다.

2) 벽돌쌓기 준수사항

① 벽돌은 쌓기 2～3일 전에 물을 충분히 흡수시켜, 모르타르가 수분을 흡수하는 것을

방지한다.

② 벽돌 1일 쌓기 높이는 1.2~1.5 m(17~20켜)로 한다.

③ 내화벽돌은 물을 사용하지 않는다.

④ 벽돌 나누기를 정확히 하여 토막벽돌이 생기지 않게 한다.

⑤ 모르타르 강도는 벽돌 강도 이상이 되도록 한다.

⑥ 굳기 시작한 모르타르는 절대로 사용하지 않는다.

⑦ 모르타르가 굳기 전에 하중이 가해지지 않게 한다.

⑧ 가로, 세로 줄눈의 너비는 10 mm가 표준이며 통줄눈이 생기지 않도록 한다.

⑨ 도면이나 특기시방서에 정하는 바가 없을 때는 영식 또는 화란식 쌓기법으로 한다.

⑩ 하루 작업이 끝날 때에 켜에 차이가 나면 층단들여쌓기를 하고, 모서리 벽의 물림은 켜걸음들여쌓기로 한다.

3) 벽돌쌓기 종류

벽돌쌓기의 기본 방법은 길이 방향으로만 쌓는 길이쌓기와 마구리가 보이는 방향으로 쌓는 마구리쌓기이다.

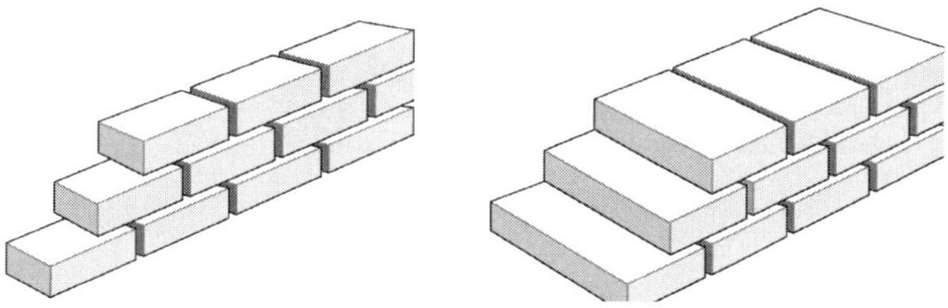

(1) 영식 쌓기(English bond)

길이쌓기와 마구리쌓기를 번갈아 사용하는 방식으로 벽돌을 쌓는 방법 중 가장 튼튼한 방법이다. 마구리켜에서 벽이나 모서리 부분은 반절이나 이오토막을 사용하여 끝선을 맞춘다.

(2) 화란식 쌓기(Dutch bond)

기본 패턴은 영식 쌓기와 동일하지만, 길이켜에서 벽이나 모서리 부분에 칠오토막을 사용하여 영식 쌓기에 비해 시공이 간편하고, 모서리가 튼튼하게 시공되어 가장 많이 사용되는 방식이다.

(3) 불식 쌓기(Flemish bond)

한 켜에서 길이와 마구리가 번갈아 나오도록 쌓은 방법이다. 온장 외에 반절, 이오토막, 칠오토막을 사용하여 모서리를 맞추고 내부에 통줄눈이 많이 생기는 단점이 있다.

(4) 미식 쌓기(American bond)

뒷면은 영식 쌓기로 하고 표면의 치장 벽돌은 5켜 정도를 길이쌓기, 한 켜를 마구리쌓기로 하여 뒷면의 벽돌과 맞물리도록 쌓는 방법으로 빠르게 작업을 할 수 있다.

4) 줄눈의 종류

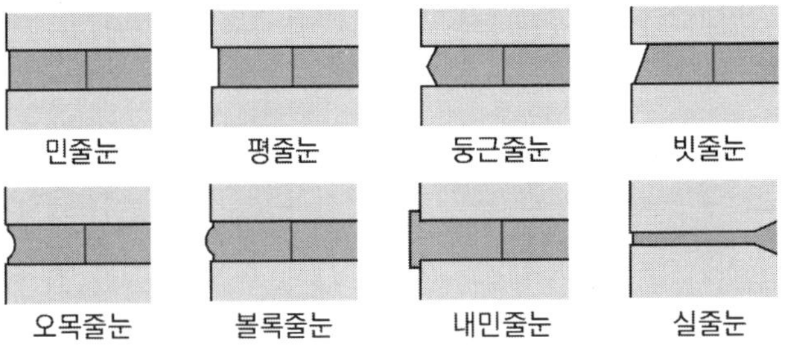

4 블록공사

시멘트에 모래, 왕모래, 잔자갈 등을 섞어 진동 가압하여 성형한 블록과 모르타르를 사용하여 건축물 내외 마감 및 구조 벽체를 만드는 공사로 블록 조적공사와 보강블록 조적공사가 있다. 방화적이고 공사비가 저렴하다는 특징이 있으며, 필요에 따라 철근콘크리트로 보강하여 사용할 수 있다.

1) 분류

① 단순조적 블록조 : 보강철근 및 콘크리트를 사용하지 않고 개개의 블록을 모르타르로 붙여 쌓아 내력벽 또는 장막벽으로 사용하는 것으로 가장 전통적인 블록조의 형태

② 철근콘크리트 블록조 : 블록의 빈 속을 철근과 콘크리트로 보강하여 철근콘크리트 라멘체와 같이 횡력에도 저항할 수 있도록 구성한 것으로 단순조적조와 라멘체의 중간에 해당하는 구조

③ 거푸집 블록조 : 거푸집 대신 껍데기 블록을 쌓고 그 안에 철근을 배근하고 콘크리트를 부어 철근콘크리트 구조로 한 것

2) 블록쌓기 준수사항

① 살 두께가 두꺼운 면이 위로 가도록 쌓는다.

② 하루 쌓기 높이는 1.2∼1.5 m(6∼7켜) 이내를 표준으로 한다.

③ 줄눈은 막힌 줄눈으로 하고, 줄눈 두께는 10 mm가 되게 한다.

④ 직교하는 벽은 통줄눈으로 하고 줄눈에 철근 또는 철망을 넣어 보강한다.

⑤ 블록 벽면에 부득이 줄홈을 파서 배관할 때는 그 자리에 사용한 블록의 빈 속까지 모두 모르타르 또는 콘크리트로 채운다.

⑥ 콘크리트용 블록은 물축임을 하지 말아야 한다(모르타르 접촉면에만 물을 축인다).

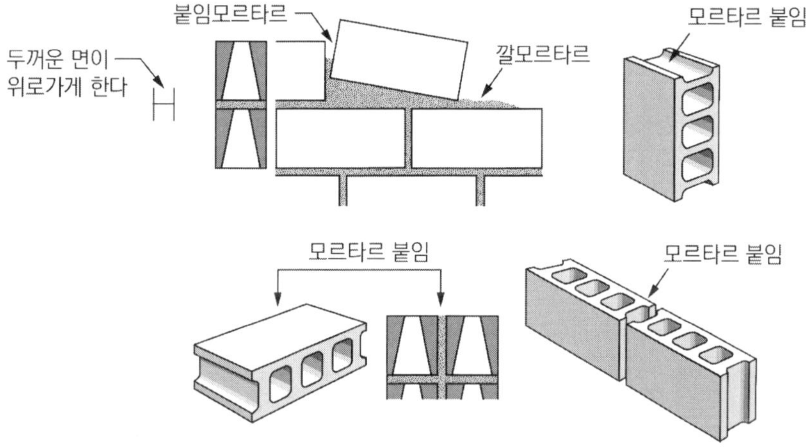

3) 철근콘크리트 보강블록공사

① 단순조적 블록조와 같은 방법으로 블록공사를 하되 블록의 빈 속을 철근과 콘크리트로 보강하여 내력벽 또는 이에 준하는 장막벽을 구성하는 것을 말한다.

② 철근은 보통 원형철근을 이용하고, 결속선은 0.8 mm(BWG #21) 이상의 철선을 달구어 사용한다.

③ 보강블록조는 원칙적으로 통줄눈쌓기로 한다.

5 돌쌓기 공사

일반적으로 석공사는 화성암, 변성암, 수성암 및 테라조, 인조대리석을 내 · 외부 바닥, 내 · 외부 벽체, 내 · 외부 계단, 조형물, 기념물 등에 습식공법으로 설치하거나 연결철물을 사용하여 벽체(경량벽체 포함) 등을 건식공법으로 설치하는 공사, 석재쌓기공사, 석축공사 등으로 구분한다. 이 자료에서는 이 중 석재쌓기공사와 석축공사만을 대상으로 한다.

1) 돌쌓기 용어

① 발파석 : 석산에서 원석을 발파한 그대로의 상태로 가공이나 연마 없이 생산한 제품

② 사석 : 석산에서 원석을 발파한 그대로의 상태로 가공이나 연마 없이 생산한 제품. 가공하지 않은 것은 발파석과 같으나 무늬나 색상이 없는 제품. 돌담쌓기 등에서 밑창돌 밑에 지반 보강을 위해 까는 대형의 쇄석

③ 전석 : 원석을 발파한 상태로 0.5 m^3 이상의 비교적 큰 돌로 가공이나 연마 없이 생산한 제품

④ 조경석 : 석산에서 원석을 발파하여 모난 부분을 부드럽게 가공(굴착기 또는 조경석 가공기 사용) 연마한 후 검사 등을 거쳐 생산한 완제품. 조경석 규격을 말할 때 '2목' '4목' '6목' 등으로 부르는데 2명이 목도를 사용하여 들 수 있는 무게를 2목, 4명이 들 수 있는 무게를 4목 등으로 표현

⑤ 견치석 : 앞면 형상의 가로, 세로 크기와 뒷길이가 일정한 돌. 250 mm×250 mm×350

mm 또는 300 mm×300 mm×350 mm 등 규격에 맞는 것을 주로 사용

⑥ 피복석 : 비탈면을 보호하기 위해 쌓는 돌. 피복석으로는 크고 면이 확실한 것을 사용

⑦ 목도 : 무거운 물건이나 돌덩이를 밧줄로 얽어 어깨에 메고 옮기는 일 또는 그 일에 쓰는 둥근 나무 몽둥이

2) 돌쌓기 준수사항

① 바탕 면을 청소한 후 마주치는 면은 물축이기를 하고, 규준 틀에 따라 수평실을 치고 모서리 구석 등의 기준이 되는 위치에서부터 먹줄에 맞춰 정확히 설치한다.

② 하단의 석재를 쌓을 때 먹매김에 맞추어, 연결철물로 고정하고 석재 밑에 나무쐐기 등의 굄을 가설한 후 전면에 모르타르를 깔아 수평 · 수직을 유지하며 설치한다.

③ 나무쐐기는 모르타르가 굳은 다음 반드시 빼내고 그 자리는 모르타르로 메운다

④ 모르타르를 넣을 때 마주치는 면은 물축이기를 하고 줄눈에 색깔이 물들 우려가 없는 깨끗한 헝겊 등을 끼워 대고 모르타르를 매 켜마다 빈틈이 없게 채워 넣는다.

⑤ 1일의 쌓기 높이는 1 m 이내를 표준으로 하고, 밑켜의 줄눈 모르타르 양생 후에 위켜를 쌓는다.

⑥ 1일 쌓기 완료 후, 석재면에 맑은 물을 뿌리고 주걱 · 플라스틱 솔 등으로 누출된 모르타르, 이물질 등을 제거한다.

⑦ 석재 청소에는 원칙적으로 염산류를 사용하지 않으며, 부득이한 경우에는 사용한 후 즉시 물씻기를 충분히 해야 한다.

3) 석축공사 일반사항

① 석축 기초의 깊이는 시공 지역의 동결심도보다 최소 700 mm 이상 깊어야 한다.

② 작업 개시 전에 할 수 있는 한 많은 석재를 현장에 준비하여 마음대로 골라 쓸 수 있게 한다.

③ 옹벽용 석축의 규준 틀은 석축 앞면과 뒤채움의 후면에 설치한다.

④ 앞면 줄눈 모르타르는 석재쌓기 작업이 끝난 후에 한다.

⑤ 수중에서 석재쌓기 작업을 해서는 안 된다.

⑥ 석축공사의 전면 기울기는 메쌓기에서는 1 : 0.3, 찰쌓기에서는 1 : 0.2 이상을 표준으로 한다.
⑦ 모든 석축 부분은 거의 같은 높이로 쌓아 올린다.
⑧ 뒤채움 석재는 경질인 150 mm 이하의 잡석을 주로 사용하고 잔석재로 그 사이의 틈을 채운다.

4) 돌쌓기 방식

(1) 돌붙임

1 : 1 이상의 기울기를 기준으로 돌의 전면 면적이 넓게 하여 쌓는 방식으로 시공 면이 보기 좋고 빠른 시공이 가능하다.

(2) 돌쌓기

1 : 1 이하의 기울기에서 돌의 전면 크기보다는 돌의 뒷길이가 더 길게 하여 쌓는 방식으로 돌이 무너져 내릴 위험이 적다.

① 메쌓기 : 쌓는 석재의 마주치는 면을 다듬어 잘 맞닿게 하고 뒷고임 석재로 고정한 뒤 그 빈틈을 잔석재로 채우고, 넓고 큰 석재로 끝고임을 하고 그 빈틈을 잔석재로 채워 가며 돌을 쌓는 방식이다. 메쌓기는 돌의 자체 무게만으로 토압을 견뎌야 하기 때문에 돌을 세워 쌓거나 높이를 맞추기 위해 무리하게 고이지 않도록 하고 뒤채움돌이 안정되도록 자갈을 충분히 넣고 다짐을 하여야 한다.
② 찰쌓기 : 뒷고임 석재로 고여 있는 석재를 고정하고 각 수평층의 석재쌓기를 마칠 때마다 석재로 뒤채움하여 돌을 쌓는 방식을 말한다. 돌을 쌓고 전면의 돌 틈 사이를 콘크리트로 마감하는 방법과 돌 뒷부분만 콘크리트 타설을 하고 전면 돌 틈은 작은 돌로 자연스럽게 마감하는 방법이 있다.
   가. 뒤채움 석재는 콘크리트를 채우기 전에 물을 뿌려 적신다.
   나. 콘크리트를 채우고 6시간 이상 경과한 후 다시 그 위에 콘크리트를 채울 때는 그 윗면에 모르타르를 얇게 깐 다음에 한다.

다. 윗면 콘크리트는 뒤채움 콘크리트와 동시에 시공한다.

(3) 조경쌓기

돌을 보기 좋게 쌓는 방식으로 물살이 센 곳에서도 많이 적용되며 기초를 놓고 기초 뒤에 다음 돌을 끼워 쌓는 방식을 말한다. 바닷가 방파제 등에는 계단식으로 돌을 올려서 쌓기도 하지만 하천에서는 앞돌 뒤에 돌을 끼워 넣어야 하천 범람 등으로 인한 붕괴 위험이 적어진다.

10.2 미장공사

1 미장공사 특징

미장공사란 "건설현장에서 흙손 등을 사용하여 모르타르, 플라스터, 회반죽, 흙 등의 부정형(不定形) 재료를 바르거나 뿜칠하는 공사"를 말한다. 보통 건축공사의 9~12%를 차지하며, 골조공사 다음으로 비중이 큰 공사로서 건축물의 최종 마무리 또는 그 바탕이 되는 공사이다.

기능적인 면에서는 도장, 벽면 장식 등 마무리 공사를 위해 평탄한 바탕을 만드는 것과 그 자체로 평활하게 마무리하거나 거친 면을 마무리하는 것을 포함한다. 미장 인력의 기능도에 따라 품질이 다르고 복잡한 형태의 성형도 가능하여 모든 공정의 결함을 감싸주기도 하지만 균일성의 확보가 어렵다.

작업 전 필요한 자재 물량을 세대별, 층별, 부위별로 산출하여 자재(관급자재 포함) 반입에 차질이 없도록 조치한 후 시공에 임해야 공사에 차질이 없다. 미장공사의 일반적인 장점은 흙손 바르기의 이점으로 바탕의 요철을 어느 정도 해소할 수 있고 프리패브(prefab, pre-fabrication) 부재를 설치한 벽면에는 필연적으로 줄눈이 생기지만 미장 바르기로 시공하면 줄눈이 없는 벽이 가능하며, 우리나라에서 널리 생산되는 전형적인 재료를 이용하므로 전국적인 시공체계가 구축되어 있다는 점이다.

1) 미장공사 용어

① 건비빔 : 혼합한 미장 재료에 아직 반죽용 물을 섞지 않은 상태
② 결합재 : 시멘트, 플라스터, 소석회, 벽토, 합성수지 등 다른 미장 재료를 결합하여 경화시키는 재료
③ 고름질 : 바름두께 또는 마감 두께가 고르지 않거나 요철이 심할 때 초벌바름 위에 발라 면을 바르게 고르는 것
④ 규준대 고르기 : 평탄한 바름면을 만들기 위하여 잣대로 밀어 고르거나, 미리 발라 둔 규준대 면을 따라 붙여서 요철이 없는 바름면을 형성하는 것
⑤ 규준바름 : 미장바름 시 바름면의 규준이 되기도 하고, 규준대 고르기에 닿는 면이 되기 위해 기준선에 맞춰 미리 둑 모양 혹은 덩어리 모양으로 발라 놓은 것 또는 바르는 작업
⑥ 규준 설치 : 미장바름 시 바름면의 규준이 되기도 하고 규준대 고르기에 닿는 면이 되기 위해 코너비드 등 각종 비드 또는 규준대를 설치한 것 또는 그 설치작업
⑦ 물비빔 : 건비빔된 미장 재료에 물을 부어 바를 수 있도록 반죽된 상태
⑧ 덧먹임 : 바르기의 접합부 또는 균열의 틈새, 구멍 등에 반죽된 재료를 밀어 넣어 때우는 것
⑨ 물축이기 : 모르타르, 플라스터 등의 응결 경화에 필요한 물이 흡수되지 않도록 바탕면에 미리 물을 뿌리는 것
⑩ 초벌, 재벌, 정벌 바름 : 바름벽은 여러 층으로 나뉘어 바름이 이루어지는데, 바탕에 가까운 것부터 초벌바름, 재벌바름, 정벌바름이라 함

2) 미장 방법

(1) 손미장

손미장은 사람의 손으로 직접 시멘트, 모래, 물로 모르타르를 만들어 작업하는 것이다.

주로 벽체 미장이나 소량의 미장작업에 많이 사용하고 기계미장을 할 수 없을 때 하는 방법이다. 손미장은 사람이 재료를 배합하므로 품질이 균일하지 못하고 작업시간이 길다. 그에 따라 많은 인원이 필요하다. 만약 혼합하는 것이 힘들고 소량이면 시멘트, 모래가 미리 적확한 용량으로 혼합되어 나오는 레미탈 제품을 사용해도 된다. 바닥 같은 경우 스스로 바닥 수평을 잡아주는 수평 모르타르 제품도 있다.

(2) 기계미장

기계미장은 레미콘 공장에서 시멘트, 모래, 물이 정확하게 적정 비율로 배합된 모르타르를 레미콘 전용 차량을 이용해 운반하여 펌프카로 타설하는 것이다. 바닥 높이 x 평균 높이를 정확하게 계산해 레미콘 양, 동선, 시간 관리를 정확하게 해야 한다.

방통은 수택 한 층 전제 바닥에 미장하는 등 일정 규모 이상의 바닥 미장을 할 때 사용한다. 균일한 시공이 가능하고 작업시간이 짧다. 소규모 공사에는 손미장보다 비용이 더 들 수 있으니 판단을 잘해야 한다. 그리고 작업 전 작업계획서를 작성하고 미장 높이에 따라 거푸집 작업을 철저하게 해놓아야 한다. 작업 중에는 작업지휘자의 지휘 · 감독에 따라 작업계획서대로 작업해야 하고, 신호수를 배치해야 한다. 시공 후 양생 시 최소 2일 이상은 충격 없이 유지해야 한다. 그리고 바닥 난방배관의 들뜸이 없는지 잘 살펴야 한다.

2 견출공사 특징

견출공사란 "일명 면처리 공사라 하며 구체 콘크리트 골조 면을 평탄하고 매끄럽게 하는 공사"를 말한다. 도배나 도장 면을 평탄하고 매끄럽게 하는 것으로 중요한 공정이다.

공사 금액이 비교적 크고 미장공사의 중요한 부분을 차지한다. 아파트가 저층에서 고층화되어 감에 따라 골조가 라멘조에서 WALL로, 다시 BOX식으로 바뀌어 가는 경향에 힘입어 상대적으로 견출공사의 면적이 점차 늘어나는 추세이다. 또한 견출공사는 건축 전체 공정 중 소요 기간이 가장 길며, 구조물 공사가 끝나야 마무리되는 공정이어서 숙련된 기능공이 완벽하게 시공해야 하는 공사로 최근 인식되고 있다.

아울러 거푸집 제거, 콘크리트 타설 등 여러 가지 사정으로 인해 골조 면을 그대로 도배 또는 도장 면으로 하기에는 한계가 있으므로 견출공사의 중요성이 커지고 있다.

1) 작업내용

① 거푸집 제거 후 콘크리트가 완전 경화되기 전에 손보기 작업(그라인딩 또는 치핑)을 한다.

② 불필요한 철근, 긴결재, 철선 등은 주위를 쪼아내고 모르타르로 메꾼다.

③ 거푸집 이음 부위는 폭 10 cm 정도를 기준으로 한다.

④ 문틀 주위 5 cm 정도는 사춤, 미장한 후 견출작업을 한다.

⑤ 발코니, 복도 난간 턱 상부는 견출한 후 하드롱지(patronen paper) 등으로 보양한다.

10.3 마감공사 산업재해 현황

1 조적, 미장, 견출공사 재해 현황

최근 5년간(2016~2020년) 조적 및 미장 · 견출 공사에서 발생한 사고사망자 수는 연평균 17.2명이며, 자재 반입 및 운반 과정보다 시공 과정의 사망사고 발생률이 높았다(86명 중 69명). 시공 중 발생한 사망사고는 대부분 아파트, 주거 · 상업 시설 공사의 고소작업 중 떨어짐사고이다.

구분	2016	2017	2018	2019	2020	총계
계	19	27	21	12	7	86
자재반입 · 운반	5	5	3	4	–	17
시공	14	22	18	8	7	69

2 공사금액별 현황

공사 금액별로 보면, 20억 원 미만의 소규모 현장에서 조적 및 미장·견출 공사 중 발생한 사고사망자 수가 전체의 약 40.7%(86명 중 35명)를 차지하였다. 3억 원 미만의 경우 전체의 약 22.1%를 차지하였으며 2017년 이후 감소하였다.

3 공사 종류별 현황

조적 및 미장·견출 공사 중 발생한 사고사망자 수를 공사 현장별로 보면, 아파트가 25명으로 가장 많고, 이어 주거·상업, 주택, 학교, 건물 보수 등의 순이다. 시공 중 발생한 사고사망자 수가 자재·반입 중 발생한 사망자의 4배나 되었다.

구분	2016	2017	2018	2019	2020	총계
3억 원 미만	6	7	5	1	-	19
3~20억 원 미만	4	7	2	2	1	16
20~50억 원 미만	1	2	4	2	2	11
50~120억 원 미만	2	4	1	-	2	9
120~500억 원 미만	-	4	1	2	1	8
500~1,000억 원 미만	2	1	7	-	-	10
1,000억 원 이상	4	2	1	5	1	13
총계	19	27	21	22	7	86

구분	건축공사							토목공사		보수공사	총계
	아파트	주거, 상업	주택, 연립	학교	공장	종교, 숙박	기타 건축	도로	기타 토목	보수공사	
계	25	20	16	7	4	1	1	1	1	10	80
자재반입·운반	6	4	2	-	1	-	-	-	-	4	17
시공	19	16	14	7	3	1	1	1	1	6	69

4 기인물별 현황

조적 및 미장·견출 공사 중 발생한 사고사망자 수를 기인물별로 보면, 작업발판·가설계단과 비계가 각 9명으로 가장 많았다. 이어 이동식비계, 바닥 개구부, 기타 자재, 고소작업대 등의 순으로 나타났다.

구분	건축공사											토목공사		기타	계
	작업발판/가설계단	비계	이동식 비계	바닥개 구부	기타 자재	고소 작업대	리프트	슬래브 단부	지게차	말비계	사다리	토사	지붕		
사고 사망자	9	9	8	7	5	4	4	4	4	4	2	1	1	24	86

Chapter | 11

가설 전기공사 작업안전

11.1 건설 현장의 전기 재해

1 특징

건설 현장에서 발생하는 전기 재해의 유형은 제조업 분야에서와는 달리 작업의 특수성 때문에 충전부 등에 의한 감전 재해가 대부분을 차지하고 있으며 재해 통계에서 알 수 있듯이 빈도에 비해 강도가 훨씬 높은 편이다. 건설 현장에서 전기로 인한 재해는 주로 송배전선 및 이동식 전기기계 · 기구의 충전부에 접촉하거나 철근 또는 크레인 붐의 접촉으로 발생하며 투광기, 전동 공구 등의 전기기계 · 기구에 의한 누전으로 발생되고 있다. 특히 하절기에 많이 발생되고 있으며 300 V 이하의 저압으로 인한 감전 재해가 많다.

2 가설 전기의 재해 유형 및 원인

전기에 의한 재해를 크게 분류하면 전기 재해, 정전기 재해 및 낙뢰 재해로 분류하며, 전기 재해는 일반적으로 다른 재해에 비하여 발생률이 낮으나 재해가 발생하면 사망할 위험이 높다. 이것은 감전되었을 때의 호흡 정지, 심장 마비, 근육이 수축되는 등의 신체기능 장해와 그에 따른 추락 등으로 인한 2차 재해를 그 원인으로 볼 수 있다.

1) 재해 유형

① 전선에 인체가 접촉하여 감전

② 누전 상태에 있는 전기 기기에 접촉 감전

가. 둥근톱 기계 작업 중 감전

나. 코아 드릴 및 고속 절단기 등으로 구조물 및 철근 절단 작업 시 감전

다. 지하층에 설치된 투광기에 의한 감전

라. 양수기에 의한 감전

마 교류 아크 용접기를 사용 작업 중 감전

③ 고전압의 전선로에 인체, 자재, 공구 등이 근접하여 감전

가. 외부 비계상 작업 중 임시전선 또는 특고압선에 감전

나. 길이가 긴 자재 운반 시 고압선에 접촉 감전

다. 크레인 와이어가 고압선에 접촉되어 감전

라. 콘크리트 펌프 또는 크레인 등 중장비 붐대가 고압선에 접촉 감전

④ 전기 작업자에 의한 감전

가. 형광등 전원 결선 작업 중 감전

나. 선로 가설작업 중 고압선에 감전

다. 전주 위에서 선로 변경작업 중 고압선에 감전 추락

라. 전기 판넬 점검 중 감전

마. 양수 발전소 고압 차단기반 작업 중 감전

2) 재해 원인

① 임시 배선의 바닥 배선으로 인한 전선의 손상

② 충전 선로 및 충전부의 감전 방호조치 미실시

③ 전기설비(기계 · 기구) 및 임시 배선의 접지 미실시

④ 전기기계 · 기구의 절연 상태 불량

⑤ 화재 폭발 위험장소에서의 방폭 구조용 전기기계 · 기구 미사용

⑥ 콘센트 형 누전차단기 및 전용접속기구 미사용

⑦ 크레인 등 건설장비의 가공 전선로 접근 시 안전조치 미실시

⑧ 이동식 전기기계 · 기구의 감전 방지조치 미실시

3 감전시 인체에 주는 위험 요소

① 통전 전류의 크기(인체에 흐르는 전류의 값)

② 통전 시간

③ 전원의 종류, 직류보다 상용 주파수의 교류 전원이 더 위험하다.
④ 통전 경로와 전류가 흐르는 인체의 부위는 전격에 의한 사망의 주된 원인이 된다.

4 감전 재해의 방지 대책

1) 직접 접촉에 대한 방지 대책

작업 도중의 부주의나 기타 사고에 의하여 충전부에 작업자가 직접 접촉되어 발생하는 감전 사고의 방지 대책은 다음과 같다.

① 충전부가 노출되지 않도록 폐쇄형 외함 구조로 제작한다.
② 충전부에 방호망 또는 절연 덮개를 설치한다.
③ 전주 위 및 철탑 위 등 격리되어 있는 장소에는 관계 근로자 외에는 접근을 금지할 것
④ 발전소, 변전소, 개폐소 등 구획된 장소에는 관계 근로자 외의 출입을 금지시킨다.

2) 간접 접촉에 대한 방지 대책

① 보호 절연 : 전이 발생된 기기에 사람이 접촉하더라도 작업장소의 절연 및 대상 기기의 이중 절연으로 인체 전류의 통전 경로를 절연시킨다.
② 안전 전압 이하의 전기 기기 사용 : 안전 전압 이하의 전압을 사용하는 전기 기기를 사용함으로써 누전이 발생해도 감전 사고를 유발시키지 않도록 한다.
③ 보호 접지 : 명의 보호를 주목적으로 기기 외함을 접지시킨다.

11.2 가공 전선로에 대한 안전대책

1 가공 전선로의 충전부 근접 작업 시 안전대책

고압 및 특고압 가공 전선로와 인접한 장소에서 건설공사를 할 경우에는 작업자의 부주의로, 가공전선로와 접촉에 의한 감전 사고와 유도 전압에 의한 감전 사고가 발생한다.

이러한 재해는 전기 작업자뿐만 아니라 크레인 운전자 등의 일반 작업자에게서도 감전 사고의 주원인이 되므로 특히 가공 전선로와 근접 작업 시에는 작업 수칙을 철저히 지키고 관리 감독자 등 작업책임자의 지시에 따라야 한다.

1) 충전 전로의 근접 작업 시 안전조치 사항

① 해당 충전 전로를 이설한다.
② 작업 방법 및 순서를 숙지시킨다.
③ 공사 개시 전에 작업계획을 수립한다.
④ 위험장소 주위에 울타리를 설치한다.
⑤ 가공 전선로 주위에 "경고 표지" 등 안전 표지를 설치한다.
⑥ 충전 전로와 비계 또는 지붕과의 사이에는 방호벽 등을 설치한다.
⑦ 작업원에 대해 감전 사고의 심각성과 이의 방지에 대한 교육, 지도를 철저히 한다.
⑧ 당해 충전 전로에 절연용 방호구를 설치하고 작업자에게는 보호구를 착용토록 한다.
⑨ 감시, 감독을 철저히 한다.

절연용 방호구

2) 충전 전로의 방호조치 시 주의 사항

① 방호조치를 할 때는 비계 등 받침대를 이용하여 안전한 자세로 작업한다.
② 방호구는 작업 중 이동하거나 탈락하지 않도록 고무끈 등으로 확실히 고정시킨다.
③ 2인 1조가 되어 작업하고 단독 작업은 피한다.
④ 절연용 방호구는 사용 전에 파손된 부분이 없는지 점검한다.
⑤ 작업지휘자는 작업자의 보호구 착용 상태를 점검한다.

2 크레인 등 건설장비의 가공 전선로 접근 시 안전대책

① 장비 사용을 위한 신호수를 선정한다.
② 장비 사용 현장의 장애물, 위험물 등을 점검하고 작업계획을 수립한다.
③ 장비의 조립, 준비 시부터 가공 전선로에 대한 감전 방지 수단을 강구한다.
④ 안전 이격거리를 유지하고 작업한다.

전압의 크기에 따른 이격 거리

전압(kV)	이격 거리(m)
50 이하	3
154 이하	4.3
345 이하	6.8

⑤ 안전 이격거리는 장비자체와 붐, 마스트 등이 선로에서 이격되어야 할 거리를 포함한다.
⑥ 장비를 가공 전선로 밑에 보관하지 않도록 한다.
⑦ 크레인 등의 장비가 가공 전선로에 접촉할 경우 안전조치를 취해야 한다.
⑧ 크레인 등의 장비가 가공 전선로에 접촉할 경우 취해야 할 조치사항은 다음과 같다.
가. 크레인에 가공 전선로의 전압과 거의 같은 전압이 인가되기 때문에 크레인에 접촉하지 않도록 한다.
나. 가공 전선로가 절단되어 땅에 떨어졌을 경우 전원이 차단되었다 하더라도 근처에

있거나 접촉하지 않도록 주의하고 전력회사에 신속히 연락하도록 한다.

다. 만약 근로자가 크레인에 감전되었을 경우, 감전자를 직접 만지지 말고 마른 판자, 로프 등을 사용하여 안전한 곳으로 옮긴 후 인공호흡을 실시한다.

3 임시 배선에 대한 안전대책

1) 안전조치 일반 사항

① 전기 기기의 외함은 접지시킨다.

② 케이블을 접속할 경우 적절한 접속 기구를 사용하여 연결한 후 절연 테이프로 절연 두께의 1.5배 이상 감는다.

③ 모든 배선은 반드시 분전반 또는 배전반에서 인출해야 한다.

④ 차단기나 퓨즈의 정격용량을 초과하지 않도록 부하를 배분하여 배선을 인출한다.

⑤ 임시 배선은 다심케이블을 사용한다.

⑥ 현저한 기계적 충격을 받을 우려가 있는 곳에 임시 배선을 설치할 경우 적절한 방호 조치를 한다.

⑦ 케이블은 피복의 손상 우려가 없는 안전한 장소에 설치해야 하며, 3 m 이내의 간격으로 구조물 또는 애자에 고정시켜야 한다.

⑧ 지상 등에서 금속관으로 방호할 때는 그 금속관을 접지시켜야 한다.

⑨ 전선관의 케이블에 임시 배선용 케이블을 연결할 경우는 접속함을 사용하여 접속한다.

⑩ 부하 전류를 단속할 필요가 있는 곳 또는 안입구 기타 고장, 점검, 측정 등에 있어서 개로할 필요가 있는 곳, 퓨즈의 전원 측에는 개폐기를 반드시 설치한다.

⑪ 임시 배선은 아래 그림과 같은 임시 배선 정리용 철물을 이용하여 가설 울타리 또는 벽체에 고정하여 사용하는 등의 조치를 취한다.

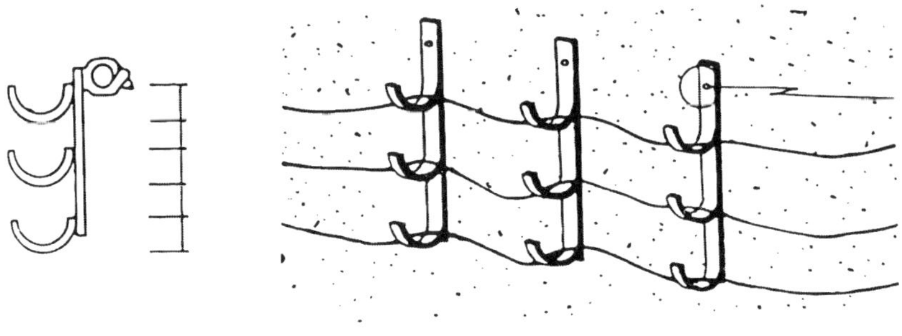

임시 배선 정리용 철물

⑫ 임시 배선은 지중 또는 가공으로 설치해야 하며 통로나 도로로 케이블이 지나도록 해서는 안 된다. 부득이할 때는 차량의 중량이 가해지지 않도록 하며 금속관, 덕트 등에 아물인다.

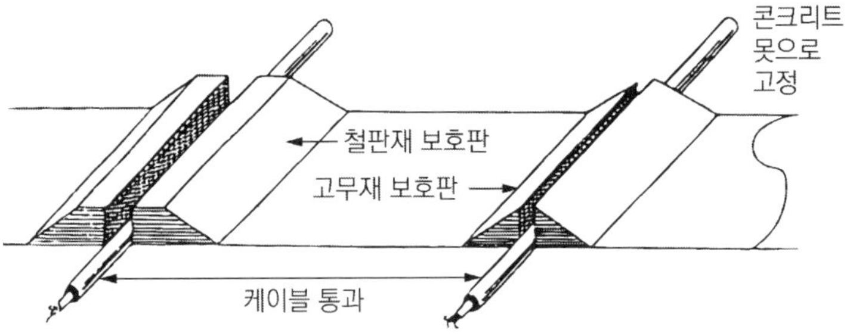

도로 횡단 시 전선 보호 설치

2) 이동 전선의 선정 및 안전

이동 전선은 휴대형 전동 공구, 용접기, 전등 등과 같은 이동식 전기 기기에 사용되므로 피복이 손상되기 쉽다. 이동 전선의 굵기와 길이는 부하에 따라 적절한 것을 선정하고 규격품을 사용하여야 하며 가늘거나 노후된 전선을 사용하는 경우 또는 전선이 꼬이거나 절연 처리가 불량한 경우 등에는 감전 및 화재 위험이 있으므로 주의한다.

아래 표는 이동 전선의 굵기와 길이를 나타내었다. 이동 전선으로는 0.75 mm^2 이상의 코드 또는 캡타이어 케이블을 사용한다(표 "이동 전선의 선정" 참고).

이동 전선 굵기와 길이

정격 전부하 전류(A)	이동 전선의 최소 굵기(mm^2)	이동 전선의 길이(m)
6 이하	0.75 1.25 2	15 30 이하 50
10 이하	1.25 2 3.5	30 50 이하 100

이동 전선의 선정

종류 \ 용도			옥내 전선구	옥내 이동 전선구	옥외·옥측 전선구	옥외·옥측 이동전선구
코드	고무		○	○	×	×
코드	방습고무		○	○	○(1)	○(1)
코드	비닐		×	△	×	×
코드	내열비닐		×	△	×	×
코드	고무캡타이어		○	○	×	×
코드	고무절연 비닐 캡타이어		×	○	○	△(1)
코드	고무절연크로프캡타이어		○	○	△	×
코드	비닐절연 비닐 캡타이어		×	△	×	○(1)
코드	전열기용		○	○	×	×
코드	금사		×	△	×	×
코드	규소고무		○	○	×	×
코드	스틸렌 부타디엔 고무		○	○	×	×
코드	에틸렌 부타디엔 고무		○	○	×	×
코드	가교포릴 에틸렌		○	○	×	×
캡타이어 케이블	고무	제1종	○	○(1)	○	×
캡타이어 케이블	고무 또는 클로로프렌	제2종	○	◎	○	◎
캡타이어 케이블	고무 또는 클로로프렌	제3종	○	◎	○	◎
캡타이어 케이블	고무 또는 클로로프렌	제4종	○	◎	○	◎
캡타이어 케이블	비닐		×	△◎	×	△◎

주) 1. (1)은 옥측의 우선내(雨線內)에 한함
　　○ : 400 V 이하 사용 가능　◎ : 600 V 이하 사용 가능　× : 사용 불가
2. 절연 테이프로 전선 절연층 두께의 1.5배가 되도록 감는다.
3. 나머지 전선을 "1)~2)"과 같은 방법으로 연결 후 정리한다.
4. 보통 테이프로 케이블 피복 두께의 1.5배 정도를 감는다.

3) 임시 전선 접속 방법

(1) 직접 접속

① 케이블 굵기에 따라 적정 길이의 절연 피복을 제거한다.

② 연선의 소선을 같이 묶어 감은 후 1~1.2 mm의 나동선으로 덮 감아 연선을 연결한다.

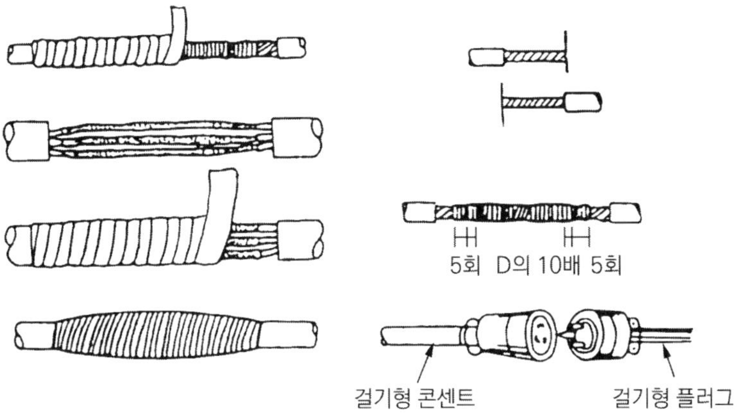

임시 전선 접속 방법

(2) 콘센트 및 플러그 사용

① 케이블에 장력이 걸려도 빠지지 않도록 걸기형 콘센트와 플러그를 케이블에 설치한 후 접속한다.

② 옥외에서 연결할 경우 방수 콘센트 및 플러그를 사용한다.

4 이동식 전기설비에 대한 안전대책

건설 현장에서는 컨베이어, 콤프레셔, 수동대패, 전기 드릴, 배수펌프 등의 이동식 전기기계·기구가 많이 사용되고 있으며 작업 현장의 악조건이나 사용자의 관리 불충분 등으로 전선이나 접속 코드의 절연 상태가 불량하여 누전 등에 의해 감전되지 않도록 조치를 취해야 한다.

1) 이동식 전기기계 · 기구의 안전대책

① 기계적 보호 장치는 부착되어 있는지 확인한다.
② 전원 코드의 손상 부분은 없는지 확인한다.
③ 플러그의 상태는 양호한지 확인한다.
④ 접지선은 연결 가능한가 확인한다.
⑤ 모터 작동 시 과열 또는 소음이 발생되는지 확인한다.
⑥ 회전부에 윤활유는 주입하였는지 확인한다.

2) 전기기계 · 기구의 안전 작업수행 방법

① 작업에 방해되는 각종 장애물을 제거하여 작업장소를 정리 정돈한다.
② 작업에 필요한 기계 · 기구를 작업 시작 전에 준비한다.
③ 작업장소가 어두운 경우는 조명시설을 하여 밝게 한다.
④ 작업이 끝난 기계 · 기구는 해당 보관함에 정리해 둔다.
⑤ 작업이 끝나면 반드시 전원 플러그를 뽑아 전원을 차단시킨다.

3) 임시 조명기구에 대한 안전대책

① 이동식 조명기구의 배선은 유연성이 좋은 코드선을 사용해야 한다.
② 조명기구에는 외부의 충격으로부터 보호될 수 있도록 보호망을 씌운다.
③ 일정한 장소에 조명기구를 고정시킬 경우 견고한 받침대를 사용한다.
④ 이동식 조명기구의 손잡이는 금속체가 아닌 절연 재료로 제작한다.

4) 콘센트에 대한 안전대책

① 임시 조명 회로에서 콘센트를 인출해서는 안 된다.
② 콘센트의 접지극은 접지선으로 연결하여야 한다.
③ 임시 동력 설비에 사용되는 콘센트는 접지형이어야 한다.
④ 누전 가능성이 있는 경우에는 누전 차단형 콘센트를 사용한다.
⑤ 임시 전기의 전원은 임시 배전반의 콘센트에서 플러그를 사용하여 인출한다.

11.3 전기기계 · 기구 등으로 인한 위험 방지

전기기계 · 기구(전기 기기)에 의한 감전 사고는 전기 기기의 노출된 충전부에 직접 접촉하여 발생하는 경우와 전기 기기의 금속제 외함의 비충전 부분이 절연열화 등의 원인으로 누전되었을 경우 접촉될 때 발생하는 것이다.

1 직접 접촉에 대한 안전대책

작업 도중의 부주의나 기타 사고에 의하여 충전부에 작업자가 직접 접촉되어 발생하는 감전 사고의 방지 대책은 다음과 같다.

① 충전부 전체를 절연한다.
② 기기 구조상 안전조치로써 노출형 배전 설비는 폐쇄 배전 반형으로 하고 전동기 등은 이중 절연 구조를 사용한다.
③ 설치장소를 별도의 실내 또는 울타리를 설치한 지역으로 제한하고 시건장치를 갖추어야 한다.
④ 교류 아크 용접기, 도금 장치, 용해로 등 충전부의 절연은 원리상 작업상 불가능하므로 보호절연 즉, 작업장 주의의 바닥이나 기타 전도성 물체를 절연물로 도포하며, 작업자는 절연화, 절연 공구 등의 보호 공구를 사용한다.
⑤ 덮개, 방호망 등으로 충전부를 방호한다.
⑥ 금속제 외함을 접지형 플러그 및 콘센트를 사용하여 접지한다.

2 간접 접촉에 대한 안전대책

절연 손상으로 인한 위험 전압의 발생으로 야기되는 간접 접촉은 주로 신뢰성 있는 기기의 사용과 유자격자에 의한 신중한 기기 설치로 방지할 수 있다.

① 누전이 발생된 기기를 사람이 접촉하더라도 전류의 통전 경로를 절연시킴으로서 인체 통과 전류를 안전 한계 이하로 낮추는 방법으로, 대상 기기 자체를 이중 절연 기기로 하는 방법이 있다.
② 안전 전압 이하의 전압을 사용함으로써 누전이 발생하더라도 감전 사고를 유발시키지 않도록 한다.
③ 발생되는 위험한 전압을 감소시키기 위한 방법으로 평상시 충전되지 않는 전도성 금속(금속제 외함 등)을 접지극에 연결한다.
④ 누전이 발생할 경우 가능한 짧은 시간 내에 사고 회로의 전원을 차단하여 가능한 위험구역을 줄여야 하며 습기가 많은 장소 등 필요한 장소에는 반드시 누전 차단기 등을 설치하여야 한다.
⑤ 주로 실험실, 연구소 등에서 소전력을 사용할 경우에 절연 변압기를 이용해서 1차와 2차를 전기적으로 격리시킨다.

3 설치상의 안전대책

전기 기기의 설치 시는 먼저 맨눈으로 점검 가능한 사항을 검사하고, 이중 절연 구조 사용 및 방호장치 설치 등을 중심으로 안전대책을 한다.

1) 육안 점검

① 전기기계 · 기구의 구조는 그 사용 장소의 환경에 적합한 형식을 사용하여야 한다(예 : 방수형, 옥내형, 옥외형, 방폭형 등).
② 운전, 보수 등을 위한 충분한 작업공간 및 냉각이 잘 이루어질 수 있는 장소에 설치한다.
③ 리드선의 접속은 기계의 진동 등에 의한 스트레스를 받지 않도록 한다.
④ 전동기류의 가동부에 의한 재해 우려가 있는 기계의 조작부는 작업자의 위치에서 쉽게 조작 가능한 곳에 있어야 한다.

2) 접지

전기설비의 미비 또는 부주의한 운전으로 인해 사고가 나게 되면 전기설비 계통에 이상 전류가 흘러 전위 상승 등 여러 위험요인으로 인체에 대한 감전 등 많은 재해가 발생하게 된다. 이와 같은 전기설비의 안전 확보를 위해 실시하는 것이 접지이며, 이 접지 설비를『전기설비 기준에 관한 규칙』과 『내선 규정』에 의해 적절하게 시설해야 한다.

(1) 접지 공사의 종류

전기기계 · 기구의 철재 외함에는 아래 표와 같이 접지 공사를 하며, 이때 접지선으로는 연동선을 사용하여야 한다.

접지 공사의 종류

전기기계 · 기구의 사용 전압 구분	접지 공사의 종류	접지저항(Ω)	접지선의 굵기(mm)
저압용 400 V 이하	제3종	100 이하	1.6 이상 (0.75 mm^2)
400 V를 넘는 것	특별 제3종	10 이하	1.6 이상 (0.75 mm^2)
고압용 또는 특별 고압용	제1종	10 이하	2.6 이상 (8 mm^2)

(2) 접지 대상

(1)항 외에 다음의 개소에 접지를 하도록 규정하고 있다.

① 폭발 위험이 있는 장소에서의 전기기계 · 기구 또는 금속체
② 접지된 전기기계 · 기구 또는 금속재로부터 수직 2.4 m, 수평 1.5 m 이내의 고정식 금속체
③ 크레인 등 이와 유사한 장비의 고정식 궤도 프레임
④ 고압의 전기를 취 급하는 장소(변전소, 개폐소)를 구획하기 위한 방호망

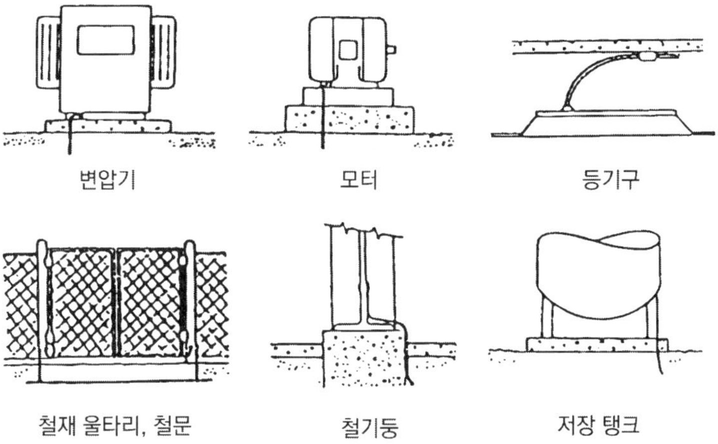

접지 대상

3) 이동 전선의 접지

전동기의 외함 또는 전동기에 부속된 기기 외함의 금속 부분을 접지할 경우는 연결된 이동 전선의 한 선심을 접지선으로 사용한다. 이 경우 이동 선심은 3심(단상의 경우) 또는 4심(3상의 경우)의 것을 쓰고 녹색의 선심을 접지선으로 사용한다. 또한 배선과 이동 전선과의 접속을 콘센트나 삽입 플러그를 써서 하는 경우는 접지극을 갖춘 것을 사용한다.

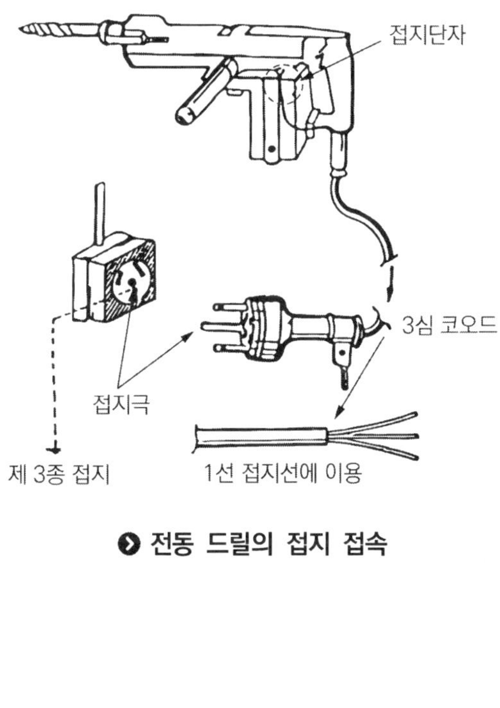

전동 드릴의 접지 접속

4) 이중 절연 구조

이중 절연 전기 기기는 충전부를 이중으로 절연한 것을 말한다. 기기 사용 시 감전을 방지하기 위해 기능 절연 외에 기능 절연 파괴 시의 감전사고를 확실히 방지하기 위해서 그 위에 다시 보호 절연한 것이다. 산업안전보건법에 따라 이중 절연 기기는 누전차단기 등을 설치하지 않고 보통 콘센트를 이용할 수 있는 편리한 점이 있다.

5) 방호장치 설치

(1) 누전차단기의 설치

누전에 의한 감전을 방지하기 위해 전기기계 · 기구는 금속제 외함을 접지하거나, 이중절연 기계 · 기구를 사용하여야 한다. 그러나 그렇지 못한 경우 다음과 같은 장소에서는 정격 감도 전류가 30 mA 이하, 동작 시간 0.03초 이내의 감전 방지 누전차단기를 설치하는 것이 바람직하다.

① 물 등 전도성이 높은 액체에 의한 습윤 장소
② 철판이나 철골 위 등, 전도성이 높은 장소
③ 임시전기를 사용하는 건설 현장

(2) 자동 전격 방지기의 설치

교류아크 용접기에서 아크를 발생시키기 위해서는 2차측 홀더와 어스 사이에 약 65 V~90 V의 전압이 부과되어야 하므로 작업자의 감전 위험이 높다. 따라서 용접기에 자동 전격 방지기를 부착하여 아크 발생을 중지할 때, 단시간 내에 해당 용접기의 2차 무부하 전압을 안전 전압인 25 V 이하로 유지하여 작업자의 안전을 도모하여야 한다.

4 기기별 안전대책

1) 투광기

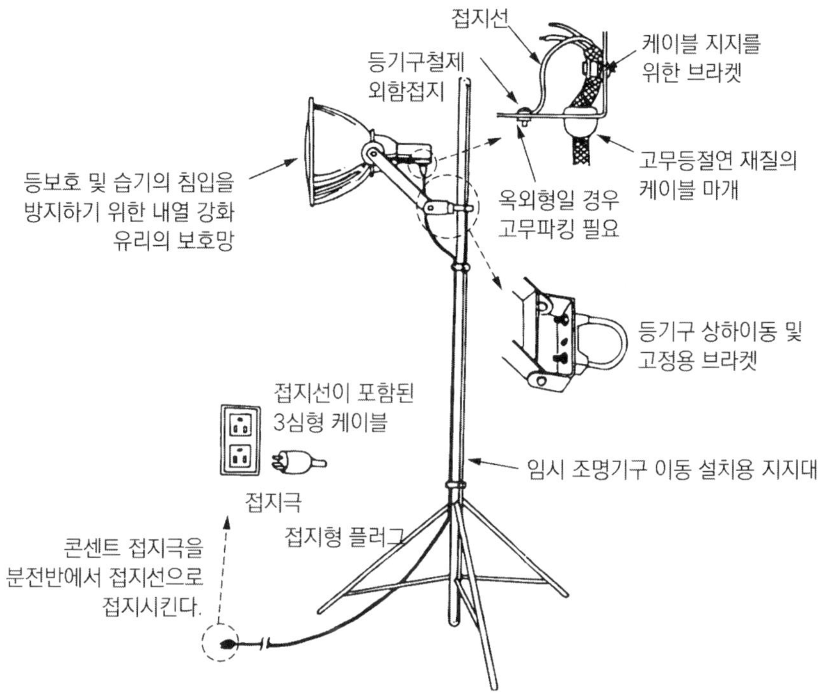

투광기 설치

① 투광기는 기동성이 좋고 안전대책이 구비된 것을 사용한다.

② 접지선이 포함된 구심형 케이블을 접지형 콘센트에 연결하여 사용한다.

③ 투광기의 훼손 유무를 점검한다.

④ 설치도를 참조하여 안전조치 후 사용한다.

2) 교류 아크 용접기

① 배선은 규격품을 사용하고 정리 정돈을 철저히 한다.

② 용접기의 외함은 반드시 접지한다.

③ 단자 접속부는 절연테이프, 또는 절연 커버로 방호한다.

④ 사용하지 않을 때 전원을 차단시킬 수 있도록 용접기 가까운 곳에 전용개폐기 또는 안전 스위치를 설치한다.

⑤ 개폐기 또는 안전 스위치 밑에 콘센트를 설치하여 전원을 인출한다.

⑥ 용접용 보호구를 착용하고 용접봉에 접촉되지 않도록 한다.

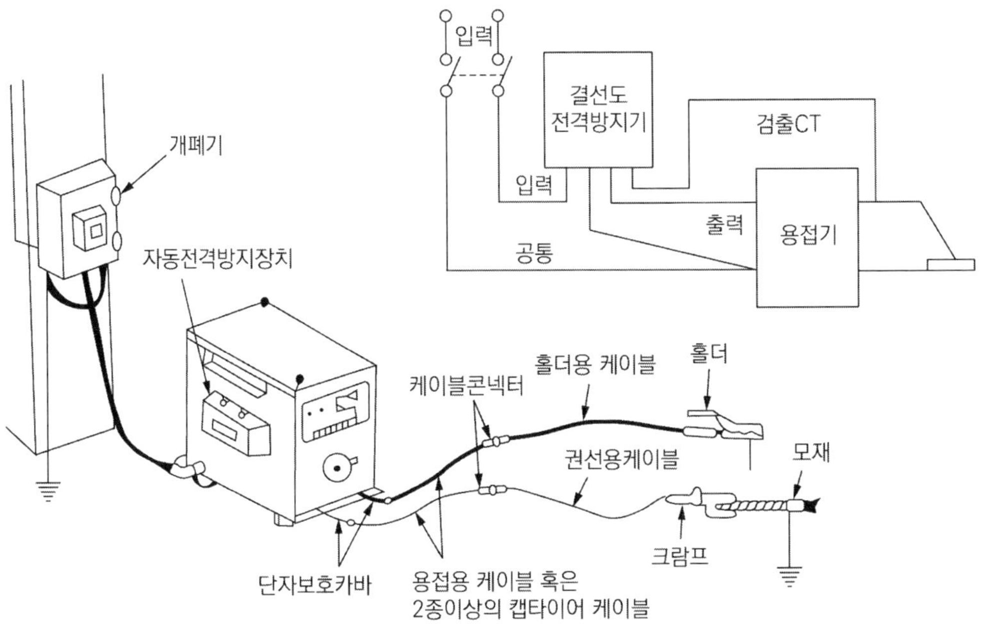

교류 아크 용접기 설치

⑧ 홀더 절연물이 파손되지 않아야 하며 절연내력 및 내열성이 있는 KS 규격품을 사용한다.

⑨ 용접봉은 물에 담그지 않도록 한다.

⑦ 검정품인 자동 전격 방지 장치를 부착한다.

3) 수중 양수기

① 누전차단기를 설치한다.

② 분전반에는 시건장치 및 안전 표지판을 설치하여 안전관리를 할 수 있도록 한다.

③ 단자 연결부는 절연 커버로 덮거나 절연 테이핑하여 사용한다.

④ 배선은 케이블 전건을 사용한다.

⑤ 양수기 인양 로프는 마닐라 로프를 사용한다.

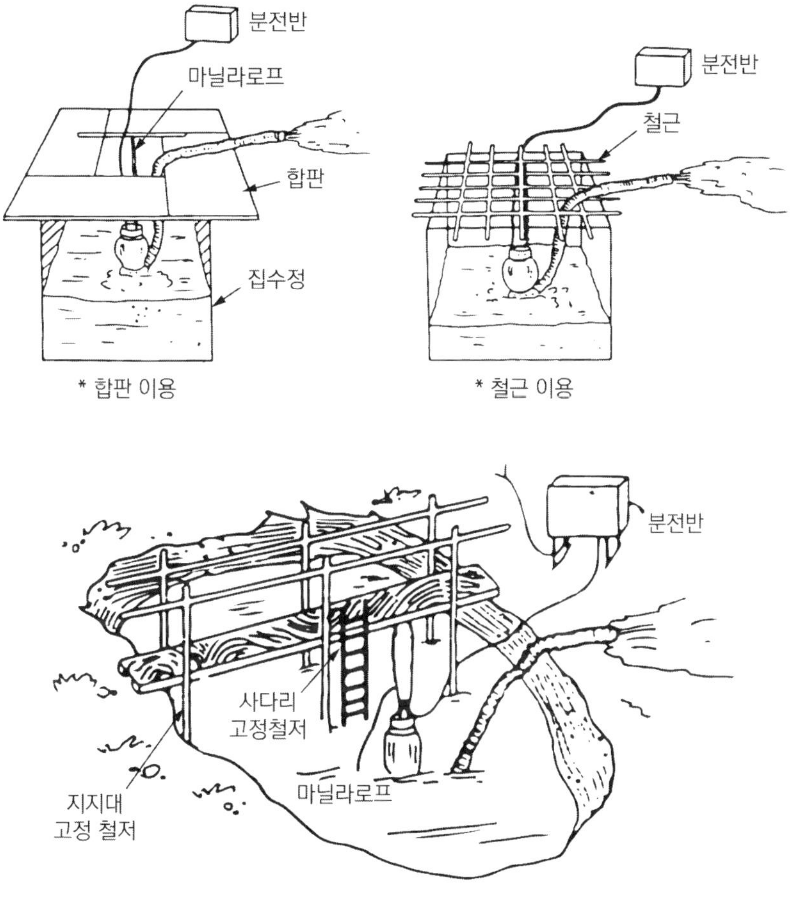

집수정 양수기 설치

4) 전기 드릴

① 전원 회로에 감전 방지용 누전차단기를 부착하거나 누전 차단형 콘센트에 설치하여 사용한다.

② 전동기계 · 기구의 금속제 외함 또는 금속제 외피의 금속 부분을 접지한다.

③ 가능한 이중 절연 구조의 전동기계 · 기구를 사용하여 전동기계 · 기구로부터의 누전을

근원적으로 방지한다.

④ 배선은 코드 또는 캡다이어 케이블을 사용한다.

이중 절연 구조

- 전동 공구 외함이 절연재로 제작되어 있고 내부 전기 회로가 다시 한번 절연된 구조로서 이와 같은 절연 구조는 만약 한 개의 절연이 파괴되더라도 한 개의 절연층으로 보호되어 있으므로 감전에 대한 위험성이 거의 없다고 할 수 있으며 명판에 〈回〉마크가 있다.

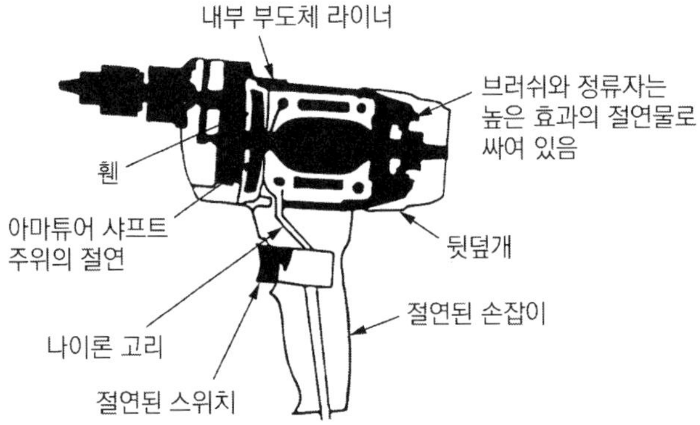

전기드릴

5) 콘센트

① 임시 전기의 전원은 임시 배전반의 콘센트에서 플러그를 사용하여 인출한다.

② 임시 동력 설비에 사용되는 콘센트는 접지형이어야 한다.

③ 콘센트의 접지극은 접지선으로 연결하여야 한다.

④ 임시 조명회로에서 콘센트를 인출해서는 안 된다.

⑤ 누전의 우려가 큰 부하를 사용하는 경우에는 누전 차단형 콘센트를 사용하도록 한다.

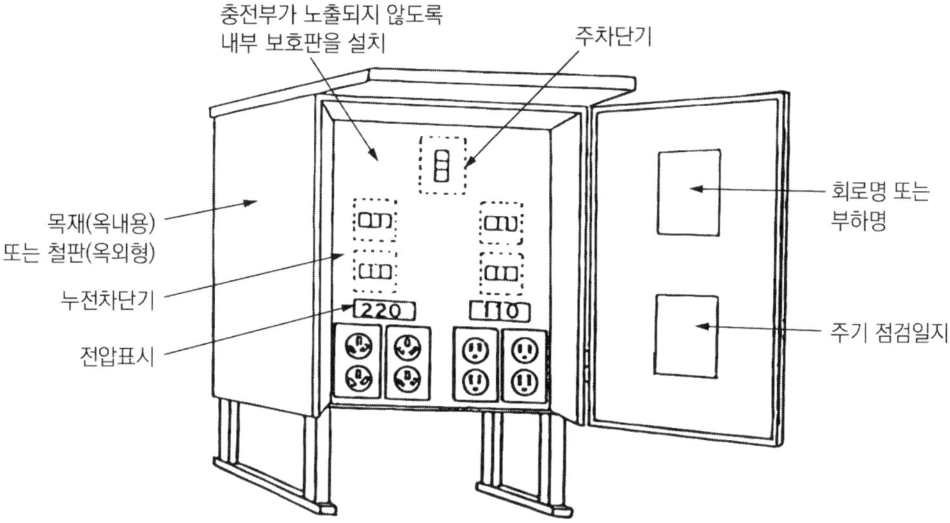

임시 배전반과 콘센트

5 기타 전기 작업의 위험 방지

1) 용접봉의 홀더

아크 용접 등(자동 용접을 제외한다)의 작업에 사용하는 용접봉의 홀더에 대하여는 한국 공업 규격에 정하는 홀더의 규격에 적합하거나 동등 이상의 절연 내력 및 내열성을 갖춘 것을 사용하여야 한다.

2) 임시로 사용하는 전등 등의 위험 방지

① 이동 전선에 접속하여 임시로 사용하는 전등이나 가설의 배선 또는 이동 전선에 접속하는 가공 매달기식 전등 등을 접촉함으로 인한 감전 및 전구의 파손에 의한 위험을 방지하기 위하여 보호망을 부착하여야 한다.

② ①의 보호망을 설치하는 때에는 다음 사항을 준수하여야 한다.

가. 전구의 노출된 금속 부분에 근로자가 용이하게 접촉되지 아니하는 구조로 할 것

나. 재료는 용이하게 파손되거나 변형되지 아니하는 것으로 할 것

3) 전동기계 · 기구의 조작 부분의 조도

전동기계 · 기구를 조작함에 있어서 감전 또는 오조작에 의한 위험을 방지하기 위하여 당해 전동기계 · 기구의 조작 부분은 적당한 조도가 유지되도록 하여야 한다.

4) 폭발 위험이 있는 장소에서 사용하는 전기기계 · 기구

① 인화성 물질의 증기 또는 가연성 가스에 의한 폭발 위험이 있는 농도에 달 할 우려가 있는 장소에서 전기기계 · 기구를 사용하는 때에는 당해 증기 또는 가스에 대하여 방폭 성능을 가진 방폭 구조 전기기계 · 기구를 사용하여야 한다.

② 가연성 또는 폭발성 분진에 의한 폭발 위험이 있는 농도에 달할 우려가 있는 장소에서 전기기계 · 기구를 사용하는 때에는 당해 분진에 대하여 방폭 성능을 가진 방폭 구조 전기기계 · 기구를 사용하여야 한다.

5) 방폭 구조 전기기계 · 기구 등의 선정

방폭 구조 전기기계 · 기구, 배선 등의 선정, 설치 및 보수 등에 있어서는 동 조 각 항의 장소 구분에 따라 노동부장관이 정하는 기준을 준수하여야 한다.

6) 변전실 등의 위치

폭발 위험이 있는 장소에는 변전실, 배전반실, 제어실 기타 이와 유사한 시설(이하 "변전실 등"이라 한다)을 설치하여서는 안 된다. 다만, 변전실 등의 실내 기압이 항상 양압을 유지하도록 하고 다음의 조치를 한 때 및 당해 장소에 적합한 방폭 성능을 갖는 전기기계 · 기구를 변전실 등에 설치 사용한 때에는 그렇지 않다.

① 양압을 유지하기 위한 환기 설비의 고장 등으로 양압이 유지되지 아니한 때 경보를 할 수 있는 조치

② 환기 설비가 정지된 후 재가동할 때 변전실 내의 가스 등의 유무를 확인할 수 있는 가스 검지기 등 장비의 비치

③ 환기 설비에 의하여 변전실 등에 공급되는 공기는 가스폭발 위험장소 및 분진폭발 위험장소 외의 장소로부터 공급되도록 하는 조치

7) 작업 시작 전 점검

이동식 방폭 구조 전기기계·기구를 사용하는 때에는 작업 시작 전에 전선 및 접속부 상태를 점검하여야 한다.

8) 인화성 물질을 수시로 취급하는 장소

인화성 물질을 수시로 취급하는 장소에서는 환기가 불충분한 상태에서 전기기계·기구를 작동시켜서는 안 된다. 다만, 방폭 성능을 갖는 전기기계·기구인 때에는 그렇지 않다.

11.4 가설 전기의 안전대책

1 가설 수변전 설비

1) 개요

수변전 설비란 한전으로부터 전기를 공급받아 적합한 전압으로 변성하여 구내 배전 설비로 공급하기 위한 배전반까지의 설비 및 그 부속 시설물을 말한다. 수변전 설비는 H변대, 변압기, 배전반, 계량기 등으로 구성되어 있다. 현장 내 전력 공급은 계약 전력 용량에 의거, 저압수전 및 고압수전의 경우가 있는데 특히 고압수전은 200 V 또는 100 V로 감압 사용하기 위해 변압, 회로 차단이 필요하며 트랜스, 개폐기, 차단기 등 철재 상자 속에 이 기능을 세트한 큐비클이 일반화되어 사용된다.

2) 안전 조치 사항

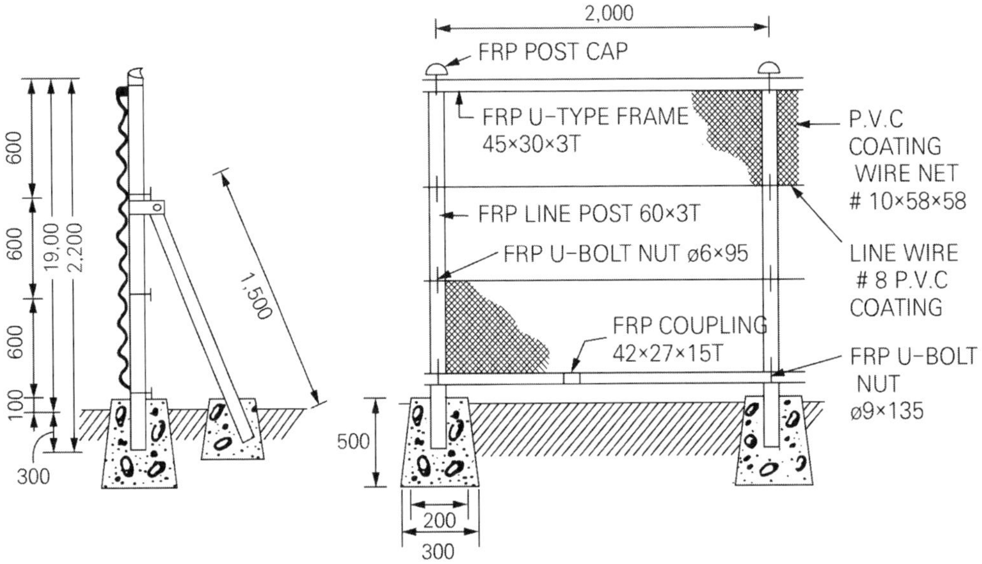

수변전 설비 가설 울타리 설치

① 수전소는 공사에 가장 지장 없고 습기가 적은 장소에 되도록 넓게 설치하며 배선 등에 접촉이 되지 않도록 한다.

② 철재 울타리와 철물은 충분한 높이로 설치하고 접지하며, 출입 통제를 위한 위험표시 부착 및 시건 장치를 한다. 또한 울타리는 충전부(전기 기기 또는 모터 등)로부터 충분한 이격 거리를 두고 시설한다.

③ 케이블 매설 깊이는 차량 또는 중량물의 압력을 받을 우려가 있는 장소에서는 1.2 m 이상, 기타 장소에서는 0.6 m 이상으로 하고 표시판을 설치한다.

④ H변대의 변압기 주위에 난간대를 설치하는 등 추락 방지 조치를 한다.

⑤ O.S 조작용 로우프는 바람에 흔들리지 않도록 견고하게 결속한다.

⑥ 가공 선로용 전주의 지상 2 m까지의 지지선은 보호 카바를 씌우고 야광 페인트(노랑, 검정)를 칠한다.

⑦ 주변은 조명설비를 해서 야간에는 상시 점등해 둔다.

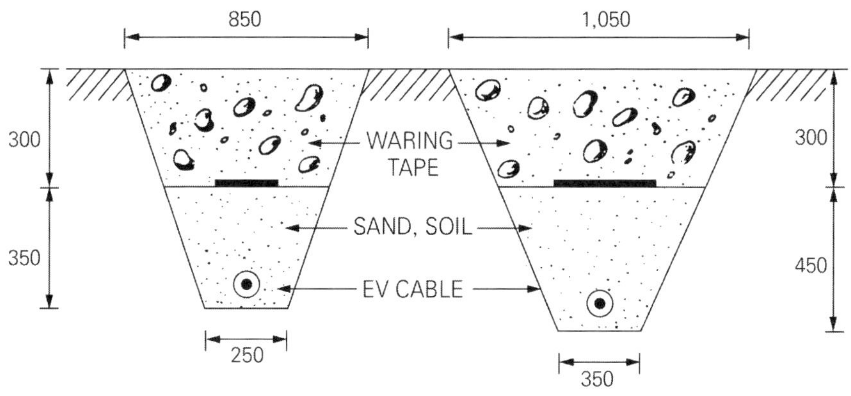

케이블 매설

2 임시 분전반

1) 개요

임시 분전반은 현장에서 공사용 전력을 사용하기 위해 소형 배전반에 분기과전류 차단기 및 분기 개폐기를 집합하여 설치한 것으로 빌딩, 아파트 등 많은 방을 가지는 곳에서 각 구간 또는 1개소에서 전기를 취급할 수 있도록 한 것이다.

아파트의 경우, 전기의 인출은 각동 지하실 또는 1층 계단에 설치하여 해당동의 윈치, 호이스트 등에 전원공급을 하거나 층분전반으로 전원 공급을 하는 동분전반과, 2~3층마다 1개소씩 설치하여 전원을 인출할 수 있게 한 층분전반을 사용한다.

2) 안전 조치 사항

① 전기 사용 장소에서는 임시 분전반을 설치하여 반드시 콘센트에서 플러그로 전원을 인출하도록 한다.

② 분기 회로에는 감전 보호용 지락과 과부하 겸용의 누전 차단기를 설치한다.

③ 배선용 차단기로 커버나이프 스위치를 사용할 경우에 휴대용 구리선, 철선등은 사용 금지하고 중성선에 휴즈 사용을 금지한다.

④ 충전부가 노출되지 않도록 내부 보호판을 설치하고 콘센트에 100 V, 220 V 등의 전압을 표시한다.

⑤ 철제 분전함의 외함은 반드시 접지시킨다.

⑥ 수시로 회로 구성 상태 및 접지상태, 커버나이프 정격 휴즈 관리 상태를 확인하도록 한다.

⑦ 분전함 문에 시건 장치를 하며 취급자외에는 사용을 금하도록 하고 내부는 누구라도 취급할 수 있도록 정리, 단순화한다.

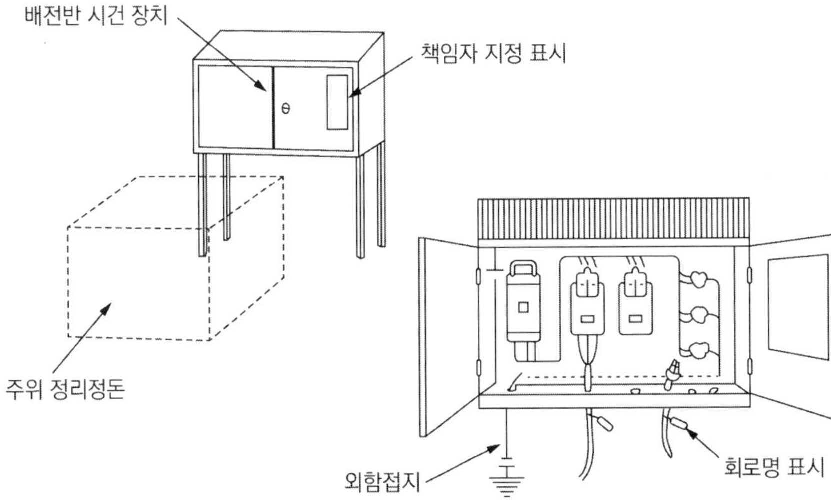

임시 분전반 설치

11.5 배선 및 이동 전선으로 인한 위험 방지

1) 배선 등의 절연 피복

① 근로자가 작업 또는 통행 등으로 인하여 접촉하거나 접촉할 우려가 있는 배선으로 절

연 피복이 있는 것 또는 이동 전선에 대하여는 절연 피복이 손상되거나 노화됨으로 인한 감전의 위험을 방지하기 위하여 필요한 조치를 하여야 한다.

② 전선을 서로 접속하는 때에는 당해 전선의 절연 성능 이상으로 절연될 수 있는 것으로 충분히 피복하거나 적합한 접속 기구를 사용하여야 한다.

2) 습윤한 장소의 이동 전선

물 등의 전도성이 높은 액체가 있는 습윤한 장소에서 근로자가 작업 또는 통행 등으로 인하여 접촉할 우려가 있는 이동 전선 및 이에 부속하는 접속 기구는 당해 전도성이 높은 액체에 대하여 충분한 절연 효과가 있는 것을 사용하여야 한다.

3) 통로 바닥에서의 전선 등 사용 금지

통로 바닥에 전선 또는 이동 전선을 설치하여 사용하여서는 안 된다. 다만, 차량 기타 물체의 통과 등으로 인하여 당해 전선의 절연 피복이 손상될 우려가 없는 상태에서 설치하여 사용하는 때에는 그렇지 않다.

4) 꽂음 접속기의 설치 사용시 준수 사항

꽂음 접속기를 설치 또는 사용하는 때에는 다음의 사항을 준수하여야 한다.

① 서로 다른 전압의 꽂음 접속기는 방수형 등 당해 장소에 적합한 것을 사용할 것
② 습윤한 장소에 사용되는 꽂음 접속기는 방수형 등 당해 장소에 적합한 것을 사용할 것
③ 근로자가 당해 꽂음 접속기를 접속시킬 경우 땀 등에 의하여 젖은 손으로 취급하지 않도록 할 것
④ 당해 꽂음 접속기에 잠금 장치가 있는 때에는 접속 후 잠그고 사용할 것

11.6 정전 작업

1) 정전 작업 시의 조치

① 전로를 개로하여 당해 전로 또는 그 지지물의 설치, 점검, 수리 및 도장 등의 작업을 하는 때에는 전로를 개로한 후 당해 전로에 대하여 다음에 해당하는 조치를 하여야 한다. 당해 전로와 근접한 충전 전로 또는 그 지지물의 설치, 점검, 수리 및 도장 등의 작업 또는 당해 전로에 근접한 시설물의 설치 · 해체 · 점검 · 수리 및 도장 등의 작업을 하는 때에도 또한 같다.

가. 전로의 개로에 사용한 개폐기에 시건 장치를 하고 통전 금지에 관한 표지판을 부착하는 등 필요한 조치를 할 것

나. 개로된 전로가 전력 케이블 · 전력 콘덴서 등을 가진 것으로 잔류 전하에 의하여 위험이 발생할 우려가 있는 것에 대하여는 당해 잔류 전하를 확실히 방전시킬 것

다. 개로된 전로의 충전 여부를 검전 기구에 의하여 확인하고 오통전, 다른 전로와의 혼촉, 다른 전로로부터의 유도 또는 예비 동력원의 역송전에 의한 감전의 위험을 방지하기 위하여 단락 접지 기구를 사용하여 확실하게 단락 접지할 것

② ①의 작업 중 또는 작업 종료 후 개로한 전로에 통전하는 때에는 당해 작업에 종사하는 근로자에게 감전의 위험이 발생할 우려가 없도록 미리 통지한 후 단락 접지 기구를 제거하여야 한다.

2) 단락기 등의 개로

부하 전류를 차단할 수 없는 고압 또는 특별 고압의 단로기 또는 선로 개폐기를 개로하는 때에는 당해 개폐기의 오조작을 방지하기 위하여 근로자에게 당해 전로가 무부하임을 확인한 후에 조작하도록 주의 표지판 등을 부착하여 주지시켜야 한다. 다만, 당해 개폐기에 전로가 무부하로 되지 아니하면 개로할 수 없는 시건 장치를 설치한 때에는 그렇지 않다.

3) 정전 시 작업 요령의 작성

① 감전을 방지하기 위하여 정전 작업 요령을 작성하여 관계 근로자에게 주지시켜야 한다.

② ①의 정전 작업 요령에는 다음의 사항이 포함되어야 한다.

가. 작업 책임자의 임명, 정전 범위 및 절연용 보호구 작업 시작 전 점검 등 작업 시작 전에 필요한 사항

나. 전로 또는 설비의 정전 순서에 관한 사항

다. 개폐기 관리 및 표지판 부착에 관한 사항

라. 정전 확인 순서에 관한 사항

마. 단락 접지 실시에 관한 사항

바. 전원 내 투입 순서에 관한 사항

사. 점검 또는 시운전을 위한 일시 운전에 관한 사항

아. 교대 근무 시 근무 인계에 필요한 사항

11.7 활선 작업 및 활선 근접 작업

1) 활선 작업 및 활선 근접 작업의 제한

전로 또는 그 지시물의 점검 · 수리 및 도장 등의 작업에 있어서 당해 작업에 종사하는 근로자의 신체 또는 금속제의 공구 · 재료 등의 도전체(이하“근로자의 신체 등”이라 한다)가 충전 전로에 접촉하거나 접근하여 작업함으로 인하여 감전의 위험이 발생할 우려가 있는 때에는 당해 전로를 정전시켜야 한다. 다만, 정전이 곤란한 때에는 특별 고압 활선 근접 작업에 의한 조치를 하여야 한다.

2) 저압 활선 작업

저압(750 V 이하 직류 직압이나 600 V 이하의 교류 전압을 말한다)의 충전 전로의 점검 및 수리 등 당해 충전 전로를 취급하는 작업에 있어서 당해 충전 전로를 취급하는 작업에 있어서 당해 작업에 종사하는 근로자에게 감전 위험이 발생할 우려가 있는 때에는 당해 근로자에게 절연용 보호구를 착용시켜야 한다.

3) 저압 활선 근접 작업

① 저압의 충전 전로에 근접하는 장소에서 전로 또는 그 지지물의 설치 · 점검 · 수리 및 도장 등의 작업을 하는 때 또는 당해 작업에 종사하는 근로자의 신체 등이 당해 충전 전로에 접촉함으로 인하여 감전의 위험이 발생할 우려가 있는 때에는 당해 충전 전로에 절연용 방호구를 설치하여야 한다. 다만, 당해 작업에 종사하는 근로자에게 절연용 보호구를 착용시키고 당해 절연용 보호구를 착용하는 신체 외의 부분이 당해 충전 전로에 접촉할 우려가 없는 때에는 그렇지 않다.

② ①의 경우에 있어서 근로자로 하여금 절연용 방호구의 설치 또는 해체작업을 하도록 한 때에는 당해 근로자로 하여금 절연용 보호구를 착용하거나 활선 작업용 기구를 사용하도록 하여야 한다.

4) 고압 활선 작업

고압의 충전 전로의 점검 및 수리 등 당해 충전 전로를 취급하는 작업에 있어서 당해 작업에 종사하는 근로자에게 감전의 위험이 발생할 우려가 있는 때에는 다음에 해당하는 조치를 하여야 한다.

① 근로자에게 절연용 보호구를 착용시키고, 당해 충전 전로 중 근로자가 취급하고 있는 부분 외의 부분에 근로자의 신체 등이 접촉 또는 접근함으로 인하여 감전의 위험이 발생 할 우려가 있는 것에 대하여는 절연용 방호구를 설치할 것

② 근로자에게 활선 작업용 장치를 사용하도록 할 것(이 경우 근로자가 취급하고 있는 충전 전로의 전위와 근로자의 신체 등이 접촉하거나 접근함으로 인하여 감전의 위험

이 발생하지 아니하도록 하여야 한다)

5) 고압 활선 근접 작업

고압의 충전 전로에 근접하는 장소에서 전로 또는 지지물의 설치 · 점검 · 수리 및 도장 등의 작업을 함에 있어서 당해 작업에 종사하는 근로자의 신체 등이 충전전 로에 접촉하거나 당해 충전 전로에 대하여 머리 위로의 거리가 30 cm 이내이거나 신체 또는 발 아래로 이 거리가 60 cm 이내로 접근함으로 인하여 감전의 우려가 있는 때에는 당해 충전 전로에 절연용 방호구를 설치하여야 한다. 다만, 당해 작업에 종사하는 근로자에게 절연용 보호구를 착용시키고 당해 절연용 보호구를 착용하는 신체 외의 부분이 당해 충전 전로에 접촉하거나 접근함으로 인하여 감전의 위험이 발생할 우려가 없는 때에는 그렇지 않다.

6) 특별 고압 활선 작업

특별 고압의 충전 전로 또는 지지 애자의 점검 · 수리 및 청소 등의 작업을 함에 있어서 당해 작업에 종사하는 근로자에 대하여 감전의 위험이 발생할 우려가 있는 때에는 다음에 해당하는 조치를 하여야 한다.

① 근로자에게 활선 작업용 기구를 사용하도록 할 것. 이 경우 근로자의 신체 등과 충전 전로와 사이에 사용 전압별로 아래 표의 접근 한계거리 이상을 유지하도록 하여야 한다.

충전 전로에 대한 접근 한계

충전 전로의 사용 전압(단위 : kV)	충전 전로에 대한 접근 한계 거리(단위 : cm)
22 이하	20
22 초과 33 이하	30
33 초과 66 이하	50
66 초과 77 이하	60
77 초과 110 이하	90
110 초과 154 이하	120
154 초과 187 이하	140
187 초과 220 이하	160
220 초과	220

② 근로자에게 활선 작업용 장치를 사용하도록 할 것(이 경우 근로자가 취급하고 있는 충전 전로의 전위와 다른 전위를 갖는 물체와 근로자의 신체 등이 접촉하거나 접근함으로 인하여 감전의 위험이 발생하지 아니하도록 하여야 한다)

7) 특별 고압 활선 근접 작업

특별 고압의 전로 또는 그 지지물(충전 전로와 지지 애자를 제외한다)의 점검 · 수리 · 도장 및 청소 등의 작업을 함에 있어서 당해 작업에 종사하는 근로자의 신체 등이 특별 고압의 충전 전로에 접근함으로 인하여 감전의 위험이 발생할 우려가 있는 때에는 다음의 하나에 해당하는 조치를 하여야 한다.

① 근로자에게 활선 작업용 장치를 사용하도록 할 것
② 근로자의 신체 등에 대하여 충전 전로에 대한 접근한계 거리를 유지하도록 할 것. 이 경우 당해 충전 전로에 대한 접근 한계거리가 유지될 수 있도록 보기 쉬운 장소에 표지판 등을 설치하거나 감시인을 두고 작업을 감시하도록 하여야 한다.

8) 시설물 건설 등의 작업 시 감전 방지

가공 전선 또는 전기기계 · 기구의 충전 전로에 접근하는 장소에서 시설물의 건설 · 해체 · 점검 · 수리 및 도장 등의 작업 또는 이에 부수하는 작업 및 항타기 · 항발기 · 콘크리트 펌프카 및 이동식 크레인 등을 사용하는 작업을 함에 있어서 당해 작업에 종사하는 근로자가 당해 충전 전로에 근로자의 신체 등이 접촉하거나 접근함으로 인하여 감전의 위험이 발생할 우려가 있는 때에는 다음에 해당하는 조치를 하여야 한다.

① 당해 충전 전로를 이설할 것
② 감전의 위험을 방지하기 위한 방책을 설치할 것
③ 당해 충전 전로에 절연용 방호구를 설치할 것
④ ① 내지 ③에 해당하는 조치를 하는 것이 현저히 곤란한 때에는 감시인을 두고 작업을 감시하도록 할 것

9) 절연용 보호구

① 다음에 해당하는 절연용 보호구 등에 대하여는 각각의 사용 목적에 적합한 종별 · 재질 및 치수의 것을 사용하여야 한다.
가. 고압 활선 근접 작업의 절연용 보호구
나. 고압 활선 근접 작업 및 특별 고압 활선 근접 작업의 절연용 방호구
다. 특별 고압 활선 작업의 활선 작업용 기구
라. 특별 고압 활선 근접 작업의 활선 작업용 장치

② 근로자가 ①의 절연용 보호구 등을 사용하는 때에는 사용하기 전에 흠 · 균열 · 파손 기타 손상 유무를 점검하고 이상을 발견한 때에는 즉시 보수하거나 교환하여야 한다.

10) 적용 제외

이 규칙의 제1장 내지 제4장까지의 규정은 대지 전압이 30 V 이하인 전기기계 · 기구 배선 또는 이동 전선에 대하여는 이를 적용하지 아니한다.

11.8 정전기로 인한 재해 예방

1) 정전기로 인한 화재 폭발 방지

다음의 설비를 사용함에 있어서 정전기에 의한 화재 또는 폭발 등의 위험이 발생할 우려가 있는 때에는 당해 설비에 대하여 확실한 방법으로 접지를 하거나, 도전성 재료를 사용하거나 가습 및 점화원으로 될 우려가 없는 제전 장치를 사용하는 등 정전기의 발생을 억제하거나 제거하기 위하여 필요한 조치를 하여야 한다.

① 위험물을 탱크 롤리, 탱크차 및 드럼 등에 주입하는 설비
② 탱크 롤리, 탱크차 및 드럼 등 위험물 저장 설비
③ 인화성 물질을 함유하는 도료 및 접착제 등을 도포하는 설비
④ 위험물 건조 설비 또는 그 부속설비
⑤ 가연성 및 폭연성 분진을 취급하는 설비
⑥ 기타 노동부장관이 정하는 설비

인체에 대전된 정전기로 인하여 화재 또는 폭발의 위험이 발생할 우려가 있는 때에는 정전기 대전 방지용 안전화의 착용, 제전복의 착용, 정전기 제전용구의 사용 등의 조치를 하거나 작업장 바닥 등에 도전성을 갖추도록 하는 등 필요한 조치를 하여야 한다.

2) 정전기로 인한 감전 방지

생산 공정상 정전기로 인하여 감전의 위험이 발생할 우려가 있는 때에는 1.의 규정에 준하는 필요한 조치를 하여야 한다.

3) 피뢰침의 설치

① 화약류 또는 위험물을 저장하거나 취급하는 시설물에는 낙뢰에 의한 산업 재해를 예방하기 위하여 피뢰침을 설치하여야 한다. 다만, 두께 3.2 mm 이상의 금속판을 전기적으로 접속시켜 통전하여도 불꽃이 발생하지 아니하도록 밀폐된 구조의 저장탑이나 저장 수조 등의 시설물이 대지와 접지저항이 5 Ω 이하인 때에는 그렇지 않다.
② ①의 피뢰침을 설치하는 때에는 다음의 사항을 준수하여야 한다.
가. 피뢰침의 보호각은 45도 이하로 할 것
나. 피뢰침을 접지하기 위한 접지극과 대지간의 접지 저항은 10 Ω 이하로 할 것
다. 피뢰침과 집지극을 연결하는 피뢰 도선은 단면적이 30 mm^2 이상인 동선을 사용하여 확실하게 접속할 것
라. 피뢰침은 가연성 가스 등이 누설될 우려가 있는 밸브 게이지 및 배기구 등은 시설물로부터 1.5 m 이상 떨어진 장소에 설치할 것

③ ① 및 ②의 규정은 금속망이나 가공지선 등을 설치하여 접지 저항이 10 Ω 이하로 한 때에는 이를 적용하지 아니한다.

4) 전자파의 차폐

전기기계 · 기구의 사용에 의하여 발생하는 전자파로 인하여 기계 설비의 오동작을 초래함으로써 산업 재해가 발생할 우려가 있는 때에는 당해 전자파의 발생을 방지하거나 이를 차폐하는 등 필요한 조치를 하여야 한다.

11.9 가설 전기공사 안전 관련 법령 및 기준

1 산업안전보건기준에 관한 규칙

1) 전기기계 · 기구 등으로 인한 위험 방지

제301조(전기기계 · 기구 등의 충전부 방호) ① 사업주는 근로자가 작업이나 통행 등으로 인하여 전기기계 · 기구[전동기 · 변압기 · 접속기 · 개폐기 · 분전반(分電盤) · 배전반(配電盤) 등 전기를 통하는 기계 · 기구, 그 밖의 설비 중 배선 및 이동전선 외의 것을 말한다. 이하 같다)] 또는 전로 등의 충전부분(전열기의 발열체 부분, 저항접속기의 전극 부분 등 전기기계 · 기구의 사용 목적에 따라 노출이 불가피한 충전부분은 제외한다. 이하 같다)에 접촉(충전부분과 연결된 도전체와의 접촉을 포함한다. 이하 이 장에서 같다)하거나 접근함으로써 감전 위험이 있는 충전부분에 대하여 감전을 방지하기 위하여 다음 각 호의 방법 중 하나 이상의 방법으로 방호하여야 한다.

1. 충전부가 노출되지 않도록 폐쇄형 외함(外函)이 있는 구조로 할 것
2. 충전부에 충분한 절연효과가 있는 방호망이나 절연덮개를 설치할 것

3. 충전부는 내구성이 있는 절연물로 완전히 덮어 감쌀 것
4. 발전소·변전소 및 개폐소 등 구획되어 있는 장소로서 관계 근로자가 아닌 사람의 출입이 금지되는 장소에 충전부를 설치하고, 위험표시 등의 방법으로 방호를 강화할 것
5. 전주 위 및 철탑 위 등 격리되어 있는 장소로서 관계 근로자가 아닌 사람이 접근할 우려가 없는 장소에 충전부를 설치할 것

② 사업주는 근로자가 노출 충전부가 있는 맨홀 또는 지하실 등의 밀폐공간에서 작업하는 경우에는 노출 충전부와의 접촉으로 인한 전기위험을 방지하기 위하여 덮개, 울타리 또는 절연 칸막이 등을 설치하여야 한다. 〈개정 2019.10.15.〉

③ 사업주는 근로자의 감전위험을 방지하기 위하여 개폐되는 문, 경첩이 있는 패널 등(분전반 또는 제어반 문)을 견고하게 고정시켜야 한다.

제302조(전기기계·기구의 접지) ① 사업주는 누전에 의한 감전의 위험을 방지하기 위하여 다음 각 호의 부분에 대하여 접지를 해야 한다. 〈개정 2021.11.19.〉

1. 전기기계·기구의 금속제 외함, 금속제 외피 및 철대
2. 고정 설치되거나 고정배선에 접속된 전기기계·기구의 노출된 비충전 금속체 중 충전될 우려가 있는 다음 각 목의 어느 하나에 해당하는 비충전 금속체
   가. 지면이나 접지된 금속체로부터 수직거리 2.4 m, 수평거리 1.5 m 이내인 것
   나. 물기 또는 습기가 있는 장소에 설치되어 있는 것
   다. 금속으로 되어 있는 기기접지용 전선의 피복·외장 또는 배선관 등
   라. 사용전압이 대지전압 150 V를 넘는 것
3. 전기를 사용하지 아니하는 설비 중 다음 각 목의 어느 하나에 해당하는 금속체
   가. 전동식 양중기의 프레임과 궤도
   나. 전선이 붙어 있는 비전동식 양중기의 프레임
   다. 고압(1,500 V 초과 7,000 V 이하의 직류전압 또는 1,000 V 초과 7,000 V 이하의 교류전압을 말한다. 이하 같다) 이상의 전기를 사용하는 전기기계·기구 주변의 금속제 칸막이·망 및 이와 유사한 장치
4. 코드와 플러그를 접속하여 사용하는 전기기계·기구 중 다음 각 목의 어느 하나에 해당하는 노출된 비충전 금속체

가. 사용전압이 대지전압 150 V를 넘는 것

나. 냉장고 · 세탁기 · 컴퓨터 및 주변기기 등과 같은 고정형 전기기계 · 기구

다. 고정형 · 이동형 또는 휴대형 전동기계 · 기구

라. 물 또는 도전성(導電性)이 높은 곳에서 사용하는 전기기계 · 기구, 비접지형 콘센트

마. 휴대형 손전등

5. 수중펌프를 금속제 물탱크 등의 내부에 설치하여 사용하는 경우 그 탱크(이 경우 탱크를 수중펌프의 접지선과 접속하여야 한다)

② 사업주는 다음 각 호의 어느 하나에 해당하는 경우에는 제1항을 적용하지 않을 수 있다.

1. 「전기용품 및 생활용품 안전관리법」이 적용되는 이중절연 또는 이와 같은 수준 이상으로 보호되는 구조로 된 전기기계 · 기구

2. 절연대 위 등과 같이 감전 위험이 없는 장소에서 사용하는 전기기계 · 기구

3. 비접지방식의 전로(그 전기기계 · 기구의 전원측의 전로에 설치한 절연변압기의 2차 전압이 300 V 이하, 정격용량이 3 kVA 이하이고 그 절연전압기의 부하측의 전로가 접지되어 있지 아니한 것으로 한정한다)에 접속하여 사용되는 전기기계 · 기구

③ 사업주는 특별고압(7,000 V를 초과하는 직교류전압을 말한다. 이하 같다)의 전기를 취급하는 변전소 · 개폐소, 그 밖에 이와 유사한 장소에서 지락(地絡) 사고가 발생하는 경우에는 접지극의 전위상승에 의한 감전위험을 줄이기 위한 조치를 하여야 한다.

④ 사업주는 제1항에 따라 설치된 접지설비에 대하여 항상 적정상태가 유지되는지를 점검하고 이상이 발견되면 즉시 보수하거나 재설치하여야 한다.

제304조(누전차단기에 의한 감전방지) ① 사업주는 다음 각 호의 전기기계 · 기구에 대하여 누전에 의한 감전위험을 방지하기 위하여 해당 전로의 정격에 적합하고 감도(전류 등에 반응하는 정도)가 양호하며 확실하게 작동하는 감전방지용 누전차단기를 설치해야 한다. 〈개정 2021.11.19.〉

1. 대지전압이 150 V를 초과하는 이동형 또는 휴대형 전기기계 · 기구

2. 물 등 도전성이 높은 액체가 있는 습윤장소에서 사용하는 저압(1,500 V 이하 직류

전압이나 1,000 V 이하의 교류전압을 말한다)용 전기기계 · 기구

3. 철판 · 철골 위 등 도전성이 높은 장소에서 사용하는 이동형 또는 휴대형 전기기계 · 기구
4. 임시배선의 전로가 설치되는 장소에서 사용하는 이동형 또는 휴대형 전기기계 · 기구

② 사업주는 제1항에 따라 감전방지용 누전차단기를 설치하기 어려운 경우에는 작업시작 전에 접지선의 연결 및 접속부 상태 등이 적합한지 확실하게 점검하여야 한다.

③ 다음 각 호의 어느 하나에 해당하는 경우에는 제1항과 제2항을 적용하지 않는다. 〈개정 2019.1.31., 2021.11.19.〉

1. 「전기용품 및 생활용품 안전관리법」이 적용되는 이중절연 또는 이와 같은 수준 이상으로 보호되는 구조로 된 전기기계 · 기구
2. 절연대 위 등과 같이 감전위험이 없는 장소에서 사용하는 전기기계 · 기구
3. 비접지방식의 전로

④ 사업주는 제1항에 따라 전기기계 · 기구를 사용하기 전에 해당 누전차단기의 작동상태를 점검하고 이상이 발견되면 즉시 보수하거나 교환하여야 한다.

⑤ 사업주는 제1항에 따라 설치한 누전차단기를 접속하는 경우에 다음 각 호의 사항을 준수하여야 한다.

1. 전기기계 · 기구에 설치되어 있는 누전차단기는 정격감도전류가 30 mA 이하이고 작동시간은 0.03초 이내일 것. 다만, 정격전부하전류가 50 A 이상인 전기기계 · 기구에 접속되는 누전차단기는 오작동을 방지하기 위하여 정격감도전류는 200 mA 이하로, 작동시간은 0.1초 이내로 할 수 있다.
2. 분기회로 또는 전기기계 · 기구마다 누전차단기를 접속할 것. 다만, 평상시 누설전류가 매우 적은 소용량부하의 전로에는 분기회로에 일괄하여 접속할 수 있다.
3. 누전차단기는 배전반 또는 분전반 내에 접속하거나 꽂음접속기형 누전차단기를 콘센트에 접속하는 등 파손이나 감전사고를 방지할 수 있는 장소에 접속할 것
4. 지락보호전용 기능만 있는 누전차단기는 과전류를 차단하는 퓨즈나 차단기 등과 조합하여 접속할 것

제306조(교류아크용접기 등) ① 사업주는 아크용접 등(자동용접은 제외한다)의 작업에 사용하는 용접봉의 홀더에 대하여 한국산업표준에 적합하거나 그 이상의 절연내력 및

내열성을 갖춘 것을 사용하여야 한다. 〈개정 2013.3.21., 2022.10.18.〉

② 사업주는 다음 각 호의 어느 하나에 해당하는 장소에서 교류아크용접기(자동으로 작동되는 것은 제외한다)를 사용하는 경우에는 교류아크용접기에 자동전격방지기를 설치하여야 한다. 〈신설 2013.3.21., 2019.10.15.〉

1. 선박의 이중 선체 내부, 밸러스트 탱크(ballast tank, 평형수 탱크), 보일러 내부 등 도전체에 둘러싸인 장소
2. 추락할 위험이 있는 높이 2 m 이상의 장소로 철골 등 도전성이 높은 물체에 근로자가 접촉할 우려가 있는 장소
3. 근로자가 물·땀 등으로 인하여 도전성이 높은 습윤 상태에서 작업하는 장소

[제목개정 2013.3.21.]

제309조(임시로 사용하는 전등 등의 위험 방지) ① 사업주는 이동전선에 접속하여 임시로 사용하는 전등이나 가설의 배선 또는 이동전선에 접속하는 가공매달기식 전등 등을 접촉함으로 인한 감전 및 전구의 파손에 의한 위험을 방지하기 위하여 보호망을 부착하여야 한다.

② 제1항의 보호망을 설치하는 경우에는 다음 각 호의 사항을 준수하여야 한다.

1. 전구의 노출된 금속 부분에 근로자가 쉽게 접촉되지 아니하는 구조로 할 것
2. 재료는 쉽게 파손되거나 변형되지 아니하는 것으로 할 것

2) 배선 및 이동전선으로 인한 위험 방지

제313조(배선 등의 절연피복 등) ① 사업주는 근로자가 작업 중에나 통행하면서 접촉하거나 접촉할 우려가 있는 배선 또는 이동전선에 대하여 절연피복이 손상되거나 노화됨으로 인한 감전의 위험을 방지하기 위하여 필요한 조치를 하여야 한다.

② 사업주는 전선을 서로 접속하는 경우에는 해당 전선의 절연성능 이상으로 절연될 수 있는 것으로 충분히 피복하거나 적합한 접속기구를 사용하여야 한다.

제314조(습윤한 장소의 이동전선 등) 사업주는 물 등의 도전성이 높은 액체가 있는 습윤한 장소에서 근로자가 작업 중에나 통행하면서 이동전선 및 이에 부속하는 접속기구(이

하 이 조와 제315조에서 "이동전선 등"이라 한다)에 접촉할 우려가 있는 경우에는 충분한 절연효과가 있는 것을 사용하여야 한다.

제315조(통로바닥에서의 전선 등 사용 금지) 사업주는 통로바닥에 전선 또는 이동전선등을 설치하여 사용해서는 아니 된다. 다만, 차량이나 그 밖의 물체의 통과 등으로 인하여 해당 전선의 절연피복이 손상될 우려가 없거나 손상되지 않도록 적절한 조치를 하여 사용하는 경우에는 그러하지 아니하다.

제316조(꽂음접속기의 설치 · 사용 시 준수사항) 사업주는 꽂음접속기를 설치하거나 사용하는 경우에는 다음 각 호의 사항을 준수하여야 한다.

1. 서로 다른 전압의 꽂음 접속기는 서로 접속되지 아니한 구조의 것을 사용할 것
2. 습윤한 장소에 사용되는 꽂음 접속기는 방수형 등 그 장소에 적합한 것을 사용할 것
3. 근로자가 해당 꽂음 접속기를 접속시킬 경우에는 땀 등으로 젖은 손으로 취급하지 않도록 할 것
4. 해당 꽂음 접속기에 잠금장치가 있는 경우에는 접속 후 잠그고 사용할 것

제317조(이동 및 휴대장비 등의 사용 전기 작업) ① 사업주는 이동 중에나 휴대장비 등을 사용하는 작업에서 다음 각 호의 조치를 하여야 한다.

1. 근로자가 착용하거나 취급하고 있는 도전성 공구 · 장비 등이 노출 충전부에 닿지 않도록 할 것
2. 근로자가 사다리를 노출 충전부가 있는 곳에서 사용하는 경우에는 도전성 재질의 사다리를 사용하지 않도록 할 것
3. 근로자가 젖은 손으로 전기기계 · 기구의 플러그를 꽂거나 제거하지 않도록 할 것
4. 근로자가 전기회로를 개방, 변환 또는 투입하는 경우에는 전기 차단용으로 특별히 설계된 스위치, 차단기 등을 사용하도록 할 것
5. 차단기 등의 과전류 차단장치에 의하여 자동 차단된 후에는 전기회로 또는 전기기계 · 기구가 안전하다는 것이 증명되기 전까지는 과전류 차단장치를 재투입하지 않도록 할 것

② 제1항에 따라 사업주가 작업지시를 하면 근로자는 이행하여야 한다.

제319조(정전전로에서의 전기작업) ① 사업주는 근로자가 노출된 충전부 또는 그 부근에서 작업함으로써 감전될 우려가 있는 경우에는 작업에 들어가기 전에 해당 전로를 차단하여야 한다. 다만, 다음 각 호의 경우에는 그러하지 아니하다.

1. 생명유지장치, 비상경보설비, 폭발위험장소의 환기설비, 비상조명설비 등의 장치·설비의 가동이 중지되어 사고의 위험이 증가되는 경우
2. 기기의 설계상 또는 작동상 제한으로 전로차단이 불가능한 경우
3. 감전, 아크 등으로 인한 화상, 화재·폭발의 위험이 없는 것으로 확인된 경우

② 제1항의 전로 차단은 다음 각 호의 절차에 따라 시행하여야 한다.

1. 전기기기 등에 공급되는 모든 전원을 관련 도면, 배선도 등으로 확인할 것
2. 전원을 차단한 후 각 단로기 등을 개방하고 확인할 것
3. 차단장치나 단로기 등에 잠금장치 및 꼬리표를 부착할 것
4. 개로된 전로에서 유도전압 또는 전기에너지가 축적되어 근로자에게 전기위험을 끼칠 수 있는 전기기기 등은 접촉하기 전에 잔류전하를 완전히 방전시킬 것
5. 검전기를 이용하여 작업 대상 기기가 충전되었는지를 확인할 것
6. 전기기기 등이 다른 노출 충전부와의 접촉, 유도 또는 예비동력원의 역송전 등으로 전압이 발생할 우려가 있는 경우에는 충분한 용량을 가진 단락 접지기구를 이용하여 접지할 것

③ 사업주는 제1항 각 호 외의 부분 본문에 따른 작업 중 또는 작업을 마친 후 전원을 공급하는 경우에는 작업에 종사하는 근로자 또는 그 인근에서 작업하거나 정전된 전기기기 등(고정 설치된 것으로 한정한다)과 접촉할 우려가 있는 근로자에게 감전의 위험이 없도록 다음 각 호의 사항을 준수하여야 한다.

1. 작업기구, 단락 접지기구 등을 제거하고 전기기기 등이 안전하게 통전될 수 있는지를 확인할 것
2. 모든 작업자가 작업이 완료된 전기기기 등에서 떨어져 있는지를 확인할 것
3. 잠금장치와 꼬리표는 설치한 근로자가 직접 철거할 것
4. 모든 이상 유무를 확인한 후 전기기기 등의 전원을 투입할 것

제321조(충전전로에서의 전기작업) ① 사업주는 근로자가 충전전로를 취급하거나 그 인근에서 작업하는 경우에는 다음 각 호의 조치를 하여야 한다.

1. 충전전로를 정전시키는 경우에는 제319조에 따른 조치를 할 것
2. 충전전로를 방호, 차폐하거나 절연 등의 조치를 하는 경우에는 근로자의 신체가 전로와 직접 접촉하거나 도전재료, 공구 또는 기기를 통하여 간접 접촉되지 않도록 할 것
3. 충전전로를 취급하는 근로자에게 그 작업에 적합한 절연용 보호구를 착용시킬 것
4. 충전전로에 근접한 장소에서 전기작업을 하는 경우에는 해당 전압에 적합한 절연용 방호구를 설치할 것. 다만, 저압인 경우에는 해당 전기작업자가 절연용 보호구를 착용하되, 충전전로에 접촉할 우려가 없는 경우에는 절연용 방호구를 설치하지 아니할 수 있다.
5. 고압 및 특별고압의 전로에서 전기작업을 하는 근로자에게 활선작업용 기구 및 장치를 사용하도록 할 것
6. 근로자가 절연용 방호구의 설치 · 해체작업을 하는 경우에는 절연용 보호구를 착용하거나 활선작업용 기구 및 장치를 사용하도록 할 것
7. 유자격자가 아닌 근로자가 충전전로 인근의 높은 곳에서 작업할 때에 근로자의 몸 또는 긴 도전성 물체가 방호되지 않은 충전전로에서 대지전압이 50 kV 이하인 경우에는 300 cm 이내로, 대지전압이 50 kV를 넘는 경우에는 10 kV당 10 cm씩 더한 거리 이내로 각각 접근할 수 없도록 할 것
8. 유자격자가 충전전로 인근에서 작업하는 경우에는 다음 각 목의 경우를 제외하고는 노출 충전부에 다음 표에 제시된 접근한계거리 이내로 접근하거나 절연 손잡이가 없는 도전체에 접근할 수 없도록 할 것
   가. 근로자가 노출 충전부로부터 절연된 경우 또는 해당 전압에 적합한 절연장갑을 착용한 경우
   나. 노출 충전부가 다른 전위를 갖는 도전체 또는 근로자와 절연된 경우
   다. 근로자가 다른 전위를 갖는 모든 도전체로부터 절연된 경우

② 사업주는 절연이 되지 않은 충전부나 그 인근에 근로자가 접근하는 것을 막거나 제한할 필요가 있는 경우에는 울타리를 설치하고 근로자가 쉽게 알아볼 수 있도록 하여야 한다. 다만, 전기와 접촉할 위험이 있는 경우에는 도전성이 있는 금속제 울타리를 사용하거나, 제1항의 표에 정한 접근 한계거리 이내에 설치해서는 아니 된다. 〈개정

2019.10.15.〉

③ 사업주는 제2항의 조치가 곤란한 경우에는 근로자를 감전위험에서 보호하기 위하여 사전에 위험을 경고하는 감시인을 배치하여야 한다.

제322조(충전전로 인근에서의 차량 · 기계장치 작업) ① 사업주는 충전전로 인근에서 차량, 기계장치 등(이하 이 조에서 "차량 등"이라 한다)의 작업이 있는 경우에는 차량 등을 충전전로의 충전부로부터 300 cm 이상 이격시켜 유지시키되, 대지전압이 50 kV를 넘는 경우 이격시켜 유지하여야 하는 거리(이하 이 조에서 "이격거리"라 한다)는 10 kV 증가할 때마다 10 cm씩 증가시켜야 한다. 다만, 차량 등의 높이를 낮춘 상태에서 이동하는 경우에는 이격거리를 120 cm 이상(대지전압이 50 kV를 넘는 경우에는 10 kV 증가할 때마다 이격거리를 10 cm씩 증가)으로 할 수 있다.

② 제1항에도 불구하고 충전전로의 전압에 적합한 절연용 방호구 등을 설치한 경우에는 이격거리를 절연용 방호구 앞면까지로 할 수 있으며, 차량 등의 가공 붐대의 버킷이나 끝부분 등이 충전전로의 전압에 적합하게 절연되어 있고 유자격자가 작업을 수행하는 경우에는 붐대의 절연되지 않은 부분과 충전전로 간의 이격거리는 제321조제1항제8호의 표에 따른 접근 한계거리까지로 할 수 있다. 〈개정 2021.5.28.〉

③ 사업주는 다음 각 호의 경우를 제외하고는 근로자가 차량 등의 그 어느 부분과도 접촉하지 않도록 울타리를 설치하거나 감시인 배치 등의 조치를 하여야 한다. 〈개정 2019.10.15.〉

1. 근로자가 해당 전압에 적합한 제323조제1항의 절연용 보호구 등을 착용하거나 사용하는 경우
2. 차량 등의 절연되지 않은 부분이 제321조제1항의 표에 따른 접근 한계거리 이내로 접근하지 않도록 하는 경우

④ 사업주는 충전전로 인근에서 접지된 차량 등이 충전전로와 접촉할 우려가 있을 경우에는 지상의 근로자가 접지점에 접촉하지 않도록 조치하여야 한다.

2 현장가설공급설비 및 가설시설물(KCS 21 20 05 : 2022)

1) 일반사항

① 가설공급설비는 건축법, 산업안전보건법, 소방기본법 및 기타 관련 법규에 적합하게 설치하여야 한다.

② 가설공급설비의 설치 및 유지관리에 필요한 비용은 공사계약조건에 따른다.

③ 가설공급설비는 공사계약조건에 따라 면적, 규모 및 적정위치를 선정하여 공사감독자의 승인을 받은 후 시공하여야 한다.

④ 각종 가설공급설비는 공사시행에 방해되지 않도록 배치하고 필요에 따라 공사감독자 승인 후 재배치할 수 있다.

⑤ 수급인은 가설공급설비 설치 시 당해 설비 관리청의 승인을 받은 후 기존시설에 연결하여야 하며, 공법은 관리청에서 승인된 내용을 준수하여야 한다.

⑥ 가설공급설비는 공사완료 후 공사감독자의 승인을 받고 철거 및 원상복구하여야 한다.

⑦ 가설공급설비 재배치 및 철거, 원상복구 시 발생되는 비용은 공사계약조건에 포함되어 있지 않은 경우 별도로 계상되어 정산되어야 한다.

2) 가설전기

① 수급인은 시공 작업에 필요한 전기시설이나 전기를 공급하고, 공급 및 사용비용을 부담해야 한다. 다만, 이에 소요되는 비용은 공사계약조건에 포함되어 있지 않은 경우 별도로 계상되어 정산되어야 한다.

② 수급인은 가설전기설비 시공 시 시공계획서, 작업방법 등을 면밀히 검토하여 필요한 동력용 전기용량, 작업구역, 사무실 및 숙소 등을 포함한 조명용 전기용량 등을 감안하여 충분한 용량의 전기수급계획을 수립하여야 하며, 재해 및 재난상황 등 위급상황 발생에 대비하여 비상발전기 등 예비전력 운용 계획에 대한 계획도 함께 수립하여야 한다.

③ 가설배전선은 전기사업자로부터 신규로 인입하거나 기존 변전설비에서 인입하여야 하며, 이 때 기존 사용자 및 공사장 내 사용자에게 지장을 주지 않도록 충분한 용량을

확보하여야 한다.

④ 배선은 전기용량, 사용 장소 등에 맞추어 사용하기 편리하게 배선하고 염해, 침수, 피뢰 등의 대책을 강구하여야 하며, 가공 또는 지중매립 전선은 공사 중 공사장비와 지장 및 간섭이 발생되지 않도록 시설물 등에 견고히 고정하여 설치하여야 한다.

⑤ 용량의 변경 및 증가 시에는 분전반 및 배전반의 용량이 적합한지를 확인하고 조치하여야 한다.

⑥ 가설동력의 전기설비공사에는 부하용량에 적합한 접지단락 차단시설을 사용하여야 한다.

⑦ 동력에 필요한 전원은 배전반 차단기의 2차 측을 통해서 접속하고, 전선은 유연한 것이어야 한다.

⑧ 주차단기와 과전류 보호장치, 분전스위치, 계량기 등은 공사 중 위치변경 가능성이 적고, 접근과 통제가 용이하며, 안전한 위치에 설치하여야 한다.

⑨ 시공 중에는 영구적인 배선을 사용하지 않는 것을 원칙으로 하며, 불가피한 경우에는 사유, 제거방법 및 제거시기에 대하여 공사감독자의 승인을 받고 설치하여야 한다.

⑩ 동력과 조명에는 단상회로를 설치하고, 적합한 분전기, 배선 및 출구를 갖추어야 한다.

⑪ 분전반, 누전차단기 및 콘센트는 길이 30 m 이내의 전선으로 모든 작업장에서 사용할 수 있는 위치에 설치하여야 한다.

⑫ 현장작업장, 현장사무실, 화장실 및 이와 유사한 장소에도 가설배전을 한다.

⑬ 옥외에 설치하는 분전반은 방수구조이어야 한다.

⑭ 외부로 노출된 공중 가공선을 제외한 가설전선에는 금속전선관, 튜브 또는 케이블을 설치하고 스위치에는 안전을 위해 덮개를 부착하여야 한다.

⑮ 공사 준공 후 임시전기시설의 사용이 불필요하게 될 때에는 공사감독자와 협의 후 임시 시스템을 철거하여야 한다.

3) 가설조명

① 전원에서 배전반까지의 배선에는 조명용 제어반과 램프를 갖추어야 한다.

② 조명은 유지관리를 철저하게 하고, 일상적인 보수를 하여야 하며, 새로이 가설조명을 설치할 경우에는 공사감독자와 협의하여 설치하여야 한다.

③ 다음과 같이 배전・조도의 단계별로 공사할 각 구간의 에너지를 절약할 수 있는 개폐회로 스위치를 설치하여야 한다.

가. 전체 점등 및 소등

나. 개별 점등 및 소등

다. 작업용 또는 점유용이 아닌 비상등

라. 높은 조도의 광원 사용 및 확보

마. 낮은 조도의 광원 사용 및 확보

④ 공사할 각 구간의 작업, 시험 또는 검사작업, 안전대책 및 이와 유사한 작업의 조건이나 요구사항에 적합한 단계의 조도 상태가 되도록 조명 설비를 지속적으로 유지관리하여야 한다.

⑤ 현장 구내의 보안 및 안전용 가설조명 설비를 작업장 주변 및 이와 유사한 장소까지 확대하여야 하며, 공사구역 및 용도별 가설조명의 조도는 다음 사항에 따른다.

가. 야간작업 시 작업장 및 작업통로의 가설조명은 근로자의 안전사고 예방, 통행의 안전확보 및 차량의 안전운행을 위하여 아래 표의 조도 기준 이상을 유지하여야 한다.

조도 기준

작업장의 유형	조도(lux)
일반 실내 및 지하 작업장	55
일반 옥외	33
피난 또는 비상구 바닥	110

나. 외부 발판과 적치 구역의 조명은 일몰 후의 보안을 위해서 10 lux 이상의 조도를 유지하여야 한다.

다. 내부 작업장의 조명은 일몰 후 보안을 위해서 3 lux 이상의 조도를 유지하여야 한다.

라. 작업통로 구간의 가설조명은 통행의 안전확보와 차량의 안전운행을 위하여 최소한 10 lux 이상을 유지하여야 한다.

⑥ 터널 공사 시 가설조명설비는 다음 사항에 따른다.

가. 작업장소와 통로에는 적합한 조명설비를 설치하여 작업 중의 위험요인을 제거할 수 있도록 하여야 한다.

나. 막장(굴진부) 또는 작업을 하는 장소는 70 lux 이상의 조도를 확보하여야 하며 밝고 어두운 차이가 심하지 않고 눈부심이 생기지 않도록 조치하여야 한다.

다. 작업이 이루어지지 않는 터널 중간구간은 50 lux 이상의 조도를 확보하며 터널 입출구부, 연직갱 구간은 30 lux 이상의 조도를 확보하여야 한다. 조명시설로 인해 차량운전자들의 눈부심이 발생하지 않도록 조치하여야 한다.

라. 작업 중 분진이나 매연 등으로 인하여 조도가 저감되지 않도록 조명기구를 관리하여야 하며, 위험한 장소에는 경계표시등을 설치하여야 한다.

마. 정전 등 비상시에도 필요한 조도를 확보할 수 있도록 예비전원을 설치하여야 하며 조명기구는 파손되지 않도록 보호 · 조치하여야 한다.

바. 터널의 진출입부 조도는 명암에 순응할 수 있도록 설치하여야 한다.

⑦ 공사 준공 후 임시 조명시설 사용이 불필요하게 될 때에는 공사감독자와 협의 후 조명시설을 철거하여야 한다.

Chapter 12

건축물 해체 작업안전

12.1 해체공사 일반

해체공사의 공법은 대상물의 구조, 부재 단면, 높이, 인근 주변 상황에 따라 여러 가지 방법을 혼합해 사용되고 있다.

구조물을 해체하는 기존의 공법은 기계 장치를 이용해 점차 쪼개 나가는 브레이커 공법이나 큰 쇳덩이를 건물 등에 부딪치면서 부수는 강구 공법, 쇼벨계 건설 기계 형태의 기계가 건물의 부분을 물어가면서 해체하는 압쇄 공법 등이 있다. 이 공법은 비교적 손쉽기는 하나 해체 시간이 오래 걸리고 교통 소통에 지장을 주며, 구조물의 낙하물 등 비래에 의해 인명 손실을 줄 수 있는 단점이 있다. 이에 반해 최근 폭파 기술의 발달로 구조물 전체를 수 분 내에 완전히 허물 수 있다. 그러나 기술상의 어려움과 순간 소음 및 분진이 많은 단점도 있다.

이와 같은 여러 공법 등을 적절히 이용하여 기존 건축물을 해체하고 새로운 건축물을 신축하거나 증·개축하는 재개발이 해체공사의 목적이라 할 수 있겠다.

1 해체작업 준비

1) 해체 대상 건축물의 조사

① 구조(철근 콘크리트조, 철골 철근 콘크리트조 등)의 특성 및 층수, 건물 높이, 기준층 면적

② 평면 구성 상태, 폭, 층고, 벽 배치 상태

③ 부재별 치수, 배근 상태, 해체 시 주의해야 할 구조적으로 약한 부분

④ 해체 시 전도의 우려가 있는 내외장재

⑤ 설비기구, 전기 배선, 배관 설비 계통의 상세 확인

⑥ 건물의 설립 연도 및 사용 목적

⑦ 건물의 노후 정도, 재해(화재, 동해 등) 유무

⑧ 증설, 개축, 보강 등의 구조 변경 현황
⑨ 해체 공법의 특성에 의한 비산 각도, 낙하 반경 등의 사전 확인
⑩ 진동, 소음, 분진의 예상치 측정 및 대책 방법
⑪ 해체물의 집적 운반 방법
⑫ 재이용 또는 이설을 요하는 부재 현황
⑬ 기타 당해 구조물 특성에 따른 내용 및 조건

2) 부지 상황의 조사

① 부지 내의 공지 유무, 해체용 기계 설치 위치, 발생 폐자재의 처리 장소
② 해체공사 착수에 앞서 철거, 이설, 보호해야 할 필요가 있는 공사상의 장애물
③ 접속 도로 및 폭, 출입구 개수 및 폭, 매설물의 종류 및 개폐 위치

3) 인근 주변의 조사

① 인근 건물 동수 및 거주자
② 도로 상황 조사, 가공 고압선 유무
③ 차량 대기 장소 유무 및 교통량
④ 진동, 소음 발생 영향권 조사

2 시공 계획

시공 계획은 현지 조사 결과에 따라 계획한다. 이러한 시공 계획은 공사의 지침이 되는 것이므로 현장 책임자는 이의 내용을 잘 이해해야 하며, 임의대로 변경하거나 본 계획에서 벗어난 작업을 해서는 안 된다.

① 해체 계획
가. 해체 순서

나. 공법의 선정

다. 공정 계획

라. 후속되는 신축 공사와의 연관성

② 가설 계획

가. 가설 건물

나. 가설물의 범위

다. 안전 통로 및 출입 금지 구역 설정

라. 출입구

마. 경고 및 통신 설비

바. 조명 설비

사. 살수 및 방화 설비

아. 환기 설비

③ 해체재 처분 계획

가. 해체재의 낙하

나. 해체재의 적치 장소 및 통로

다. 해체재의 반출

3 해체공사 안전 시공 기준

1) 해체공사 시 안전 수칙

① 작업구역 내에서 관계자 이외의 자에 대해 출입을 통제해야 한다.

② 강풍, 폭우, 폭설 등 악천후 시에는 작업을 중지해야 한다.

③ 사용 기계 · 기구 등을 인양하거나 내릴 때에는 그물망이나 그물포대 등을 사용토록 해야 한다.

④ 외벽과 기둥 등을 전도시키는 작업을 할 경우에는 신호를 정하고 관계 작업자에게 주

지시켜야 한다.

⑤ 전도 작업을 수행할 때에는 작업자 이외의 다른 작업자는 대피시키도록 하고 완전 대피 상태를 확인한 다음 전도시키도록 해야 한다.

⑥ 해체 건물 외곽에 방호용 비계를 설치하여야 하며 해체물의 전도, 낙하, 비산의 안전거리를 유지하여야 한다.

⑦ 파쇄 공법의 특성에 따라 방진벽, 비산 차단벽, 분진 억제 살수 시설을 설치하여야 한다.

⑧ 작업자 상호 간의 적정한 신호 규정을 준수하고 신호 방식 및 신호 기기 사용법은 사전 교육에 의해 숙지되어야 한다.

⑨ 적정한 위치에 대피소를 설치하여야 한다.

2) 각종 해체 공법의 조합 사용

해체 공법에는 여러 종류가 있지만 단독으로 사용되는 경우보다는 대부분 2~3종의 공법을 조합하여 작업하게 되며 해체 건물의 종류 및 규모 등에 따라 여러 종류의 공법을 혼합하여 사용하는 것이 유용하다.

4 해체공사에 따른 공해 방지 대책

1) 소음 및 진동

해체공사의 공법에 따라 발생하는 소음과 진동은 다양하므로 소음과 진동의 특성을 숙지하여 다음과 같은 대책을 수립해야 한다.

① 압쇄기 시공 시는 항상 주의하여 시공해야 한다.

② 중기 사용 시에는 충격을 피해야 한다.

③ 압축기 등은 적당한 장소에 설치해야 한다.

④ 철 해머 공법의 경우 해머의 중량과 낙하 높이를 낮게 해야 한다.

⑤ 현장 내에서는 대형 부재로 해체하여 장외에서 잘게 부수어야 한다.
⑥ 인접 건물에 피해를 줄이기 위해 방음시설을 하여야 한다.
⑦ 전도 공법의 경우 전도물 규모를 작게 하여 중량을 되도록 작게 줄이며, 전도 높이가 되도록 작게 해야 한다.

2) 분진

분진 발생을 억제하기 위하여 직접 발생 부분에 물을 뿌리거나 간접적으로 방진 시트, 분진 차단막 등에 의한 방진벽을 설치해야 한다.

3) 지반 침하

신축 공사에 있어 지하실 축조 시 지반 침하에 대비한 조치를 하고 있으나 지하실 해체작업에서는 흙막이 시설 등을 하지 않아 예기치 못한 지반의 침하로 재해를 초래할 우려가 있으므로 해체작업 전에 대상 건물의 깊이, 토질, 주변 상황 등과 사용하는 중기 운행 시 수반되는 진동 등을 고려하여 지반 침하에 대비해야 한다.

4) 폐기물

해체작업 과정에서 발생하는 폐기물은 관계법에서 정하는 바에 따라 처리하도록 해야 한다.

5 해체작업상 안전 기준

1) 해체 건물 등의 조사

해체작업을 하는 때에는 해체 건물 등의 구조, 주변 상황 등을 조사하여 그 결과를 기록·보존하여야 한다.

2) 해체 계획의 작성

① 해체작업을 하는 때에는 미리 해체 건물의 조사 결과에 따른 해체 계획에 의하여 작업하도록 하여야 한다.

② ①의 해체 계획에는 다음의 사항이 포함되어야 한다.

가. 해체의 방법 및 해체 순서 도면

나. 가설 설비 · 방호 설비 · 환기 설비 및 살수 · 방화 설비 등의 방법

다. 사업장 내 연락 방법

라. 해체물의 처분 계획

마. 해체작업용 기계 · 기구 등의 작업 계획서

바. 해체작업용 화약류 등의 사용 계획서

사. 기타 안전보건에 관련된 사항

3) 전도 등에 의한 위험 방지

해체작업을 하는 때에는 다음의 사항을 조치하여야 한다.

① 작업구역 내에는 관계 근로자 외의 자의 출입을 금지시킬 것

② 폭풍 · 폭우 및 폭설 등의 악천후 작업 시 근로자에게 위험이 예상되는 때에는 당해 작업을 중지시킬 것

4) 안전 담당자의 직무

① 안전한 작업 방법을 결정하고 작업을 지휘하는 일

② 재료 및 기구의 결함 유무를 점검하고 불량품을 제거하는 일

③ 작업 중 안전대 및 안전모 등 보호구 착용 상황을 감시하는 일

5) 보호구의 착용

해체작업에 종사하는 근로자로 하여금 안전모 등의 보호구를 착용하도록 하여야 한다.

12.2 구조물 해체용 기계 · 기구

건물과 공작물을 해체하는 방법으로 종래에는 무거운 해머와 브레이커를 병용한 전도 방법을 주로 사용해 왔으나, 최근에는 작업의 안전과 공해 등을 고려한 각종 공법이 개발되어 사용되고 있다. 일반적으로 해체공사는 현장의 상황 등에 의거 여러 가지 방법이 동원되고 있으며 작업의 조건, 공기, 경제성을 고려해 가장 안전하고 효율이 높은 공법을 선택할 필요가 있다.

1 쇄석기(crusher)

1) 용도

콘크리트 공사 및 도로 공사에서 골재 기층 다짐에 사용하거나 아스콘 생산에 사용하기 위하여 원석을 부수어 골재를 잘게 부수는 기계이다.

2) 종류

① 죠 쇄석기
② 롤 쇄석기
③ 자이레토리 쇄석기
④ 콘 쇄석기
⑤ 임팩트 쇄석기

3) 규격

시간당 쇄석 능력(ton/h)으로 표시한다.

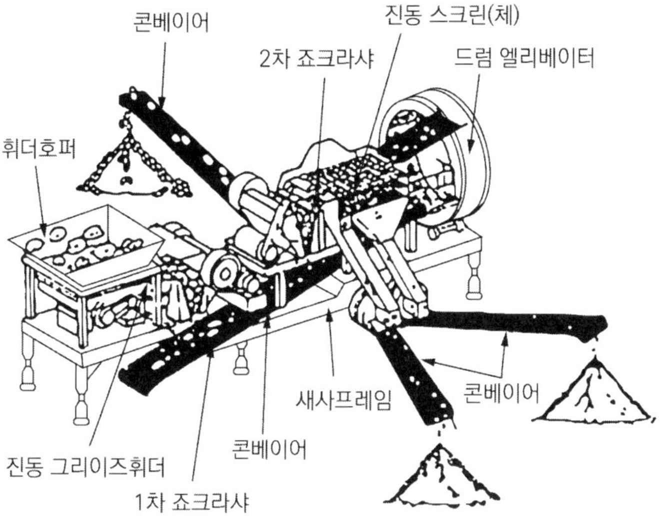

2 천공기

굴진 파쇄 작업에 쓰이는 기계로 동력의 방식에 따라 엔진식, 전동식, 압전식이 있으며 크로울러식 천공기, 크로울러 점보식 천공기, 터널식 천공기, 쉴드 굴진기 등이 있다.

1) 특징

① 천공경은 타격식에서는 직경이 30~40 mm의 것이 많이 사용되고, 회전식 및 타격 회전식의 천공경은 60~100 mm의 것이 사용된다.

② 천공기는 동력의 방식에 따라 엔진식, 전동식, 전기 압력식이 있다.

2) 종류

① 크로울러식 : 착암기 중량 및 매 분당 공기의 소모량에 따라 규격이 결정된다.

② 크로울러 점보식 : 착암기의 대수에 따라 규격이 결정된다.

③ 쉴드 굴진기 : 사용 설비 동력에 따라 규격이 결정된다.

④ 터널식 : 최대 굴착 치수에 따라 규격이 결정된다.

3) 용도

굴진 파쇄 작업에 사용한다.

4) 천공기의 종류

① 엔진 착암기 : 콤프레셔의 압축 공기나 가솔린 엔진 혹은 전동 모터의 동력으로 작동하는 초경 비트로 분당 1,000회 이상 타격함과 동시에 회전을 시켜서 콘크리트를 천공한다.

② 록 드릴(rock drill) : 받침대 위에 올려놓고 사용하는 것으로 딱딱한 암석에 긴 구멍을 내는 천공 작업에 적합하다.

③ 싱커(singker) : 휴대용으로 하향 천공에 사용되며 용도는 주로 암석의 폭파 작업 시의 다이나마이트를 장진하기 위한 구멍 뚫기, 화약 공법 및 불활성 가스나 파쇄제 등의 팽창압에 의한 해체공사에 사용된다.

④ 코어 드릴(core drill) : 코어드릴은 다이아몬드 숫돌 알맹이와 코어비트(core bit)를 전동 모터나 가솔린 엔진으로 회전시켜 철근 콘크리드를 연삭, 질단하면서 구멍을 뚫는다.

3 압쇄기

1) 압쇄기

압쇄기는 쇼벨에 설치하여 유압 조작에 의거 콘크리트에 강력한 압축력을 가해 파쇄하는 것으로 취급상 안전 기준은 다음과 같다.

① 압쇄기의 중량, 작업 충격을 사전에 고려하고, 차체 지지력을 초과하는 중량의 압쇄기 부착을 금지하여야 한다.
② 압쇄기 부착과 해체에는 경험이 많은 사람으로서 선임된 자에 한하여 실시한다.
③ 압쇄기 연결 구조부는 보수 점검을 수시로 하여야 한다.
④ 배관 접속부의 핀, 볼트 등 연결 구조의 안전 여부를 점검하여야 한다.
⑤ 절단 날은 마모가 심하기 때문에 적절히 교환하여야 하며, 교환 대체 품목을 항상 비치하여야 한다.

2) 장단점

① 장점 : 취급과 조작이 용이하고 철근, 철골 절단이 가능하며 저소음의 특징이 있다.
② 단점 : 20 m 이상은 작업이 불가능하고 분진 비산을 막기 위해 살수 설비가 필요하다.

3) 공법

압쇄기는 콘크리트의 파괴와 동시에 철근을 절단하는 것이 있고, 압쇄기 설치부에 회전 기구를 장착하여 물어 잡는 것이 있다. 압쇄 기계의 사양에 따라 작업에 무리가 없는 적절한 기계를 선정해야 하며, 압쇄기 공법은 다음과 같다.

① A-type 압쇄기 공법 : ㄷ자형의 프레임 안에 반력 면과 압쇄 날을 장치한 것으로 프레임 사이에 콘크리트를 넣고, 눌러 깨거나 부수어 압쇄하는 것이다. 이 프레임을 크레인에 매달아 사용하는 현수식과 무한궤도식의 주행기에 부착한 탑재식이 있다.
② B-type 압쇄기 공법 : 강력한 압쇄부를 가진 두 개의 암이 유압 작용에 의해서 양쪽에서 눌러 부수는 압쇄기, 또는 가위처럼 생긴 압쇄기의 날에 콘크리트를 끼워 전단하는 압쇄기이다. 전자는 콘크리트를 압축력에 의해 눌러 파쇄하는 기능을 갖는 것이고, 후자는 압축력에 끼워 전단하기 때문에 휨 전단을 수반하여 콘크리트 및 철근을 동시에 파쇄하는 것이다.

③ C-type 압쇄기 공법 : 강력한 압쇄부를 가진 두 개의 암이 유압 작용에 의하여 밀고, 눌러 부수는 밑부분에 날이 있는 것으로 압쇄기의 암 사이에 콘크리트를 삽입하여 절단을 수반하여 파쇄하기 때문에 동시에 철근도 절단시킨다.

4) 압쇄기 사용 시 안전 시공

① 항시 중기의 안전성을 확인하고 중기 침하로 인한 위험을 사전 제거토록 조치하여야 하며 중기 작업 구조의 지반 다짐을 확인하고 편평도는 1/100 이내이어야 한다.
② 중기의 작업 가능 높이보다 높은 부분 해체 시에는 해체물을 깔고 올라가 작업을 하고, 이때는 중기 전도로 인한 사고가 발생되지 않도록 조치하여야 한다.
③ 중기 운전자는 경험이 풍부한 자격 소유자이어야 한다.
④ 중기 작업 반경 내와 해체물의 낙하가 예상되는 지역에 대하여는 출입을 제한하여야 한다.
⑤ 해체작업 중 발생되는 분진의 비산을 막기 위해 살수할 경우에는 살수 작업자와 중기 운전자는 서로 상황을 확인하여야 한다.
⑥ 외벽을 해체할 때에는 비계 철거 작업자와 서로 연락하여야 하고 벽과 연결된 비계는 외벽해체 직전에 철거하여야 한다.
⑦ 상층 부분의 보와 기둥, 벽체를 해체할 경우는 해체물이 비산, 낙하할 위험이 있으므로 해체 구조 바로 아래층에 수평 낙하물 방호책을 설치해서 해체물이 비산, 낙하되지 않도록 하여야 한다.
⑧ 높은 곳에서 가스로 철근을 절단할 경우에는 항시 안전대 부착 설비를 하고, 안전대를 착용하여야 한다.
⑨ 압쇄기에 의한 파쇄 작업 순서는 슬라브, 보, 벽체, 기둥의 순서로 해체하여야 한다.

4 대형 브레이커

대형 브레이커는 유압 쇼벨에 부착시키면 하향 작업에 적합하고 수직 및 수평의 테두리 끊기 작업에 이용된다. 일반적으로 1층 부분 또는 지하 부분의 해체에 사용되고 있으며,

고층 건물에서는 건물 위에 기계를 놓아서 작업한다. 최근에는 종래의 공기식 대신 유압식이 많이 이용되고 있으며, 작업 능률은 20~30 m^3/일 정도이다.

1) 원리

공법의 원리는 핸드 브레이커와 동일하며, 브레이커 해머를 파워 쇼벨에 탑재하여 사용하는 것으로 능률이 매우 좋다. 대형 브레이커는 공기압식과 유압식으로 구분된다.

2) 작업 방법 및 특징

대형 브레이커는 소음이 많은 결점이 있지만 파괴력이 커서 해체 대상의 범위가 넓으며 기계의 종류도 많아 응용 범위가 광범위하다. 종래의 공기압식 대신 유압식이 많이 이용되고 있으며, 주로 하향 작업에 적합하나 수직 및 수평의 테두리 끊기에도 사용된다. 일반적으로 저층 부분이나 지하 부분의 해체에 많이 사용되고 있다.

3) 장점

① 진동, 파편의 비산이 적으며 위험성이 낮다.
② 기동성이 양호하여 단독 공법으로 사용이 가능하다.
③ 능률이 높으며, 높은 곳에 사용이 가능하다.
④ 보, 기둥, 슬래브, 벽체 파쇄에 유리하다.

4) 단점

① 소음과 진동이 크다.
② 분진이 비교적 많이 발생한다.

5) 대형 브레이커의 취급상 안전 기준

① 대형 브레이커는 중량, 작업 충격력을 고려해 차체의 붐, 후레임 및 차체에 무리가 없는 것을 부착하도록 해야 한다.

② 대형 브레이커의 부착과 해체에는 경험이 많은 사람이 하도록 해야 한다.

③ 유압 작동 구조, 연결 구조 등의 주요 구조는 보수 점검을 수시로 실시해야 한다.

④ 유압식일 경우는 유압이 높기 때문에 수시로 유압 호스가 새거나 막힌 곳을 점검해야 한다.

⑤ 해체 대상물에 따라 적합한 형상의 브레이커를 사용하여야 한다.

6) 압쇄 공법과 대형 브레이커 공법 병용

① 압쇄기로 슬라브, 보, 내벽 등을 해체하고 대형 브레이커로 기둥을 해체할 때에는 장비 간의 안전거리를 충분히 확보하여야 한다.

② 대형 브레이커와 엔진으로 인한 소음을 최대한 줄일 수 있는 수단을 강구하여야 하며 소음 진동 기준은 관계법에서 정하는 바에 따라 처리하도록 하여야 한다.

7) 대형 브레이커 공법과 전도 공법 병용

① 전도 작업은 작업 순서가 임의로 변경될 경우 대형 재해의 위험을 초래하므로 사전 작업계에 따라 작업하여야 하며 순서에 의한 단계별 작업을 확인하여야 한다.

② 전도 작업 시에는 미리 일정 신호를 정하여 작업자에게 주지시켜야 하며 안전한 거리에 대피소를 설치하여야 한다.

③ 전도를 목적으로 절삭할 부분은 시공 계획 수립 시 결정하고 절삭되지 않는 단면으로 안전하게 유지되도록 하여 계획과 반대방향의 전도를 방지하여야 한다.

④ 기둥 철근 절단 순서는 전도 방향의 전면 그리고 양 측면, 마지막으로 뒷부분 철근을 절단하도록 하고, 반대방향 전도를 방지하기 위해 전도 방향 전면 철근을 2본 이상 남겨 두어야 한다.

⑤ 벽체의 절삭 부분 철근 절단 시는 가로철근을 아래에서 위쪽으로, 세로 철근을 중앙에서 양단 방향으로 순차적으로 절단하여야 한다.

⑥ 인장 와이어로프는 2본 이상이어야 하며, 대상 구조물의 규격에 따라 적정한 위치를 선정하여야 한다.

⑦ 와이어로프를 끌어 당길 때에는 서서히 하중을 가하도록 하고 구조체가 넘어지지 않

을 때에도 반동을 주어 당겨서는 안 되며, 예정 하중으로 넘어지지 않을 때는 가력을 중지하고 절삭 부분을 더 깎아내어 자중에 의하여 전도되게 유도하여야 한다.

⑧ 대상물의 전도 시 분진 발생을 억제하기 위해 전도물과 완충재에는 충분히 물을 뿌려야 한다. 또한 전도 작업은 반드시 연속해서 실시하고, 그날 중으로 종료시키도록 하며 절삭한 상태로 방치해서는 안 된다.

⑨ 전도 작업 전에 비계와 벽과의 연결재는 철거되었는지를 확인하고, 방호 시트 및 기타 가설물은 작업 진행에 따라 해체하도록 하여야 한다.

5 철제 해머(steel ball) 공법

강구를 매달 수 있는 기계로 크로울러식 크레인(crawler crane)이나 트럭 크레인(truck crane) 등이 사용된다. 강구의 중량은 1.5톤 정도의 것이 사용되는데 주위가 넓고 공해와 안전상 특별히 문제가 없는 경우에는 3.0톤 정도의 강구가 사용되기도 한다. 일반적으로 와이어로프로 강구를 결속한다.

1) 원리

크레인 등의 선단에 강구를 매달아 구조물에 수직 · 수평으로 부딪치게 하여 그 충격력으로 구조물을 파괴 · 해체하는 공법이다.

2) 작업 방법 및 특징

해체 방법은 건물의 형상, 입지 조건 등에 따라 다르나 슬래브, 벽, 보, 기둥 순으로 실시된다. 일반적으로 외부에 콘크리트 파쇄물의 비산을 방지하기 위하여 각층마다 외벽을 마지막 남기고 최종적으로 건물 내부로 전도시키는 방법이 이용된다.

3) 장점

① 작업 능률이 양호하다(40～50 m^3/일).

② 해체 비용이 저렴하다.

③ 기둥, 보, 슬래브 벽 파쇄에 유리하다.

4) 단점

① 소음 및 진동이 크다.

② 인접 건물이 있는 경우 외벽 부분의 해체가 어렵다.

③ 흙에 접하여 있는 부재를 해체할 때는 진동이 심하다.

④ 가스, 수도, 하수구 등의 지하 매설물을 파손시킬 우려가 있다.

⑤ 철근을 절단하는 데 별도의 시간이 많이 소요된다.

⑥ 작업원의 안전관리가 어렵다.

⑦ 지하 매설 콘크리트 해체에는 효율이 낮다.

⑧ 파편이 많이 비산된다.

5) 철제 해머 취급상의 안전 기준

① 해머는 해체 대상물에 적합한 형상과 중량의 것을 선정해야 한다.

② 해머는 중량과 작업 반경을 고려해 차체의 붐, 후레임 및 무리가 없는 것을 부착하도록 해야 한다.

③ 해머를 매달은 와이어로프의 종류와 직경 등은 적절한 것을 사용해야 한다.

④ 해머와 와이어로프의 결속은 경험이 많은 사람으로 하여금 실시토록 한다.

⑤ 킹크, 소선 절단, 단면이 감소된 와이어로프는 즉시 교체하여야 하며 결속부는 사용 전후 항상 점검하여야 한다.

6) 철 해머 공법과 전도 공법 병용

① 크레인 설치 위치의 적정 여부를 확인하여야 하며 부움 회전 반경 및 해머 사양을 사전에 확인하여야 한다.

② 철 해머를 매단 와이어로프는 사용 전 반드시 점검하도록 하고, 작업 중에도 와이어로

프가 손상되지 않도록 주의하여야 한다.

③ 철 해머 작업 반경 내와 해체물이 낙하, 전도, 비산하는 구간을 설정하고, 통행인의 출입을 통제하여야 한다.

④ 슬라브와 보 등과 같이 수평재는 수직으로 낙하시켜 해체하고, 벽, 기둥 등은 수평으로 선회시켜 타격에 의해 해체하도록 한다. 특히 벽과 기둥의 상단을 타격하지 않도록 하여야 한다.

⑤ 기둥과 벽은 철 해머를 수평으로 선회시켜 원심력에 의한 타격력으로 해체하며, 이때 선회 거리와 속도 등의 조건을 사전에 검토하여야 한다.

⑥ 분진 발생 방지 조치를 하며 방진벽, 비산 파편 방지망 등을 설치하여야 한다.

⑦ 철근 절단은 높은 곳에서 시행되므로 안전대 부착 설비를 설치하여 안전대를 사용하고 무리한 작업을 피하여야 한다.

⑧ 철 해머 공법에 의한 해체작업은 작업 방식이 복합적이어서 현장의 혼란과 위험을 초래하게 되므로 정리 정돈에 노력하여야 하며 위험 작업 구간에는 안전 담당자를 배치하여야 한다.

6 화약류에 의한 공법

파쇄하고자 하는 구조물에 천공을 하고 그 부분에 시약한 화약의 폭발력에 의하여 구조물을 파쇄하는 것으로 종래부터 암석 등의 파쇄에 이용된다. 화약에 의한 폭파는 구조물 내에 채워진 장약을 점화시켜 이때 발생하는 순간적인 폭발 압력을 이용하여 파괴하는 것이다.

화약류의 종류에는 여러 가지가 있지만 콘크리트 구조물의 해체에 사용되는 것은 크게 다음과 같이 분류된다.

1) 저폭속 파쇄약

폭파 시 폭속은 40~60 m/s 정도이고, 소음과 진동이 작게 요구되는 시가지에서의 발파를 위해 이용된다. 파괴력이 비교적 낮기 때문에 잘게 부술 수 없는 단점이 있고 철근

콘크리트 구조물에 대해서는 효과가 거의 없으며 브레이커를 병용하여 사용하는 경우가 많다.

2) 저폭속 폭약

폭파 시 폭속은 1,500～2,000 m/s 정도이고, 콘크리트 파쇄기와 다이나마이트의 중간적 특성을 가지며 폭발은 다이나마이트와 비슷한 형태를 나타내고, 그 위력은 다이나마이트보다 약간 못하지만 비교적 사용 방법이 용이하므로 최근 시가지 발파에도 이용된다.

3) 다이나마이트

폭파 시 폭속은 4,500～6,500 m/s 정도이고, 순간적인 큰 파괴력을 이용하여 콘크리트를 파쇄하는 것으로 비교적 균일한 파쇄를 기대할 수 있으며 파괴력이 크기 때문에 적절한 발파 기술의 채용과 화학류 사용상의 문제점을 파악한 후에 면밀한 계획을 세워야 한다. 따라서 취급상의 안전, 소음, 분진 대책 등이 충분히 강구되어야 하며, 비용은 재래식보다 15% 정도 추가되지만 획기적인 공기 단축과 소음, 진동, 분진 등 대책에 따른 추가 비용에서 큰 절약이 가능하고 발파 후 수초 내에 건물 폭파를 완료시킬 수도 있는 경제적인 방법이다.

4) 화약류

화약류로 주로 사용되고 있는 것은 콘크리트 파쇄용 저속 폭약(폭속 1,500～2,000 m/s)과 다이나마이트(폭속 4,500～6,500 m/s)가 있으며 취급상 안전 기준은 다음과 같다.

① 화약 사용 시는 적절한 발파 기술을 사용하며 화약 사용에 대한 문제점 등을 파악한 후에 세밀한 계획하에 시행해야 한다.
② 취급상의 소음으로 인한 공해, 진동, 마찰 파편에 대한 예방 대책이 있어야 한다.
③ 화약류 취급에 대해서는 총포, 도검, 화약류 단속법과 산업안전보건법 등 관계법에서 규정하는 바에 의해 취급해야 한다.

④ 시공 순서는 화약 취급 절차에 의해야 한다.

5) 장점

① 파괴력이 크다
② 공기가 단축된다.
③ 안전이 확보되면 공사 금액이 저렴하다.
④ 지하실, 기초, 지중보 등 지하 구조물을 해체하는 데 적합하다.
⑤ 노동력 절감에 유리하다.

6) 단점

① 천공 시 소음, 분진, 진동이 발생한다.
② 화약을 취급하기 때문에 위험이 상존한다.
③ 발파 시 작업원을 대피시켜야 한다.
④ 발파 전문가가 필요하다.
⑤ 비산물 방호 장치 설치가 필요하다.
⑥ 지하 매설물에 영향이 미치며 슬래브, 벽 파쇄에 불리하다.

7) 화약 발파 공법

(1) 화약류 취급 시 유의 사항

① 폭발물을 보관하는 용기를 취급할 때는 불꽃을 일으킬 우려가 있는 철제 기구나 공구를 사용해서는 안 된다.
② 화약류는 해당 사항에 대해 양도 양수 허가증의 수량에 의해 반입하고 사용 시 필요한 분량만을 용기로부터 반출하여 즉시 사용토록 한다.
③ 화약류에 충격을 주거나, 던지거나, 떨어뜨리지 않도록 한다.
④ 화약류는 화로나 모닥불 부근 또는 그라인더(grinder)를 사용하고 있는 부근에선 취급하지 않도록 한다.

⑤ 전기 뇌관은 전지, 전선, 전기모터, 기타의 전기 설비 부근에 접촉되지 않도록 한다.
⑥ 화약, 폭약, 화공 약품은 각각 다른 용기에 수납하여야 한다.
⑦ 사용하고 남은 화약류는 발파 현장에 남겨놓지 않고 화약류 취급소에 반납하도록 한다.
⑧ 화약고나 다량의 폭발물이 있는 곳에서는 뇌관 장치를 하지 않도록 한다.
⑨ 화약류 취급 시에는 항상 도난에 유의하여 출입자 명부를 비치함과 동시에 과부족이 발생되지 않도록 한다.
⑩ 화약류를 멀리 떨어진 현장에 운반할 때에는 정해진 포대나 상자 등을 사용하도록 한다.
⑪ 화약, 폭약 및 도화선과 뇌관 등을 운반할 때에는 한 사람이 한꺼번에 운반하지 말고 여러 사람이 각기 종류별로 나누어 별개 용기에 넣어 운반토록 한다.
⑫ 화약류 운반 시에는 운반자의 능력에 알맞는 양을 운반케 하여야 한다.
⑬ 발파기를 사전에 점검하고 작동 불가 및 불능 시 즉시 교체하여야 한다.
⑭ 화약류의 운반 시는 화기나 전선의 부근을 피하며, 넘어지지 않게 하고 떨어뜨리거나 부딪히지 않도록 유의하여야 한다.

(2) 화약 발파 공사 시 유의 사항

① 장약 전에 구조물 부근에 누설전류와 지전류 및 발화성 가스의 유무를 확인하여야 한다.
② 전기 뇌관 결선 시 결선 부위는 방수 및 누전 방지를 위해 절연 테이프를 감아야 한다.
③ 발파 방식은 순발 및 자발을 구분하여 계획하고 사전에 필히 도통 시험에 의한 도화선 연결 상태를 점검하여야 한다.
④ 발파작업 시 출입 금지 구역을 설정하여야 한다.
⑤ 점화 신호(깃발 및 사이렌 등의 신호)의 확인을 하여야 한다.
⑥ 폭발 여부가 확실하지 않을 때는 지발 전기 뇌관 발파시는 5분, 그 밖의 발파 시에는 15분 이내에 현장에 접근해서는 안 된다.
⑦ 발파 시 발생하는 폭풍압과 비산석을 방지할 수 있는 방호막을 설치해야 한다.
⑧ 1단 발파 후 후속 발파 전에 반드시 전회의 불발 장약을 확인하고, 발견 시 제거 후 후속 발파를 실시하여야 한다.

7 핸드 브레이커

해체작업에 사용되는 핸드 브레이커는 콤프레셔에서 보내진 압축 공기에 의해 브레이커를 작동하여 비트의 급격한 반복 충격력에 의해서 콘크리트를 파쇄하는 것이다. 핸드 브레이커의 종류는 다음 그림과 같으며 파쇄 대상 물체에 따라 특성에 알맞은 것을 선택해야 한다.

1) 원리

브레이커에 의한 해체 공법은 압축기에서 송출되는 압출 공기에 의해 정(chisel)을 작동시켜 정 끝의 급속한 반복 충격력에 의해 콘크리트를 파괴하는 공법으로 보의 양단을 파쇄한 후 노출 철근을 가스를 이용하여 절단 파쇄하는 등 단독으로도 사용이 가능하나 주로 타공법(압쇄, 잭, 절단공법 등)의 보조용으로 사용된다.

2) 작업 방법 및 특징

핸드 브레이커의 중량이 20~40 kg으로 무겁기 때문에 견고한 발판 위에서 하향 작업을 하는 것이 바람직하며, 압축기와 유압 발생 장치의 설치 장소에 주의하고 호스가 꼬이지 않도록 하여야 한다. 유압식 핸드 브레이커는 일반적으로 호스의 길이가 제한되어 있기 때문에 멀리 떨어진 곳에서의 사용은 피하여야 한다.

3) 장점

① 수동 공구에 비하여 작업 능률이 좋다.
② 진동, 파편의 비산이 적으며 위험성이 적다.
③ 운반이 편리하며 다목적으로 사용이 가능하다.
④ 좁은 장소나 구조물 파쇄에 유리하고 타공법과 병행하여 사용할 수 있다.
⑤ 광범위한 작업이 가능하다.

4) 단점

① 소음이 크다.
② 분진이 발생한다.
③ 인건비 부담이 크다.
④ 방진마스크, 보안경 등 보호구가 필요하다.

5) 핸드 브레이커의 취급상 안전 기준

① 25~40 kg의 브레이커를 작동시키게 되므로 현장 정리가 잘 되어 있어야 한다.
② 끌의 부러짐을 방지하기 위해 작업 자세는 항상 하향, 수직 방향으로 유지해야 한다.
③ 기계는 항상 점검하고 호스가 교차되거나 꼬여있지 않는가를 점검해야 한다.

8 팽창제에 의한 공법

팽창제는 광물의 수화반응에 의한 팽창압을 이용하여 암석이나 콘크리트 등의 물체를 안전하고 공해 없이 파쇄 및 해체하기 위하여 사용하는 방법이다.

1) 가스압 공법

(1) 원리

가스에 의한 파쇄 공법은 고압가스 용기에 충전된 액체 가스가 온수에 의해 가열되면 기화된 가스가 소정의 압력에 도달되고, 이때 밸브를 열어 구조물의 천공 내에 압력을 가압하면 그 팽창 압력에 의해서 구조물이 파쇄된다.

(2) 장점

① 파괴 형태를 예측할 수 있다.
② 파괴 시 진동과 비산물이 거의 발생하지 않는다.

(3) 단점

① 화재의 위험이 있다.
② 해체 속도가 느리다.
③ 철근 콘크리트의 파괴가 어렵다.
④ 고압가스 취급을 위한 유자격자가 필요하다.
⑤ 파괴하려고 하는 구조물에 균열, 흠 등이 있으면 파괴가 어렵다.

2) 생석회 공법

(1) 원리

구조물을 천공한 후 그 구멍에 분말 생석회와 무기 팽창 지연제를 첨가하여 밀실하게 충전하고 물을 주입하면 생석회가 수화반응을 하여 소석회로 변할 때 체적 팽창압이 발생하고 이 팽창압에 의하여 파쇄하는 공법이다.

(2) 장점

① 소음 및 진동이 없다.
② 비산물이 없고 작업이 안전하다.

(3) 단점

① 천공 상태에 의해 파괴를 예측할 수 있다.
② 철근 콘크리트 구조물의 파쇄가 어렵다.
③ 생석회가 변질되기 쉬우며 안정된 팽창력을 얻기 어렵다.
④ 파쇄하고자 하는 구조물에 균열, 흠 등이 있으면 팽창 압력이 누설되어 파괴가 어렵다.

3) 팽창제가 갖추어야 할 조건

① 천공한 구멍 속에 충진 작업이 용이할 정도의 경화 시간이 필요하다.

② 파쇄에 필요한 팽창압에 달하는 시간이 짧을 것
③ 험과 독성이 없을 것
④ 충진 후 수화 발열 등에 의해 구멍에서 분출되지 않고, 시간의 경과에 따라 발생하는 팽창압이 피파 쇄체에 균등히 전달될 것

4) 팽창제 취급상의 안전 기준

① 팽창제와 물과의 혼합 비율을 확인해야 한다.
② 구멍이 너무 작으면 팽창력이 작아 비효과적이고 너무 커도 좋지 않다. 천공 직경은 30～50 mm 정도를 유지해야 한다.
③ 천공 간격은 콘크리트 강도에 의해 결정되나 30～70 cm 정도가 적당하다.
④ 팽창제를 저장하는 경우에는 건조한 장소에 보관하고 직접 바닥에 두지 말고 습기를 피해야 한다.
⑤ 개봉된 팽창제는 사용치 않아야 하며, 쓰다 남은 팽창제 처리에 유의해야 한다.

5) 팽창압 공법의 장단점

① 장점 : 보관 취급이 간단, 책임자 불필요, 무근 콘크리트에 유효하다.
② 단점 : 천공 때 소음과 분진 발생, 슬래브와 벽 등에는 불리하다.

9 절단기(cutter) 공법

절단기에 의한 공법은 그라인더와 같은 원리이며 그라인더의 날 대신 회전 원반을 전동기 등으로 고속 회전시켜 철근을 직선상으로 절단시킨다. 절단기의 속도는 철근의 배근 상태, 부재 형상 및 절단기에 의하여 다소 차이가 있는데 일반적으로 블레이드의 회전이 가능한 한 빠른 것이 좋다. 이 공법의 장단점은 다음과 같다.

1) 장점

① 작업성이 좋고, 해체 부재의 운반이 용이하다.
② 진동 및 분진이 거의 없다.
③ 기계 및 부재에 따라서 절단 속도가 다르지만 기계 대수에 따라 작업 일정을 자유로이 조절할 수 있다.
④ 건물의 내부에서 부재가 절단되므로 가설 시설이 적어도 가능하다.
⑤ 절단 계획도에 따라 부재별 절단 길이를 적산하면 정확하게 작업량을 산정할 수 있다.
⑥ 질서정연한 해체에 유리하고 최대 절단 길이는 30 cm 전후이다.

2) 단점

① 해체한 부재가 커서 그대로 처분할 수 없을 경우에는 2차 파쇄가 필요하다.
② 절단 시 소음이 크다.
③ 기둥 및 보와 각부의 접합부는 절단하기가 곤란하다.
④ 블레이드 가격이 비싸다.
⑤ 절단기에 전력 및 냉각수의 공급이 필요하며 해체물 운반 크레인이 필요하다.

3) 절단기 취급상의 안전 기준

① 작업 현장은 정리 정돈이 잘돼야 한다.
② 절단기에 사용되는 전기 시설과 급수, 배수 설비를 수시로 점거해야 한다.
③ 회전날의 조임 상태는 안전한지 작업 전에 점검해야 한다.
④ 회전날에는 접촉방지 커버를 부착토록 해야 한다.
⑤ 절단 중 회전날을 식히기 위한 물이 충분한지 점검하고 불꽃이 많이 비산되거나, 수증기 등이 발생하면 과열된 것이므로 주의해야 한다.
⑥ 절단 방향은 직선이 좋고 부재 중의 철근 등에 의해 절단이 안 될 경우에는 최소단면으로 절단해야 한다.
⑦ 절단기는 매일 점검하고 정비해 두어야 한다.

4) 절단 톱줄

와이어에 다이아몬드 절삭날을 부착하여, 고속 회전시켜 절단 해체하는 공법으로 다음 사항을 준수하여야 한다.

① 절단 작업 중 줄톱이 끊어지거나, 수명이 다할 경우에는 줄톱의 교체가 어려우므로 작업 전에 충분히 와이어를 점검하여야 한다.
② 절단 대상물의 절단 면적을 고려하여 줄톱의 크기와 규격을 결정하여야 한다.
③ 절단면에 고온이 발생하므로 냉각수 공급을 적절히 하여야 한다.
④ 구동축에는 접촉 방지 커버를 부착하도록 하여야 한다.

10 jack 공법

1) 원리

대형 유압잭을 슬래브와 슬래브 사이, 보와 보 사이에 설치하고 잭의 스트로크(stroke)를 유압에 의하여 늘려 상층의 보, 슬래브를 밀어 올려 해체하는 방법이다. 상층의 보나 슬래브를 해체하는 경우에는 하층의 보나 슬래브를 반력면으로 하며, 접촉 부분의 면적을 넓게 취하고 상층의 보나 슬래브에 접하는 압력 전달부는 면적을 작게 하여 잭으로 밀어 올려 파쇄한다.

2) 작업 방법

바닥 슬래브의 내력을 체크하고 기계를 최상층의 개구부에서 크레인으로 밀어올려 설치한다. 최상층 단부의 슬래브를 1.5 m 정도의 간격으로 치켜올리면서 뒤쪽으로 이동시킨다. 슬래브보다 보를 먼저 치켜올리면, 슬래브의 구속에 의해 반력측의 보가 파괴되므로 슬래브를 먼저 해체한다. 슬래브는 15~45톤 정도의 하중으로 파괴되며 잭의 들어 올림만으로 완전히 해체할 수 없는 때에는 보조 기기로 브레이커를 병행하여 작업한다.

3) 장점

① 소음 및 진동이 적다.
② 기동성이 좋으며 시공 능률이 좋다.

4) 단점

① 외벽 및 외측 기둥의 해체가 곤란하다.
② 콘크리트 파편 등의 낙하로 위험성이 있다.
③ 해체물이 다량일 경우 기동성이 떨어진다.
④ 분진의 발생이 있다.
⑤ 슬래브와 보 해체 시 잭을 받쳐 줄 발판이 필요하다.

5) 잭(jack) 취급상의 안전 기준

① 잭을 설치하거나 해체할 때는 경험이 많은 사람이 한다.
② 유압 호스 부분에서 기름이 새는지, 접속부는 이상이 없는지를 확인해야 한다.
③ 보수 점검을 수시로 해야 한다.
④ 장시간 작업의 경우에는 호스. 커플링과 고무가 연결된 곳에 균열이 발생될 우려가 있으므로 적절히 교환해야 한다.

11 전기적 공법

1) 전기를 직접 통하게 하여 가열하는 공법

(1) 원리

철근을 직접 전류(400～1,000 Hz)를 통전하여 주울 열에 의해 철근의 온도를 상승시켜 철근 및 그 주변의 콘크리트를 열팽창시키면 콘크리트에 인장 응력이 발생하게 되고 철근의 길이 방향에 따라 균열이 발생한다.

(2) 장점

① 무소음, 무진동으로 균열을 발생시켜 철근의 부착력을 없앤다.
② 저전압이기 때문에 인명의 위험이 없고 안전하다.

(3) 단점

① 저전압과 큰 전류를 얻는 변압기가 필요하다.
② 통전 후 가벼운 충격에 대한 처리가 필요하다.
③ 철근의 양단을 노출시키는 선행 작업이 필요하다.

2) 전자 유도 가열 공법

(1) 원리

철근 콘크리트 부재의 외부에 코일을 감아 400~1,000 Hz 정도의 고주파 전류를 통전하면, 철근을 통과하는 자력선과 철근의 직각 방향으로 과전류가 흐른다. 이때 과전류 손실에 의해 철근이 발열하기 때문에 콘크리트에 균열이 발생한다.

(2) 장점

① 무진동, 무소음으로 콘크리트에 균열을 발생시켜 부착력을 없앤다.
② 콘크리트 표면에서 간접적으로 내부 철근을 가열하기 때문에 열처리가 불필요하다.

(3) 단점

① 400~1,000 Hz 정도의 주파수 변환 장치가 필요하다.
② 통전 후 약한 타격 등 2차 처리가 필요하다.
③ 큰 기둥 등을 가열하기 위해서는 장치의 경량화, 전자석의 효율 개선이 필요하다.

3) 마이크로파 공법

(1) 원리

암석, 콘크리트에 마이크로파를 투시하여 물 분자의 분극 작용을 촉진하여 발열시킨다. 마이크로파는 반사된 일부를 제외하고 콘크리트 등을 투과하므로 내부를 가열한다. 내부와 외부의 온도 차에 의한 열응력이 콘크리트의 인장 강도를 초과했을 때 파괴된다.

(2) 장점

① 소음 및 진동을 적게 하여 파쇄할 수 있다.
② 열처리 작업이 필요 없다.

(3) 단점

① 통신 시설에 잡음 방지책이 필요하다.
② 전자폰의 성능, 수명 등이 우수한 전자파 발생 장치가 필요하다.
③ 전자파가 인체에 조사되면 위험하기 때문에 방호 장치가 필요하다.
④ 전자파 발생 장치의 대형화가 필요하다.

12 쐐기 타입 공법

1) 쐐기 타입기(rock jack)

동력은 가솔린 엔진, 동력 모터에 의해 구동되는 유압 펌프와 실린더로 구성된다. 유압의 작용에 의해 쐐기가 밀려 나오면 카운터 웻지를 밀어 넣어 콘크리트를 파쇄한다.

2) 장점

① 균열이 직선적이므로 계획적으로 해체할 수 있다.
② 무근 콘크리트에 유리하다.

3) 단점

① 1회 파괴량이 적다.
② 코어 보링 시 물을 필요로 한다.
③ 천공 시 소음과 분진에 주의

4) 쐐기 타입기(rock jack) 취급상의 안전 기준

① 천공 구멍은 타입기 삽입 부분의 직경과 거의 같아야 한다.
② 쐐기가 절단된 경우에는 즉시 교체해야 한다.
③ 보수 점검은 수시로 해야 한다.
④ 구멍에 굴곡이 있으면 타입기 자체에 큰 응력이 생겨 쐐기가 휠 우려가 있으므로 천공된 구멍은 굴곡부가 없도록 곧 발라야 한다.

13 화염 방사 공법

1) 화염 방사 공법

구조체에 산소를 분산해 연소시키므로 3,000~5,000℃의 고온으로 콘크리트를 천공 또는 용융시키면서 해체할 경우 사용하는 공법

2) 장점

강재 절단이 용이하다.

3) 단점

① 방열복 등 개인 보호구가 필요하다.
② 용융물, 불꽃 처리 대책이 필요하다.

4) 화염 방사 공법 취급상의 안전 기준

① 고온의 용융물이 비산하고 연기가 많이 발생되므로 화재 발생에 주의해야 한다.
② 소화기를 준비하여 불꽃 비산으로 인접 부분에 발화될 경우에 대비해야 한다.
③ 작업자는 방열복, 마스크, 안전 장갑 등의 보호구를 착용해야 한다.
④ 산소 용기가 넘어지지 않도록 조치해야 한다.
⑤ 용기 내 압력은 온도에 의해 상승하기 때문에 항상 40℃ 이하로 보존해야 한다.
⑥ 호스는 결속물로 확실하게 결속하도록 하고 균열되었거나 노후된 것은 사용을 금한다.
⑦ 게이지의 작동을 확인하고 고장 및 작동 불량품은 교체하여야 한다.

14 기타 공법

1) 파일 압쇄 공법

파일 압쇄 공법은 시공 현장에 있어서 기성 콘크리트 말뚝(RC, PC pile)의 머리 부분을 처리하는 공법으로 해머나 브레이커 등으로 파괴하는 공법과 파쇄약을 발파시켜 순간적으로 말뚝의 머리 부분을 파괴하는 공법 등이 있다.

2) Water Jet Method

이 공법의 파쇄 원리는 초고압, 초고속의 물의 분사에 의한 충격 에너지에 의해 구조물을 파쇄하는 공법이다. 콘크리트 파쇄에 필요한 분사 압력은 콘크리트 강도의 10~15배이다. 초고속 분사수가 고체에 충돌한 경우, 물의 충격 작용을 일으켜 충격력이 발생한다. 콘크리트는 이 충격력에 의해 분사점을 중심으로 박리하는 형태로 튀기며 파쇄된다. 이 공법의 장단점은 다음과 같다.

① 물의 배수 처리가 필요하다.
② 분진과 진동은 거의 없지만 소음이 크다.
③ 절단기를 대상물에 접촉시키지 않고 임의의 방향으로 절단 가능하며 수중에서도 절단

할 수 있다.

④ 노즐부는 경량이며 분사류의 반력도 적기 때문에 높은 곳과 비교적 협소한 장소에서도 시공이 가능하다.

3) 약품 사용 공법

산류는 시멘트 조성물과 반응해서 용해성 염분을 생성하고 침식 붕괴하므로 콘크리트의 파괴에 이용할 수 있다. 콘크리트는 조직에의 침투 혹은 확산 속도가 작으므로 종래는 검토되지 않았으나 시멘트 경화물의 박리 청소에 사용하는 청소제인 유기산을 주제로 계면활성제를 병용한 종류의 약제를 사용하여 국부적으로 콘크리트 침식 붕괴의 속도를 돕기 위해 약제의 고압 분사라든가 가스상 약재의 강제 침투 등 유기산염의 용액을 고압으로 부재 내부에 침투시키면 유효한 해체 방법이 될 수 있다.

12.3 산업재해 현황

1 사망재해 현황

1) 철거공사 재해 현황(2016~2020년)

최근 5년간 철거 · 해체 · 정리 작업 중 발생한 사망자는 131명으로 전체 건설업[1,908명] 대비 6.9%를 점유하는 것으로 나타난다. 연평균 26명의 근로자가 철거 · 해체 · 정리 작업 중 산업재해로 안타까운 목숨을 잃은 것으로 나타났다.

구분	5년 평균	2016	2017	2018	2019	2020	계
건설업	382명	422명	433명	366명	348명	319명	1,908명
철거해체 정리작업	26명 (6.9%)	37명 (8.4%)	30명 (6.9%)	24명 (6.6%)	16명 (4.6%)	24명 (7.5%)	123,802명

2) 철거공사 공사 규모별 재해 현황(2016~2020년)

3억 원 미만이 55.0%[72명]로 가장 많고, 다음으로 3억~20억 원 미만, 20억~50억 원 미만 등의 순서로 나타났다. 특히 50억 미만의 소규모 현장에서 발생한 사망자가 전체의 약 85.5%[112명]를 차지하였다.

3억 원 미만	3~20억 원 미만	20~50억 원 미만	50~120억 원 미만	120~500억 원 미만	500억 원 이상	계
72명 (55.0%)	28명 (21.4%)	12명 (9.2%)	6명 (4.9%)	5명 (3.8%)	8명 (6.1%)	131명 (100%)

3) 철거공사 기인물별 재해 현황(2016~2020년)

철거 · 해체 대상물의 벽체 및 마감재 등이 20.6%[27명]로 가장 많고, 다음으로 건설장비, 개구부 및 슬라브 단부, 지붕 채광창, 가설구조물 등의 순이다.

철거대상물 (벽체 등)	건설장비 (백호 등)	개구부 및 슬라브 단부	지붕 (채광창 등)	가설구조물 (비계 등)	기타	계
27명 (20.6%)	27명 (18.3%)	24명 18.3%)	18명 (13.7%)	16명 (12.2%)	22명 (16.8%)	131명 (100%)

2 철거 · 해체 · 정리 작업에서 주로 발생한 산업재해

1) 가설구조물 작업

① 비계 자재 하역 작업 중 부딪힘 또는 깔림

② 외부 비계 좌굴 방지를 위한 벽 이음을 설치하지 않아 비계 무너짐

③ 낙하물 방지망 설치 · 해체작업 중 떨어짐

④ 비계 설치 · 해체작업 중 고압선에 접촉되어 감전

2) 석면해체 제거 작업

① 석면 해체 제거 작업 중 보호구 착용 미흡으로 비산되는 석면 흡입

② 이동식 비계 및 사다리 이용하여 철거 작업 중 떨어짐

③ 지붕 철거 작업 중 떨어짐

3) 대상물 철거 해체작업

① 건물 장비 탑재 후 슬라브 철거 중 무너짐

② 수공구를 이용하여 조적 벽체 철거 중 무너짐

③ 살수 근로자가 작업 중 백호 장비에 부딪힘

④ 살수 근로자가 작업 중 해체물 파편에 맞음

⑤ 백호 등의 중장비가 이동 및 작업 중 전도

⑥ 건물 상부에 있는 근로자가 해체물 투하구 등의 개구부 및 단부에서 떨어짐

⑦ 굴착기 버킷 등에 탑승하여 이동 중 떨어짐

⑧ 철거 용단 작업으로 인한 불티가 가연성 자재에 옮겨붙으면서 화재

4) 폐기물 및 잔재물 정리

① 재활용 처리 크레인으로 반출작업 중 폐기물에 깔림

② 암롤 박스 위에서 폐기물 정리 중 추락

12.4 건축물 해체공사 안전 관련 법령 및 기준

1 산업안전보건기준에 관한 규칙 : 해체작업 시 위험 방지

제384조(해체작업 시 준수사항) ① 사업주는 구축물 등의 해체작업 시 구축물 등을 무너뜨리는 작업을 하기 전에 구축물 등이 넘어지는 위치, 파편의 비산거리 등을 고려하여 해당 작업 반경 내에 사람이 없는지 미리 확인한 후 작업을 실시해야 하고, 무너뜨리는 작업 중에는 해당 작업 반경 내에 관계 근로자가 아닌 사람의 출입을 금지해야 한다. 〈개정 2023.11.14.〉

② 사업주는 건축물 해체공법 및 해체공사 구조 안전성을 검도한 결과 「건축물관리법」 제30조제3항에 따른 해체계획서대로 해체되지 못하고 건축물이 붕괴할 우려가 있는 경우에는 「건축물관리법 시행규칙」 제12조제3항 및 국토교통부 장관이 정하여 고시하는 바에 따라 구조보강계획을 작성해야 한다. 〈신설 2023.11.14.〉 [제목개정 2023.11.14.]

2 건축물관리법

1) 건축물 해체의 허가

제30조(건축물 해체의 허가) ① 관리자가 건축물을 해체하려는 경우에는 특별자치시장 · 특별자치도지사 또는 시장 · 군수 · 구청장(이하 이 장에서 "허가권자"라 한다)의 허가를 받아야 한다. 다만, 다음 각 호의 어느 하나에 해당하는 경우 대통령령으로 정하는 바에 따라 신고를 하면 허가를 받은 것으로 본다. 〈개정 2020.4.7.〉

1. 「건축법」 제2조제1항제7호에 따른 주요구조부의 해체를 수반하지 아니하고 건축물의 일부를 해체하는 경우
2. 다음 각 목에 모두 해당하는 건축물의 전체를 해체하는 경우

   가. 연면적 500 m^2 미만의 건축물

   나. 건축물의 높이가 12 m 미만인 건축물

다. 지상층과 지하층을 포함하여 3개 층 이하인 건축물

3. 그 밖에 대통령령으로 정하는 건축물을 해체하는 경우

② 제1항 각 호 외의 부분 단서에도 불구하고 관리자가 다음 각 호의 어느 하나에 해당하는 경우로서 해당 건축물을 해체하려는 경우에는 허가권자의 허가를 받아야 한다. 〈개정 2022.2.3.〉

1. 해당 건축물 주변의 일정 반경 내에 버스 정류장, 도시철도 역사 출입구, 횡단보도 등 해당 지방자치단체의 조례로 정하는 시설이 있는 경우
2. 해당 건축물의 외벽으로부터 건축물의 높이에 해당하는 범위 내에 해당 지방자치단체의 조례로 정하는 폭 이상의 도로가 있는 경우
3. 그 밖에 건축물의 안전한 해체를 위하여 건축물의 배치, 유동인구 등 해당 건축물의 주변 여건을 고려하여 해당 지방자치단체의 조례로 정하는 경우

③ 제1항 또는 제2항에 따라 허가를 받으려는 자 또는 신고를 하려는 자는 건축물 해체 허가신청서 또는 신고서에 제4항에 따라 작성되거나 제5항에 따라 검토된 해체계획서를 첨부하여 허가권자에게 제출하여야 한다. 〈개정 2022.2.3.〉

④ 제1항 각 호 외의 부분 본문 또는 제2항에 따라 허가를 받으려는 자가 허가권자에게 제출하는 해체계획서는 다음 각 호의 어느 하나에 해당하는 자가 이 법과 이 법에 따른 명령이나 처분, 그 밖의 관계 법령을 준수하여 작성하고 서명, 날인하여야 한다. 〈신설 2022.2.3.〉

1. 「건축사법」 제23조제1항에 따른 건축사사무소개설신고를 한 자
2. 「기술사법」 제6조에 따라 기술사사무소를 개설등록한 자로서 건축구조 등 대통령령으로 정하는 직무 범위를 등록한 자

⑤ 제1항 각 호 외의 부분 단서에 따라 신고를 하려는 자가 허가권자에게 제출하는 해체계획서는 다음 각 호의 어느 하나에 해당하는 자가 이 법과 이 법에 따른 명령이나 처분, 그 밖의 관계 법령을 준수하여 검토하고 서명, 날인하여야 한다. 〈신설 2022.2.3.〉

1. 「건축사법」 제23조제1항에 따른 건축사사무소 개설신 고를 한 자
2. 「기술사법」 제6조에 따라 기술사사무소를 개설등록한 자로서 건축구조 등 대통령령으로 정하는 직무 범위를 등록한 자

⑥ 허가권자는 다음 각 호의 어느 하나에 해당하는 경우 「건축법」 제4조제1항에 따라

자신이 설치하는 건축위원회의 심의를 거쳐 해당 건축물의 해체 허가 또는 신고수리 여부를 결정하여야 한다. 〈신설 2022.2.3.〉

1. 제1항 각 호 외의 부분 본문 또는 제2항에 따른 건축물의 해체를 허가하려는 경우
2. 제1항 각 호 외의 부분 단서에 따라 건축물의 해체를 신고받은 경우로서 허가권자가 건축물 해체의 안전한 관리를 위하여 전문적인 검토가 필요하다고 판단하는 경우

⑦ 제6항에 따른 심의 결과 또는 허가권자의 판단으로 해체계획서 등의 보완이 필요하다고 인정되는 경우에는 허가권자가 관리자에게 기한을 정하여 보완을 요구하여야 하며, 관리자는 정당한 사유가 없으면 이에 따라야 한다. 〈신설 2022.2.3.〉

⑧ 허가권자는 대통령령으로 정하는 건축물의 해체계획서에 대한 검토를 국토안전관리원에 의뢰하여야 한다. 〈개정 2020.6.9., 2022.2.3.〉

⑨ 제3항부터 제5항까지의 규정에 따른 해체계획서의 작성·검토 방법, 내용 및 그 밖에 건축물 해체의 허가절차 등에 관하여는 국토교통부령으로 정한다. 〈개정 2022.2.3.〉

2) 건축물 해체작업계획서 내용

제12조(해체계획서의 작성) ① 법 제30조제3항에 따른 해체계획서에는 다음 각 호의 내용이 포함되어야 한다. 〈개정 2022.8.4.〉

1. 해체공사의 공정 등 해체공사의 개요
2. 해체공사의 영향을 받게 될 「건축법」 제2조제1항제4호에 따른 건축설비의 이동, 철거 및 보호 등에 관한 사항
3. 해체공사의 작업순서, 해체공법 및 이에 따른 구조안전계획
4. 해체공사 현장의 화재 방지대책, 공해 방지 방안, 교통안전 방안, 안전통로 확보 및 낙하 방지대책 등 안전관리대책
5. 해체물의 처리계획
6. 해체공사 후 부지정리 및 인근 환경의 보수 및 보상 등에 관한 사항

Chapter | 13

토목 구조물공사 안전 주요사항

13.1 교량공사 안전

1 교량공사 개요

1) 교량의 개념

교량이란 도로, 철도, 계곡, 호수, 해안, 수로, 건물, 시가지 등의 위를 통과하기 위한 수단으로 축조하는 구조물이다.

① 일반적인 교량의 상부구조 : 자동차나 보행자 등을 직접 지지하는 부분
② 일반적인 교량의 하부구조 : 상부구조를 지지하는 부분(라멘교는 일체)

상부구조를 구성하는 주요 부분으로 바닥판, 바닥틀(세로보와 가로보), 거더, 수평 브레이싱, 수직 브레이싱, 받침부 등이고, 신축 이음장치, 난간, 방호책, 배수장치, 조명설비, 점검설비 등의 부속설비도 포함된다.

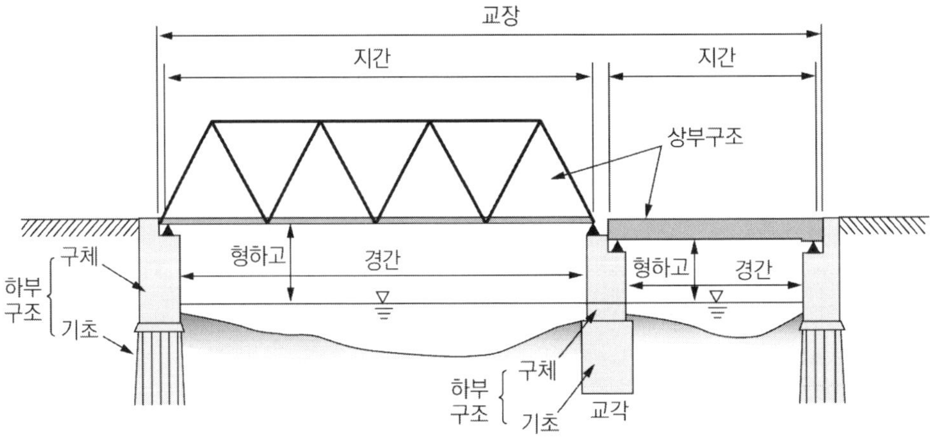

❯ 교량 일반도

2) 교량의 상부구조

(1) 바닥판 + 바닥틀 + 주형

그림과 같이 바닥판에 작용하는 하중이 세로보 → 가로보 → 주형으로 전달되는 시스템이다. 여기서 주형은 I형 거더, 트러스의 현재, Arch 또는 라멘(Vierendeel 트러스) 등이다. 주형에 전달된 하중은 지점을 통해서 하부구조로 전달하게 된다.

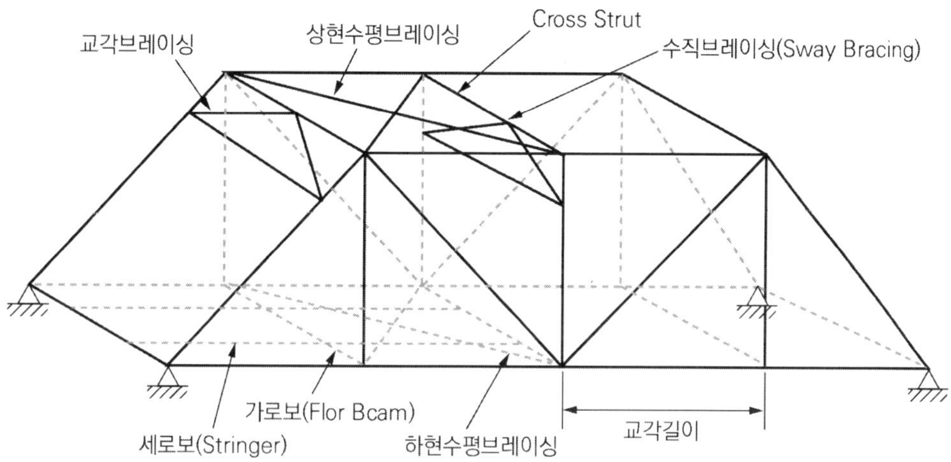

바닥틀(floor system)

(2) 바닥판 + 주형

바닥판과 그 위를 통과하는 하중이 직접 주형으로 전달되며, 여기서 주형은 I형 거더 (Plate girder 포함) 또는 Box girder라고 할 수 있다.

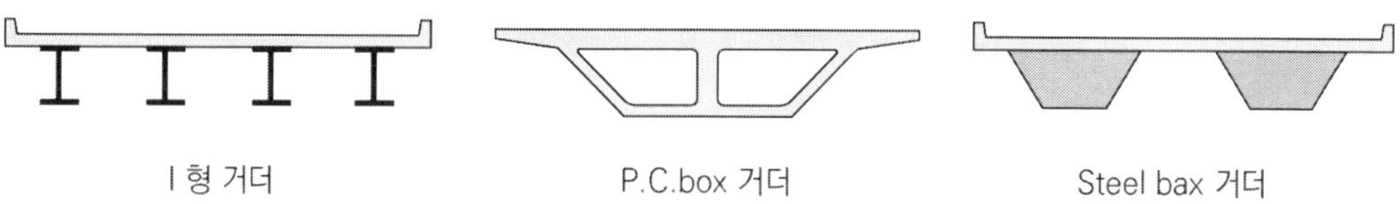

주형 단면

(3) 받침(Bearing)

상부구조로부터의 하중을 하부구조로 전달하는 연결부분이다. 가동받침(수평으로 가동), 힌지받침(회전변위만 가능), 고정받침(이동 및 회전 불가능)이 있다. 강교에서는 주로 가동받침과 힌지받침이 사용되고, RC교에서 가끔 고정받침을 볼 수 있다. 실무에서는 힌지받침을 고정받침(Fixed bearing), 롤러받침을 가동받침(Movable bearing)으로 지칭하고 있다.

(4) 신축이음 장치

교량의 온도변화로 인한 신축, Concrete의 Creep 및 건조수축, 그리고 하중에 의한 단부의 변위에 대해 주행성에 지장이 없도록 설치한 장치를 말하며, 신축량의 기준은 다음기준에 따라 정한다.

① 도로교 상부구조 표준도 : 시공 온도 15℃에 대한 유간을 고려하고 있음
② 기타 표준도가 아닌 경우 : Girder 1 m당 각 시공 온도에 대응하는 신축량을 결정하고 총 신축량(유격)을 정함

3) 교량의 하부구조

하부구조는 교대(Abutment)와 교각(Pier)을 총칭한 것이다.

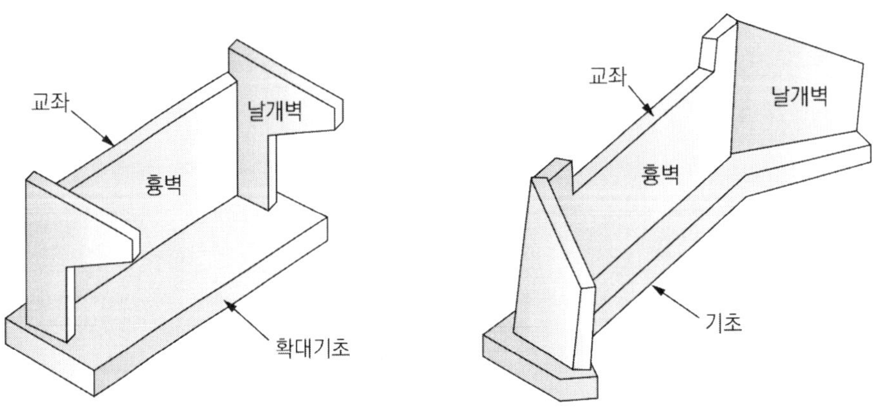

교대의 구성

2 교량의 분류

1) 일반적인 분류

교량은 용도, 구조형식, 사용재료 등에 따라 아래와 같이 분류할 수 있다.

① 용도에 따른 분류 : 도로교, 철도교, 수로교, 인도교, 관로교, 운하교, 군용교, 공용교 등
② 사용재료에 따른 분류 : 콘크리트교, 강교, 석교, 목교, 알루미늄교, 복합재료교 등
③ 노면 위치에 따른 분류 : 상로교, 중로교, 하로교, 이층교 등
④ 교량, 평면 형상에 따른 분류 : 직교, 사교, 곡선교 등
⑤ 가설지점에 따른 분류 : 고가교, 하천교, 횡단 육교 등
⑥ 교량 가동 여부에 따른 분류 : 고정교, 가동교 등(선개교, 승개교 등)
⑦ 내용 연수에 따른 분류 : 영구교, 가설교, 응급교 등
⑧ 설계하중에 따른 분류 : 1등교, 2등교, 3등교 등
⑨ 구조형식에 따른 분류 : 라멘교, 거더교, 트러스교, 아치교, 현수교, 사장교 등

2) 노면 위치에 따른 분류

상로교(Deck Bridge), 중로교(Half-Through Bridge), 하로교(Through Bridge)로 분류된다.

3) 구조형식에 따른 분류

(1) 철근 콘크리트교의 분류

① 슬래브교(Slab Bridge)

가. 3~7.5 m 정도의 짧은 지간에 대해서는 1방향 슬래브교가 경제적이다. 12 m 정도까지의 지간에 대하여도 1방향 슬래브교가 사용된다.

나. 짧은 지간의 콘크리트교는 시멘트 그라우트를 사용하여 조립하기도 한다.

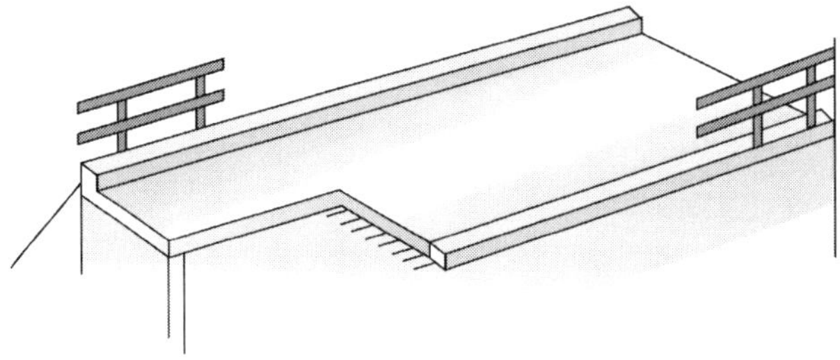

슬래브교

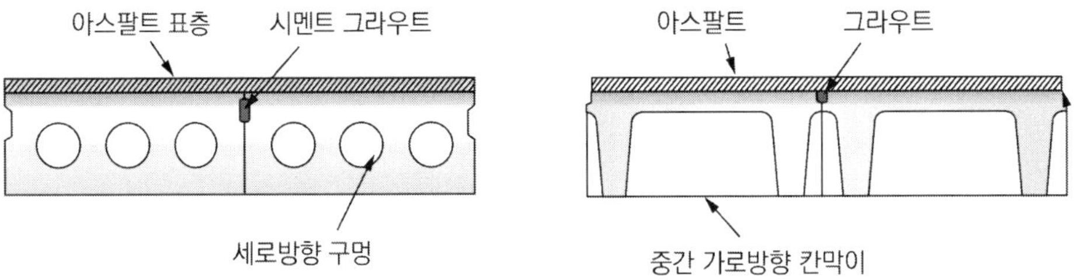

(a) 중공 슬래브(Voided Slab)

(b) 채널 슬래브(Channel Slab)

프리캐스트 바닥판

② T형교(Deck-Girder Bridge 또는 T-beam Bridge)

30 m 정도까지의 지간에 대하여는 아래 그림과 같은 현장 타설의 콘크리트 T형교가 사용된다.

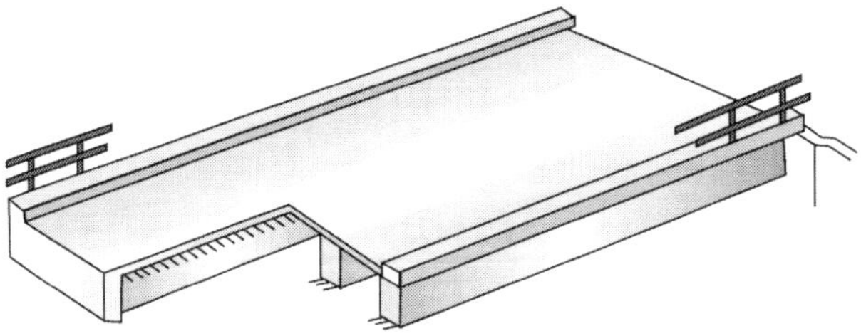

T형교

③ 합성형교(Composite Girder Bridge)

가. 미리 만들어 놓은 Precast PC부재나 강재보의 상부 Flange에 전단연결재(Shear Connector)를 부착하고 소정 위치에 놓은 다음 콘크리트 Slab를 현장에서 타설하

여 완성하는 것을 합성구조(Composite Construction)라 하고, 지간 18~36 m 정도가 도로교에 많이 쓰이고 있다.

나. Precast Concrete교(PC교)도 합성단면이 많이 쓰인다. 주형은 프리캐스트의 PC보를 기중기로 소정 위치에 올려 놓고, 그 위에 현장타설 콘크리트로 바닥판 슬래브를 시공한다. 이때 바닥판 슬래브는 전단연결재(Steel Dowel)에 의해 PC보에 연결된다.

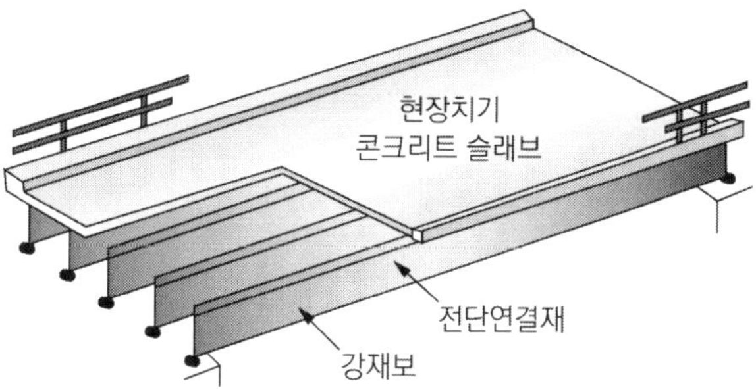

합성형교

④ 박스 거더교(Box Girder Bridge)

중간 정도 지간 및 장대지간의 콘크리트교에는 아래 그림과 같은 단면의 PC 박스 거더(Box Girder)가 종종 사용된다.

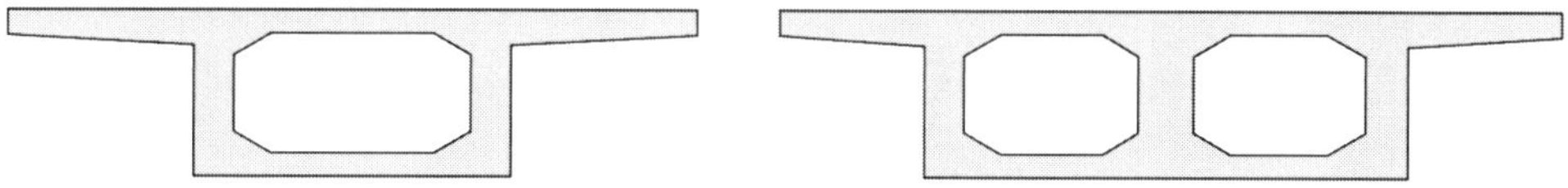

박스 거더교

⑤ 아치교(Arch Bridge)

장지간(L = 90~130 m)의 콘크리트교를 만들 수 있는 또 하나의 방법은 여러 가지 모양의 아치교를 들 수 있다.

⑥ 라멘교(Rigid Frame Bridge)

평면 교차를 피하여 고속도로 등을 가로질러 넘어가는 과도교(Over-Bridge) 또는 철도를 가로질러 넘는 과선교 등은 라멘교로 하는 게 좋다.

(2) 강교의 분류

① 들보교(형교 : Girder Bridge)

형(girder)을 종방향으로 평행 배열하고 그 위에 바닥판(Slab, 또는 강바닥판 등)을 깐 교량 형식이다. 횡단면은 I형(압연단면 또는 Plate Girder), Box형 등이 있다.

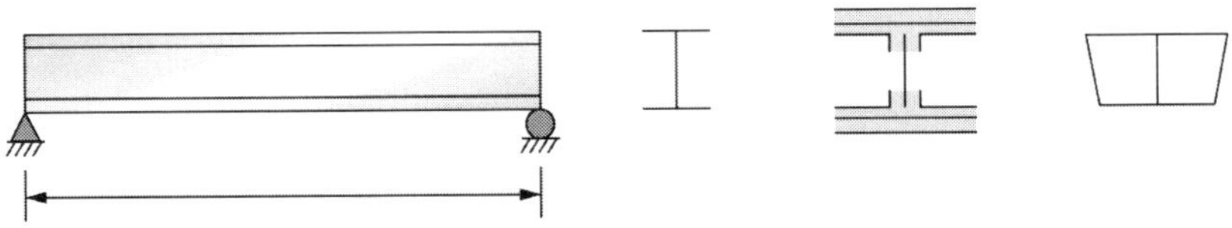

(a) 단순형교

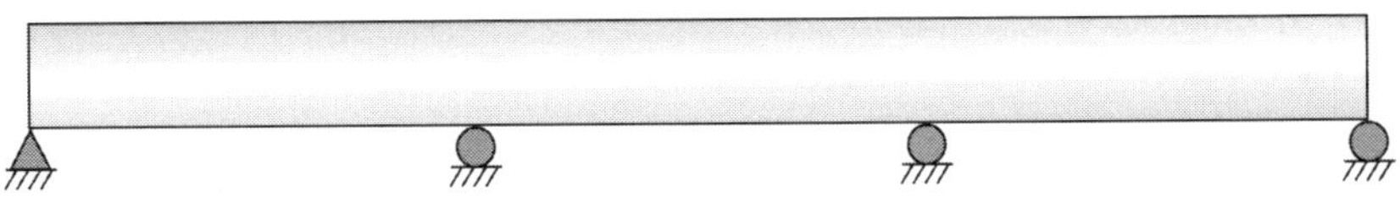

(b) 연속형교

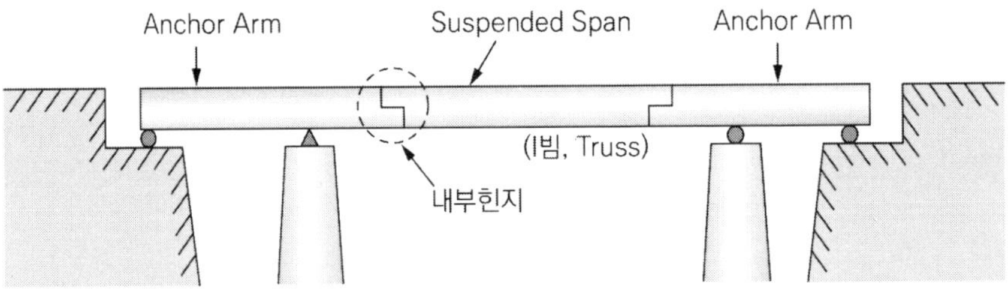

내인보 + 단순보(Truss) + 내인보 + … 로 구성된 정적인 연속교

(c) Gerber교

들보교

② 트러스교

지간이 긴 경우에 사하중(자기 무게)이 커지므로 Plate Girder교로는 비경제적이 된다. 따라서 트러스교를 채택해야 한다.

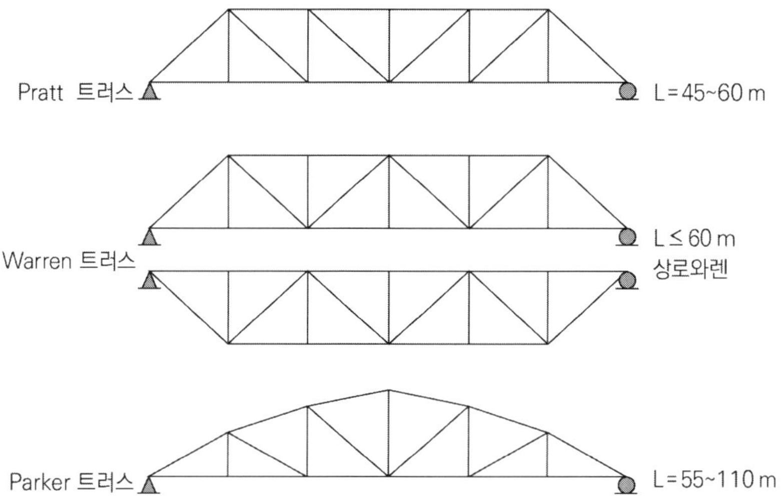

트러스교

③ Arch교

주형을 곡선으로(주로 포물선) 형성하고 주로 축방향의 압축력을 받도록 한 교량으로 양단에서 수평반력을 충분히 견디도록 힌지(또는 고정) 지점을 확고히 해서 수평 변위가 없어야 한다. 일반적으로 도로교에서 길이 L = 30～540 m이면 경제성이 있다고 본다.

④ 라멘교

라멘을 주형으로 한 교량으로서 고속도로에 흔히 쓴다.

⑤ 사장교(Cable Stayed Bridge)

다음 그림과 같이 부채꼴 등의 Cable로 지지되는 교량이며 유럽, 특히 독일에서 개발되고 많이 채택하고 있다. 중앙경간 150～400 m 정도에서 경제적이다.

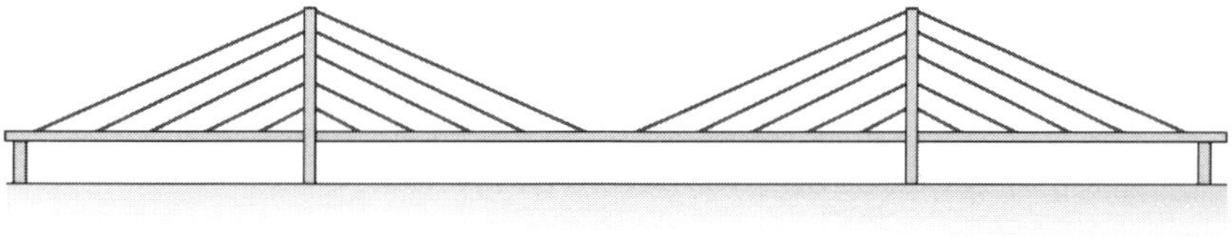

Harp System

사장교

⑥ 현수교(Suspension Bridge)

탑(Tower)을 지나는 Cable로 거의 모든 하중을 지지하며 양단이 정착되어 있다. 지간이 아주 긴 경우에 적합하고 특히 미국에서 많이 채택되고 있으며, 우리나라도 남해대교 등이 현수교로 되어 있다. 중앙지간이 400 m 이상이면 경제적이다.

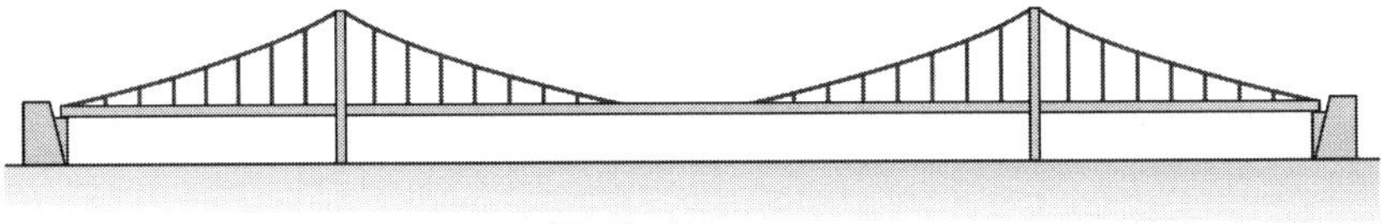

Vertical Hangers

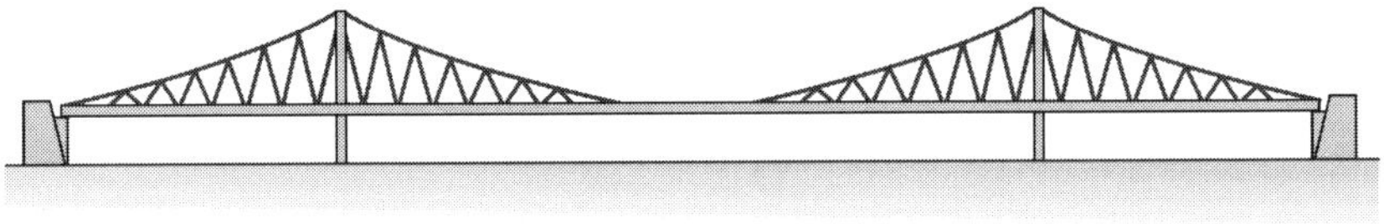

Inclined Hangers

현수교

4) 기타 형식에 따른 분류

① 거더와 바닥판의 연결 : 합성구조, 비합성구조

② 용도 : 도로교, 철도교, 수로교, 군용교

③ 중심선에 대한 각도 : 직교, 사교, 곡선교

④ 가동여부 : 대부분 고정교이지만 다음과 같은 가동교도 있다.

가. 선개교 : 중앙 수직축을 중심으로 회전하여 항로를 개폐함

나. 개교 : 상부구조를 상하로 이동하여 항로를 개폐함

다. 도개교 : 좌우 어느 한 수평축을 중심으로 상하로 회전하여 항로를 개폐

⑤ 사용재료 : 목교, 강교, 석교, RC교, PS 콘크리트교

⑥ RC교

가. PC 조립 Slab교

나. PSC Beam교

다. PSC Box Girder교 (가설방법 분류)

- F.C.M, I.L.M, M.S.S, F.C.M, P.S.M

⑦ PC 콘크리트교
I 빔교, Plate Girder교, Steel Box Girder교, 들보교, Truss교, Arch교, 라멘교, 사장교, 현수교

3 교량공사 공종별 위험요인

1) 공사현장 진입도로 개설공사 위험요소

① 토공장비(굴착기, 덤프트럭 등)의 넘어짐, 떨어짐, 부딪침
② 절토, 성토 사면의 무너짐
③ 암발파 시 비석 날아옴, 화약폭발

2) 해상 · 수상구간 가설도로 축조공사 위험요소

① 토사성토 사면의 유실, 무너짐
② 토공장비의 넘어짐, 떨어짐, 부딪침
③ 근로자 떨어짐, 익사

3) 해상 · 수상구간 공사용 가설교량 설치공사 위험 요소

① 기초파일 항타기 넘어짐
② 강재 인양, 설치 시 크레인 넘어짐
③ 바지선, 작업선, 근로자 운반선의 전복, 부딪침
④ 잠수작업자 익사
⑤ 근로자의 떨어짐, 익사

4) 육상구간 교대 · 교각 기초 굴착공사 위험요소

① 기초 굴착 사면의 무너짐

② 흙막이 무너짐
③ 굴착단부, 흙막이 단부에서 떨어짐
④ 흙막이 조립, 해체 중 떨어짐
⑤ 흙막이공사용 항타기 넘어짐, 끼임
⑥ 파일 등 중량자재 양중작업 시 크레인 넘어짐, 자재류 떨어짐
⑦ 브레이커 사용 암반굴착 시 소음, 분진
⑧ 암 발파작업 시 비석, 분진, 소음, 진동

5) 해상 · 수상구간 교각 기초 굴착공사 위험요소

① 케이슨의 운반 및 거치 중 케이슨 넘어짐, 떨어짐, 케이슨 인양 크레인 넘어짐
② 물양장, 접안시설, 가교 등에서 떨어짐, 가물막이의 해류, 조수간만 토사유출에 의한 침수, 무너짐
③ 바지선, 예인선, 작업선, 인력 운반선 등의 전복, 부딪침, 유실
④ 토사굴착, 암 굴착작업 시 건설기계의 넘어짐, 부딪침
⑤ 수중발파 등 발파작업 시 비석, 분진, 소음
⑥ 공기 케이슨 내부 작업 시 질식, 끼임, 케이슨 병 이환
⑦ 잠수작업자 등 근로자의 떨어짐, 익사

6) 기초 케이슨 제작 시 위험요소

① 케이슨 제작 시 전기용접자 등 근로자 감전
② 케이슨 넘어짐으로 인한 끼임, 케이슨 제작장의 침하, 무너짐
③ 케이슨 제작 중 고소에서 떨어짐
④ 자재류 및 케이슨 양중작업 시 크레인 넘어짐, 자재류 떨어짐

7) 기초 파일공사 위험요소

① 파일 항타기 및 오거의 넘어짐, 항타 해머의 떨어짐으로 인한 끼임

② 파일의 넘어짐

③ 파일 등 양중작업 시 크레인의 넘어짐, 인양물 떨어짐

④ RCD 장비 넘어짐, RCD 천공 내부로 근로자 떨어짐

⑤ 조립된 파일 철근망 운반 및 설치 시 넘어짐 · 끼임

⑥ 파일 두부 정리 시 절단된 파일의 넘어짐 · 끼임

⑦ 강관이음 접합부 용접 시 감전

⑧ 적치 또는 운반 중인 파일의 구름 · 끼임

8) 가교각(Bent) 설치 시 위험요소

① 철골부재 운반 중 구름 · 떨어짐 · 끼임

② 철골 운반 및 양중작업 시 크레인의 넘어짐

③ Bent의 침하, 넘어짐, 무너짐

④ 철골부재 용접 중 감전

⑤ 고소 작업 중 떨어짐

9) 해상(수상) 작업 시 위험요소

① 바지선, 예인선, 플로팅 크레인, 작업선, 근로자 운반선, 구명정 등의 부딪침, 전복, 유실

② 각종 수상 작업선 내부에서의 화재, 폭발

③ 각종 수상 작업선 등에서 근로자 떨어짐, 익사

④ 물양장 단부에서 떨어짐, 익사

⑤ 바지선 또는 물양장에서 이동식 크레인 넘어짐

10) 교대 · 교각 구조물 공사 위험요소

① 철근 가공중 손 절단, 끼임

② 철근 운반, 양중 시 떨어짐, 철근 단부에 찔림

③ 연직 철근 조립 중 철근 넘어짐, 떨어짐

④ 거푸집 및 거푸집동바리 무너짐, 운반, 양중작업 중 부딪침, 떨어짐

⑤ 거푸집 및 거푸집동바리 조립, 해체작업 시 고소에서 근로자 떨어짐

⑥ 거푸집 용접, 콘크리트 타설 중 감전

⑦ 완성된 교대·교각의 상부에서 근로자 떨어짐

⑧ 지상에서 고소 작업장소로 이동 중 떨어짐

11) R. C 교량의 상부공 공사 위험요소

① 거푸집 및 거푸집동바리 무너짐

② 거푸집, 거푸집동바리의 조립·해체 중, 철근 조립중 고소에서 근로자 떨어짐

③ 크레인으로 자재류 인양, 운반 중 자재 떨어짐, 크레인 넘어짐

④ 교량 상부공 단부에서 떨어짐

12) P. C 교량 상부공 공사 위험요소

(1) 거푸집동바리를 사용하는 공법으로 가설(전체 지지식, 지주 지지식, 거더 지지식)

① 거푸집동바리 무너짐, 넘어짐

② 거푸집동바리, 철근 등의 조립·해체작업 중 떨어짐

③ 크레인으로 자재류 인양, 운반 중 자재 떨어짐, 크레인 넘어짐

④ 강연선에 Prestress 도입 시 강연선 파단, 잭 이탈로 부딪침

⑤ 돌출된 강연성, 철근의 단부에 찔림

⑥ 지상에서 상부공으로 이동 중 떨어짐

⑦ 상부공 작업 중 지상으로 자재류 등 떨어짐·날아옴

⑧ 콘크리트 바이브레이터 등 전기기계·기구 사용 중 감전

(2) 거푸집동바리를 사용하지 않는 공법으로 가설

① 캔틸레버공법(F.C.M : Free Cantilever Method)

가. 이동작업차(Form Traveller)의 조립, 이동, 해체 시 무너짐, 근로자 떨어짐

나. 크레인으로 자재류 양중작업 중 자재 떨어짐

다. 크레인 넘어짐

라. 건설용 리프트의 설치, 사용, 해체 중 리프트 넘어짐, 근로자 끼임, 떨어짐

마. 강연선에 Prestress 도입 시 강연선 파단, 잭 이탈로 부딪침

바. 완성된 상부공 단부에서 떨어짐

사. 지상에서 상부공으로 이동 중 떨어짐

아. 주두부 작업용 브래킷 및 빔 설치 · 해제 시 떨어짐

② 이동식 비계공법(M.S.S : Movable Scaffolding System)

가. 이동식 비계의 조립, 이동, 해체 중 무너짐, 떨어짐

나. 이동식 비계에서 근로자 떨어짐, 끼임, 자재류 떨어짐

다. 크레인으로 자재류 양중작업 중 자재 떨어짐, 크레인 넘어짐

라. 철근, 강연선 단부에 찔림

마. 강연선에 Prestress 도입 시 강연선 파단, 잭 이탈로 부딪침

바. 완성된 상부공 단부에서 떨어짐

사. 지상에서 상부공으로 이동 중 떨어짐

③ 연속 압출공법(I.L.M : Incremental Launching Method)

가. 주형 제작장의 거푸집동바리 무너짐

나. 주형 거푸집의 단부, 제작된 주형의 단부에서 떨어짐

다. 크레인으로 자재류 인양, 운반 중 자재류 떨어짐, 크레인 넘어짐

라. 강연선, 철근의 단부에 찔림

마. 강연선에 Prestress 도입시 강연선 파단, 잭 이탈로 부딪침

바. 상부공 압출작업 중 주형의 불시 미끄러짐, 부딪침, 떨어짐

사. 압출 시 각 교각의 상단에서 미끄럼판(Slip Pad) 끼우는 작업 근로자 떨어짐

아. 압출된 상부공에서 떨어짐

자. 지상에서 상부공으로 이동 중 떨어짐

④ Prescast Girder 공법(크레인 이용한 가설)

가. 가설장소

• Precast Girder 운반, 거치 중 크레인 넘어짐, Gider의 떨어짐, 넘어짐, 근로자

떨어짐

- Precast Girder에 지지하여 설치하는 슬래브 거푸집동바리 무너짐
- 거푸집동바리, 거푸집 및 철근의 조립 · 해체 시 근로자 떨어짐, 거푸집 떨어짐
- 크레인으로 철근 등 자재류 인양 · 운반 중 자재 떨어짐, 크레인 넘어짐
- 교량 상부공 단부에서 떨어짐, 떨어짐, 지상에서 상부공으로 이동 중 떨어짐
- Precast Girder를 제작장에서 가설장소로 운반 중 운반차량의 넘어짐, 떨어짐
- 철근 운반 · 조립 시 철근단부에 찔림, 철근 떨어짐

나. Precast Girder 제작장

- Precast Girder 거푸집 넘어짐, Girder의 제작, 운반 중 넘어짐
- Concrete 양생 중 양생막 내부에서 근로자 질식
- 강연선에 Prestress 도입 시 강연선 파단, 잭 이탈로 부딪침
- 철근 단부 및 강연선 단부에 찔림

⑤ Precast Segment Method공법(P.S.M)

※ Assembly Girder 또는 Assemble Truss를 이용하여 Segments를 1Span씩 배열하고 강연선을 인장하여 가설

가. 가설장소

- 교각 측면에 Assemble Girder를 지지하는 Bracket 설치 시 Bracket 인양크레인의 넘어짐, Bracket 떨어짐, 근로자 떨어짐
- Assemble Girder 설치, 작업중 이동, 사용 후 해체작업 중 무너짐, 떨어짐, 넘어짐, 근로자 떨어짐
- Precast Segment 운반, 배열시 운반 크레인의 넘어짐, 부딪침, Precast Segment 떨어짐, 근로자 끼임, 떨어짐
- 강연선에 Stress 도입 시 강연선 파단, 잭 이탈로 부딪침
- 돌출된 강연선 단부에 찔림

나. Precast Segment 제작장

- 거푸집동바리 무너짐
- 거푸집 조립 · 해제 중 끼임, 떨어짐
- 철근, 거푸집 운반 크레인의 넘어짐, 철근, 거푸집 등의 떨어짐
- 철근의 가공 중 끼임, 감전, 철근 조립중 철근 단부에 찔림

- 콘크리트 타설 중 바이브레이터에 감전
- 콘크리트 양생막 내부에서 질식
- 제작된 Segment 운반 중 Segment 넘어짐, 운반 크레인 넘어짐

⑥ Precast Segment Method공법(P.S.M)

※ 이동식 크레인을 이용하여 Cantilever식으로 교각 좌우의 하중균형을 유지하면서 1 Segment씩 가설

가. 가설장소

- Cantilever 단부에 이동식 크레인 및 작업대의 설치, 작업 중 이동, 작업완료 후 해체 중 무너짐, 떨어짐, 근로자 떨어짐
- Precast Segment 운반 및 거치작업 시 크레인 넘어짐, Segment 떨어짐, 근로자 떨어짐
- 강연선 단부에 찔림
- 강연선에 Prestress 도입 시 강연선 파단, 잭 이탈로 부딪침

나. Precast Segment 제작장

- Segment 거푸집동바리 무너짐
- 거푸집 조립, 해체작업 중 근로자 끼임, 떨어짐
- 양중작업 시 크레인의 넘어짐, 철근 · 거푸집의 떨어짐
- 철근 가공작업 중 끼임, 감전
- 철근 단부에 찔림
- 콘크리트 타설 바이브레이터에 감전
- 콘크리트 양생막 내부에서 질식
- 제작된 Segment 운반 크레인의 넘어짐
- 제작장에 적치된 Segment 넘어짐

⑦ Precast Span Method공법(P.S.M)

※ 1 Span의 길이로 Precast Span을 제작장에서 제작하여 전용운반 Trailer로 가설 위치까지 운반하고 가설크레인으로 인양하여 가설

가. 가설장소

- 제작장에서 가설장소로 가설도로를 이용하여 Precast Span을 운반 중 운반 Trailer 넘어짐

- 가설장소에서 Precast Span을 인양, 가설 중 가설 크레인 넘어짐, 무너짐, Precast Span 떨어짐
- 가설 크레인의 설치, 작업 중 이동, 사용 후 해체작업 중 넘어짐, 무너짐
- 줄걸이 작업자 떨어짐, 끼임

나. Precast Segment 제작장

- 거푸집동바리 무너짐
- 거푸집 조립 · 해체 중 끼임, 떨어짐
- 철근 거푸집 운반 크레인의 넘어짐, 철근 · 거푸집의 떨어짐
- 철근 가공 중 끼임, 감전, 철근 조립 중 철근단부에 찔림
- 강연선 단부에 찔림
- 콘크리트 타설 중 바이브레이터에 감전
- 콘크리트 양생막 내부에서 질식

⑧ 강교 가설공사 위험요소

가. Saddle 공법으로 Plate Girder 가설

- Saddle(침목 등)의 침하, 넘어짐, 무너짐
- Saddle 설치작업 중 근로자 떨어짐
- 가설 Beam을 크레인으로 인양하여 Saddle위에 설치 중 크레인 넘어짐, 가설 Beam 떨어짐, 근로자 떨어짐
- Plate Girder를 이동대차(Roller)위에 올려 앞으로 끌어서 운반, 가설 중 Plate Girder에 근로자 부딪침, 끼임, 떨어짐
- Plate Girder 교각 위에 안착 시 근로자 끼임

나. Bent 공법으로 Girder(또는 Beam) 가설

- Bent의 침하, 넘어짐, 무너짐
- Bent 설치시 Bent 인양 크레인의 넘어짐, 근로자 떨어짐
- Girder(또는 Beam)를 이동대차(Roller) 위에 올려 앞으로 끌어서 운반, 기설 중 Girder에 근로자 부딪침, 끼임, 떨어짐
- Girder(또는 Beam) 교각 위에 안착 시 근로자 끼임

다. 가설 Truss 공법으로 Truss 조립

- 가설 Truss 운반 시 바지선 전복, 크레인 넘어짐, 가설 Truss 넘어짐
- 가설 Truss 가설 시 크레인 넘어짐, 가설 Truss의 넘어짐
- 본 Truss 조립 중 가설 Truss 무너짐, 본 Truss 넘어짐, 부재 떨어짐, 근로자 떨어짐
- Truss 조립용 크레인의 넘어짐, 무너짐
- 해상(수상)의 바지선에 이동식 크레인을 태워서 가설 Truss 또는 Truss 조립용 부재 인양작업 시 크레인 넘어짐, 조립부재 떨어짐, 바지선 뒤집힘
- 바지선, 예인선, 작업선, 구명정 등의 부딪침, 뒤집힘, 유실, 선체 내부의 밀폐공간에서 화재, 폭발

라. 연속압출공법(I.L.M 공법)으로 Girder 가설

- Girder 압출작업 중 가로이동으로 Girder 떨어짐
- 교각 상부에서 Saddle 설치 · 해체작업 중 근로자 떨어짐
- Girder에 부딪침, 끼임
- 압출장소에서 Girder를 크레인으로 인양 · 운반하여 선행 Girder와 연결작업 시 크레인 넘어짐, Girder 떨어짐, 근로자 끼임

마. 크레인으로 Beam을 양중하여 가설

- 크레인 넘어짐
- 양중작업 중인 Beam 떨어짐, Beam에 부딪침, 끼임
- 교각 사이에 Bent 설치 시 Bent의 침하, 넘어짐, 무너짐
- 교각 또는 Bent 상단에서 근로자 떨어짐

바. Cantilever 공법으로 Steel Box Girder 가설

- 교각 좌우의 Cantilever 하중균형 파괴 시 Girder의 무너짐, 떨어짐
- Box Girder Block 연결작업중 근로자 떨어짐, 끼임
- Cantilever 단부의 이동식 크레인으로 양중작업 시 크레인 넘어짐, 떨어짐
- Cable Crane으로 양중작업 시 가설 Cable 파단, Tower 넘어짐
- 양중작업중인 조립부재, 공구 등의 떨어짐

사. Cable식 가설공법

- Beam을 지지하는 Cable 파단, Tower 넘어짐

- Track Cable Crane으로 Beam 부재 등을 운반 중 떨어짐
- Beam 부재 등의 조립작업 중 근로자 떨어짐

아. 경사 매달기 공법

- 가설지지 케이블의 파단, 주탑의 넘어짐
- 가설지지 케이블에 매달기 기구로 매단 Beam 떨어짐
- Beam 부재 등의 조립작업 중 근로자 떨어짐

자. Lift-up Barge공법

- Lift-up Barge의 넘어짐, 해류에 유실
- Barge 상부에 설치된 가설 Beam 또는 가설 Tower의 넘어짐, 무너짐
- 가설 중인 Beam(또는 Girder)의 떨어짐
- 가설작업 중인 근로자 떨어짐, 끼임

차. Pontoon 가설공법

- Pontoon 넘어짐
- Floating Crane 넘어짐
- 가설 중인 Girder 떨어짐, Girder와 교각 부딪침
- 가설작업 중인 근로자 떨어짐, 끼임

4 교량공사 안전 관련 법령기준

1) 산업안전보건기준에 관한 규칙

(1) 작업 시 주수사항

제369조(작업 시 준수사항) 사업주는 제38조제1항제8호에 따른 교량의 설치 · 해체 또는 변경작업을 하는 경우에는 다음 각 호의 사항을 준수하여야 한다.

1. 작업을 하는 구역에는 관계 근로자가 아닌 사람의 출입을 금지할 것
2. 재료, 기구 또는 공구 등을 올리거나 내릴 경우에는 근로자로 하여금 달줄, 달포대 등을 사용하도록 할 것
3. 중량물 부재를 크레인 등으로 인양하는 경우에는 부재에 인양용 고리를 견고하게

설치하고, 인양용 로프는 부재에 두 군데 이상 결속하여 인양하여야 하며, 중량물이 안전하게 거치되기 전까지는 걸이로프를 해제시키지 아니할 것

4. 자재나 부재의 낙하·전도 또는 붕괴 등에 의하여 근로자에게 위험을 미칠 우려가 있을 경우에는 출입금지구역의 설정, 자재 또는 가설시설의 좌굴(挫屈) 또는 변형 방지를 위한 보강재 부착 등의 조치를 할 것

13.2 터널공사 안전

1 터널공사 개요

1) 터널의 기원

인류와 동물은 여러 가지 이유로 땅속의 구멍을 이용해 왔다. 먹을 것과 마실 물을 찾 추위, 더위와 폭풍우 등 혹독한 자연환경에서 휴식처를 구하며 물건을 저장하기도 하고 맹수들의 위험으로부터 보호받기 위하여 천연 동굴을 이용하거나 이를 연장, 확장하기도 하고 전혀 새로운 구멍을 파기도 하였다. 인간의 활동이 다양화됨에 따라 이러한 터널 또한 지하공간의 용도가 배수, 수송 기타 특수 용도로 확대되었다. 이와 같이 인류는 선사시대부터 터널을 활용해 왔는데 본 장에서는 근대, 즉 19세기 말까지의 터널의 역사를 개관해 본다.

2) 터널공법의 종류

터널 공법의 선정은 시공의 안전성, 경제성, 시공의 편이성 등을 종합적으로 검토하여 이루어 진다. 현재는 도심 지하공간을 관통하는 터널의 개발, 해저 터널의 건설, 산악 터널의 개발에서 부딪히는 시공상의 어려움은 터널 시공 기술의 발달로 대부분 해결된 상태이다.

최근 가장 선호하는 디널 공법으로는 재래식의 공법과 함께 NATM 터널 공법, T.B.M

공법, 침매(沈埋)공법을 들 수 있다. 현재 도심지의 지하철 터널을 비롯한 지하공간의 개발은 대부분 NATM 방식에 의해 시공되고 있다.

재래식 공법과 NATM 공법의 차이는 터널 굴착 시 내부를 지지하는 방법의 차이에 있다. 재래식 공법은 터널을 발파 후 내벽을 철재 지보공(Steel Rib)과 콘크리트 Lining(터널 내벽을 보호하는 콘크리트 보강 벽체)을 사용하여 터널 내벽을 지지하는 것에 비해 NATM 공법은 지반 자체가 주요한 지보재로써 이용되고 Shotcrete, Rock Bolt, Steel Rib에 의해 지반이 본래 가지고 있는 강도를 유지하거나 보강해 준다. T.B.M(Tunnel Boring Machine)은 정상적인 화약 장전에 의한 발파작업이 불가능한 지역(해저 터널, 지반이 약한 지역)에서 터널 시공 시 이용하는 방법이다. 영국과 프랑스를 연결하는 유로 터널은 T.B.M 공법을 이용한 대표적인 터널이다. 침매공법은 터널 형태의 대형 콘크리트 구조물을 해저에 가라앉힌 뒤 이 구조물을 기술적으로 연결하여 터널을 건설하는 방식으로 홍콩의 Western Harbour Tunnel이 이 방식으로 만들어졌으며 거가 대교의 일부 해저 구간도 침매공법이 적용되었다.

(1) 재래식 공법

초기 터널의 굴착은 사람의 손으로 뚫었으나 터널의 사이즈가 터널의 용도에 따라 커짐에 따라 기계에 의한 굴착이 불가피해졌다. 기계를 이용한 굴착과 화약 발파를 병행하여 터널 공사의 시공성은 높아졌으나 문제는 터널 공사의 안전성을 보강하는 일이다. 터널 내벽의 보강 방법으로 초기는 마치 석탄 광산에서 보는 나무 동바리 같은 방식의 지지대를 사용하다가 점차 철강재에 의해 내벽을 보강하는 방식으로 발달해 나갔다.

이 방법은 구조적인 측면에서는 문제가 해결되었으나 작업의 생산성과 경제성이 큰 걸림돌이다. 특히 암질이 약하거나 흙이 드러나는 지역에서는 작업 속도가 현저히 떨어지는 결함을 피할 수 없다. 기술의 발달로 굴진 속도는 기계 장비의 발달로 빨라졌으나 터널 굴착 과정에서 지형의 특성에 관계없이 일률적으로 동일한 지지 방식을 취할 수밖에 없어 비교적 긴 터널의 경우 철강재와 콘크리트 라이닝(Lining)에 의한 과다한 비용 투입이 문제로 대두된다.

(a) 착암기의 의한 굴착

(b) 터널 보강

재래식 터널 공법

(2) 재래식 공법

이 공법은 재래식 공법에 비해서 월등한 경제성과 안정성이 입증되어 도심지 및 산악 지역의 대부분 터널에 적용되고 있다. 재래식 공법이 Steel Rib와 Lining을 주요한 지보재(支保材)로 사용하는 것에 비해 NATM 공법은 지반 자체가 주요한 지보재로서 Shotcrete와 Rock Bolt를 사용하여 굴착 표면을 강화시켜 암질이 연약한 부위에서도 효과적으로 공사를 수행할 수 있다.

터널 공정은 지질 조사를 통한 데이터를 기초로 지보 형태를 결정하고 굴착에 임한다. 지보 형태는 암질의 유형에 따라 Shotcrete의 두께 및 Rock Bolt의 길이가 정해진다. 일반적으로 Shotcrete의 두께는 10~20 cm에 이르고 Rock Bolt의 길이는 4~6 m이다. 지반이 약할수록 지보재가 두껍고 길어진다. Shotcrete는 터널 굴착 즉시 터널 천장의 굴착 표면을 안정시킬 목적으로 사용되며 습식과 건식의 방법이 있다. 오늘날 습식이 건식에 비해 작업이 편리하고 분진이 적으며 경제성이 높아 습식이 주로 사용된다. Shotcrete 배합은 시멘트, 세골재, 조골재, 물, 급결제로 이루어진다.

시공 방법은 혼합된 시멘트 몰탈을 압축 공기로 밀어내어 이동시키며 노즐을 통해 뿜어서 표면에 타설한다. 노즐을 통해 분사할 때 급결제를 첨가함으로써 쉽게 표면에 부착된다. Rock Bolt는 굴착한 원 지반과 주변 지반을 Rock Bolt로 연결하여 조여줌으로써 지반을 안정시키는 역할을 한다.

Rock Bolt 의 종류는 정착 방법에 따라 선단 정착형과 전면 접착형으로 나누어지며 일반적으로 전면 접착형을 쓰고 있다. 시공 방법은 주로 Resin형으로 이 방법은 암반에 뚫은 구멍에 Resin을 주입하고 Rock Bolt를 삽입한다. 삽입 과정에서 Resin이 화학 반응을 일으켜 경화된다.

터널의 굴착은 천공 장비를 이용하여 암석 표면에 구멍을 뚫고 화약을 장전하여 발파시키는 과정을 되풀이한다. 천공 장비는 최근 개발된 3개의 Boom Jumbo Drill을 이용하는 추세다. 이 장비는 천공 각도를 수직과 수평으로, 천공 간격을 일정하게 하는 자동 조절 기능이 부착되어 생산성이 뛰어나다.

(a) Shotcrete 시공

(b) Rock Bolt 천공

NATM 공법

(3) 침매터널 공법

본격적인 침매공법은 1910년 미국 디트로이트 해저의 철도터널 건설로부터 발달했다. 80 m 길이의 10개 강철튜브를 수심 15 m 하저에 설치하고 이들을 연결한 뒤 그 외벽을 수중 콘크리트를 타설하여 만든 것이다. 미국이 원형 단면의 침매터널을 시공한 것에 반해 유럽에서는 장방형 타입의 터널이 1937년 네덜란드의 로테르담 항구에 설치되었다.

침매터널의 공정은 우선 작업야드(Dry dock)에서 터널 구조체를 만들어 해저 터널이 설치될 장소로 이동시켜 미리 조성된 해저 작업 구간에 모래를 깔고 그 위에 구조체를 설치한 뒤 구조체 외부를 흙과 돌을 쌓아 손상을 방지한다. 구조물의 콘크리트 품질이 중요한 과제로 콘크리트 크랙 부위의 두께가 0.2 mm 이하로 관리된다.

구조체의 양 끝은 철문을 달아 작업통로로 이용하며 구조체의 연결은 고무 개스킷을 사용한다. 수중에 설치된 구조체의 연결은 고무판으로 연결 부위를 잇는다. 구조체를 연결 후 내부에 고인 해수를 뽑아냄에 따라 구조체 내부와 외부의 수압의 차이 때문에 고무 개스킷으로 연결된 이음새 부위가 더욱 강화되고, 터널의 안전성이 강화된다.

(a) 구조물 육상 제작　　(b) 구조물 운반 및 설치

침매 공법

(4) Shield 공법

실드(Shield) 공법은 터널 굴착과 동시에 터널 벽면에 몇 개의 콘크리트 세그먼트(Segment)로 이루어진 링(Ring)을 순차적으로 조립하면서 전진하는 특수 기계식 굴착 공법으로 재래식 터널 공법 적용 시 겪게 되는 지반 침하와 각종 소음 및 진동 등의 건설 공해를 최소화할 수 있는 터널 시공법이다.

Shield 공법은 Shield라는 강재 원통형의 기계를 수직 작업구 내에 투입시켜 Cutter Head를 회전시키면서 지반을 굴착하고 막장 면은 각종 보조공법 (압기 약액 주입)으로 막장 면의 붕괴를 방지하면서 Shield 기계 후방부에 지보공(보통 Segment)을 설치하는 것을 반복해가면서 터널을 굴착하는 공법을 말하며 점토, 모래, 자갈 등을 포함하는 연약지반에서의 도시 기반 시설을 위한 지하공간(상하수도, 전기, 통신 선로, 지하 철도 등)의 확보를 위해 종래 개착식 공법으로 시공 시에 발생하는 지반 침하와 각종 소음 및 진동 등의 건설 공해와 교통, 통행의 장해 등의 문제점을 최소화하기 위해 개발된 공법으로 그동안 Shield 기술의 비약적인 발달로 예전에는 굴착 불가능했던 거대 전석층, 복합 지질 구간(토사 + 암구간) 등도 굴착이 가능하게 되었다.

기존의 NATM 공법보다 진보한 공법으로 보통암, 호박돌 및 자갈암반이 출현하는 지반에 터널을 시공할 수 있다. Shield의 커터 헤드 전면에 장비한 롤러 비트를 거대 자갈, 암반에 압박하여 암석을 분쇄하여 스크류를 통하여 분쇄된 재료를 배출할 수 있다. 붕괴성의 연약 지반에서 보통암, 연암 등 하수도, 상수도, 전신, 전화 케이블, 지하철, 도로 등의 터널 공사에 적용된다.

(5) T.B.M(Tunnel Boring Machine) 공법

이 공법은 터널 굴착 단면에 맞는 원형 Boring Machine을 사용하여 굴진하고 이를 뒤따라 가면서 Shortcrete 작업을 병행함으로써 터널 굴진 단면의 안정성을 보강하는 공법이다.

터널의 직경이 7 m 이상의 경우 파이롯트 부위의 Drill Head를 회전시켜 일정한 크기로 굴착하고 그 후방의 확대기에 부착된 Drill을 이용하여 굴착 단면을 확대해 나간다. 분쇄된 터널 내부의 암석과 흙은 콘베이어에 실려 후방으로 이송된다. 기존의 화약 발파 방식에 의한 굴진 속도가 1~3 m/일에 비해 10~15 m/일로 생산성이 높다.

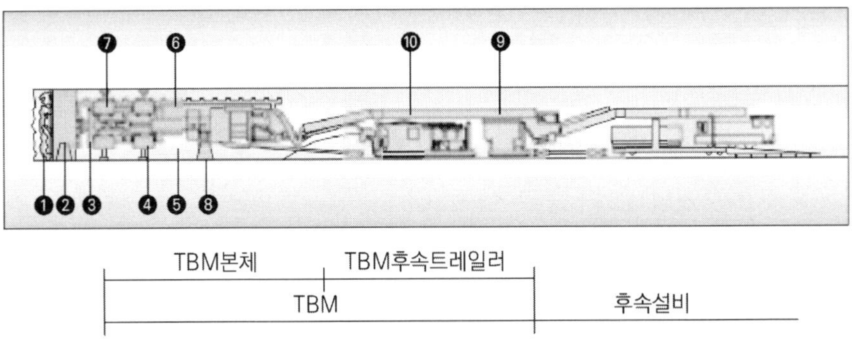

❶ Cutter Head ❷ Cutter Head Jacket ❸ Inner Kelly ❹ Outer Kelly
❺ Advance Cylinder ❻ Cutter Head Drive ❼ Clamping Pad ❽ Rear Support
❾ Belt Conveyor ❿ Dust Collector

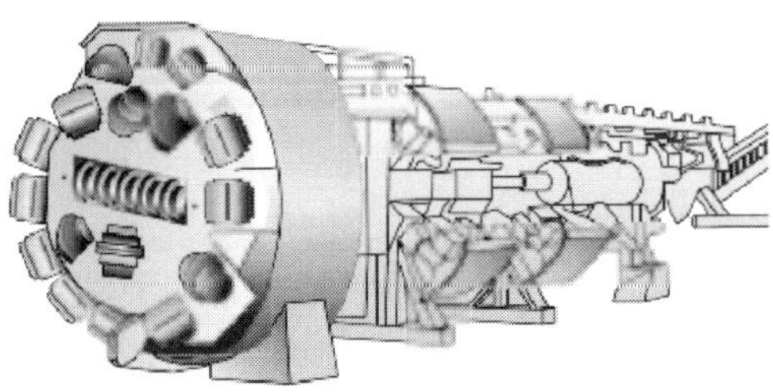

T.B.M 장비와 구조

기존의 터널 공법에 비해 원형 굴진 작업으로 인해서 터널의 여굴이 적고 즉각적인 Shortcrete 작업으로 터널 내벽이 안정적이고 터널의 변형이 최소화되는 이점이 있다. 반면에 굴착 단면의 급작스런 변화, 아주 강한 암석 또는 연약 지반의 돌출, 다량의 용수를 만날 경우 즉각적인 대처가 용이하지 않다는 단점이 있다. 특히 장비 가격이 비싸 장비 가동률이 떨어질 경우 경제적인 손실이 크다.

3) NATM 터널 시공

(1) 터널 굴착공법 결정 시 고려 사항

① 터널 단면의 크기
② 막장의 자립성
③ 원지반의 지보 능력
④ 지표 침하의 허용 값

(2) 지반 조건별 굴착공법의 적용

① 전단면굴착 : 터널 자립성이 양호한 지반에 적용 가능
② 수평분할굴착(L : 벤치 길이, D : 터널 직경)
가. Long Bench(L > 3D) : 중단면 이상의 양호한 지반에 적용
나. Short Bench(D < L < 3D) : 중단면 이상의 보통 지반에 적용
다. Mini Bench(L < D) : 중소 단면, 연약한 지반에 적용
라. Multi Bench(벤치수 3개 이상) : 막장 자립이 극히 불량한 경우
③ 연직분할굴착 : 대단면의 지반이 불량한 경우 및 침하 극소화 필요 시 적용
④ 선진도갱굴착 : 대단면의 지반이 불량한 경우 및 침하 극소화 필요 시 적용

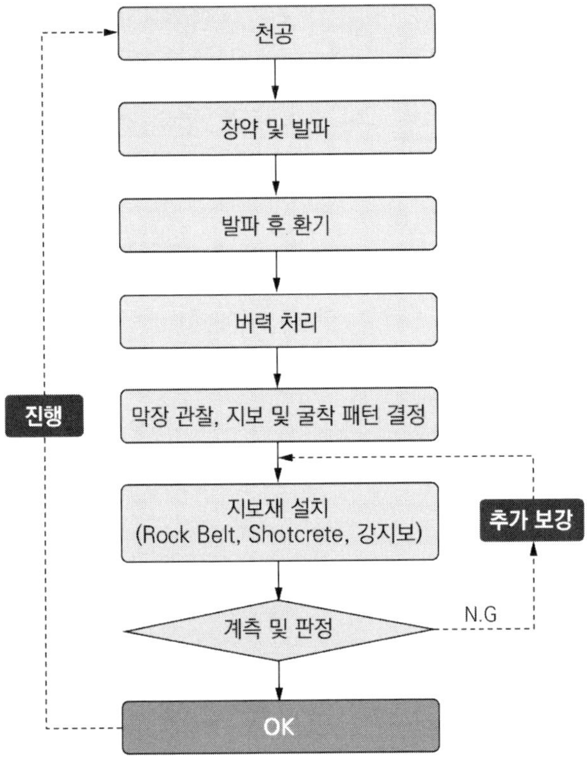

NATM터널 공사의 시공 순서(굴진 Cycle)

(3) Shotcrete

① 역할

- 지반 이완 방지, Concrete Arch로 하중분담, 응력분산

② 설계 원칙

가. 굵은골재 최대치수 : 16 mm 이하

나. W/C 비 : 40~60%

다. 압축강도 : 210 kg/cm^2 이상

③ 시공 시 유의 사항

가. 타설 전 면 정리, 굴착면에 밀착 시공

나. 타설 각도 90도, 거리 1.0 m 내외

④ Rock Bolt

가. 역할

- 지반의 봉합 효과
- 불연속면에 대한 보강 효과

나. 설계, 설치

- Rock Bolt는 지름이 작은 것을 여러 개 사용하는 것이 유리
- Random Bolting : 필요 부분 보강
- System Bolting : 일정한 간격으로 보강

다. 주의 사항

- 굴착 후 가능한 조속히 시공
- 인발 시험을 통해 인발력 확인

⑤ 강지보재

가. 역할

- 지반 붕락 방지, 갱구부 보강, 터널 형상 유지

나. 시공 시 유의 사항

- 원지반 이완 전 조속히 설치 강지보 기초 지반 변형 방지 및 이음 연결부 고정 확인

⑥ 계측

가. 목적

- 주변 원지반 거동 파악, 가 동바리 부재 변위 파악
- 터널의 안정성 확인, 인접 구조물의 영향 파악
- 시공성, 장래 공사 계획 자료
- 시공관리(안전 도모, 복공시기), 설계 타당성 평가
- 주변 환경에의 영향 관리, 설계 및 시공 Feed Back

나. A계측(일상관리 계측)

- 갱내관찰 : 막장의 자립성, 암질, 단층 파쇄대 파악
- 내공변위 : 변위량, 변위 속도 파악
- 천단침하 : 터널 천단부의 안정성 여부 판단

다. B계측(대표 계측)

- Shotcrete의 내부 응력 및 배면 토압 측정
- Rock Bolt의 효과 확인 및 유효 길이 판단
- 지중변위 측정 : 터널 주변 이완응력 측정 및 Rock Bolt 길이 조정
- 지표침하 측정 : 굴착으로 인한 지표 영향 평가
- 지중 수평 변위 : Land Sliding 및 주변 구조물의 거동 확인

⑦ 보조공법

대책	목적	적용 공법	비고
지반 강화 및 구조적 보강	천단부 안정	• Forepoling • Pipe Roof • 경관 다단 그라우팅 • 경사 Rock Bolt	
	막장면/바닥면	• 막장면 shoterete • 막장면 Rock Bolt • 약액 주입공법 • 지지 Core 설치 • 가 Invert 설치	
용수 대책	지수/차수	• 약액 주입공법 • 동결공법 • 압기공법	
	배수	• 수발공 : 물빼기 Boring 물빼기 갱 시공 • Well Point 시공	
침하 보강	배수	• 지반 그라우팅 실시	
		• 차단벽 설치	

2 공종별 재해 위험요인

1) 발파 및 굴착

① 화약류는 관계 기관에서 일일 수령하여야 하며 사용 후 잔량은 반납하여야 한다.

② 화약면허 소지자가 화약류의 운반, 장약, 발파작업을 하여야 한다.

③ 화약과 뇌관은 분리 보관한다.

④ 전기 뇌관을 운반할 때에는 각선이 노출되지 않도록 절연 용기에 분리하여 넣고 건전지 및 노출된 전기기구를 휴대하지 않도록 하여야 한다(가급적 비전기식 뇌관을 사용하여 번개 등 자연재해에 능동적으로 대처한다).

⑤ 발파 후에는 불발 뇌관의 유무를 반드시 확인한다.

⑥ 천공 시에는 선행 발파 시 사용된 발파공을 이용하여서는 안 되며 최소 이격거리를 유지하여 평행 굴착을 하여야 한다.

⑦ 천공의 지름은 폭약효과 및 폭력 기준으로 가능한 작은 것이 좋으나 폭약을 장진할 때 무리하게 쑤셔 넣으면 위험하므로 폭약 직경보다 크게 하여야 한다.

⑧ 화약의 장전 시 쇠붙이 막대의 사용을 금지한다.

⑨ 화약류 장전 장소에는 관계자 외 출입을 금지한다.

⑩ 화약류 장전은 천공 작업과 동시 작업을 하지 말아야 한다. 장약 작업 시 주변에 누설 전류 여부 확인하고 누설전류가 0.01 A 이상일 때에는 전기 발파를 하지 않아야 한다.

⑫ 낙뢰탐지기를 설치하여 낙뢰 위치를 사전에 파악하여 오작동에 의한 폭약의 폭발을 사전에 차단한다.

⑬ 발파 후 30분 이상 환기 후 접근하여야 하며 분진 및 유해가스의 농도를 측정하고 고용노동부고시 화학물질 및 물리적인 자의 노출 기준에서 정하는 노출기준 이하가 되도록 신속히 환풍기, 송풍기 등을 이용하여 환기시킨다.

2) 터널 붕락(낙반 등)

(1) 터널붕락 사고 원인

① 과다한 굴진장

② 분할 및 Core 굴착 시 설계기준 미준수

③ Shotcrete 시공 시 강지보재 배면 공동 발생

④ 설치 각도가 부적절한 Rock Bolt 시공

⑤ Rock Bolt의 충진 불량

⑥ 작업 중 강지보 연결부의 손상

⑦ 시공 중 막장 관찰 결과 미반영

⑧ 연약 지반 통과 구간 등 비교적 시공 난이도가 높은 구간을 굴착하면서 적절한 보강 대책 미흡

⑨ 터널 상단부 피복 두께가 얇을 경우(상부 지반에서 터널까지의 깊이가 얕은 저토피 조건일 경우)

(2) 터널붕락 사고 유형

① 무지보 막장 면에서 지하수의 유입과 함께 붕락 발생

② 지반 절리 형상에 따라 막장 면과 측벽에서 쐐기 파괴 발생

③ 굴착 저면의 지지력 부족으로 인해 터널이 침하하는 전단 파괴 발생

(3) 터널붕락 사고 예방 대책

① 풍화가 심하거나 파쇄된 지반의 경우 자립 시간 이내에 지보공 시공

② 분할 굴착 공법의 적용

③ Sealing Shotcrete 타설, Fore poling 등과 같은 보조공법 적용

④ 용수 유입 시 약액주입 공법, 동결 공법, 압기방식으로 용수의 유입을 차단

⑤ 막장 붕괴가 우려될 경우 막장 Shotcrete 및 Rock Bolt 시공

⑥ 막장에 Core를 남기거나, 원지반이 심하게 풍화되어 Core 형상을 지킬수 없는 경우 원지반에 맞는 안식각을 확보하면서 굴착을 진행

⑦ 1회의 굴착장을 짧게 시공하여 막장에 작용하는 하중을 감소시키는 방법

⑧ 상반 굴착 시 지보 대책은 Anchor 설치, 측벽 하부 보강, 상반 바닥 가 Invert 시공

⑨ 후속 작업 진행 전 부석 제거 철저

⑩ 낙반(돌이나 흙 등이 무너져 떨어짐) 대비 근로자 방호 조끼 착용

3) 터널 장비 안전대책

(1) 떨어짐 사고 : 상차한 암석 하역 작업 중 트럭과 함께 전락

① 신호수 배치

② 단부에 전락 방지 Dike 설치

(2) 끼임 사고 : 차징카 오작동에 의한 작업자 끼임

① 작업 전 운전자에 대한 안전 교육 철저

② 작업대에 헤드가드 설치

(3) 차량사고 : 터널 내 작업 차량에 의한 작업자 끼임

① 터널 조도 기준 준수

가. 막장 구간 : 70 lux 이상

나. 터널 중간구간 : 50 lux 이상

다. 터널 입출구 : 30 lux 이상

② 터널 내 작업자 통행로를 설치함으로써 작업 차량과 작업지의 이동경로 분리

③ 시인성이 확보된 작업복 착용

3 터널공사 안전 관련 법령 및 기준

1) 산업안전보건기준에 관한 규칙

(1) 조사 등

제350조(인화성 가스의 농도측정 등) ① 사업주는 터널공사 등의 건설작업을 할 때에 인화성 가스가 발생할 위험이 있는 경우에는 폭발이나 화재를 예방하기 위하여 인화성 가스의 농도를 측정할 담당자를 지명하고, 그 작업을 시작하기 전에 가스가 발생할 위험이 있는 장소에 대하여 그 인화성 가스의 농도를 측정하여야 한다.

② 사업주는 제1항에 따라 측정한 결과 인화성 가스가 존재하여 폭발이나 화재가 발생할 위험이 있는 경우에는 인화성 가스 농도의 이상 상승을 조기에 파악하기 위하여 그 장소에 자동경보장치를 설치하여야 한다.

③ 지하철도공사를 시행하는 사업주는 터널굴착[개착식(開鑿式)을 포함한다)] 등으로 인하여 도시가스관이 노출된 경우에 접속부 등 필요한 장소에 자동경보장치를 설치하고, 「도시가스사업법」에 따른 해당 도시가스사업자와 합동으로 정기적 순회점검을 하여야 한다.

④ 사업주는 제2항 및 제3항에 따른 자동경보장치에 대하여 당일 작업 시작 전 다음 각 호의 사항을 점검하고 이상을 발견하면 즉시 보수하여야 한다.

1. 계기의 이상 유무
2. 검지부의 이상 유무
3. 경보장치의 작동상태

(2) 낙반 등에 의한 위험의 방지

제351조(낙반 등에 의한 위험의 방지) 사업주는 터널 등의 건설작업을 하는 경우에 낙반 등에 의하여 근로자가 위험해질 우려가 있는 경우에 터널 지보공 및 록볼트의 설치,

부석(浮石)의 제거 등 위험을 방지하기 위하여 필요한 조치를 하여야 한다.

제352조(출입구 부근 등의 지반 붕괴 등에 의한 위험의 방지) 사업주는 터널 등의 건설작업을 할 때에 터널 등의 출입구 부근의 지반의 붕괴나 토사등의 낙하에 의하여 근로자가 위험해질 우려가 있는 경우에는 흙막이 지보공이나 방호망을 설치하는 등 위험을 방지하기 위하여 필요한 조치를 해야 한다. 〈개정 2023.11.14.〉 [제목개정 2023.11.14.]

제353조(시계의 유지) 사업주는 터널건설작업을 할 때에 터널 내부의 시계(視界)가 배기가스나 분진 등에 의하여 현저하게 제한되는 경우에는 환기를 하거나 물을 뿌리는 등 시계를 유지하기 위하여 필요한 조치를 하여야 한다.

제354조(굴착기계 등의 사용 금지 등) 터널건설작업에 관하여는 제342조 및 제344조를 준용한다. 〈개정 2023.11.14.〉 [제목개정 2023.11.14.]

제355조(가스제거 등의 조치) 사업주는 터널 등의 굴착작업을 할 때에 인화성 가스가 분출할 위험이 있는 경우에는 그 인화성 가스에 의한 폭발이나 화재를 예방하기 위하여 보링(boring)에 의한 가스 제거 및 그 밖에 인화성 가스의 분출을 방지하는 등 필요한 조치를 하여야 한다.

제356조(용접 등 작업 시의 조치) 사업주는 터널건설작업을 할 때에 그 터널 등의 내부에서 금속의 용접·용단 또는 가열작업을 하는 경우에는 화재를 예방하기 위하여 다음 각 호의 조치를 하여야 한다.

1. 부근에 있는 넝마, 나무부스러기, 종이부스러기, 그 밖의 인화성 액체를 제거하거나, 그 인화성 액체에 불연성 물질의 덮개를 하거나, 그 작업에 수반하는 불티 등이 날아 흩어지는 것을 방지하기 위한 격벽을 설치할 것
2. 해당 작업에 종사하는 근로자에게 소화설비의 설치장소 및 사용방법을 주지시킬 것
3. 해당 작업 종료 후 불티 등에 의하여 화재가 발생할 위험이 있는지를 확인할 것

제357조(점화물질 휴대 금지) 사업주는 작업의 성질상 부득이한 경우를 제외하고는 터널 내부에서 근로자가 화기, 성냥, 라이터, 그 밖에 발화위험이 있는 물건을 휴대하는 것을 금지하고, 그 내용을 터널의 출입구 부근의 보기 쉬운 장소에 게시하여야 한다.

제358조(방화담당자의 지정 등) 사업주는 터널건설작업을 하는 경우에는 그 터널 내부의 화기나 아크를 사용하는 장소에 방화담당자를 지정하여 다음 각 호의 업무를 이행하도록 하여야 한다. 다만, 제356조에 따른 조치를 완료한 작업장소에 대해서는 그러하지 아니하다.

1. 화기나 아크 사용 상황을 감시하고 이상을 발견한 경우에는 즉시 필요한 조치를 하는 일
2. 불 찌꺼기가 있는지를 확인하는 일

제359조(소화설비 등) 사업주는 터널건설작업을 하는 경우에는 해당 터널 내부의 화기나 아크를 사용하는 장소 또는 배전반, 변압기, 차단기 등을 설치하는 장소에 소화설비를 설치하여야 한다.

제360조(작업의 중지 등) ① 사업주는 터널건설작업을 할 때에 낙반·출수(出水) 등에 의하여 산업재해가 발생할 급박한 위험이 있는 경우에는 즉시 작업을 중지하고 근로자를 안전한 장소로 대피시켜야 한다.

② 사업주는 제1항에 따른 재해발생위험을 관계 근로자에게 신속히 알리기 위한 비상벨 등 통신설비 등을 설치하고, 그 설치장소를 관계 근로자에게 알려 주어야 한다.

(3) 터널 지보공

제361조(터널 지보공의 재료) 사업주는 터널 지보공의 재료로 변형·부식 또는 심하게 손상된 것을 사용해서는 아니 된다.

제362조(터널 지보공의 구조) 사업주는 터널 지보공을 설치하는 장소의 지반과 관계되는 지질·지층·함수·용수·균열 및 부식의 상태와 굴착 방법에 상응하는 견고한 구조의 터널 지보공을 사용하여야 한다.

제363조(조립도) ① 사업주는 터널 지보공을 조립하는 경우에는 미리 그 구조를 검토한 후 조립도를 작성하고, 그 조립도에 따라 조립하도록 하여야 한다.

② 제1항의 조립도에는 재료의 재질, 단면규격, 설치 간격 및 이음방법 등을 명시하여야 한다.

제364조(조립 또는 변경시의 조치) 사업주는 터널 지보공을 조립하거나 변경하는 경우에는 다음 각 호의 사항을 조치하여야 한다.

1. 주재(主材)를 구성하는 1세트의 부재는 동일 평면 내에 배치할 것
2. 목재의 터널 지보공은 그 터널 지보공의 각 부재의 긴압 정도가 균등하게 되도록 할 것
3. 기둥에는 침하를 방지하기 위하여 받침목을 사용하는 등의 조치를 할 것
4. 강(鋼)아치 지보공의 조립은 다음 각 목의 사항을 따를 것
   가. 조립 간격은 조립도에 따를 것
   나. 주재가 아치작용을 충분히 할 수 있도록 쐐기를 박는 등 필요한 조치를 할 것
   다. 연결볼트 및 띠장 등을 사용하여 주재 상호 간을 튼튼하게 연결할 것
   라. 터널 등의 출입구 부분에는 받침대를 설치할 것
   마. 낙하물이 근로자에게 위험을 미칠 우려가 있는 경우에는 널판 등을 설치할 것
5. 목재 지주식 지보공은 다음 각 목의 사항을 따를 것
   가. 주기둥은 변위를 방지하기 위하여 쐐기 등을 사용하여 지반에 고정시킬 것
   나. 양 끝에는 받침대를 설치할 것
   다. 터널 등의 목재 지주식 지보공에 세로방향의 하중이 걸림으로써 넘어지거나 비틀어질 우려가 있는 경우에는 양끝 외의 부분에도 받침대를 설치할 것
   라. 부재의 접속부는 꺾쇠 등으로 고정시킬 것
6. 강아치 지보공 및 목재지주식 지보공 외의 터널 지보공에 대해서는 터널 등의 출입구 부분에 받침대를 설치할 것

제365조(부재의 해체) 사업주는 하중이 걸려 있는 터널 지보공의 부재를 해체하는 경우에는 해당 부재에 걸려있는 하중을 터널 거푸집 및 동바리가 받도록 조치를 한 후에 그 부재를 해체해야 한다. 〈개정 2023.11.14.〉

제366조(붕괴 등의 방지) 사업주는 터널 지보공을 설치한 경우에 다음 각 호의 사항을 수시로 점검하여야 하며, 이상을 발견한 경우에는 즉시 보강하거나 보수하여야 한다.

1. 부재의 손상 · 변형 · 부식 · 변위 탈락의 유무 및 상태
2. 부재의 긴압 정도

3. 부재의 접속부 및 교차부의 상태
4. 기둥 침하의 유무 및 상태

(4) 터널 거푸집 및 동바리

제367조(터널 거푸집 및 동바리의 재료) 사업주는 터널 거푸집 및 동바리의 재료로 변형ㆍ부식되거나 심하게 손상된 것을 사용해서는 안 된다. 〈개정 2023.11.14.〉

제368조(터널 거푸집 및 동바리의 구조) 사업주는 터널 거푸집 및 동바리에 걸리는 하중 또는 거푸집의 형상 등에 상응하는 견고한 구조의 터널 거푸집 및 동바리를 사용해야 한다. 〈개정 2023.11.14.〉

부록

서식

부록 1 위험성평가 실시 규정(최초-상시평가용)

업체명 (현장명)	ㅇㅇ건설 △△신축공사	위험성평가 실시규정 (최초 - 상시)	담당자 (공사담당자)	검토자 (안전관리자)	근로자대표 (작업반장 등)	승인자 (현장소장)
작성일자 (개정일자)	'22.2.1. ('23.5.10)					

목적	• 근로자 참여를 통한 실질적인 위험성평가로 사망사고 제로 실현	방법	• 위험성 수준 3단계 판단법(상 - 중 - 하)

조직 및 역할

안전보건관리책임자 (현장소장) — 성명:

위험성평가 담당자 — 성명:

공사담당자 /협력업체소장 — 직위 : ________ / 성명: — 근로자(작업반장)

공사담당자 /협력업체소장 — 직위 : ________ / 성명: — 근로자(작업반장)

안전보건 관리책임자 (현장소장)	• 위험성평가 총괄 • 개선방안 인적 · 물적 지원 • 위험성평가 교육 이수
위험성평가 담당자 (안전관리자)	• 고위험 관리대상 작업 선정 · 검토 • 협력업체의 개선방안 실행 여부 확인 • 위험성평가표를 협력업체 · 공사담당 피드백
공사담당자	• 유해 · 위험요인 누락여부 확인 • 개선방안 적합 여부 검토/보완 • 평가 참여 및 TBM 실시
공종별 협력업체 소장	• 고위험관리대상 작업 위험요인 파악 • 위험성 개선방안 수립 · 실행 • 근로자 참여 평가 및 TBM 실시
공종별 근로자 대표 (작업반장)	• 작업관련 위험성평가 · TBM 참여 • 안전수칙 및 개선대책 이행 • 위험장소 출입 시 허가절차 준수

평가 절차 및 방법

① 사전준비	• 예정 공정표(원 · 하청 공사담당자 작성) 확인 및 공종(단위작업) 분류
② 유해 · 위험 요인 파악	• 사업장 순회점검(2일 1회), 근로자 제안(제안함 설치, TBM시 건의), 안전보건공단 공종별 사망사고 핵심위험요인(SIF) 평가표, 점검표를 활용하여 공종별 유해 · 위험요인 파악
③ 위험성 결정	• 근로자 대표(작업반장 등)가 참여한 위험성평가 회의 시 중점 관리대상 위험요인 선정 • 위험수준 3등급(상-중-하) 중 '상', '중' 등급 중점 관리, '하' 등급 관리 제외
④ 위험성 감소대책 수립	• 실천 가능한 위험감소대책을 수립(누가, 언제까지 실행할지 실행계획 포함) * 상 등급 : 대책 우선 순위 : 공법변경 → 작업변경 → 안전시설물 → 개인보호구 순 중 등급 : 대책 우선 순위 : 관리자 배치(신호수 등) → 위험저감 교육 등
⑤ 평가 결과 공유 · 교육	• (공유) 현장 출입구에 설치한 안전보건현황판에 매월 위험성평가 결과 게시(SNS 공유 병행) • (교육) (매월)정기안전보건교육, (수시)특별안전교육 시 공종별 위험성평가 결과 포함 • (TBM) 일일 작업 전 안전점검회의 시 위험성평가 결과 및 근로자 준수사항 및 주의사항 공유
⑥ 감소대책 이행 · 확인	• 공종별 공사담당자는 주기적으로 위험성 감소대책의 실시 결과를 확인하고 공유 * 상 등급 : 작업종료 시까지 매일 확인, 중 등급 : 주 1회 이상 확인

③ 위험성 결정 기준:

위험성 수준	판단 기준	허용 가능 여부
상	사고 발생 시 사망 또는 장애가 남을 수 있는 위험	허용 불가능
중	사고 발생 시 요양이 필요한 위험(아차사고 포함)	허용 불가능
하	작업 수행에 영향을 미치지 않는 경미한 부상 또는 질병	허용 가능

<table>
<tr><td rowspan="5">평가 시기</td><td colspan="3">❖ (최초평가) 공사 실 착공 후 1개월 이내 착수
(상시평가) 최초평가 후 매월 2회 이상 주기적 실시</td></tr>
<tr><td>실시주기</td><td>참여자</td><td>세부 내용</td></tr>
<tr><td>월(月)
2회

매월
○째주 △요일
※요일</td><td>• 현장소장
• 평가담당자
• 공사담당자
• 협력업체소장
• 현장 근로자</td><td>위험파악 · 대책마련 절차

❶ (노 · 사합동 순회점검) 노 · 사 합동 순회점검을 통해 현장의 유해 · 위험요인을 확인한다. 이때, 월간 작업일정과 관련된 신규/변동 유해 · 위험요인에 유의한다.
- 순회점검 이전에 아차사고 사례 및 근로자 제안을 취합하여 즉시 대응할 수 있는 것은 즉시 대응하고, 순회점검 시 중점 점검한다.
❷ (아차사고 검토) 월간 작업 일정과 관련된 아차사고 사례를 검토하여 사고로 이어질 수 있는 상황을 미리 예방한다.
❸ (근로자 제안) 근로자들의 유해 · 위험요인 및 위험상황 제안 제도를 활용하여 지난 한 달 제보 받은 사항들을 점검하고, 사고로 이어질 수 있는 상황을 미리 예방한다.
➔ 파악한 유해 · 위험요인별로 위험성 수준을 결정하고, 「산업안전보건법」 등에서 정한 것 이상으로 위험성 감소대책 및 이행계획을 마련한다.</td></tr>
<tr><td>주(週)

매주 □요일</td><td>• 현장소장
• 평가담당자
• 공사담당자
• 협력업체소장</td><td>개선대책 이행 확인 점검회의
(주 단위 공정회의 병행)

• 주간 공정 · 작업별 핵심 유해 · 위험요인과 근로자들의 주의 · 준수사항에 대해 공유한다.
• 유해 · 위험요인별 위험성 변동이 없는지 여부 및 위험성 감소대책 이행현황을 확인한다.
• 신규/변동 유해 · 위험요인이 있는 경우 위험성 결정을 실시하고 위험성 감소대책을 마련한다.</td></tr>
<tr><td>일(日)

매일
작업 전</td><td>• 공사담당자
• 협력업체소장
• 근로자
(작업반장)</td><td>작업 전 안전점검회의(TBM) 활용
위험성평가 결과 공유

• 매 작업일마다 TBM을 통해 공정 · 작업별 핵심 유해 · 위험요인에 대한 주의 · 준수사항을 공유/전파한다.</td></tr>
</table>

<table>
<tr><td>기록
보존</td><td>• 위험성평가 기록은 별첨 양식을 출력하여 기록하며 매월 안전보건관리책임자(현장소장)의 승인을 받는다.
• 승인된 위험성평가 기록은 우리 현장의 기록물 관리 규정에 따라 공사 종료 후 3년 간 보관한다.</td></tr>
</table>

【별첨】 위험성평가 및 점검 회의록 양식

1. 3등급(상·중·하) 판단법

업체명(원청, 협력)	작성일자	관리기간	(4 월) 위험성평가 및 점검 회의록	⑦ 위험성 결정, 감소대책 수립 및 실행계획 확인			
○○건설산업	2023.03.29	2023년 (04.01.~ 04.30)	[위험성평가 → 위험성평가회의 → 교육·TBM 전파 → 이행확인] (유해·위험요인 파악) (위험성 결정, 감소대책 수립) (위험성평가의 공유) (감소대책 실행)	담당자 (공사담당자)	검토자 (안전관리자)	근로자 대표 (작업반장 등)	승인자 (현장소장)
현장명				자필 서명	자필 서명	자필 서명	자필 서명
○○ ○○건설현장							

(4)월 예정공정 현황: 지하2층, 지상 15층 주상복합 신축현장, 작성일 현재 공정률 약 40%이며, 4월 한 달간 지상 8층~10층 구조물 공사, 지하1층 ~ 지상 3층 내외부 마감공사가 진행 예정임

①공종분류	②단위작업	③위험요인	④위험성 결정 위험도 등급 상	중	하	⑤위험방지대책 (상 등급 : 대책 우선 순위 : 공법변경 →작업변경 →안전시설물 →개인보호구 순 / 중 등급 : 대책 우선 순위 : 관리자 배치(신호수 등) → 위험저감 교육 등)	⑥개선조치 담당자 (조치예정일)	⑩이행확인 (조치한 경우 √) 근로자대표	공사담당자
철근작업	철근조립	8층 가동철근조립 중 틀비계 안전난간대 미 설치로 인한 추락위험	√			- 틀비계 3 SET 반입 시 안전난간대 수량 확인(부족분 작업전 반입) - 틀비계 안전난간대 4개소 설치(상부 및 하부 난간대)	○○건설 설운도 반장(04.03)	√	√
철근작업	철근가공	7층 철근가공기 전용 풋 스위치 덮개 미 설치로 협착위험			√		-	-	-
갱폼작업	갱폼인양 설치	갱폼 인양을 위해 타워크레인에 인양줄걸이가 미체결 상태에서 고정볼트 선해체하여 갱폼 낙하, 작업자 추락위험		√		- 갱폼 해체 인양전 줄걸이 체결 상태 확인후 인양 - 인양작업시 신호수 배치, 인양작업시 2인1조 이상 작업, 관리감독자 배치	○○건설 나훈아 반장(04.01)	√	√
콘크리트 작업									
도장작업									
창호작업									
설비작업									

위험요인 기재란 부족 시 별지 사용

주차	⑧ 주간 위험성평가 결과 논의·공유 및 이행상황 점검	주간 점검회의 참석자 확인					일	월	화	수	목	금	토
1주차 (4.2~4.8)	8층 철근 조립 시 개선 조치 사항 5건 중 3건 이행 완료, 2건 이행 지연(차주 확인)	1.현장소장	2.근로자대표	3.공사과장	4.안전관리자	5.협력업체소장	2일	3일	4일	5일	6일	7일	8일
	갱폼 인양 시 안전조치 사항 7건 일일점검 실시(4.1.~4.5) → 개선완료 확인(4.6)	6.협력업체소장	7.협력업체소장	8.자필서명	9.자필서명	10.자필서명	10/8	9/7	7/7	7/7	6/6	7/6	5/5
2주차 (4.9~4.15)	8층 철근 조립 시 개선 지연 사항 2건에 대한 이행 완료 확인(4.11.)	1.현장소장	2.근로자대표	3.공사과장	4.안전관리자	5.협력업체소장	9일	10일	11일	12일	13일	14일	15일
		6.협력업체소장	7.협력업체소장	8.자필서명	9.자필서명	10.자필서명	5/4	6/6	7/6	/	/	/	/
3주차 (4.16~4.22)		1.현장소장	2.근로자대표	3.공사과장	4.안전관리자	5.협력업체소장	16일	17일	18일	19일	20일	21일	22일
		6.협력업체소장	7.협력업체소장	8.자필서명	9.자필서명	10.자필서명	/	/	/	/	/	/	/
4주차 (4.23~4.29)		1.현장소장	2.근로자대표	3.공사과장	4.안전관리자	5.협력업체소장	23일	24일	25일	26일	27일	28일	29일
		6.협력업체소장	7.협력업체소장	8.자필서명	9.자필서명	10.자필서명	/	/	/	/	/	/	/
5주차 (4.30~5.6)		1.현장소장	2.근로자대표	3.공사과장	4.안전관리자	5.협력업체소장	30일	5월1일	2일	3일	4일	5일	6일
		6.협력업체소장	7.협력업체소장	8.자필서명	9.자필서명	10.자필서명	/	/	/	/	/	/	/

⑨ 일일TBM 활동과 연계 : 참여인원 (투입/참여)

« TBM순서 »
- 01 집합인사 — 직원, TBM리더, 팀원
- 02 보호구 확인 — 리더→팀원, 팀원간
- 03 당일작업 및 위험사항 전달 — 전원참여, 위험예지
- 04 기타사항 전파 — 원청사 직원, 리더
- 05 지적확인 — 모든 팀원 3회 복창

문서번호 :

해당 자료는 고용노동부 고시 제2023-00호「사업장 위험성평가에 관한 지침」제9조(사전준비)에 따른 위험성평가 실시규정 예시로, 이 자료를 바탕으로 사업장에 맞게 수정하여 사용하거나, 새롭게 작성하여 사용할 수 있음을 알려드립니다.

『위험성평가』실시규정(절차서)

2023. . .

작성자	검토자	근로자대표	승인자(현장소장)
(확인)	(확인)	(확인)	(확인)

제　　정 : (처음 만든 날짜)	개　　정 : (수정한 날짜)

㈜ ㅇㅇ건설 / □□ 신축공사

방침 및 추진목표

안전보건방침

예시.

- *근로자의 안전과 건강을 최우선으로 하는 사고사망 ZERO 사업장*
- *안전보건법규를 준수 및 위험성평가 활동 지속*

추진 목표

예시.

- *사고사망 발생 제로(zero)*
  - *지속적인 안전보건개선 활동 실시*
  - *작업장 안전보건관리 철저*
- *노 · 사가 협력하여 「위험성평가」 실시*
  - *위험성평가 全 과정에 해당 작업 근로자 참여*
- *위험성평가 개선대책 100% 이행*
  - *감소대책을 수립하여 실행계획에 따라 100% 이행 확인*
  - *개선 후 남아있는 위험성에 대해 근로자에게 교육, 게시, 전달*

회사명 : ____________________ **사업주 :** __________ (서명)

위험성평가 실시규정

승인	현장 소장
기안	위험성평가 담당자

제정 : (처음 만든 날짜)	개정 : (수정한 날짜)

제1조(목적) 이 실시규정은 우리 회사 전체의 유해 · 위험요인을 파악하고, 그 유해 · 위험요인별 위험성의 수준을 결정한 후 위험성을 감소시키기 위해 필요한 조치를 마련하여 실시함을 목적으로 한다. 이 규정에서 정하지 않는 사항에 대해서는 고용노동부의 「사업장 위험성평가에 관한 지침」 및 「개편 위험성평가 안내서」를 적용한다.

제2조(적용) 이 실시규정은 우리 현장에서 수행하는 모든 작업, 가시설 및 건설기계의 위험성평가에 대한 범위, 절차, 책임과 권한에 대하여 적용한다.

제3조(위험성평가 업무 체계) 위험성평가 업무 체계는 다음과 같이 **'위험성평가 → 위험성평가 회의 → 안전보건교육/안전보건활동 → 이행 확인 점검'**을 통해 지속적으로 개선한다.

제4조(조직의 구성) 위험성평가 실시 담당 조직의 구성은 <표 1>과 같이 한다.

〈표 1〉 위험성평가 실시 담당 조직 구성도

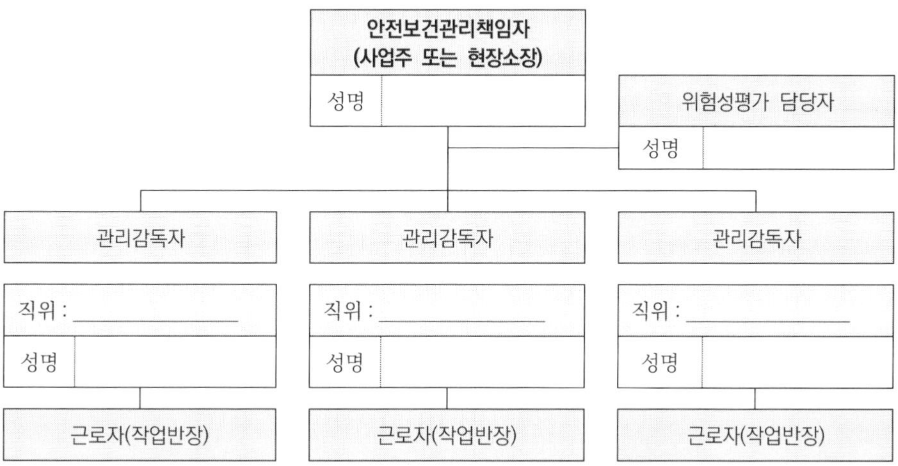

제5조(역할과 책임) 위험성평가 실시 담당 조직 구성원별 역할과 책임은 <표 2>와 같이 한다.

〈표 2〉 위험성평가 조직의 역할과 책임

조직	역할과 책임(권한)	비 고
안전보건 관리책임자 (현장소장)	• 현장의 위험성 평가 업무를 총괄 • 개선방안에 대한 인적 · 물적 지원 (종사자 의견 청취 반영 여부 확인) • 협력회사와 협의된 개선방안의 실행 여부 확인 • 성과측정 실시 및 결과에 따른 개선 사항 반영(매년 실시)	필요시 감리자도 참여가능
관리감독자 (공사담당)	• 협력회사에서 작성한 위험성평가표의 위험요인 누락 여부 검토 (종사자의 의견 청취 반영) • 파악된 위험요인에 대한 개선 방안 적합성 여부 검토/보완 • 관리대상 위험요인에 대한 개선 방안을 현업에 반영 및 실행 확인 • 비정상작업(비일상 작업)에 대한 파악 및 확인 후 협력회사에 위험성평가 작성 지시 및 안전관리자에 공유	주요공정 관리감독자 반드시 참여
안전보건 관리자 (위험성 평가 담당자)	• 공사담당/팀장으로부터 검토된 위험성평가표를 최종 검토 (종사자의 의견 청취 반영) • 회의 시 논의해야 할 고위험 관리대상 작업 선정 • 협력회사와 협의된 개선방안의 실행 여부 확인 • 최종 승인된 위험성평가표를 협력회사 및 공사담당에게 피드백	안전관리자 미배치 현장은 관리감독자 중 담당자 지정
협력업체 소장	• 작업에 대한 위험성평가 및 고등급 위험요인 파악 (해당 공정의 작업반장의 의견을 반영하여 위험성 평가 실시) • 파악된 위험요인에 대한 개선 방안 수립 • 고위험등급에 대한 개선방안을 공사담당/팀장과 협의 • 파악된 위험요인에 대한 개선방안을 현업에 반영	주요공종 협력업체 반드시 참여
근로자	• 담당업무와 관련된 위험성평가 활동에 참여 • 담당업무에 대한 안전보건수칙 및 위험성평가결과 감소대책 이행 • 비상상황에 대한 대비 및 대응방법 숙지 • 위험한 장소 출입 시 출입허가절차 준수	작업반장이 근로자 의견 취합

* 구체적인 실시 방법은 사업장의 규모에 따라 조정할 필요가 있지만, 중소규모의 사업장에서는 인력의 사정을 감안하여 1인 2역의 업무분담을 할 수 있다.

제6조(평가대상) 근로자(협력업체, 방문객 포함)에게 안전 · 보건상 영향을 주는 다음 사항 등을 평가대상으로 한다.

① 현장 내부 또는 외부에서 작업장에 제공되는 모든 위험기계 · 기구 및 설비(가설기자재, 건설재료 포함)

② 현장에서 보유 또는 취급하고 있는 모든 유해물질

③ 일상적인 작업(협력업체 포함) 및 비일상적인 작업(수리 또는 정비 등)
④ 발생할 수 있는 비상조치 작업
⑤ 현장 내에서 발생이 확인된 아차사고
⑥ 산업재해가 발생한 경우 그 원인이 된 유해·위험요인

제7조(실시시기) 우리 현장의 위험성평가 실시 시기는 다음과 같다.

① 최초평가 : 처음으로 실시하는 위험성평가를 말하며 전체 사업장의 모든 작업을 대상으로 0000년 00월 00일(현장 실착공일로부터 1개월 이내)까지 실시한다. 다만, 공사별 또는 해당 공사의 단위작업 공사종류별로 분리하여 공사 개시 전에 실시할 수 있다.

② 상시평가 : 최초평가 후 현장의 상시적인 위험성평가를 위해 매월 1회 이상 주기를 정하여 상시평가를 시행한다.

- 월간(위험성평가) → 주간(이행상황 논의·점검) → 일간(TBM 공유)

상시평가 세부 절차

'월(月) → 주(週) → 일(日)' 단위의 구조화된 단계적 위험성 관리

월(月)	위험 파악·대책 마련

• (참석대상)
- 안전보건관리책임자(현장소장), 안전보건관리자, 관리감독자, 협력업체 소장, 해당 작업반장 등 현장 근로자

• (논의사항)
- (예정공정표) 매월 또는 정해진 위험성평가 주기 내에 예정된 작업공정 확인
- (노사합동 순회점검) 노사합동 순회점검을 통해 현장의 유해·위험요인을 확인, 월간 작업일정과 관련된 신규/변동 유해·위험요인에 유의, 아차사고 사례 및 근로자 제안을 미리 취합하여 즉시 대응할 수 있는 것은 즉시 대응하고, 순회점검 시 중점 점검
- (아차사고 검토) 월간 작업일정과 관련된 아차사고 사례를 검토하여 사고로 이어질 수 있는 상황을 미리 예방
- (근로자 제안) 근로자들의 유해·위험요인 및 위험상황 제안제도를 활용하여 지난 한 달 제보받은 사항들을 점검하고, 사고로 이어질 수 있는 상황을 미리 예방
- (위험성평가) 파악한 유해·위험요인별 ❶ 위험성 결정, ❷「산업안전보건법」 등에서 정한 것 이상으로 위험성 감소대책 및 실행계획 수립(누가, 무엇을, 언제까지 이행할지 계획)

주(週)	공유 · 점검회의

• (참석대상)
- 안전보건관리책임자(현장소장), 안전보건관리자, 관리감독자, 협력업체 소장 등(※ 가급적 기존 주 단위 공정회의 등을 활용)

• (논의사항)
- 주간 공정 · 작업별 핵심 유해 · 위험요인과 주의 · 준수사항 공유
- 유해 · 위험요인별 위험성 변동 여부 점검 및 감소대책 이행현황 점검
- 신규/변동 유해 · 위험요인에 대한 위험성 결정 및 감소대책 마련

일(日)	TBM 활용 위험성평가 결과 공유

• 작업 전 안전점검회의(TBM) 등을 통한 공유 · 주지
- 매 작업일마다 TBM을 통해 위험성평가 및 이행 확인 점검 결과에 따른 근로자 준수사항과 주의사항을 공유(SNS 오픈채팅방 활용 병행)

제8조(실시방법) 위험성평가 실시 방법은 다음과 같다.
① 현장소장(안전보건관리책임자)이 위험성평가 실시를 총괄 관리한다.
② 위험성평가 전담직원을 지정하는 등 위험성평가 운영체제를 구축한다.
③ 작업내용 등을 상세하게 파악하고 있는 관리감독자가 해당 작업 근로자와 함께 유해 · 위험요인의 파악, 위험성의 결정, 위험성 감소대책의 수립 · 실행을 하게 한다.
④ 위험성평가의 전(全) 과정에 근로자의 참여를 보장한다.
⑤ 기계 · 기구, 설비 등과 관련된 위험성평가에는 해당 기계 · 기구, 설비 등에 전문적인 지식을 갖춘 사람을 참여하게 한다.
⑥ 위험성평가를 실시하기 위한 회의를 실시한다.(협의체회의와 병행 가능)
⑦ 위험성평가의 결과는 게시 등을 통해 전체 근로자에게 알리고, 근로자 안전보건교육내용 및 작업 전 안전점검회의(TBM) 내용에 포함한다.
⑧ 필요 시 전담직원들에게 위험성평가 전문교육을 실시한다.

제9조(추진절차) 위험성평가의 추진 절차는 다음과 같다.
① 1단계 : 사전준비[평가 대상 작업(공정) 선정 및 안전보건정보 조사]
- 정확한 작업(공정)의 분류가 중요, 작업(공정) 흐름도에 따라 평가대상 작업(공정)들을 정의한다.

※ 예정공정표 : 공정에 따른 위험성평가 대상 공종(작업) 선정

		10월 4주차			11월 1주차							11월 2주차							비고
		29	30	31	1	2	3	4	5	6	7	8	9	10	11	12	13	14	
동별	공정	토	일	월	화	수	목	금	토	일	월	화	수	목	금	토	일	월	
201동	형틀					먹													
	철근							PIT기초											
	타설				버림														
202동	형틀	형틀																	
	철근				데크	주차장보, 슬라브							아파트 주변 보철근						
	타설											타설							
203동	형틀	먹		형틀, 단열재					마감								형틀		
	철근	옹벽철근					슬라브철근							옹벽철근					7일타설
	타설										타설								
주차장 E-1	형틀							마감											
	철근	데크		주차장보, 슬라브															
	타설								타설										
주차장 F	형틀																		
	철근																		
	타설																		
E-2	형틀			해체정리															
	철근							시스템											
	타설	타설																	
E	형틀	보슬라브																	
	철근								보, 슬라브철근										
	타설														타설				

- 위험성평가 담당자는 위험성평가에 필요한 안전보건 정보를 수집하여 정리한다.
- 사업주, 위험성평가 담당자, 근로자가 모두 함께 위험성의 수준 및 그 판단기준을 설정한다.

② 2단계 : 유해 · 위험요인 파악(도출)

- 가장 중요한 단계로, 작업공정(단위작업)별 유해 · 위험요인을 상세히 파악한다. 베테랑 근로자들을 참여시킨다.

③ 3단계 : 위험성 결정

- 파악된 유해위험요인과 현재의 조치 사항이 산업안전보건법에서 정한 기준 이상을 만족하도록 합리적으로 실행 가능한 조치가 모두 이루어졌는지를 확인하여 허용할 수 있는 위험성 인지, 허용할 수 없는 위험성 인지를 결정한다.
  * 소규모 건설현장에서는 위험성 수준 3단계(상 · 중 · 하) 판단법, 체크리스트법 등 간편한 방법 활용 권장

④ 4단계 : 위험성 감소대책 수립 및 실행

- 위험성의 크기가 허용 불가능한 것으로 결정된 위험성에 대해서는 위험성 감소대책을 수립 ·

실행하여 허용 가능한 위험성의 범위로 들어오도록 하고, 필요시 추가 감소대책을 수립 · 실행한다.

⑥ 5단계 : 기록, 공유 및 교육
- 위험성평가의 유해 · 위험요인 파악, 위험성 결정의 내용 및 그에 따른 조치 사항 등을 기록하고, 작업 전 안전점검회의(TBM) 등을 통해 위험성평가 실시 결과를 알리고 해당 작업 근로자 등 관계자들에게 교육한다.

제10조(위험성평가의 방법) 우리 현장의 위험성평가 방법은 위험성 수준 3단계(상 · 중 · 하) 판단법을 사용한다. 다만, 작업기간 1개월 미만의 임시 · 수시 · 비정형 작업에 대한 위험성평가는 체크리스트법을 활용한다.

제11조(위험성의 수준 판단 기준) 우리 현장의 위험성 수준과 그 판단 기준은 현장소장(안전보건관리책임자) · 위험성평가 담당자 · 협력업체 소장, 근로자 대표들이 모인 최초 위험성평가 착수회의 등을 통해 결정한다.

제12조(위험성평가 회의 및 주지) 우리 현장은 구성원들이 알 수 있도록 위험성평가 회의를 통해 위험 등급을 분류를 협의하여 결정하고 관련 내용을 근로자에게 공유한다.

1. 전회 협의사항 Review

① 전회 상등급 위험요인 대책 적용여부, 점검결과 확인 (조치자, 점검자)

② 대책 미적용 시 원인 파악, 시정조치
- 원인이 무엇인가 파악하고, 재발되지 않도록 조치

2. 금회 협의사항

① 금회 상등급 위험요인 설명
- 등급결정의 적절성
- 상등급 위험요인 추가 또는 삭제

② 관리대책 협의

③ 소지기한 및 조치담당자 결정

3. 회의록 작성 · 활용

① 회의 시 회의내용을 수기로 작성

② 위험성평가 등록부 수정작성에 활용

회의록		
회의 일지		
안건		
참석자		
회의내용 요약		
전회 협의사항 Review		
금회 협의사항		

제13조(근로자에 대한 공유) 우리 현장의 위험성평가 결과 공유 방법은 다음과 같다.

① 근로자들이 많이 다니고, 잘 볼 수 있는 곳에, 잘 볼 수 있는 방법(가독성 높은 큰 글씨, 전광판

등)으로 위험성평가 결과 게시
② 우리 현장 안전보건교육 내용에 교육 대상 근로자의 작업(공정)에 대한 위험성평가 결과 내용 포함
③ 작업 전 안전점검회의(TBM) 시 위험성평가 내용 포함

제14조(근로자의 참여 방법) 우리 현장은 작업(공정)별 위험성평가의 모든 과정에 근로자(작업반장 포함) 1명 이상 참여하도록 한다.

제15조(유의사항) ① 위험성평가 담당자는 우리 현장의 유해·위험요인들이 산업안전보건법 기타 요구사항에 적합한 상태인지를 확인하고 미달하고 있는 경우에는 현장소장(안전보건관리책임자)에게 보고한 후 위험성 수준이 높은 것부터 우선적으로 위험성 감소대책을 반영하여 개선한다.

[감소대책 수립 시 주의사항]
1. 새로운 위험성의 유무를 확인하고 위험성 감소조치 전의 위험성보다 커지지 않는가를 확인
2. 작업자의 판단, 행동에만 의존하는 대책에 의한 조치, 위험성 감소의 근거가 불분명한 조치 등에 의해 위험성을 낮게 판단하고 있지 않은가를 확인
3. 작업성·생산성에 지장이 없는지, 품질에 문제가 없는지 등을 의견청취에 의해 작업자에게 확인
4. 각 단계에서는 현장에서의 노하우, 아이디어를 적극적으로 활용
(기술면, 비용면, 운영면 등을 고려한 현실성은 다음 단계에서 검토)

② 현장소장은 제1항에 따른 감소조치 결과 당해 위험성 감소조치가 충분하지 않다고 판단하는 경우에는 담당자에게 조치의 재검토를 지시할 수 있다.
③ 현장소장은 감소대책을 수립 실행할 때 소요되는 예산을 지원하여야 한다.
④ 위험성평가 참여자는 위험성 결정 시 최악의 상황에서 가장 큰 부상 또는 질병의 발생 상황을 고려하여 위험성의 수준을 판단한다.

제16조(점검 및 개선활동) ① 위험성평가의 이행에 대한 점검은 관리감독자가 수시로 확인하여야 한다.
② 위험성평가의 이행 점검 결과, 미이행 사항이나 추가적 유해·위험요인이 발견된 경우 시정조치를 하여야 하며, 시정조치 내용은 차기(다음번) 위험성평가에 반영되도록 하여야 한다.

제17조(기록) ① 위험성평가 기록은 출력하여 현장소장의 승인을 받는다.
② 위험성평가 기록은 우리 회사 안전보건 기록관련 규정에 준하여 보관하되 3년 이상 보관한다.
③ 위험성평가 기록물은 연 1회 정도 정기적으로 검토하고, 수정·보완이 필요한 경우에는 근로자의 의견을 반영한 후에 변경 여부를 결정하며, 모든 근로자가 알 수 있도록 배부 또는 게시한다.

별지 ( ) 매 첨부

1. 3등급(상·중·하) 판단법

업체명(원청, 협력)	작성일자	관리기간	(5 월) 위험성평가 및 점검 회의록	⑩ 위험성 결정, 감소대책 수립 및 실행계획 확인			
○○건설산업	2023.04.28	2023년 (05.01.~05.31)	[위험성평가 → 위험성평가회의 → 이행확인 → 교육·TBM 전파]	담당자 (공사담당자)	검토자 (위험성평가담당자)	근로자 대표 (작업반장 등)	승인자 (현장소장)
현장명			(유해·위험요인 파악) (위험성 결정, 감소대책 수립) (감소대책 실행) (위험성평가의 공유)	자필 서명	자필 서명	자필 서명	자필 서명
○○ ○○건설현장							

(5)월 예정공정 현황: 지하2층, 지상 15층 주상복합 신축현장, 작성일 현재 공정률 약 40%이며, 5월 한 달간 지상 8층~10층 구조물 공사, 지하1층 ~ 지상 3층 내외부 마감공사가 진행 예정임

①공종분류	②단위작업	③위험요인	④위험성 결정 위험도 등급 상	중	하	⑤위험방지대책 (상 등급 : 대책 우선 순위 : 공법변경→작업변경→안전시설물→개인보호구 순 / 중 등급 : 대책 우선 순위 : 관리자 배치(신호수 등) → 위험저감 교육 등)	⑥개선조치 담당자 (조치예정일)	⑦이행확인 (조치한 경우 √) 근로자대표	공사담당자
철근작업	철근운반	철근 다발을 지게차로 운반하던 중 시야 미확보로 신호수와 충돌	√			- 차량계 하역운반기계 작업 또는 이동 시 작업반경 내 유도자 및 근로자 접근 금지 - 작업을 시작하는 경우 운전원은 유도자의 신호에 따라 신호를 인지 후 장비 조작	김안전 반장(05.03)	√	√
철근작업	철근가공	7층 철근가공기 전용 풋 스위치 덮개 미 설치로 협착 위험			√		-	-	-
창호작업	창호설치	바닥이 침하되어 고소작업대가 전도되면서 추락 위험		√		- 사전 지반조사를 통해 지반 지내력 확인 후 철판 또는 콘크리트 타설 등의 보강 조치 - 추락 방지를 위해 안전대 부착설비 설치 후 안전대 착용 후 작업	박보건 반장(05.01)	√	√
도장작업	실내도장	벽면 퍼티작업 중 사다리가 넘어지며 바닥으로 추락 위험	√			- 작업높이에 적합한 안전한 작업발판(비계, 고소작업대 등)을 설치하여 작업 - 협소한 공간에서 사다리 사용 시 아웃트리거 설치 및 2인1조 작업 실시	윤문화 반장(05.16)	√	√
설비작업									

위험요인 기재란 부족 시 별지 사용

주차	⑧ 주간 위험성평가 결과 논의·공유 및 이행상황 점검	주간 점검회의 일정		주간 점검회의 참석자 확인				
1주차 (4.30.~5.6)	8층 철근 조립 시 개선 조치 사항 5건 중 3건 이행 완료, 2건 이행 지연(차주 확인)	예정일자	실시일자	1.현장소장	2.근로자대표	3.공사과장	4.위험성평가 담당자	5.협력업체소장
	갱폼 인양 시 안전조치 사항 7건 일일점검 실시(4.1.~4.5) → 개선완료 확인(4.6)	5.1	5.1	6.협력업체소장	7.협력업체소장	8.자필서명	9.자필서명	10.자필서명
2주차 (5.7.~5.13.)	8층 철근 조립 시 개선 지연 사항 2건에 대한 이행 완료 확인(5.11.)	예정일자	실시일자	1.현장소장	2.근로자대표	3.공사과장	4.위험성평가 담당자	5.협력업체소장
		5.8	5.8	6.협력업체소장	7.협력업체소장	8.자필서명	9.자필서명	10.자필서명
3주차 (5.14.~5.20)		예정일자	실시일자	1.현장소장	2.근로자대표	3.공사과장	4.위험성평가 담당자	5.협력업체소장
		5.15	5.15	6.협력업체소장	7.협력업체소장	8.자필서명	9.자필서명	10.자필서명
4주차 (5.21.~5.27)	작성란 부족시 별지 사용	예정일자	실시일자	1.현장소장	2.근로자대표	3.공사과장	4.위험성평가 담당자	5.협력업체소장
		5.22	5.22	6.협력업체소장	7.협력업체소장	8.자필서명	9.자필서명	10.자필서명
5주차 (5.28.~6.3)		예정일자	실시일자	1.현장소장	2.근로자대표	3.공사과장	4.위험성평가 담당자	5.협력업체소장
		5.29	5.29	6.협력업체소장	7.협력업체소장	8.자필서명	9.자필서명	10.자필서명

⑨ 일일TBM 활동과 연계 : 참여인원 (투입/참여)

일	월	화	수	목	금	토
4월30일	5월1일	2일	3일	4일	5일	6일
5/4	9/7	7/7	7/7	6/6	7/6	5/5
7일	8일	9일	10일	11일	12일	13일
5/4	8/7	7/6	10/8	10/9	/	/
14일	15일	16일	17일	18일	19일	20일
/	/	/	/	/	/	/
21일	22일	23일	24일	25일	26일	27일
/	/	/	/	/	/	/
28일	29일	30일	31일	6월1일	2일	3일
/	/	/	/	/	/	/

≪ TBM순서 ≫

- **01** 집합 인사 — 직원, TBM리더, 팀원
- **02** 보호구 확인 — 리더→팀원, 팀원간
- **03** 당일작업 및 위험사항 전달 — 전원참여, 위험예지
- **04** 기타사항 전파 — 원청사 직원, 리더
- **05** 지적확인 — 모든 팀원 3회 복창

1 3등급(상·중·하) 판단법

별지 (　) / (　)

(5 월) 위험성평가 등록부 (별지)

①공종분류	②단위작업	③위험요인	④위험성 결정 위험도 등급 상	 중	 하	⑤위험방지대책 상 등급 : 대책 우선 순위 : 공법변경→작업변경→안전시설물→개인보호구 순 중 등급 : 대책 우선 순위 : 관리자 배치(신호수 등) → 위험저감 교육 등	⑥개선조치 담당자 (조치예정일)	⑩이행확인 (조치한 경우 √) 근로자대표	 공사담당자
철근작업	철근운반	철근 다발을 지게차로 운반하던 중 시야 미확보로 신호수와 충돌	√			- 차량계 하역운반기계 작업 또는 이동 시 작업반경 내 유도자 및 근로자 접근 금지 - 작업을 시작하는 경우 운전원은 유도자의 신호에 따라 신호를 인지 후 장비 조작	설언도 반장(05.03)	√	√
철근작업	철근가공	7층 철근가공기 전용 풋 스위치 덮개 미 설치로 협착 위험			√		-	-	-
창호작업	창호설치	바닥이 침하되어 고소작업대가 전도되면서 추락 위험		√		- 사전 지반조사를 통해 지반 지내력 확인 후 철판 또는 콘크리트 타설 등의 보강 조치 - 추락 방지를 위해 안전대 부착설비 설치 후 안전대 착용 후 작업	나운하 반장(05.01)	√	√
도장작업	실내도장	벽면 퍼티작업 중 사다리가 넘어지며 바닥으로 추락	√			- 작업높이에 적합한 안전한 작업발판(비계, 고소작업대 등)을 설치하여 작업 - 협소한 공간에서 사다리 사용 시 아웃트리거 설치 및 2인1조 작업 실시	윤주일 반장(05.16)	√	√
설비작업									

위험요인 기재란 부족 시 별지 사용

주간 안전점검 회의록 별지 (○월 ○주차)

현 장 명	○○ ○○건설현장	관리 기간	2023. 05. 15. ~ 05. 19.
회의일시	2023. 05. 12. 09시	차기 일정	2023. 05. 19.(변경가능)

■ 주간 위험성평가 결과 논의·공유 및 이행 상황 점검

※ 유해위험요인 감소대책 이행 현황, 미조치(부적합) 사유와 보완 계획 재검토

Tool Box Meeting 회의록 별지(양식)

TBM 일시	20 년 월 일 : ~ :		(날 씨 :)
업 체 명		TBM 장소	
작 업 명			

■ 작업 내용 및 TBM 전달 내용

※ 주요 작업내용 및 중대재해로 이어질 수 있는 위험요인과 안전조치 여부 재확인

※ 근로자의 작업안전 준수사항 및 주의사항, 재해/위험상황 발생 시 보고 절차 등

■ 참석자 확인 ※ TBM에 참여하지 않은 작업자를 확인하여 참석 유도

연번	이름	서명	연번	이름	서명	연번	이름	서명
1			11			21		
2			12			22		
3			13			23		
4			14			24		
5			15			25		
6			16			26		
7			17			27		
8			18			28		
9			19			29		
10			20			30		

부록 2 ▶ 트럭 작업계획서 예시

※ 본 서식은 안전관리 업무를 돕기 위한 참고자료로, 현장 상황에 맞게 수정하여 사용(법적 구속력 없음)

트럭 작업계획서

- 덤프트럭(차량계 건설기계), 화물자동차 등(차량계 하역운반기계) -

작성일	년 월 일
협의일	년 월 일

도급인 : ○○건설(주)	담당자	검토	결재
	담당자	관리감독자	사업주
수급인 : (주)○○토건	검토자	수급인 사업주 (인)	
	작성자	수급인 담당자 (인)	

1. 작업개요

작 업 명	00도로 건설공사 제1공구		작업기간	'00.00.00. ~ '00.00.00.
작업장소	STA. 1+000 ~ 7+000, (6KM) / 연약지반 구간			
작업업체/인원	업체명	○○토건	인원	00명

2. 운전원 및 유도자, 작업지휘자 현황

운전원	성명	김○○	면허	건설기계조종사면허(굴착기)
	소속	○○건기	연락처	010-0000-0000
	교육이수	□ 특별교육 □ 기초안전보건교육 □ 건설기계조종사안전교육		
유도자	성명	송○○	신호방법	□ 수신호 □ 무선 □ 기타( )
	소속	○○토목	연락처	010-0000-0000
	교육이수	□ 특별교육 □ 기초안전보건교육 □ 기타( )		
작업지휘자	성명	박○○	소속	○○건설
	직책		연락처	010-0000-0000

3. 기계 · 장비 제원 [건설기계/차량 등록증 □ 유 □ 무]

장비명(모델명)	*00 트럭 (AB000-CDE0-EFGHI)*	제조사(제조일)		*00 기계(00.00.00)*
등록번호	*경기 06소 ○○○○*	검사 유효기간		*00.00.00. 까지*
보험 여부	□ 가입(_____ 보험) □ 미가입	보험 유효기간		*00.00.00. 까지*
차량총중량	*00 ton*	제한속도		*00 km/h*
등판능력*	*00 도(부하)*	최고속도		*00 km/h*
적재함 용량	*00 m3*	덤프	최대경사각	*00 도*
적재함 크기	*길이 x 폭 x 높이 mm*		상승시간	*00 sec*

* 등판능력 : 최대적재중량 상태의 트럭이 경사면을 올라갈 수 있는 능력(경사지면 최대경사각으로 표시)

[첨부 서류] 건설기계 등록 · 검사증, 운전원 자격 · 면허 사본, 제조 · 임대사 사용설명서, 기계 대여사항 기록부, 건설기계 수리 · 보수 · 점검이력 등

4. 기계 · 장비 개요 및 점검사항

차량 종류	□ 덤프트럭 화물자동차(*형식*) □ 특수운반차량(*트레일러, 윙바디 등*)		
작동상태	브레이크/클러치/유압장치/적재함	□ 정상	□ 비정상(조치 :)
방호장치	좌석안전띠	□ 정상	□ 비정상(조치 :)
	후사경 / 후방영상표시장치	□ 정상	□ 비정상(조치 :)
	전조등 / 후미등 / 후진경보장치	□ 정상	□ 비정상(조치 :)
	안전블록 / 안전지주 / 쐐기	□ 정상	□ 비정상(조치 :)
	급강하 방지장치 / 유압 밸브	□ 정상	□ 비정상(조치 :)
	적재함 고정철물 / 로프 / 사다리	□ 정상	□ 비정상(조치 :)

5. 작업장소의 지형 · 지반 상태 등 사전 조사내용

작업장소의 지형 · 지반 상태	작업장소 지형 및 **지반 상태**	□ 지반종류(*모래/일반 흙/연암/경암 등*) □경사(*1 : 1*) □ 견고 □ 연약 □ 동결 □특이사항( )
	지하수위 등 **함수 상태**	□ 양호 □ 불량(조치 :)
	필요 **지내력** / 작업장소 **지내력**	/
	지반 보강방법	□ 철판설치 □ 지반개량 □ 양질토사 □ 성토 □ 기타( )
주변 작업 · 이동 및 지장물 간섭	작업반경 내 **출입금지 조치**	□ 유도자 □ 접근방지 로프 □ 칼라콘 □ 기타( )
	도로, 경사면 단부 추락위험	□ 있음(조치 :) □ 없음
	주변 지장물 간섭 여부	□ 있음(조치 :) □ 없음

6. 재해유형별 안전조치 * 필요에 따라 현장에 맞게 수정 또는 추가

위험	발생형태	재해유형	안전조치
트럭 이동	부딪힘	• 후진하는 트럭에 작업자 부딪힘	• 작업 전 후방카메라, 후사경 확인 • 작업구간 출입금지 및 유도자 배치
	부딪힘	• 경사면에 주차한 트럭이 갑자기 움직이면서 운전원 부딪힘	• 주정차 시 시동 및 브레이크 확인 • 경사면 주정차 시 고임목 등 사용
	깔림	• 운행 중인 트럭이 갓길 경사면 아래로 굴러떨어져 운전원 깔림	• 도로 폭 유지, 다이크 설치 등 지반보강 • 좌석안전띠 착용
적재함	맞음	• 적재함에서 떨어지는 토사, 자재 등에 하부 작업자 맞음	• 차량 제원을 준수하여 토사 적재 • 운반 중 적재함 덮개 설치
	떨어짐	• 적재함 위에서 중량물을 로프 등 결속작업 중이던 작업자 떨어짐 • 적재함 위에서 자재 정리작업 중이던 작업자 떨어짐	• 적재함 위에서 작업 금지(가급적 크레인, 리프트, 지게차 등을 사용) • 불가피하게 적재함 위에서 작업할 경우, 안전대 체결 등 추락방지 조치
	떨어짐	• 이동하는 트럭 적재함에서 떨어짐	• 적재함에 작업자 태운 채로 이동 금지
	끼임	• 적재함이 급강하하여 하부 수리 · 점검 작업자 끼임	• 작업지휘자 지정 및 작업순서 결정 • 적재함 하부 안전블록 등을 사용하여 갑작스러운 하강 방지

7-1. 덤프트럭 운행경로 및 작업방법 * 필요에 따라 현장에 맞게 수정 또는 여러 장 작성

운행경로 및 작업계획 도면

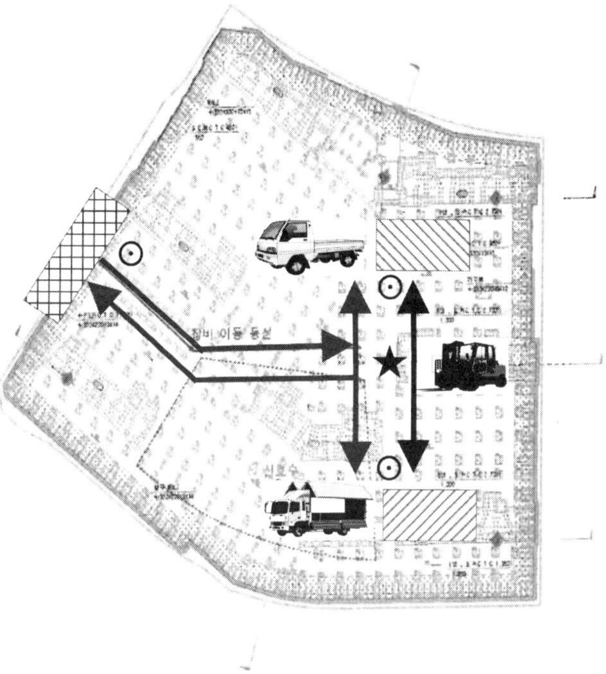

범례	
표시	내용
▣	장비
▦	현장 진출입로
⊙	유도자
★	작업지휘자
→	운행경로

작업내용(순서)		위험요인	제거대책
1	현장 진입	근로자 및 차량간 진입로 미구획으로 충돌	근로자 및 차량간 진입로 구획
2	현장 내 운행경로 이동	굴착단부 및 경사지에서 도로 지반 붕괴로 차량 전복	운행경로 지반상태 조사 후 보강, 필요시 가드레일 설치
3	차량 점검	덤프트럭 하부 적재함 점검 시 적재함 하강에 의한 끼임	적재함 하부 점검 시 안전지주 또는 안전블록 설치 후 점검
4	작업장소 주정차	후진으로 이동 중 근로자 부딪힘	관계 근로자 외 출입금지 조치, 유도자 배치
5	상차작업	적재함 위에서 낙하물 덮개 씌우는 작업 중 바닥으로 떨어짐	차량 상부 등 고소작업 시 안전대, 안전모를 착용하고 작업실시
6	상차작업 직후 이동	적재함에서 떨어진 잔토에 주변 근로자 맞음	적재함 덮개를 닫고 견고히 고정한 후 이동, 작업지휘자 확인
7	정차 · 대기	운전석을 이탈한 상태에서 트럭이 미끄러져 차량 전복	운전자는 운전석 이탈 시 주차브레이크 체결 및 고임목 설치
8	현장 출차	세륜시설 이용 시 차량 부딪힘	유도자 배치 및 신호방법 준수

덤프트럭 작업안전 점검표〈앞면〉

점검자	*관리감독자, 작업지휘자 등*
점검일	년 월 일

구분	점검 항목	적정	부적정	안전조치
운전자 자격	1. 운전자의 적정 자격*여부를 확인한다. * 건설기계 조종사면허, 1종 대형면허	☑	☐	
기계 검사	2. 법정 필수 검사를 받았는지 확인한다. *「자동차관리법」 제43조 등 *「건설기계관리법」 제13조 등	☑	☐	
작업 전 조치	3. 운행경로 및 작업방법 등을 고려한 작업계획을 수립하고 작업지휘자를 지정한다.	☑	☐	
	4. 상하차 장소, 운행경로의 지형 및 지반 상태를 확인하고 트럭이 넘어지지 않도록 조치한다.	☑	☐	
	5. 가설도로는 무너지지 않도록 견고하게 설치하고, 차량이 굴러 떨어지지 않도록 도로 폭을 확보한다.	☐	☑	*가설도로 측면 가드레일 설치*
	6. 제동장치 · 조종장치, 하역장치 · 유압장치의 기능 및 바퀴의 이상 유무를 점검한다.	☑	☐	
	7. 후진 경보장치, 후방카메라 등의 정상 작동 여부를 확인한다.	☐	☑	*후방카메라 교체*
운행 및 작업 중 조치	**8. 운행경로에 작업자의 출입을 통제하거나 유도자를 배치하여 작업자가 부딪히지 않도록 한다.**	☑	☐	
	9. 화물 적재함에는 작업자의 탑승을 금지하고, 부득이 탑승하는 경우 추락방지 조치를 한다.	☑	☐	
	10. 적재함 덮개를 고정하여 토사 등의 잔여물이떨어지지 않도록 조치한다.	☐	☑	*적재함 덮개 불량으로 교체*
	11. 현장 내 제한속도를 표시하고 준수토록 한다.	☐	☑	*제한속도 표지 (20km/h) 부착*
	12. 운전자는 안전벨트를 착용한다.	☑	☐	
수리 등 점검 시	**13. 주정차 시 브레이크를 체결하고, 시동키를 분리하며, 경사면에는 고임목을 설치한다.**	☐	☑	*고임목 추가 구비, 현장 비치*
	14. 수리 · 점검 시 안전블록, 안전지주 등을 사용하여 적재함 등의 갑작스러운 하강을 방지한다.	☑	☐	

덤프트럭 작업안전 점검표〈뒷면〉

[수리 · 점검 및 적재함]

☐ 유압실린더

☐ 안전블록

☐ 차체 연결볼트

☐ 적재함 덮개

[충돌방지]

☐ 운행경로 내 출입금지
☐ 유도자 배치

[후방확인]

☐ 후진 경보장치
☐ 후방카메라

[주정차 시 조치]

☐ 브레이크 체결
☐ 시동키 분리
☐ 고임대 설치

[운전자]

☐ 안전벨트 착용
☐ 제한속도 준수

[전도방지]

☐ 지반 침하 방지
☐ 도로 폭 유지

7-2. 화물자동차 운행경로 및 작업방법 * 필요에 따라 현장에 맞게 수정 또는 여러 장 작성

운행경로 및 작업계획 도면

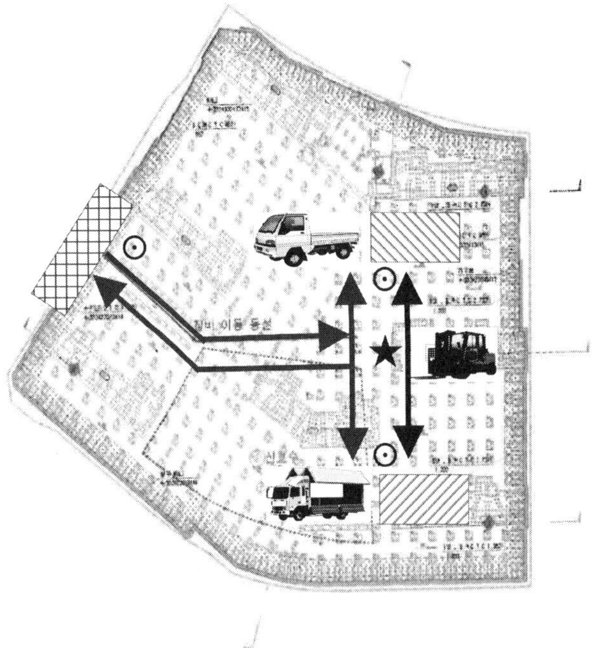

범례	
표시	내용
▣	장비
▦	현장 진출입로
▧	철근 하역장
▨	창틀 하역장
⊙	유도자
★	작업지휘자
→	트럭 운행경로
→	지게차 경로

작업내용(순서)		위험요인	제거대책
1	현장 입구 경사로 진입	과적으로 인해 경사로에서 차량이 뒤로 밀리며 측면 아래로 전복	과적 금지, 좌석 안전띠 착용
2	현장 진입	근로자 및 차량간 진입로 미구획으로 충돌	근로자 및 차량간 진입로 구획
3	현장 내 운행경로 이동	굴착단부 및 경사지에서 도로 지반 붕괴로 차량 전복	운행경로 지반상태 조사 후 보강, 필요시 가드레일 설치
4	작업장소 주정차	후진으로 이동 중 근로자 부딪힘	관계 근로자 외 출입금지 조치, 유도자 배치
5	자재 하역작업	적재된 화물이 쏟아져 맞음	화물은 단단히 고정하고, 높이 쌓아 올리거나 중간에서 빼내기 금지
6	자재 하역작업	적재함 위에서 작업 중 중심을 잃고 바닥으로 떨어짐	차량 상부 등 고소작업 시 안전대, 안전모를 착용하고 작업실시
7	현장 내 이동	과속 운전으로 횡단하는 근로자 부딪힘	현장 내 제한속도 표지 부착 및 준수
8	정차 · 대기	운전석을 이탈한 상태에서 트럭이 미끄러져 차량 전복	운전자는 운전석 이탈 시 주차브레이크 체결 및 고임목 설치
9	현장 출차	세륜시설 이용 시 차량 부딪힘	유도자 배치 및 신호방법 준수

화물자동차 작업안전 점검표〈앞면〉

점검자	관리감독자, 작업지휘자 등
점검일	년 월 일

구분	점검 항목	적정	부적정	안전조치
운전자 자격	1. 운전자의 적정 자격*여부를 확인한다. * 화물운송자격증, (12톤 미만) 1종 보통면허 (12톤 이상) 1종 대형면허	☑	☐	
기계 검사	2. 법정 필수 검사를 받았는지 확인한다. *「자동차관리법」 제43조 등	☑	☐	
작업 전 조치	3. 운행경로 및 작업방법 등을 고려한 작업계획을 수립하고 작업지휘자를 지정한다.	☑	☐	
	4. 상하차 장소, 운행경로의 지형 및 지반 상태를 확인하고 트럭이 넘어지지 않도록 조치한다.	☑	☐	
	5. 가설도로는 무너지지 않도록 견고하게 설치하고, 차량이 굴러떨어지지 않도록 도로 폭을 확보한다.	☐	☑	가설도로 측면 가드레일 설치
	6. 제동장치 · 조종장치, 하역장치 · 유압장치의 기능 및 바퀴의 이상 유무를 점검한다.	☑	☐	
	7. 후진 경보장치, 후방카메라 등의 정상 작동 여부를 확인한다.	☐	☑	후방카메라 교체
운행 및 작업 중 조치	**8. 운행경로에 작업자의 출입을 통제하거나 유도자를 배치하여 작업자가 부딪히지 않도록 한다.**	☑	☐	
	9. 화물 적재함에는 작업자의 탑승을 금지하고, 부득이 탑승하는 경우 추락방지 조치를 한다.	☑	☐	
	10. 화물 적재 시 불안정하게 높이 쌓아 올리거나 적재중량을 고려하여 과적하지 않는다.	☑	☐	
	11. 화물 적재 시 적재된 화물이 흔들리지 않도록 로프, 철물 등으로 견고하게 고정한다.	☑	☐	
	12. 적재된 화물을 내리는 작업을 할 때는 화물 중간에서 빼내지 않도록 한다.	☑	☐	
	13. 현장 내 제한속도를 표시하고 준수토록 한다.	☐	☑	제한속도 표지 (20km/h) 부착
	14. 운전자는 안전벨트를 착용한다.	☑	☐	
수리 등 점검 시	**15. 주정차 시 브레이크를 체결하고, 시동키를 분리하며, 경사면에는 고임목을 설치한다.**	☐	☑	고임목 추가 구비, 현장 비치
	16. 수리 · 점검 시 안전블록, 안전지주 등을 사용하여 적재함 등의 갑작스러운 하강을 방지한다.	☑	☐	

화물자동차 작업안전 점검표〈뒷면〉

[운전자]

☐ 안전벨트 착용
☐ 제한속도 준수

[상하역 작업]

☐ (원칙) 적재함 탑승 금지
☐ (예외) 탑승 시 안전모, 안전대 착용
☐ 화물 중간에서 빼내기 금지
☐ 작업장소 내 관계 근로자 외 출입 금지

[화물 적재 시 조치]

☐ 과적 금지
☐ 불안정하게 높이 쌓기 금지
☐ 흔들리지 않도록 고정

[전도방지]

☐ 지반 침하 방지
☐ 도로 폭 유지

[주정차 시 조치]

☐ 브레이크 체결
☐ 시동키 분리
☐ 고임대 설치

[충돌방지]

☐ 운행경로 내 출입금지
☐ 유도자 배치

[후방확인]

☐ 후진 경보장치
☐ 후방카메라

부록 3 굴착기 작업계획서 예시

※ 본 서식은 안전관리 업무를 돕기 위한 참고자료로, 현장 상황에 맞게 수정하여 사용(법적 구속력 없음)

굴착기 작업계획서

- 덤프트럭(차량계 건설기계), 화물자동차 등(차량계 하역운반기계) -

작성일	년 월 일
협의일	년 월 일

도급인 :	담당자	검토	결재
OO건설(주)	*담당자*	*관리감독자*	*사업주*
수급인 :	검토자	*수급인 사업주* (인)	
(주)OO토건	작성자	*수급인 담당자* (인)	

1. 작업개요

작 업 명	*우수관로 굴착 / 인양*		작업기간	*'00.00.00. ~ '00.00.00.*
작업장소	*OO동 △△앞 ~ 현장사무실 앞*			
작업업체/인원	업체명	*OO토건*	인원	*00명*

2. 운전원 및 유도자, 작업지휘자 현황

운전원	성명	*김OO*	면허	*건설기계조종사면허(굴착기)*
	소속	*OO건기*	연락처	*010-0000-0000*
	교육이수	☐ 특별교육 ☐ 기초안전보건교육 ☐ 건설기계조종사안전교육		
유도자	성명	*송OO*	신호방법	☐ 수신호 ☐ 무선 ☐ 기타( )
	소속	*OO토목*	연락처	*010-0000-0000*
	교육이수	☐ 특별교육 ☐ 기초안전보건교육 ☐ 기타( )		
작업지휘자	성명	*박OO*	소속	*OO건설*
	직책		연락처	*010-0000-0000*

3. 기계 · 장비 제원 [건설기계 등록증 □ 유 □ 무]

장비명(모델명)	굴착기(CAT-000)	제조사	00 기계
등록번호	부산 02가 ○○○○	제작연도	00.00.00.
보험 여부	□ 가입(_____ 보험) □ 미가입	보험 유효기간	00.00.00. 까지
구동 형식	□타이어식 □무한궤도식	내구연한	00.00.00.
최대(허용)하중	00 ton	정격하중	00 ton
제한속도	00 km/h	최대 인양높이	00 m
붐 · 암 최대 높이	00 m	붐 · 암 길이	표준 : m / 최대 : m
정기검사일	00.00.00.	검사 유효기간	00.00.00.

[첨부 서류] 건설기계 등록 · 검사증, 운전원 자격 · 면허 사본, 제조 · 임대사 사용설명서, 인양능력표, 작업반경도(높이별 작업반경), 기계 대여사항 기록부, 건설기계 수리 · 보수 · 점검이력 등

4. 기계 · 장비 개요 및 점검사항

작업장치	□ 버킷 □ 브레이커 □ 크램셀 □ 인양용 달기구 □ 기타( )	
작업설명서	□ 유 □ 무(조치 :) □ 특이사항( )	
작동상태	브레이크/ 클러치/ 붐 · 암/ 선회/ 권상	□ 정상 □ 비정상(조치 :)
방호장치	훅 해지장치	□ 정상 □ 비정상(조치 :)
	작업장치 이탈방지용 안전핀	□ 정상 □ 비정상(조치 :)
	후사경, 후미등, 후진경보장치	□ 정상 □ 비정상(조치 :)
	후방영상표시장치(후방카메라 등)	□ 정상 □ 비정상(조치 :)
	좌석안전띠	□ 정상 □ 비정상(조치 :)

5. 작업장소의 지형 · 지반 상태 등 사전 조사내용

지하매설물조사	□ 도시가스 : (확인결과) *해당/해당없음* (조치여부) *조치내용 기재* □ 통 신 선 : (확인결과) *해당/해당없음* (조치여부) *조치내용 기재* □ 전 기 : (확인결과) *해당/해당없음* (조치여부) *조치내용 기재* □ 상하수도 : (확인결과) *해당/해당없음* (조치여부) *조치내용 기재* □ 기 타 : (확인결과) *해당/해당없음* (조치여부) *조치내용 기재*	
작업장소의 지형 · 지반 상태	작업장소 지형 및 **지반 상태**	□ 지반종류(*모래/일반 흙/연암/경암 등*) □ 경사(1 : 1) □ 견고 □ 연약 □ 동결 □ 특이사항( )
	지하수위 등 함수 상태	□ 양호 □ 불량(조치 :)
	필요 **지내력** / 작업장소 **지내력**	/
	지반 보강방법	□ 철판설치 □ 지반개량 □ 양질토사 □ 성토 □ 기타( )
주변 작업 · 이동 및 지장물 간섭	작업반경 내 **출입금지 조치**	□ 유도자 □ 접근방지 로프 □ 칼라콘 □ 기타( )
	주변 가공전선 접촉가능 여부	□ 있음(조치 :) □ 없음
	주변 지장물 간섭 여부	□있음(조치 :) □ 없음

6. (인양작업) 줄걸이 및 중량물 제원

줄걸이 용구	**줄걸이 용구**	□ 와이어로프 □ 섬유로프 □ 체인 □ 기타( )		
	보조 용구	□ 클램프 □ 해커 □ 체인슬링 □ 러그 □ 기타( )		
	직경	*00 mm*	**안전작업하중**	
	줄걸이수	*00 개*	**하중계수(장력)**	
	안전계수		**최대사용하중**	*(안전작업하중*줄수)/하중계수*

중량물 제원	품명	*철근(상세제원) 다발*		(단위중량 Kg)
	종류	*철근 다발, 거푸집 등*	중량물 크기	*(가로)x(세로)x(높이) m*
	형상	*박스형, 묶음형 등*	총중량	*00 ton*
	인양높이	*00 m*	필요 작업반경	*00 m*
	총 양중수량	*(개)*	1회 양중수량	*(개)*
			1회 양중중량	*(ton)*

【인양 능력 검토 결과】

줄걸이 용구	최대사용하중		하중(총중량)		검토결과	*인양가능/불가*
중량물 제원	정격하중		하중(총중량)		검토결과	*인양가능/불가*

7. 재해유형별 안전조치 * 필요에 따라 현장에 맞게 수정 또는 추가

위험	발생형태	재해유형	안전조치
굴착기에 맞음/부딪힘/끼임	맞음	버킷, 압쇄기 등 버킷, 압쇄기 등 작업장치에 맞음	• 안전핀 등 잠금장치 점검 · 확인
	부딪힘	후진하는 굴착기에 부딪힘	• 후사경, 후방영상장치 점검 · 확인
		선회하는 굴착기 붐 · 버킷에 부딪힘	• 선회 반경 내 출입금지 조치(또는 유도자 배치)
	끼임	벽 등 구조물과 굴착기 사이에 작업자 끼임	• 출입금지 조치(또는 유도자 배치)
굴착기 전도	깔림	넘어진 굴착기에 운전원 깔림	• 좌석 안전띠 착용 철저
	뒤집힘	넘어진 굴착기에 작업자 깔림	• 연약지반 보강 및 도로폭 유지 • 갑작스런 출발 · 정지 · 선회 지양
지장물, 구조물 등 붕괴	맞음	철거 중 넘어진 구조물에 맞음	• 철거대상 구축물 안전성 평가
	무너짐	사면 · 암반 등 굴착면 붕괴로 매몰	• 굴착면 기울기 준수
용도 외 사용	떨어짐	버킷에 탑승한 작업자 떨어짐	• 고소작업차 등 전용 기계 · 장비 사용 • 승차석 외 탑승 금지
중량물에 맞음	맞음	인양 중 중량물이 떨어져 맞음	• 제조사 작업설명서, 인양능력표 준수 • 출입금지 조치(또는 유도자 배치) • 로프 등 줄걸이 용구 상태 점검 • 훅 해지장치 설치 여부 확인 및 점검

8-0. 운행경로 및 작업방법 * 필요에 따라 현장에 맞게 수정 또는 여러 장 작성

운행경로 및 작업계획 도면

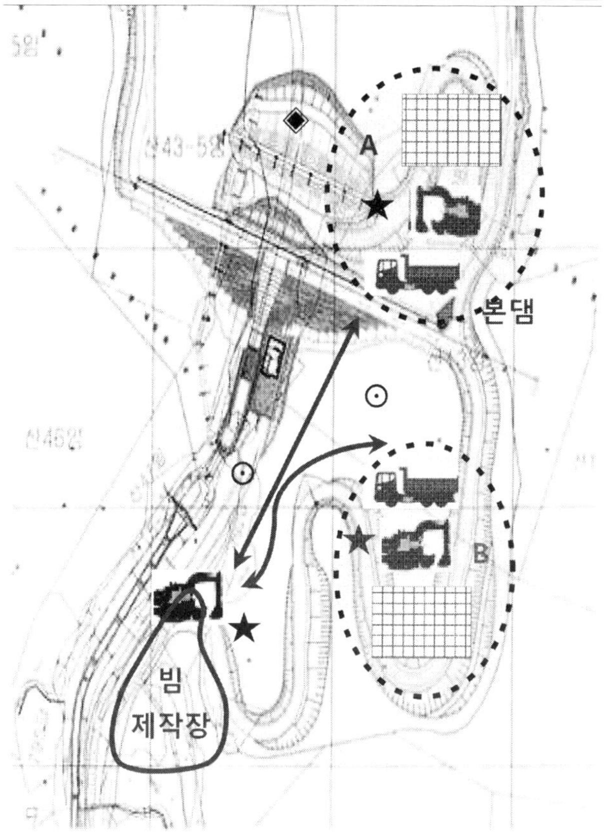

범례	
표시	내용
▣	장비
→	경로
▦	작업구간
⊙	유도자
★	작업지휘자
◌	출입통제구격
◈	관리감독자

o 세부 작업방법

1. 본댐 작업구간으로 장비 이동이 가능토록 지반의 지지력 및 기울기를 확보하며 진입로 조성
2. 본댐 및 경로구간 발파석 정리 및 상차 작업 실시

o 중점관리사항

1. 속도: 20km/h 이내
2. 지반 지내력 확인
3. 굴착기 안전장치 확인
4. 작업지휘자 · 신호수 배치 및 통제

작업내용(순서)		위험요인	제거대책
1	굴착기 반입이동	경로상 작업자 혼재로 충돌 위험	작업 전 후방영상장치 작동 여부 확인
2	OO 동 앞 굴착작업	버킷 등 작업장치 변경 시 낙하 위험	안전핀 등 잠금장치 점검 · 확인, 변경 · 수리작업 시 작업 중단
		붐 · 암 등 선회반경 내 충돌 위험	관계 근로자 외 출입금지 조치
3	△△ 암반 분쇄작업	브레이커 등 작업장치 변경 시 낙하 위험	안전핀 등 잠금장치 점검 · 확인, 변경 · 수리작업 시 작업 중단
4	굴착기 사용 자재 인양작업	인양작업 시 굴착기 전도위험 인양물 낙하위험	인양능력표 등 작업설명서 준수 줄걸이, 로프 등 달기구 손상여부 확인
5	굴착기 반출이동	경로상 작업자 혼재로 충돌 위험	차량 이동통로 및 작업자 보행통로 구분 철저, 유도자 배치

굴착기 작업안전 점검표〈앞면〉

점검자	관리감독자, 작업지휘자 등
점검일	년 월 일

구분	점검 항목	적정	부적정	안전조치
운전자 자격	1. 굴착기 운전자의 적정 자격*을 확인한다. * 3톤 미만: 소형건설기계 조종교육 이수 3톤 이상: 건설기계조종사면허(굴착기)	☑	☐	
기계 검사	2. 법정* 필수 검사를 받았는지 확인한다. *「건설기계관리법」 제13조 등	☑	☐	
운전 시작 전 조치	3. 굴착기 운행경로 및 작업 방법을 고려하여 작업계획을 수립하고, 작업지휘자를 지정한다.	☑	☐	
	4. 작업장소의 지형 및 지반상태를 확인하고, 굴착기가 넘어질 우려가 없도록 조치한다.	☑	☐	
	5. 전조등, 후방영상장치가 정상 작동하는지 확인하고, 후사경의 설치상태가 양호한지 점검한다.	☐	☑	후방카메라 고장으로 교체 필요
작업 중 조치	**6. 작업장소에 작업자의 출입을 통제하거나, 유도자를 배치하여 작업자가 부딪히지 않도록 유도한다.**	☑	☐	
	7. 운전자는 안전띠를 착용한다.	☑	☐	
	8. 버킷 등 작업장치 이탈방지용 안전핀을 체결한다.	☐	☑	안전핀 이격으로 부품 교체 필요
	9. 굴착기 버킷에 작업자의 탑승을 금지한다.	☑	☐	
인양작업 조치	10. 인양작업 방법은 제조사의 작업설명서를 따른다.	☑	☐	
	11. 인양작업 전에는 굴착기의 정격하중과 퀵커플러, 달기구에 해지장치 설치 여부를 확인한다.	☑	☐	
	12. 인양작업은 침하 우려가 없는 평평한 장소에서 하고, 화물의 무게는 정격하중을 넘지 않도록 한다.	☑	☐	
	13. 인양물 인근에 작업자의 출입을 통제하거나, 유도자를 배치하여 작업자가 부딪히시 않도록 한다.	☑	☐	
운전자 이탈 시	14. 운전석 이탈 시 버킷은 지상에 내려놓고, 시동키는 차에서 분리하여야 한다.	☑	☐	
수리 등 점검 시	15. 수리 · 점검 시 붐 · 암 등이 갑자기 내려오지 않도록 안전지지대 및 블록을 사용한다.	☑	☐	

굴착기 작업안전 점검표〈뒷면〉

※ 아래 내용을 무두 충족하는 경우 굴착기로 인양작업 가능

- □ 퀵커플러 또는 작업장치에 달기구(훅 등)가 부착되어 인양작업이 가능하도록 제작된 굴착기일 것
- □ 제조사에서 정한 정격하중이 확인되는 굴착기를 사용할 것
- □ 해지장치 사용 등 작업 중 인양물 낙하 우려가 없을 것
- □ 와이어로프 등 줄걸이 용구의 상태를 확인 후 작업할 것
- □ 인양물이 균형에 맞게 로프와 연결되어 있는지 확인

[충돌방지]

□ 작업반경 내 출입금지
□ 유도자 배치

[기계 점검]

□ 붐 구조부 균열 · 변형

[인양작업 안전]

□ 훅 해지장치
□ 2줄 걸이 결속
□ 퀵커플러 해지장치
□ 제조사가 정한 작업설명서준수 (인양능력표, 정격하중 등)

[운전자 시야 확보]

□ 유리 청결 상태
□ 후사경

[전도방지]

□ 지반 침하 방지
□ 무한궤도 트랙 상태

[후방확인]

□ 후방카메라
□ 후방경고음
□ 후미등

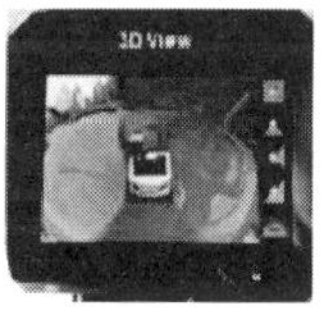

AVM 시야확보장치

후방카메라붐

급강하 방지장치

부록 4 ▶ 약식 굴착기 작업계획서 예시 - 50억 미만 소규모 현장용 -

※ 본 서식은 안전관리 업무를 돕기 위한 참고자료로, 현장 상황에 맞게 수정하여 사용(법적 구속력 없음)

굴착기 작업계획서
- 차량계 건설기계 / 중량물 취급작업 -

검토자	*사업주* (인)
작성자	*관리감독자* (인)

작업명(장소)	*우수관로 굴착(○○동 △△앞)*		작업기간	*'00.00.00. ~ '00.00.00.*
작업업체/작업자	업체명	*○○토건*	작업자	*홍길동, 아무개 등 00명*
운전원	성명	*○○○* (자격 · 면허 별첨)	연락처	*010-0000-0000*
유도자	성명	*○○○* (교육 이수증 별첨)	연락처	*010-0000-0000*
사전조사 내용	[별첨] *작업장소 지형 및 지반 상태에 관한 조사서(지질조사서 등)*			
기계 · 장비 제원	[별첨] *건설기계 등록 · 검사증, 기계 대여사항 기록부, 건설기계 점검이력 등*			

구분	점검 항목	적정	부적정	안전조치
운전자 자격	1. 굴착기 운전자의 적정 자격*을 확인한다. * 3톤 미만 : 소형건설기계 조종교육 이수 3톤 이상 : 건설기계조종사면허(굴착기)	☑	☐	
기계 검사	2. 법정* 필수 검사를 받았는지 확인한다. * 「건설기계관리법」 제13조 등	☑	☐	
운전 시작 전 조치	3. 굴착기 운행경로 및 작업 방법을 고려하여 작업계획을 수립하고, 작업지휘자를 지정한다.	☑	☐	
	4. 작업장소의 지형 및 지반상태를 확인하고, 굴착기가 넘어질 우려가 없도록 조치한다.	☑	☐	
	5. 전조등, 후방영상장치가 정상 작동하는지 확인하고, 후사경의 설치상태가 양호한지 점검한다.	☐	☑	*후방카메라 고장으로 교체 필요*
작업 중 조치	**6. 작업장소에 작업자의 출입을 통제하거나, 유도자를 배치하여 작업자가 부딪히지 않도록 유도한다.**	☑	☐	
	7. 운전자는 안전띠를 착용한다.	☑	☐	
	8. 버킷 등 작업장치 이탈방지용 안전핀을 체결한다.	☐	☑	*안전핀 이격으로 부품 교체 필요*
	9. 굴착기 버킷에 작업자의 탑승을 금지한다.	☑	☐	
인양작업 조치	10. 인양작업 방법은 제조사의 작업설명서를 따른다.	☑	☐	
	11. 인양작업 전에는 굴착기의 정격하중과 퀵커플러, 달기구에 해지장치 설치 여부를 확인한다.	☑	☐	
	12. 인양작업은 침하 우려가 없는 평평한 장소에서 하고, 화물의 무게는 정격하중을 넘지 않도록 한다.	☑	☐	
	13. 인양물 인근에 작업자의 출입을 통제하거나, 유도자를 배치하여 작업자가 부딪히지 않도록 한다.	☑	☐	
운전자 이탈 시	14. 운전석 이탈 시 버킷은 지상에 내려놓고, 시동키는 차에서 분리하여야 한다.	☑	☐	
수리 등 점검 시	15. 수리 · 점검 시 붐 · 암 등이 갑자기 내려오지 않도록 안전지지대 및 블록을 사용한다.	☑	☐	

□ 운행경로 및 작업방법 * 필요에 따라 현장에 맞게 수정 또는 여러 장 작성

운행경로 및 작업계획 도면

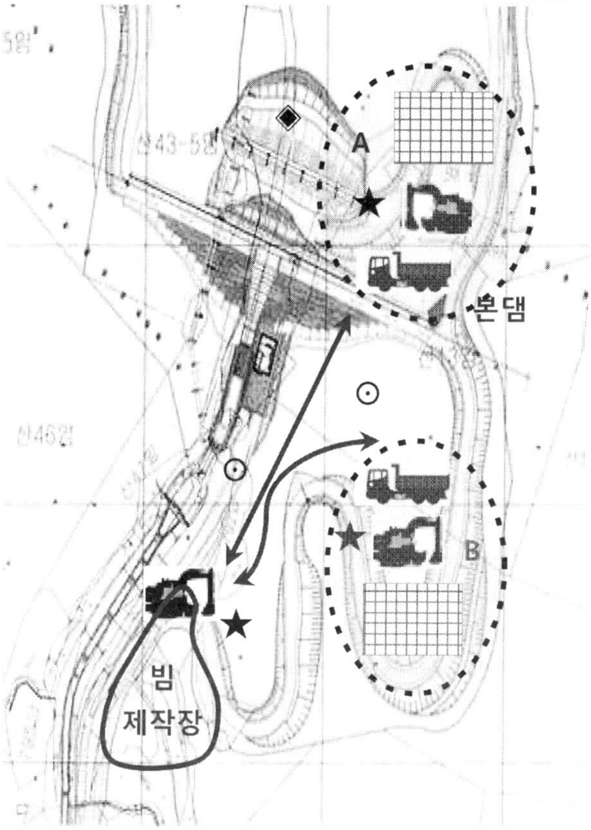

범례

표시	내용
▣	장비
→	경로
▦	작업구간
⊙	유도자
★	작업지휘자
◌	출입통제구격
◈	관리감독자

o 세부 작업방법

1. 본댐 작업구간으로 장비 이동이 가능토록 지반의 지지력 및 기울기를 확보하며 진입로 조성
2. 본댐 및 경로구간 발파석 정리 및 상차 작업 실시

o 중점관리사항

1. 속도: 20km/h 이내
2. 지반 지내력 확인
3. 굴착기 안전장치 확인
4. 작업지휘자 · 신호수 배치 및 통제

작업내용(순서)		위험요인	제거대책
1	굴착기 반입이동	경로상 작업자 혼재로 충돌 위험	작업 전 후방영상장치 작동 여부 확인
2	○○ 동 앞 굴착작업	버킷 등 작업장치 변경 시 낙하 위험	안전핀 등 잠금장치 점검 · 확인, 변경 · 수리작업 시 작업 중단
		붐 · 암 등 선회반경 내 충돌 위험	관계 근로자 외 출입금지 조치
3	△△ 암반 분쇄작업	브레이커 등 작업장치 변경 시 낙하 위험	안전핀 등 잠금장치 점검 · 확인, 변경 · 수리작업 시 작업 중단
4	굴착기 사용 자재 인양작업	인양작업 시 굴착기 전도위험 인양물 낙하위험	인양능력표 등 작업설명서 준수 줄걸이, 로프 등 달기구 손상여부 확인
5	굴착기 반출이동	경로상 작업자 혼재로 충돌 위험	차량 이동통로 및 작업자 보행통로 구분 철저, 유도자 배치

부록 5 고소작업대(차량형) 작업계획서 예시

※ 본 서식은 안전관리 업무를 돕기 위한 참고자료로, 현장 상황에 맞게 수정하여 사용(법적 구속력 없음)

고소작업대(차량형) 작업계획서

- 차량계 하역운반기계 -

작성일	년 월 일
협의일	년 월 일

도급인 : ○○건설(주)	담당자	검토	결재
	담당자	관리감독자	사업주
수급인 : ○○안전SKY	검토자	수급인 사업주 (인)	
	작성자	수급인 담당자 (인)	

1. 작업개요

작업명	건물 외벽공사		작업기간	'00.00.00. ~ '00.00.00.
작업장소	○○빌딩 △△화단 측면			
작업업체/인원	업체명	○○안전SKY	인원	0명

2. 운전원, 유도자 및 작업지휘자 현황

운전원	성명	김○○	면허	기중기운전기능사 · 교육합격자
	소속	○○안전SKY	연락처	010-0000-0000
	교육이수	□ (5대 이상) 특별교육 □ (건설업) 기초안전보건교육 □ 채용 시 교육		
유도자	성명	송○○	신호방법	□ 수신호 □ 무선 □ 기타
	소속	○○기업	연락처	010-0000-0000
	교육이수	□ (5대 이상) 특별교육 □ (건설업) 기초안전보건교육 □ 채용 시 교육		
작업지휘자	성명	박○○	소속	○○건설
	직책		연락처	010-0000-0000

3. 기계 · 장비 제원 [차동차 등록증 및 안전검사 · 인증 합격증 □ 유 □ 무]

<table>
<tr><td colspan="2">자동차등록번호</td><td>00가 ○○○○</td><td colspan="2">차종</td><td>중형특수</td></tr>
<tr><td colspan="2">차명</td><td>ㅇㅇ고소작업차</td><td colspan="2">형식 및 모델연도</td><td></td></tr>
<tr><td colspan="2">제조사</td><td>00 기계</td><td colspan="2">제조 연월</td><td>0000.00.00.</td></tr>
<tr><td colspan="2">보험 여부</td><td>□ 가입(　　　보험)　□ 미가입</td><td colspan="2">보험 유효기간</td><td>00.00.00. 까지</td></tr>
<tr><td rowspan="3">안전검사 등</td><td>최대 작업높이</td><td>00 미터</td><td colspan="2">종류(모델연도)</td><td>신축형 (2010)</td></tr>
<tr><td>최대 작업반경</td><td>00 미터</td><td rowspan="2">작업대</td><td>탑승함(L×W×H)</td><td>×　　×</td></tr>
<tr><td>정격하중</td><td>300kg (탑승인원)</td><td>최대허용풍속</td><td>(m/s)</td></tr>
<tr><td colspan="2">아웃트리거 최대 폭</td><td>앞:　　　　,　뒤:</td><td colspan="2">검사 유효기간</td><td>~ 0000.00.00.</td></tr>
</table>

[첨부서류] 자동차등록증, 안전검사 · 인증합격증, 운전원 자격 · 면허 사본, 제조 · 임대社 사용설명서, 작업반경표(아웃트리거 슬라이드 길이에 따른 작업 반경), 선회부 비파괴검사 자료 등

4. 기계 · 장비 개요 및 점검사항

<table>
<tr><td>작업장치</td><td colspan="2">□ 작업대　※ 고소작업대를 중량물 인양용으로 사용하지 말 것</td></tr>
<tr><td>사용설명서</td><td colspan="2">□ 유　□ 무(조치 :　　　　　　　)　□ 특이사항(한글 사용설명서 유무 등)</td></tr>
<tr><td>작동상태</td><td>붐(와이어로프 · 체인 구동), 선회부 등</td><td>□ 정상　□ 비정상(조치 :　　　　　　　　　　)</td></tr>
<tr><td rowspan="5">방호장치</td><td>붐 인출 길이 등이 표시되는 장치</td><td>□ 정상　□ 비정상(조치 :　　　　　　　　　　)</td></tr>
<tr><td>모멘트 감지장치(위치 제어장치)</td><td>□ 정상　□ 비정상(조치 :　　　　　　　　　　)</td></tr>
<tr><td>아웃트리거의 전도방지장치</td><td>□ 정상　□ 비정상(조치 :　　　　　　　　　　)</td></tr>
<tr><td>과부하 방지장치</td><td>□ 정상　□ 비정상(조치 :　　　　　　　　　　)</td></tr>
<tr><td>낙하방지밸브 및 유압장치</td><td>□ 정상　□ 비정상(조치 :　　　　　　　　　　)</td></tr>
</table>

5. 작업장소의 지형 · 지반 상태 등

지형 · 지반 상태	아웃트리거(안정기) 설치장소	□ 견고 □ 아웃트리거 최대인출 □ 받침대(경사: °) □ 특이사항( )
	아웃트리거(안정기) 보강방법	□ 작업반경표에 따른 작업반경 제한 □ 이동설치 □ 기타( )
작업반경 및 지장물 간섭	작업반경 내 **출입금지** 조치	□ 접근방지 로프 □ 유도자 □ 라바콘 □ 기타( )
	작업대 주변 등 지장물 간섭 여부	□ 있음(조치 :) □ 없음

6. 재해유형별 안전조치 * 필요에 따라 현장에 맞게 수정 또는 추가

위험	발생형태	재해유형	안전조치
작업자 떨어짐	떨어짐	• 작업자가 균형을 잃고 떨어짐	• 안전대 및 안전모 착용 • 실내 작업 시 적정한 조도 유지
		• 작업자가 건물로 이동중 떨어짐	• 상승 상태에서 작업대 이탈 금지 • 안전대 및 안전모 착용
		• 허용 작업반경 초과 작업 중 붐 파단으로 작업대와 함께 떨어짐	• 모멘트 감지장치 설치 및 작업반경 준수 • 붐 등 용접부 육안 및 비파괴 검사 실시와 선회부 볼트 체결상태 주기적 확인
고소 작업대 넘어짐	깔림	• 경사면에 설치한 고소작업대가 넘어지면서 작업자가 깔림	• 평평한 바닥에만 고소작업대 사용 • 아웃트리거 및 브레이크 설치
	떨어짐	• 고소작업대 이동 중 작업자 떨어짐	• 작업자 탑승 중 고소작업대 이동금지
지장물	끼임	• 고소작업대와 보 사이에 끼임	• 과상승방지장치 사용 및 임의해제 금지
	감전	• 충전전로 인근 작업 중 감전	• 절연보호구 착용 및 충전부 이격거리 확보
용도외 사용	떨어짐	• 작업대 밟고 도장 중 떨어짐	• 작업높이 고려한 장비선정, 추가보호 조치

7-0. 운행경로 및 작업방법 * 필요에 따라 현장에 맞게 수정 또는 여러 장 작성

운행경로 및 작업계획 도면

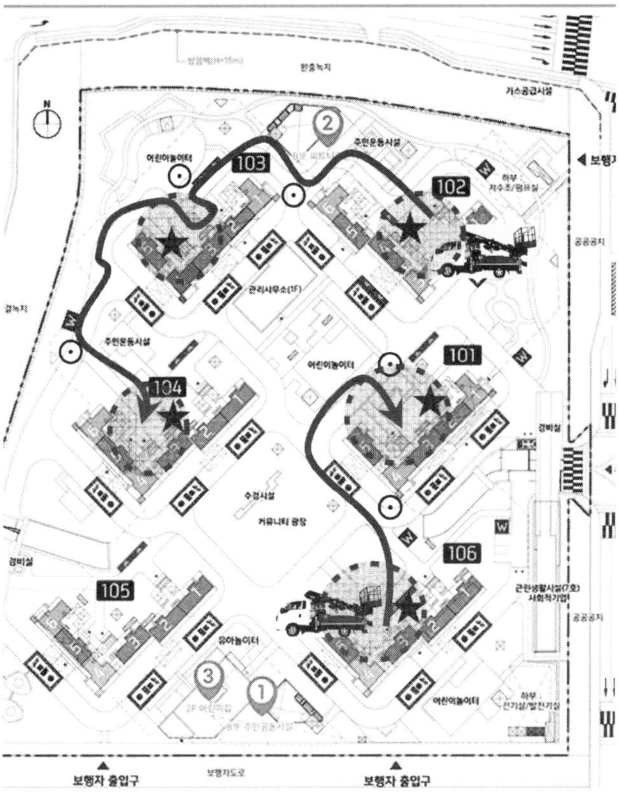

법례	
표시	내용
→	운행경로
(음영)	작업구역
⊙	유도자
★	작업지휘자
(점선 원)	관계근로자 외 출입제한구역

o 세부 작업방법

1. 신축 아파트 외벽 타일하자보수 작업으로 작업하중 준수하여 작업
2. 아파트 관리동 외부 창틀 하자 교체작업으로 작업구역 내 떨어지는 낙하물 위험에 대한 출입금지 조치

o 중점관리사항

1. 속도: 10km/h 이내
2. 지반상태 및 경사 확인
3. 아웃트리거 최대 확장
4. 유도자 · 작업지휘자 배치 및 통제

작업내용(순서)		위험요인	제거대책
0	*TBM*	*o 작업 참여 근로자 보호구 착용상태 확인* *o 작업지휘자 · 유도자 · 작업자는 해당 작업의 각자 임무 확인* *o 작업반경표를 가지고 정격하중과 붐 인출 · 작업반경 적정여부 확인* *o 사전 위험성평가에서 도출된 위험요인 공유*	
1	*고소작업대 반입 및 설치*	*o 고소작업대 반입 시 부딪힘 위험* *o 보도등 설치로 아웃트리거 수평문제* *o 아웃트리거 미확장→정격하중 미달*	*- 유도자 배치로 부딪힘 방지* *- 견고한 받침대 설치 및 수평유지* *- 정격하중 가능토록 이동설치*
2	*외벽타일 교체작업*	*o 붐 인출 시 주변 작업물에 충돌* *o 선회부 충돌 및 낙하물 위험*	*- 작업지휘자 배치로 작업 중 위험통제* *- 관계 근로자 외 출입금지 조치*
3	*아파트 관리동 창틀교체*	*o 창틀 교체 시 밀고 · 끌어당기는 작업으로 작업대 흔들림 위험* *o 작업대에 올라서서 작업*	*- 안전대 착용 및 안전난간에 걸고 작업. 2인 작업 시 상호 신호 필수* *- 작업높이 고려 장비선정, 추가 안전조치*

고소작업대(차량형) 작업안전 점검표〈앞면〉

점검자	*관리감독자, 작업지휘자 등*
점검일	년 월 일

구분	점검 항목	적정	부적정	안전조치
운전자 자격	1. 운전자의 적정 자격*여부를 확인한다. * 기중기 운전기능사 · 교육합격자	☑	☐	
기계 검사	2. 법정* 필수 인증 · 검사를 받았는지 확인한다. * (차량탑재형) 「산업안전보건법」 안전인증, 안전검사	☑	☐	
작업 전 장비점검	3. 허용 작업반경표, 작업 높이를 고려하여 적정한 고소작업차량을 선정하고 작업계획을 수립한다.	☑	☐	
	4. 작업장소의 수평, 작업반경표 및 주변 고압선 여부 등을 확인한 후 아웃트리거 수평 받침대최대 확장 조치를 한다.	☑	☐	
	5. 작업대 안전난간 등의 파손 및 탈락 여부를 확인하고, 전면에 안전난간을 설치한다.	☐	☑	*작업대 전면 안전난간 설치*
	6. 안전장치(붐길이 및 각도 센서, 모멘트감지장치, 권과방지장치 등)의 작동상태를 확인 · 점검한다.	☑	☐	
	7. 비상정지장치 · 비상하강방지장치, 과부하방지장치, 아웃트리거 등의 이상유무를 점검한다.	☑	☐	
작업 중 안전조치	**8. 작업구역 구획과 필요시 출입금지 조치 · 유도자와 작업 시 지장물 간섭 등 위험을 확인할 작업지휘자를 배치한다.**	☑	☐	
	9. 작업방법 · 순서를 작업지휘자 · 작업반장 등과 협의한 후 근로자에게 전파한다(변경 시 포함).	☐	☑	*작업방법 변경 시 협의절차 마련*
	10. 신호방법을 정하고 운전자와 유도자 사이에 공유한다(변경 시 포함).	☑	☐	
	11. 강풍 등 악천후 시에는 옥외작업을 중지한다.	☑	☐	

고소작업대(차량형) 작업안전 점검표〈뒷면〉

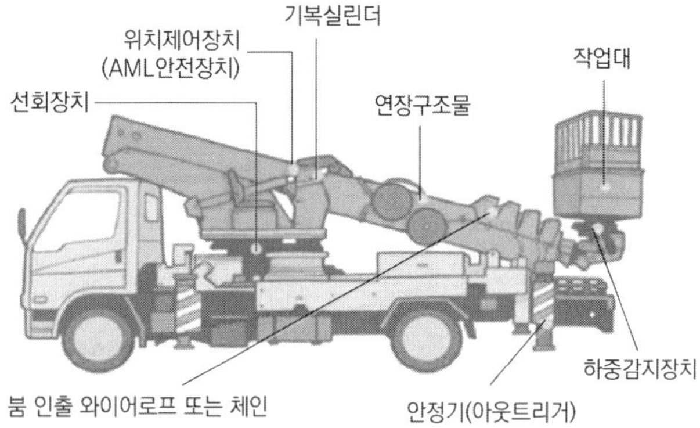

[작업대 확인]

- □ 안전난간 임의해제 금지
- □ 작업대 과부하방지장치 상태
- □ 작업(정격)하중 초과 금지
- □ 주변 고압선 · 장애물 확인
- □ 안전대 착용 및 걸기

[고소작업 안전]

- □ 붐 길이 표시장치 등
- □ 작업반경 내 출입금지
- □ 명판(허용풍속 등) 부착
- □ 제조사가 정한 작업설명서 (허용 작업반경표 등)
- □ 중량물 인양 사용금지

[안전장치]

- □ 붐 · 선회부 크랙 · 균열 유무
- □ 유압 호스 · 실린더 이상 유무
- □ 붐인출(와이어로프 등) 작동상태
- □ 하중감지와 위치 제어장치 작동상태

[전도방지]

- □ 지반 침하 방지
- □ 아웃트리거 근접센서

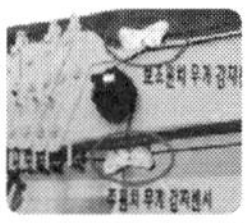
과부하방지장치

비정상정지장치

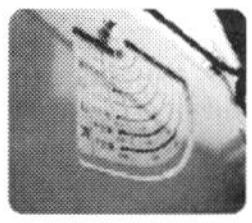
각도지시계

아웃트리거

부록 6 약식 고소작업대(차량형) 작업계획서 예시 - 50억 미만 소규모 현장용 -

※ 본 서식은 안전관리 업무를 돕기 위한 참고자료로, 현장 상황에 맞게 수정하여 사용(법적 구속력 없음)

고소작업대(차량형) 작업계획서

- 차량계 하역운반기계 -

검토자	*사 업 주* (인)
작성자	*관리감독자* (인)

작업명(장소)	*철근 다발 운반작업(○○빌딩 A동)*		작업기간	*'00.00.00. ~ '00.00.00.*
작업업체/작업자	업체명	*○○대한크레인*	작업자	*홍길동, 아무개 등 00명*
운전원	성명	*○○○ (자격 별첨)*	연락처	*010-0000-0000*
유도자	성명	*○○○ (교육 이수증 별첨)*	연락처	*010-0000-0000*
작업장소 내용	[별첨] *작업장소 경사 등 지형 및 지반 상태*			
기계 · 장비 제원	[별첨] *자동차등록증, 기계 제원표 · 점검 이력 등*			

구분	점검 항목	적정	부적정	안전조치
운전자 자격	1. 운전자의 적정 자격*여부를 확인한다. * 기중기 운전기능사 · 교육합격자	☑	☐	
기계 검사	2. 법정* 필수 인증 · 검사를 받았는지 확인한다. * (차량탑재형) 「산업안전보건법」 안전인증, 안전검사	☑	☐	
작업 전 확인	3. 허용 작업반경표, 작업 높이를 고려하여 적정한 고소작업차량을 선정하고 작업계획을 수립한다.	☑	☐	
	4. 작업장소의 수평, 작업반경표 및 주변 고압선 여부 등을 확인한 후 아웃트리거 수평 받침대 최대 확장 조치를 한다.	☑	☐	
	5. 작업대 안전난간 등의 파손 및 탈락 여부를 확인하고, 전면에 안전난간을 설치한다.	☐	☑	*작업대 전면 안전난간 설치*
	6. 안전장치(붐길이 및 각도 센서, 모멘트감지장치, 권과방지장치 등)의 작동상태를 확인 · 점검한다.	☑	☐	
	7. 비상정지장치 · 비상하강방지장치, 과부하방지장치, 아웃트리거 등의 이상유무를 점검한다.	☑	☐	
작업 중 안전조치	**8. 작업구역 구획과 필요시 출입금지 조치 · 유도자와 작업 시 지장물 간섭 등 위험을 확인할 작업지휘자를 배치한다.**	☑	☐	
	9. 작업방법 · 순서를 작업지휘자 · 작업반장 등과 협의한 후 근로자에게 전파한다(변경 시 포함).	☐	☑	*작업방법 변경 시 협의절차 마련*
	10. 신호방법을 정하고 운전자와 유도자 사이에 공유한다(변경 시 포함).	☑	☐	
	11. 강풍 등 악천후 시에는 옥외작업을 중지한다.	☑	☐	

□ 운행경로 및 작업방법 * 필요에 따라 현장에 맞게 수정 또는 여러 장 작성

운행경로 및 작업계획 도면

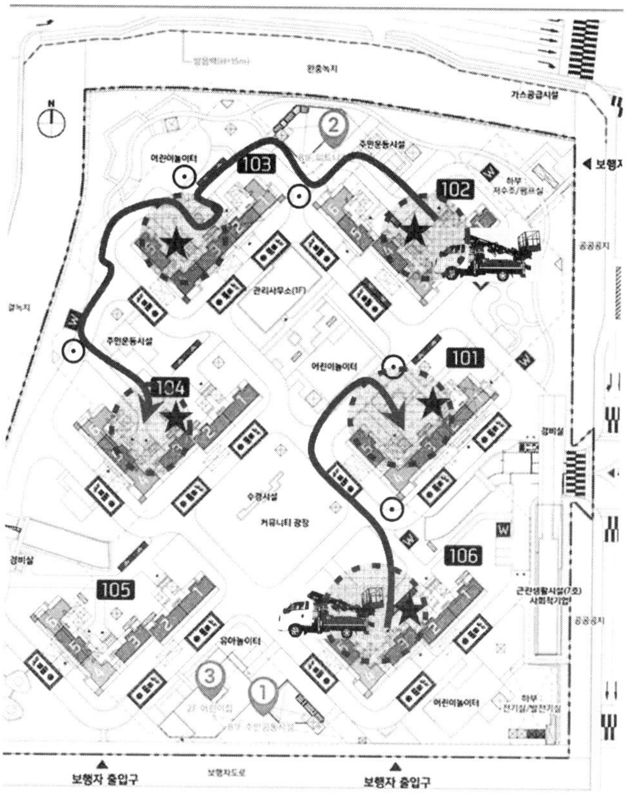

법례	
표시	내용
→	운행경로
(음영)	작업구역
◉	유도자
★	작업지휘자
(점선 원)	관계근로자 외 출입제한구역

o 세부 작업방법

1. 신축 아파트 외벽 타일하자보수 작업으로 작업하중 준수하여 작업

2. 아파트 관리동 외부 창틀 하자 교체작업으로 작업구역 내 떨어지는 낙하물 위험에 대한 출입금지 조치

o 중점관리사항

1. 속도: 10km/h 이내
2. 지반상태 및 경사 확인
3. 아웃트리거 최대 확장
4. 유도자·작업지휘자 배치 및 통제

작업내용(순서)		위험요인	제거대책
0	TBM	o 작업 참여 근로자 보호구 착용상태 확인 o 작업지휘자·유도자·작업자는 해당 작업의 각자 임무 확인 o 작업반경표를 가지고 정격하중과 붐 인출·작업반경 적정여부 확인 o 사전 위험성평가에서 도출된 위험요인 공유	
1	고소작업대 반입 및 설치	o 고소작업대 반입 시 부딪힘 위험 o 보도등 설치로 아웃트리거 수평문제 o 아웃트리거 미확장→정격하중 미달	- 유도자 배치로 부딪힘 방지 - 견고한 받침대 설치 및 수평유지 - 정격하중 가능토록 이동설치
2	외벽타일 교체작업	o 붐 인출 시 주변 작업물에 충돌 o 선회부 충돌 및 낙하물 위험	- 작업지휘자 배치로 작업 중 위험통제 - 관계 근로자 외 출입금지 조치
3	아파트 관리동 창틀교체	o 창틀 교체 시 밀고·끌어당기는 작업으로 작업대 흔들림 위험 o 작업대에 올라서서 작업	- 안전대 착용 및 안전난간에 걸고 작업. 2인 작업 시 상호 신호 필수 - 작업높이 고려 장비선정, 추가 안전조치

부록 7 이동식 크레인 작업계획서 예시

※ 본 서식은 안전관리 업무를 돕기 위한 참고자료로, 현장 상황에 맞게 수정하여 사용(법적 구속력 없음)

이동식 크레인 작업계획서

중량물 취급작업 -

작성일	년 월 일
협의일	년 월 일

도급인 : ○○건설(주)	담당자	검토	결재
	담당자	관리감독자	사업주
수급인 : ○○크레인	검토자	수급인 사업주 (인)	
	작성자	수급인 담당자 (인)	

1. 작업개요

작업명	철근 다발 운반작업		작업기간	'00.00.00. ~ '00.00.00.
작업장소	○○빌딩 건축현장 △△동 앞			
작업업체/인원	업체명	○○대한크레인	인원	0명

2. 운전원, 유도자 및 작업지휘자 현황

운전원	성명	김○○	면허	기중기운전기능사 · 교육합격자
	소속	○○크레인	연락처	010-0000-0000
	교육이수	□ 특별교육 □ (건설업)기초안전보건교육 □ 기타( )		
유도자	성명	송○○	신호방법	□ 수신호 □ 무선 □ 기타( )
	소속	○○기업	연락처	010-0000-0000
	교육이수	□ 특별교육 □ (건설업)기초안전보건교육 □ 기타( )		
작업지휘자	성명	박○○	소속	○○건설
	직책		연락처	010-0000-0000

3-1. 기계 · 장비 제원 [□ 카고크레인]

자동차등록번호		00가 OOOO	차종		대형화물
차명(비고[구조변경])		뉴파워 트럭(물품적재장치)	형식 및 모델연도		HD25CT-0000(2006)
[구조변경]구조변경일		0000-00-00유압크레인	[구조변경]구조변경업체		㈜ㅇㅇ특장
보험 여부		□ 가입(　　　보험) □ 미가입	보험 유효기간		00.00.00. 까지
안전검사 등	최대 작업높이	00 미터	종류		신축형 (2010)
	최대 작업반경	00 미터	안전검사	검사기관	한국승강기안전공단
	정격하중	10 톤		조작방식	조정석, 펜던트스위치
아웃트리거 최대 폭		앞 :　　　, 뒤 :		유효기간	~ 0000.00.00.

[첨부서류(차량탑재형)] 자동차등록증, 안전검사 · 인증합격증, 운전원 자격 · 면허 사본, 제조 · 임대社 사용설명서, 인양하중표(아웃트리거 슬라이드 길이에 따른 작업 반경), 선회부 비파괴검사 자료 등

3-2. 기계 · 장비 제원 [□ 기중기]

건설기계명	기중기	등록번호	007가 OOOO
형식	007가 OOOO	규격	75 ton 2.3 m
제작년도	0000년도	업체명	ㅇㅇ중기
보험 여부	□ 가입(　　　보험) □ 미가입	보험 유효기간	00.00.00. 까지
길이	00000 mm	너비	0000 mm
높이	0000 mm	주행방식	자주식(타이어식)
※ 기종별 작업 장치 표시		정기검사 유효기간	00.00.00. 까지
표준붐의 작업반경	2.3 m~38 m	붐길이(최대)	45m
붐의 최대각도	84도	최대정격(총하중)	75,000 kg
붐의 최소각도	00도	최소정격(하중)	0,000 kg
훅 최대지상높이	m	아웃트리거설치폭	0,000 ×0,000 mm(가로×세로)

[첨부서류(기중기)] 건설기계 등록 · 검사증, 운전원 자격 · 면허 사본, 제조 · 임대社 사용설명서, 인양하중표(아웃트리거 슬라이드 길이에 따른 작업반경), 선회부 비파괴검사 자료 등

4. 기계 · 장비 개요 및 점검사항

줄걸이 용구	□ 와이어로프 □ 섬유벨트 □ 체인 □ 클램프 □ 기타( )	
사용설명서	□ 유 □ 무(조치 :) □ 특이사항(*한글 사용설명서 유무 등*)	
작동상태	붐(와이어로프 · 체인 구동) 인출/선회부	□ 정상 □ 비정상(조치 :)
방호장치	붐 인출 길이 등이 표시되는 장치	□ 정상 □ 비정상(조치 :)
	붐 기복 정지 장치(붐 최대각도 내)	□ 정상 □ 비정상(조치 :)
	모멘트 감지장치(위치 제어장치)	□ 정상 □ 비정상(조치 :)
	아웃트리거 전도방지장치	□ 정상 □ 비정상(조치 :)
	권과 방지 장치	□ 정상 □ 비정상(조치 :)
	과부하 방지장치	□ 정상 □ 비정상(조치 :)
	훅 해지장치	□ 정상 □ 비정상(조치 :)
	낙하 방지밸브 및 유압장치	□ 정상 □ 비정상(조치 :)

5. 작업장소의 지형 · 지반 상태 등

지형 · 지반 상태	아웃트리거(안정기) 설치장소	□ 견고 □ 연약 □ 동결 □ 경사(°) □ 특이사항( )
	아웃트리거(안정기) 보강방법	□ 인양하중표에 따른 작업반경 제한 □ 하부보강 □ 기타( )
작업반경 및 지장물 간섭	작업반경 내 **출입금지** 조치	□ 유도자 □ 접근방지 로프 □ 칼라콘 □ 기타( )
	주변(회전 및 상부) **지장물 간섭** 여부	□ 있음(조치 :) □ 없음

6-1. 중량물 확인 및 줄걸이 방법 선정

	중량물1	중량물2
품명	□ (단위중량 kg)	□ (단위중량 kg)
중량물 형상	□ 긴 막대형 □ 박스형 □ (*비정형*) □ 특이사항( )	□ 긴 막대형 □ 박스형 □ (*비정형*) □ 특이사항( )
보조용구	□ 클램프 □ 해커 □ 체인슬링 □ 러그 □ 기타( )	□ 클램프 □ 해커 □ 체인슬링 □ 러그 □ 기타( )
줄걸이 방법	□ 와이어로프 □ 섬유로프 □ (*기타*) □ 줄걸이 수 (줄 점 걸이)	□ 와이어로프 □ 섬유로프 □ (*기타*) □ 줄걸이 수 (줄 점 걸이)
제원	□ 직경/폭 mm □ 안전하중(kg)	□ 직경/폭 mm □ 안전하중(kg)

6-2. 중량물 취급계획 * 필요에 따라 현장에 맞게 수정 또는 추가

① 중량물 확인	중량물 품목 · 무게중심 등 확인
⬇	품목 / 형상 / 중량 / 수량 / 무게 중심 / 유해성 등
② 작업방법 등 결정	작업방법 및 작업순서 결정
⬇	작업방법(필요시 추가 운반기계 또는 운반용구, 줄걸이 방법) / 작업순서
③ 줄걸이 용구 등 확인	줄걸이 용구 및 체결용구 점검
⬇	와이어로프 · 섬유로프 불량유무/클램프 · 체인슬링 등 결박 용구 불량 유무
④ 작업자 확인	작업자 (인원 수 / 자격 / 건강상태 등) 및 보호구 착용 상태 확인
⬇	
⑤ 작업시작 전 TBM	중량물 종류에 따른 작업방법 및 작업순서 / 작업위치 및 출입금지
	출입금지 / 추락 · 낙하 · 전도 · 협착 · 붕괴 위험방지 방법 / 비상 시 연락방법 등

7. 작업지휘자 역할 등

하역작업 주체	□ 화주 측 □ 운송업자 측 □ 받는 사업장 □ 공통(,)
작업순서 등 안전교육	□ 작업 지휘자 □ 신호수(명) □ 작업원(명)

작업지휘자 (관리감독자)	□ 작업 지휘 · 감독* □ 이탈 시 조치(*작업지휘자(부) 지정 등*) * 작업방법 · 근로자의 배치 · 출입금지 조치 · 안전대 등 보호구 착용상태 감시
유도자 업무	□ 운전원과 신호업무, 크레인에 부딪힐 위험 · 출입 통제(하역병행 시 사고위험) (□ 눈에 띄는 복장 □ 무전기 · 유도봉 등 □ 출입통제 선 밖에 위치)

8. 재해유형별 안전조치 * 필요에 따라 현장에 맞게 수정 또는 추가

위험	발생형태	재해유형	안전조치
중량물 인양	떨어짐	고소작업자가 인양 중인 중량물에 맞고 떨어짐	• 고소작업자 안전조치 철저 (안전난간, 추락방호망, 안전대)
		중량물과 함께 탑승한 작업자가 균형을 잃고 떨어짐	• 인양함 등에 작업자 탑승 금지
	맞음	인양 중인 중량물이 떨어져 아래에 있던 작업자가 맞음	• 중량물 2줄 걸이, 훅 해지장치 사용 • 정격하중 준수, 마모 · 변형 로프 사용금지 • 인양구간 하부 출입금지 조치
크레인 넘어짐	깔림	인양작업 중인 크레인이 전복되면서 주변 작업자가 깔림	• 평평한 곳에 이동식 크레인 설치 • 아웃트리거 설치 및 설치장소 지반 확인 • 정격하중 준수
		선회부 볼트 일부 파단, 붐 파단으로 크레인이 넘어짐	• 정기적으로 선회부 볼트 체결 확인 및 붐 등 용접부 비파괴검사 실시
용도 외 사용	떨어짐	이동식크레인을 고소작업용으로 사용하다가 작업자 떨어짐	• 고소작업대 사용이 곤란한 경우에만 탑승설비 설치 후 고소작업용으로 사용(차량탑재형은 사용 불가)

9-0. 운행경로 및 작업방법 * 필요에 따라 현장에 맞게 수정 또는 여러 장 작성

운행경로 및 작업계획 도면

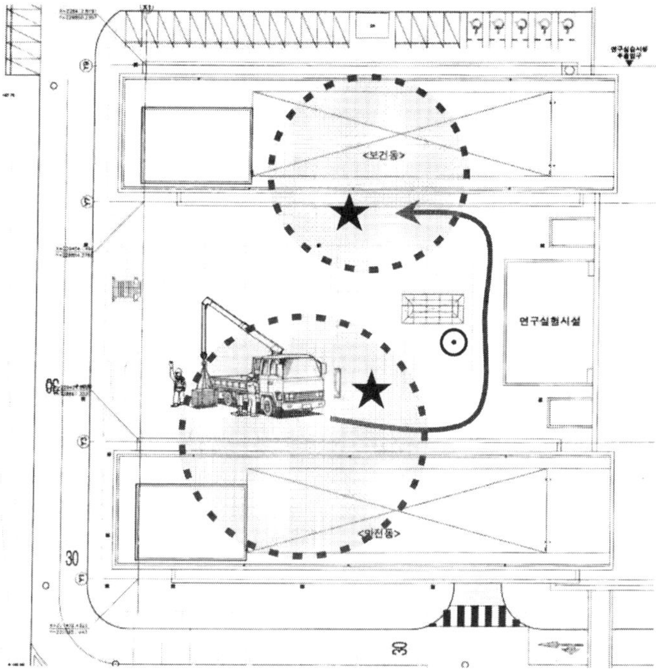

평면도

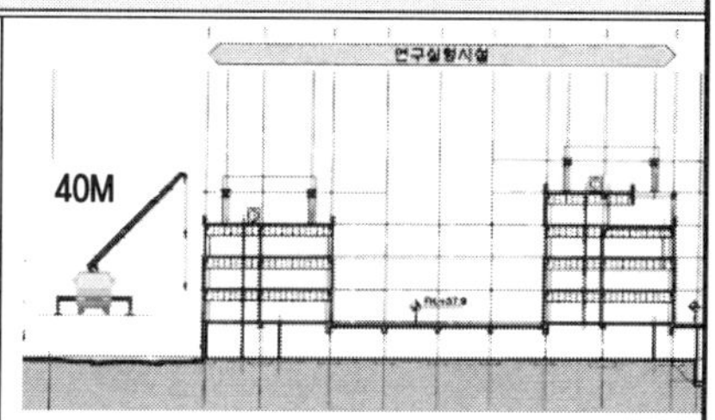

단면도

o 세부 작업방법

1. 실험동 상부 태양광 판넬 설치 위한 자제 운반작업으로 지반 지지력 확보 후 아웃트리거 설치
2. 안전동 → 보건동 이동시 유도자 배치, 작업시 상부 작업자와 통신수단 확보, 출입제한 조치 및 작업지휘자 지정

o 중점관리사항

1. 속도: 10km/h 이내
2. 지반상태 및 경사 확인
3. 아웃트리거 최대 확장
4. 유도자 · 작업지휘자 배치 및 작업구역 출입제한 조치

범례	표시	→		⊙	★	(점선 원)
	내용	운행경로	작업구역	유도자	작업지휘자	출입제한구역

	작업내용(순서)	위험요인	제거대책
0	TBM	o 작업 참여 근로자 보호구 착용상태 확인 o 작업지휘자 · 유도자 · 작업자 해당 작업에 각자 임무 확인 o 인양하중표를 가지고 정격하중과 붐 인출 · 작업반경 적정여부 확인 o 사전 위험성평가에서 도출된 위험요인 공유	
1	이동식크레인 반입 및 설치	o 이동식크레인 반입 시 충돌 위험 o 화단 등으로 아웃트리거 수평문제 o 아웃트리거 미확장→인양하중 미달	- 유도자 배치로 충돌위험 방지 - 견고한 받침대 설치로 수평유지 - 아웃트리거 최대확장 또는 이동설치
2	태양광 판넬 등 자제 인양작업	o 적재함에서 인양작업으로 떨어짐 o 인양 중량물 묶기 불량 o 줄걸이 용구(와이어로프, 슬링 등) 불량 o 형상(판재, 원통 등)에 맞는 도구 미사용 o 중량물 줄걸이 방법 부적정	- 묶음 해체 전 묶음 단위 확인 - 인양물 무게중심 고려한 묶음 조치 - 줄걸이 용구 휨, 터짐 등 상태 점검 - 클램프 등 적정 보조도구 사용 - 무게중심 · 형상에 따른 2줄, 4줄 걸이
3	태양광 판넬 운반 작업	o 붐 인출 시 주변 작업물에 충돌 o 선회부 충돌 및 낙하물 위험	- 작업지휘자 배치로 작업진행 감독 - 관계 근로자 외 출입금지 조치

이동식크레인 작업안전 점검표〈앞면〉

점검자	*관리감독자, 작업지휘자 등*
점검일	년 월 일

구분	점검 항목	적정	부적정	안전조치
운전자 자격	1. 운전자의 적정 자격*여부를 확인한다. * (차량탑재형) 기중기운전기능사 · 교육합격자 * (기중기) 건설기계조종사면허	☑	☐	
기계 검사	2. 법정* 필수 인증 · 검사를 받았는지 확인한다. * (차량탑재형) 「산업안전보건법」 안전인증, 안전검사 * (기중기) 「건설기계관리법」 건설기계 검사	☑	☐	
작업 전 장비 점검	3. 인양하중표, 작업반경, 설치 위치의 지형에 맞는 이동식크레인을 선정하고 작업계획을 수립한다.	☐	☑	*인양하중표 및 작업계획서 작성*
	4. 적재함의 적재물 묶음 해체 전, 적재물의 미끄러짐, 이탈 등으로 인한 위험을 방지하기 위해 적재물 해체 순서를 정한다.	☑	☐	
	5. 작업장소의 수평 및 주변 장애물(고압선) 여부 등을 확인하고, 아웃트리거 수평 받침대 최대 펼침 조치를 한다.	☑	☐	
	6. 안전장치(붐길이 및 각도 센서, 모멘트감지장치, 권과방지장치 등)의 작동상태를 확인 · 점검한다.	☑	☐	
	7. 훅 해지장치의 작동상태 및 변형 · 손상여부 등을 확인 · 점검한다.	☑	☐	
	8. 줄걸이 용구(와이어로프, 슬링벨트 등), 보조도구(클램프, 턴버클 등)의 변형 · 손상여부 등을 확인 · 점검한다.	☑	☐	
	9. 줄걸이 용구 및 중량물의 형상 · 무게에 따라 적정한 줄걸이 방법(2줄, 4줄 등)을 정한다.	☑	☐	
작업 중 안전조치	**10. 작업구역 구획과 필요시 출입금지 조치 · 유도자와 작업 시 지장물 간섭 등 위험을 확인할 작업지휘자를 배치한다.**	☑	☐	
	11. 작업방법 · 순서를 작업지휘자 · 작업반장 등과 협의한 후 근로자에게 전파한다(변경 시 포함).	☐	☑	*작업방법 변경 시 협의절차 마련*
	12. 신호방법을 정하고 운전자와 유도자 사이에 공유한다(변경 시 포함).	☑	☐	
	13. 강풍 등 악천후 시에는 옥외작업을 중지한다.	☑	☐	

이동식크레인 작업안전 점검표〈뒷면〉

[안전장치]

- □ 붐 · 선회부 크랙 · 균열 유무
- □ 선회부 볼트 체결상태
- □ 유압 호스 · 실린더 이상 유무
- □ 붐길이, 각도센서
- □ 하중감지와 위치 제어장치
- □ 비상정지장치 작동 상태
- □ 불법 탑승설비 부착 유무

[인양작업 안전]

- □ 붐 인출(와이어로프 등) 작동 상태
- □ 줄걸이 작업안전(와이어로프 변형, 체결상태, 안전율 등) 확인
- □ 명판(허용풍속 등) 부착
- □ 제조사가 정한 작업설명서 (인양 하중표 등)
- □ 작업반경 내 출입금지
- □ 유도자 및 신호수 배치

과부하방지장치

비상정지장치

훅해지장치

권과방지장치

각도지시계

아웃트리거

[전도방지]

- □ 지반 침하 방지
- □ 아웃트리거 받침대 설치
- □ 아웃트리거(안정기) 근접센서
- □ 아웃트리거 최대 펼침 및 대책

부록 8 ▶ 약식 이동식크레인 작업계획서 예시 - 50억 미만 소규모 현장용 -

※ 본 서식은 안전관리 업무를 돕기 위한 참고자료로, 현장 상황에 맞게 수정하여 사용(법적 구속력 없음)

이동식 크레인 작업계획서

- 중량물 취급작업 -

검토자	사 업 주 (인)
작성자	관리감독자 (인)

작업명(장소)	철근 다발 운반작업(○○빌딩 A동)		작업기간	'00.00.00. ~ '00.00.00.
작업업체/작업자	업체명	○○대한크레인	작업자	홍길동, 아무개 등 00명
운전원	성명	○○○ (자격 별첨)	연락처	010-0000-0000
유도자	성명	○○○ (교육 이수증 별첨)	연락처	010-0000-0000
작업장소 내용	[별첨] 작업장소 경사 등 지형 및 지반 상태			
기계·장비 제원	[별첨] 자동차등록증, 기계 제원표·점검 이력 등			

구분	점검 항목	적정	부적정	안전조치
운전자 자격	1. 운전자의 적정 자격*여부를 확인한다. * (차량탑재형) 기중기운전기능사·교육합격자 * (기중기) 건설기계조종사면허	☑	☐	
기계 검사	2. 법정* 필수 인증·검사를 받았는지 확인한다. * (차량탑재형)「산업안전보건법」 안전인증, 안전검사 * (기중기)「건설기계관리법」 건설기계 검사	☑	☐	
작업 전 확인	3. 인양하중표, 작업반경, 설치 위치의 지형에 맞는 이동식크레인을 선정하고 작업계획을 수립한다.	☐	☑	인양하중표 및 작업계획서 작성
	4. 적재함의 적재물 묶음 해체 전, 적재물의 미끄러짐, 이탈 등으로 인한 위험을 방지하기 위해 적재물 해체 순서를 정한다.	☑	☐	
	5. 작업장소의 수평 및 주변 장애물(고압선) 여부 등을 확인하고, 아웃트리거 수평 받침대 최대 펼침 조치를 한다.	☑	☐	
	6. 안전장치(붐길이 및 각도 센서, 모멘트감지장치, 권과방지장치 등)의 작동상태를 확인·점검한다.	☑	☐	
	7. 훅 해지장치의 작동상태 및 변형·손상여부 등을 확인·점검한다.	☑	☐	
	8. 줄걸이 용구(와이어로프, 슬링벨트 등), 보조도구(클램프, 턴버클 등)의 변형·손상여부 등을 확인·점검한다.	☑	☐	
	9. 줄걸이 용구 및 중량물의 형상·무게에 따라 적정한 줄걸이 방법(2줄, 4줄 등)을 정한다.	☑	☐	
작업 중 안전조치	**10. 작업구역 구획과 필요시 출입금지 조치·유도자와 작업 시 지장물 간섭 등 위험을 확인할 작업지휘자를 배치한다.**	☑	☐	
	11. 작업방법·순서를 작업지휘자·작업반장 등과 협의한 후 근로자에게 전파한다(변경 시 포함).	☐	☑	작업방법 변경 시 협의절차 마련
	12. 신호방법을 정하고 운전자와 유도자 사이에 공유한다(변경 시 포함).	☑	☐	
	13. 강풍 등 악천후 시에는 옥외작업을 중지한다.	☑	☐	

□ 운행경로 및 작업방법 * 필요에 따라 현장에 맞게 수정 또는 여러 장 작성

운행경로 및 작업계획 도면

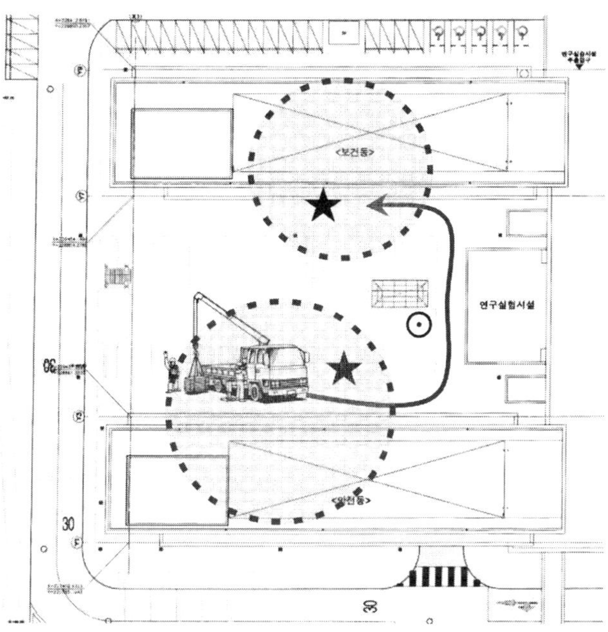

평면도

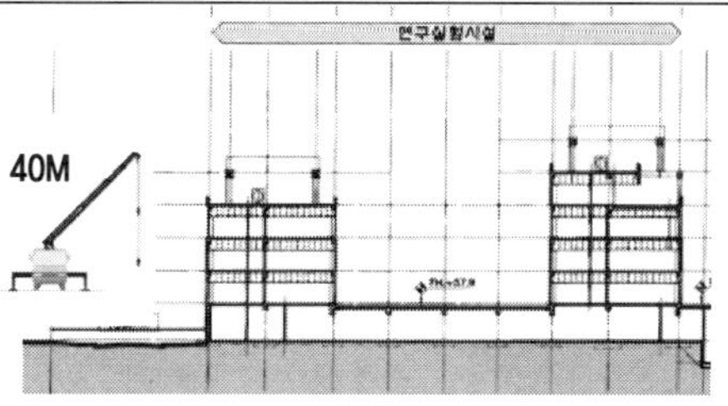

단면도

o 세부 작업방법

1. 실험동 상부 태양광 판넬 설치 위한 자제 운반작업으로 지반 지지력 확보 후 아웃트리거 설치
2. 안전동 → 보건동 이동시 유도자 배치, 작업시 상부 작업자와 통신수단 확보, 출입제한 조치 및 작업지휘자 지정

o 중점관리사항

1. 속도: 10km/h 이내
2. 지반상태 및 경사 확인
3. 아웃트리거 최대 확장
4. 유도자 · 작업지휘자 배치 및 작업구역 출입제한 조치

범례	표시	→		⊙	★	(점선 원)
	내용	운행경로	작업구역	유도자	작업지휘자	출입제한구역

작업내용(순서)		위험요인	제거대책
0	TBM	o 작업 참여 근로자 보호구 착용상태 확인 o 작업지휘자 · 유도자 · 작업자 해당 작업에 각자 임무 확인 o 인양하중표를 가지고 정격하중과 붐 인출 · 작업반경 적정여부 확인 o 사전 위험성평가에서 도출된 위험요인 공유	
1	이동식크레인 반입 및 설치	o 이동식크레인 반입 시 충돌 위험 o 화단 등으로 아웃트리거 수평문제 o 아웃트리거 미확장→인양하중 미달	- 유도자 배치로 충돌위험 방지 - 견고한 받침대 설치로 수평유지 - 아웃트리거 최대확장 또는 이동설치
2	태양광 판넬 등 자제 인양작업	o 적재함에서 인양작업으로 떨어짐 o 인양 중량물 묶기 불량 o 줄걸이 용구(와이어로프, 슬링 등) 불량 o 형상(판재, 원통 등)에 맞는 도구 미사용 o 중량물 줄걸이 방법 부적정	- 묶음 해체 전 묶음 단위 확인 - 인양물 무게중심 고려한 묶음 조치 - 줄걸이 용구 휨, 터짐 등 상태 점검 - 클램프 등 적정 보조도구 사용 - 무게중심 · 형상에 따른 2줄, 4줄 걸이
3	태양광 판넬 운반 작업	o 붐 인출 시 주변 작업물에 충돌 o 선회부 충돌 및 낙하물 위험	- 작업지휘자 배치로 작업진행 감독 - 관계 근로자 외 출입금지 조치

저자 **김경순**金慶淳

학력사항

- 전남대학교 공과대학 건축공학과 석사 졸업(2003.8)
- 전남대학교 공과대학 건축공학과 박사 수료(2013.2)

자격사항

- 산업안전지도사(건설분야)
- 건축기사/건설안전기사

경력사항

- 한국산업안전보건공단 31년 근무(1992.3～2023.6)
  - 본부 건설안전부장, 전남동부지사장 역임
- 순천제일대학교 겸임교수(2022.3～현재)
- 안전보건경영시스템 심사원 및 인증심사위원
- 유해 · 위험방지계획서 심사위원
- 공공기관 안전활동수준평가 위원(2023)

출강경력

- 순천제일대학교 산업안전보건과(2022.3～현재) : 건설안전, 산업안전보건법 등
- 한국능력개발원 건설기술교육센터(2022.11～현재) : 건설안전 등
- 한국방송통신대학교(2024～현재) : 산업안전특론, 건설안전보건관리
- 대한산업안전협회(2022～현재) : 산업안전보건법, 건설기계안전 등

건설안전실무

1판 1쇄 발행 2025년 9월 1일

지은이 김경순
발행인 서철종
발행처 도서출판 지우북스
주소 경기도 파주시 문발로 115 세종출판벤처타운 209호
전화 031-915-6670(代)
팩스 031-915-6671
이메일 jwbooks@nate.com
홈페이지 www.jwbooks.co.kr
출판등록 제406-251002017-000032호
정가 32,000원

ISBN 979-11-92639-36-9 93530